土木工程专业研究生系列

土木工程学科发展与前沿

许成祥　郄恩田　李成玉　主　编
肖良丽　姜天华　杨　曌　副主编

中国建筑工业出版社

图书在版编目(CIP)数据

土木工程学科发展与前沿/许成祥，郯恩田，李成玉主编. —北京：中国建筑工业出版社，2020.9（2025.2重印）
土木工程专业研究生系列教材
ISBN 978-7-112-25327-2

Ⅰ.①土… Ⅱ.①许… ②郯… ③李… Ⅲ.①土木工程-学科发展-研究生-教材 Ⅳ.①TU-12

中国版本图书馆 CIP 数据核字(2020)第 137428 号

本书以专题讲座形式，介绍了岩土工程、结构工程、钢结构、装配式建筑结构、高层与超高层建筑结构、海绵城市、城市综合管廊、太阳能热发电技术、土木工程防灾减灾、道路工程、桥梁工程、隧道及地下工程、土木工程材料、建筑施工技术、土木工程结构耐久性、土木工程信息技术应用等土木工程主要学科发展现状及前沿发展方向。

本书可作为高等院校土木工程学科研究生教学用书，也可供相关科研人员、工程技术人员及高年级本科生参考。

本书配备教学课件，有需要的读者可通过发送邮件至 jiangongkejian@163.com（邮件主题请注明：土木工程学科发展与前沿）索取。

责任编辑：赵　莉　吉万旺
责任校对：党　蕾

土木工程专业研究生系列教材
土木工程学科发展与前沿
许成祥　郯恩田　李成玉　主　编
肖良丽　姜天华　杨　墅　副主编

*

中国建筑工业出版社出版、发行（北京海淀三里河路 9 号）
各地新华书店、建筑书店经销
北京红光制版公司制版
建工社（河北）印刷有限公司印刷

*

开本：787×1092 毫米　1/16　印张：19¼　字数：480 千字
2020 年 10 月第一版　2025 年 2 月第三次印刷
定价：58.00 元（赠课件）
ISBN 978-7-112-25327-2
(36317)

前言

土木工程一级学科涵盖岩土工程、结构工程、市政工程、供热供燃气通风及空调工程、防灾减灾工程及防护工程、桥梁与隧道工程6个二级学科。土木工程学科内涵丰富，研究对象为基础设施建设中的各类结构物，如房屋建筑、桥梁、隧道与地下工程、道路、铁路、港口、市政及特种工程、供暖、通风、空调系统等的安全与适用。

为了拓宽专业知识面，增进学生把握土木工程学科各主要学科方向的发展现状和前沿趋势，帮助学生正确选择未来的研究方向，我们组织工作在教学一线且具有多年丰富教学经验的研究生指导教师编写本书。由于土木工程所涉及的领域十分广泛，本书尚无法全部包含，我们今后将在课程建设中不断补充、丰富和完善。

本书主要内容涵盖岩土工程、结构工程、钢结构、装配式建筑结构、高层与超高层建筑结构、海绵城市、城市综合管廊、太阳能热发电技术、土木工程防灾减灾、道路工程、桥梁工程、隧道及地下工程、土木工程材料、建筑施工技术、土木工程结构耐久性、土木工程信息技术应用等土木工程主要学科发展现状及前沿发展方向。

本书由许成祥、郄恩田、李成玉担任主编并统稿，肖良丽、姜天华、杨璺担任副主编。各章编写分工如下：第1章（李丹，杨泰华）；第2章（许成祥）；第3章（李功文）；第4章（杨璺）；第5章（肖良丽）；第6章（汪恂）；第7章（汪恂）；第8章（毛前军）；第9章（李成玉）；第10章（朱红兵）；第11章（姜天华）；第12章（龚建伍）；第13章（寥宜顺）；第14章（唐红）；第15章（金清平，梅军鹏）；第16章（郄恩田）。

本书编写过程中参考了大量的国内外文献，在每章末均列出主要参考文献，特此向其作者表示感谢。

由于编者水平有限，努力追求高水平和无误，但错误和不完善之处在所难免，敬请读者批评指正。

目录

第3章 钢结构发展现状及前沿 ·· 37

第4章 装配式建筑结构发展现状及前沿 ································· 54

第1章 岩土工程发展现状及前沿

岩土工程是 20 世纪 60 年代末至 70 年代，由土力学及基础工程、工程地质学、岩体力学三者逐渐结合为一体而形成的新学科，是土木工程学科的一部分，它涉及岩石和土的利用、整治与改造。岩土工程是一门工程技术学科，它与国民经济中各类基础设施和工程建设有关，因而岩土工程领域非常宽广。与岩土工程相关的主要行业有建筑工程、市政工程、交通工程、道路与铁道工程、水利水电工程、采矿工程、港口与海洋工程、环境保护工程等。与岩土工程学科相邻的主要学科有理论力学、材料力学、结构力学、流体力学、弹塑性理论、地质学、桥隧工程、防灾减灾工程、抗震与减震、抗爆防护工程等。

1.1 岩土工程面临的机遇与挑战

1.1.1 岩土工程面临的机遇

1. 城市建设和地下空间开发对岩土工程学科发展的战略需求

近年来我国城镇化建设加快，发展速度居世界第一。2014～2018 年房屋竣工总面积达 210 亿 m^2，比 2009～2013 年增加 30% 以上，2018 年底全国城镇人均建筑面积达到 40.8 m^2。高层、超高层建筑的建设对基础工程提出了更高要求。旧城改造、古老建筑保护和迁移也均要求解决许多岩土工程新问题。

我国地域辽阔，地质条件复杂，为了满足各类工程建设与大量高层建筑对地基承载力和控制工后沉降的要求，往往需要进行地基处理，或采用桩基础，形成人工地基以提高承载力和控制工后沉降。随着结构物荷载日益增大、控制变形要求越来越严，对地基基础工程的要求也越来越高，现有的基础工程技术已不能完全满足发展的需求，迫切需要发展新理论、新技术、新材料、新工艺。

人类对于地下空间的开发利用有着悠久的历史，第一次工业革命以后，城市中产生了一系列的城市问题，工业化发展较早的伦敦、巴黎等城市开始了以建设现代城市基础设施为主的地下空间开发利用。第二次世界大战以后，城市化的水平得到了极大的提高，与此相伴的城市交通问题成为这一阶段主要的城市问题，为此经济快速发展的城市开始大规模地建设城市快速轨道交通体系，并形成了世界范围内地下空间开发利用的高潮。20 世纪 80 年代以后，由于可持续发展观的提出，加之发达国家城市化水平趋于稳定、城市基础设施趋于完善，为建设人与自然充分协调的城市环境，不少城市将影响城市环境的设施逐步利用地下空间进行建设。"十三五"以来，我国城市地下空间已形成"三心三轴"的稳定发展结构。其中，"三心"指中国地下空间发展核心，即京津冀城市群、长江三角洲城市群以及珠江三角洲城市群；"三轴"即东部沿海发展轴、沿长江发展轴和京广线发展轴。

充分利用地下空间资源以提高城市土地资源利用效率，改善城市生态环境，是发达国家地下空间开发利用的新趋势。同时，城市地下空间的开发利用逐步向综合化、规模化、集约化、深层化和一体化方向发展。

地下空间开发利用中的法律、法规、规划技术体系，地下空间开发利用的系统性、综合性、合理性、安全性等深层次问题成为人们关注的重点。随着我国城镇化建设的加快，城市地下空间开发规模宏大，发展迅速。截至 2019 年，我国已有 39 个城市建成地下轨道交通，运营里程超 5800km。

随着我国城镇化的快速发展以及可持续发展战略与科学发展观的实施，如何合理、有序开发城市地下空间，优化城市生态环境，提升城市功能，实现城市的可持续发展，已成为国家层面必须研究解决的问题。接下来我国城市地下空间开发将进入高潮，一些大城市的地下空间开发将进入世界先进行列，迫切需要科技创新的支撑。同时，随着我国高层建筑的发展，以及地铁车站、明挖隧道等深大基坑的不断增多，对基坑工程的围护结构形式、地下水控制技术、围护结构计算理论、基坑监测技术、信息化施工技术以及环境保护技术等方面都提出了新的要求。

2. 交通现代化建设对岩土工程学科发展的战略需求

近年来，我国交通行业快速发展，公路、铁路、水运、航运发展很快，高速铁路已居世界之首，高速公路里程位居世界第二。至 2018 年底，我国公路总里程为 484.7 万km，高速公路行车里程 14.3 万 km。2018 年底全国铁路营业里程 13.1 万 km，其中高速铁路 2.9 万 km，占全球高铁网的 2/3。在国家高速公路网和高速铁路网建设过程中，以及在配套的其他高等级公路和支线公路建设过程中，加上我国工程地质和水文地质的复杂性，还会有大量岩土工程技术难题亟待解决，以满足交通建设需要。

发展水运，无论是内河运输还是海洋运输都要兴建码头和港口，特别是我国港口建设进入全球市场，港口工程建设过程中同样都会有复杂的岩土工程同题。

我国航空运输起步晚，但发展快，发展空间大，需建设大量的航空港，一些城市已经开始拥有双机场。当前我国土地资源紧张，有的需要填海造地或建造海上人工岛，填海高度达几十米；有的需要平山改地，填方厚度达几十米，如九寨沟黄龙机场填方高度高达 104m；有的建造在深厚软黏土地基上，工后沉降大，需要进行有效的地基处理；有的建造在膨胀土地基、盐渍土地基等特殊土地基上，也会遇到大量特殊的岩土工程难题。因此，航空港建设给岩土工程发展提出了许多新的要求。以北京大兴国际机场为代表的交通现代化、交通立体化需要岩土工程的技术支撑，也给岩土工程技术发展带来了难得的机遇。

3. 地质灾害预防和治理对岩土工程学科发展的战略需求

我国连年发生自然和人为的灾害事故，洪水、地震、泥石流、滑坡、风灾、雪灾等连年不断，造成人民生命与财产巨大损失，防灾减灾是我国的长期任务。尤其是我国地域广阔，工程地质和水文地质条件复杂，地质灾害频发，种类多，分布面广。多种因素诱发的滑坡、崩塌、泥石流、地面塌陷时有发生。特别是我国西南三江活动构造带为地震多发区，其孕灾、致灾地质背景与龙门山构造带相似，是大型滑坡灾害高易发区。以汶川地震诱发地质灾害为例，在西南强震多发区深入研究潜在强震诱发山区滑坡灾害机理和山区城镇滑坡风险控制关键技术，成为国家防灾减灾的迫切需要。边坡与滑坡防治工程在国民经济基础设施建设中，无论在城市市政建设与房屋建筑领域，还是在公路、铁路、水路交通、水利、电力建设领域，都占一定份额。例如三峡库区，存在崩塌、滑坡等地质灾害点 5386 处，较大规模的滑坡、崩塌体共 2490 处。历史上三峡库区发生的重大滑坡，有 1926 年的新滩滑坡，致长江断航 21 年，1985 年再次发生滑坡，产生最高涌浪 39m，击毁击沉船只 96 艘，造成 12 人死亡。1982 年云阳鸡扒子滑坡，也曾堵江断航半年。三峡库区蓄水和投入正常运行后，在 2003 年 7 月，千将坪滑坡造成 24 人死亡。2008 年 9 月 28 日库区试验性蓄水至水位 172m 时，重庆库岸及周边发生地质灾害险情多达 254 处。除此之外，由于库区长江水位的反复涨落，后期还对巫山新县城等多处位于滑坡危险的地带进行了处理。

公路、铁路等道路边坡遇到洪水、强降雨而引发边坡与路基坍塌、滑坡、泥石流等地质灾害，造成生命财产损失、道路阻断，更是司空见惯。近些年来，随着我国基础设施建设的进一步加快，特别是地处山区的西部大开发，大量的工程建设引发老滑坡复滑和新滑坡的形成，这种人为引发的地质灾害数量也急剧增多，其范围与规模扩大，成为当前最为关注的热点问题。由地震引起的次生滑坡灾害也十分严重，如汶川地震引发的地质灾害造成的损失接近全部损失的三分之一。由此可见，降低边（滑）坡引发的自然灾害与人为灾害迫在眉睫，急需通过科技创新解决这些问题，以满足以人为本、社会和谐的需求。

4. 环境保护工程对岩土工程学科发展的战略需求

随着现代化工业的发展以及城市的发展，环境问题越来越突出，目前已经形成了岩土工程与环境科学密切结合的环境岩土工程新学科。环境岩土工程主要应用岩土工程的观点、技术和方法为治理和保护环境服务，如垃圾的填埋处置、河湖疏浚污泥处置、核废料的处置等。它涉及的不仅是岩土工程知识，还与化学、物理、生物学等学科有关，是一个边缘性的交叉学科。美国对这一领域的研究起步较早，在城市规划与实施中均已考虑环境问题。我国现已开始重视环境问题，环境岩土工程也得到发展。20 世纪 90 年代后期我国开始实行城市固体废物的污染防治与管理，目前已在全国形成了以卫生填埋为主，焚烧、堆肥为辅的生活垃圾处理技术体系。然而城市固体废物的种类和性质变化较大，处理难度增大，在填埋、焚烧、堆肥过程中产生恶臭的高浓度渗滤液、温室气体及二噁英等二次污染，无法满足现行法规标准，并开始出现新建垃圾处理设施选址困难等问题。因此，在城市生活垃圾的处理处置及资源化领域迫切需要技术突破，降低处理处置过程的二次污染排放并实现资源回收利用是国家迫切的需求。为适应国家发展需求，我国对环境岩土工程的内涵、城市垃圾填埋环境研究内容、工农业与生活污染土地及修复问题、核废料储存问题等展开了相关研究，为解决这些问题提供技术支撑。

5. 其他领域工程建设对岩土工程学科发展的战略需求

采矿工程、国防工程、海上油田开发、海洋采油平台建设工程、西气东送长距离输油管道工程、西电东送输配电工程、南水北调工程、海域吹填造岛等影响国计民生的大工程都要求解决新的岩土工程技术难题。就土地资源开发与利用来说，虽然我国地域辽阔，但人均可用土地量小。特别是我国经济发达的沿海地区，城市密集，人口众多，土地资源不足常常制约经济的进步发展。而城市的进步发展需要大量的土地资源作为保证，沿海新兴工业基地、深水港集装箱码头等工程建设，都需要大量的土地，因此近年来沿海各省围海造地工程快速发展。近年我国在南海岛礁的造岛工程中，都有很多岩土工程技术问题需要解决。此外，山地改造也是当前一项重要任务，我国山多平地少，大量城镇建筑、交通道路、机场建造，需要利用和改造山地，同样也有许多地基处理技术问题急需解决。

1.1.2　岩土工程面临的挑战

岩土工程学科的特点主要反映在3个方面：（1）形成时间短，理论发展较慢，学科理论体系不严密、不完善和不成熟，有许多地方需要依赖经验解决问题。（2）岩和土是自然、历史的产物，决定了岩土的复杂性、多变性与不确定性。土是多相体，一般由固相、液相和气相三相组成。岩体中存在各种节理裂隙，显示出岩体的不均匀性、各向异性和复杂的渗流特性。岩土是摩擦体，其受力机理与金属材料有很大的不同。应力-应变关系十分复杂，同一土体的应力-应变关系与土体中的应力水平、边界排水条件、应力路径等都有关系，而且还有明显的地域差异性。（3）岩土工程领域面广、量大，相关行业多，相邻学科多。岩土工程的基本问题是稳定问题、变形问题和渗流问题，但不同领域的岩土工程需要解决的关键问题会有所不同。如建筑工程主要侧重于沉降问题，特别是不均匀沉降问题；交通工程主要侧重于稳定问题和沉降问题；基坑工程则涉及稳定、变形和渗流问题。岩土工程与多个学科相互交叉，其发展受相邻学科发展的影响。近年来，测试技术、计算机技术、计算理论和方法等的进步极大地推进了岩土工程学科的发展。

传统的岩土工程领域包括地基基础工程、边（滑）坡治理工程、隧道与地下工程3个领域，近年来新兴的岩土工程包括环境岩土工程、地下空间开发、水利水电大型工程、填海造地与山地利用、地质灾害治理、沙漠改造、地面塌陷与下沉治理等新的工程领域。

地基基础工程技术主要包括各类桩基技术，复合地基技术，各类浅基础、地基处理技术，特殊土土质改良技术，地基与建筑物及土体与加筋材料的共同作用问题，动力作用下地基性状与沙土地基抗震液化问题，地基土固结与多相耦合问题，地基沉降控制等问题。由于我国经济的快速发展，地基基础工程规模宏大，数量众多，位居世界第一，其技术水平也已逐渐达到世界先进水平。某些领域，如复合地基技术、区域性土研究与地基处理技术已达到国际领先水平。但也面临着地基基础工程与地基处理如何进一步降低风险，节约资源、能源，减少环境污染与改善环境等问题。

边（滑）坡治理工程方面包括边坡稳定与开挖治理技术，地质灾害治理及预警预报技术，路堤与江湖海堤治理及预警预报技术，边（滑）坡的流固耦合计算与抗震计算等力学问题。

我国是一个多山、多地震与多地质灾害的国家，而且由于城镇人口稠密，高层建筑林立，边（滑）坡治理工程数量均居世界首位，科学技术也开始接近世界先进水平。但由于我国地质环境复杂，地质灾害种类多、分布广，技术水平相对较弱，建筑物安全系数较低，无论在工程建设时期，还是运行时期，都存在事故多、风险大的特点。与国外相比，尤其在施工工程机械、监测仪器研发、计算软件、预警预报手段等方面，还存在较大差距。

隧道与地下工程方面包括交通隧道（陆路和水路的公路隧道与铁路隧道），城市地下空间（地铁、地下街道、城市公共设施、商业和娱乐中心等），临时的基坑工程，水利工程中大型地下厂房，矿业巷道，防护工程等，其工程技术主要包括土质与岩质地下工程变形破坏机理与设计技术、基坑工程围护结构设计技术、地下工程开挖施工技术及施工机械、地下空间开发、海底隧道施工开挖技术、大型地下厂房施工开挖技术、爆炸作用下地下工程防护技术等。

目前我国隧道工程、基坑工程及其他地下工程的规模与数量已居世界第一，相应技术也已逐渐进入世界先进行列，但在成套施工机械与监测仪器等方面，还与国外存在一定差距。无论国内国外，总体来说人们对隧道破坏机理的认识还很不够，至今仍缺少科学合理的设计方法，急需提高改进。隧道施工中存在的问题较多，如破碎软弱岩体中的冒顶垮塌问题，软岩中的塑性流变大变形问题，硬岩中的岩爆问题，岩溶岩体中的突水突泥问题等。

环境岩土工程主要包括自然岩土活动引起的环境工程、人类岩土活动引起的环境工程、岩土环境卫生工程 3 个方面。环境岩土工程目前最流行的分类是按环境问题的动因划分，包括大环境岩土工程，即人类与自然环境之间的共同作用问题。这类问题的动因主要是自然灾变，如地震灾害、火山爆发、海动、土壤退化、洪水灾害、温室效应和水土流失等。另外一类就是小环境岩土工程，即人类的生活、生产和工程活动与环境之间的共同作用问题。它的动因主要是人类自身。例如，城市垃圾、工业生产中的废液、废渣等有毒有害废弃物对生态环境的危害；工程建设活动如打桩、强夯、基坑开挖、盾构施工和修建水电站等对周围环境的影响；过量抽吸地下水引起的地面沉降等。我国是一个多地震、多地质灾害、多水灾、多风灾的国家，生态环境比较脆弱，加上管理技术水平相对较低，自然灾害与人为灾害较多。近年来，由于政府重视，国力增强，在环境岩土工程方面的投入大幅增长，取得了良好的效果，但总体来说与国际发达国家相比还有较大差距。

1.2　岩土工程的研究及发展现状

1.2.1　勘察与测试技术方向

岩土工程勘察与测试的主要内容有工程地质测绘、钻探及取样、工程物探、室内试验及原位测试、岩土工程检测与监测等。此外还包括地质灾害点的勘查工作，它是地质灾害防治的基本依据。

工程地质测绘是岩土工程勘察的一项基础性工作，是指在一定范围内调查研究与工程建设活动有关的各种工程地质条件，测绘成定比例尺的工程地质图，分析可能产生的工程地质作用及其对设计建筑物的影响，并为勘探、试验、观测等工作的布置提供依据。勘测工作一般在原地进行，目前已发展到可以采用卫星像片、航空像片和陆地摄影像片，通过室内判读调绘成草图，到现场有目的地复查与进一步判读照片反复验证，可以测绘出更精确的工程地质图，以提高测绘的精度和效率，减少地面调查的工作量。钻探是岩土工程勘察的基本方法，工程地质钻机按钻进方法可分为 4 类：冲击式钻机、回转式钻机、振动钻机及复合式钻机，我国已完成了 300m、600m、1000m、1500m 和 2000m 系列全液压地质岩心钻机的研制，为岩土工程勘察钻探装备的更新换代提供了现代化产品。在工程地质钻探中，需要采取保持天然结构的土样，即原状样，进行室内土工试验。取原状样须采用取土器，根据取土器下口是否封闭，分为敞口式和封闭式。根据取土器管壁的薄厚，分为薄壁取土器和厚壁取土器。工程地质钻探采取原状土样的方法有击入法、压入法和振动法。目前我国岩土工程勘察中，钻探、取样等均有了统一的技术规范要求。

工程物探是岩土工程勘察的重要方法，以研究地下物理场（如重力场、电场等）为基础，依据物探得到的不同地质体在物理性质上的差异，可判断与工程勘察有关的地质构造问题。工程物探具有透视性、效率高、成本低以及可以在现场进行原位岩土物理力学性质测试等优点，特别在查明覆盖层厚度及其变化，探测地质构造带，查明水文地质条件，进行岩溶、洞穴、废弃地下工程的探测等方面具有特殊的优势，因而在岩土工程勘察中日益得到重视和发展，并用于滑坡、软弱夹层的探测，城市地下管线探测。目前应用于岩土工程的物探方法主要有电法勘探、电磁法勘探、地震勘探、波速测试、放射性勘探、综合测井等。但各种物探方法都有一定的局限性，多数方法还存在多解性，尤其是一些先进物探设备来自国外，目前物探判读水平还相对较低，影响了物探的推广应用。

通过室内试验及原位测试获得岩土工程设计和施工参数，定量评价工程地质条件和工程地质问题的手段，是岩土工程勘察的组成部分。室内试验包括：岩、土体样品的物理化学性质，水理性质，静、动力学性质参数的测定。为验证大型工程的设计及其机理与理论还开展室内模型试验及土工离心模型试验。原位测试避免了对土体的扰动，因此在岩土工程勘察中越来越受到重视。土体的原位试验主要包括以下项目：静力触探、标准贯入、圆锥动力触探、载荷试验、十字板剪切试验、扁铲试验、旁压试验、现场渗透试验等。岩体的原位试验包括变形试验、强度试验和地应力测试三个方面，但试件尺寸与岩体工程相比相对较小，很难反映出岩体的真实强度与变形。

岩土工程检测内容相当广泛，最常规的内容是地基中的桩基检测，包括成孔质量检测、取芯检测、单桩竖向抗压静载试验、单桩竖向抗拔静载试验、单桩水平静载试验、低应变动力检测、高应变动力检测、静动法检测、声波检测等。由于桩基设计要求及施工能力的不断提高，单桩承载力越来越大，为解决静载试验在场地及堆载能力方面的局限性，还发展了将荷载箱置于桩底或桩身某处，利用桩上部与下部承载力互相平衡的试桩方法。岩土工程检测还包括复合地基的载荷试验、基坑及边坡工程中的锚杆及土钉的抗拔试验等内容。岩土工程现场监测目前已是基坑工程、地基处理及堤坝修筑、边坡工程、隧道工程等领域施工过程中必不可少的环节。信息化施工与设计已是当前岩土工程设计与施工的发展趋势，一方面确保了工程在施工与运行中的安全，另一方面将岩土工程实时施工状态及时反馈给设计人员，以便进行设计优化。主要监测内容有：建筑物和岩土体的变形监测，包括地表位移、沉降监测，土体内部的变形监测（测斜、分层沉降等），岩体内部的变形监测等；应力测量，包括土压力、岩体应力、支护结构应力等；地下水与孔隙水压力监测；温度监测等。

1.2.2　地基与基础工程方向

我国土木工程建设发展很快，建筑工程、高等级公路工程、高速铁路工程、机场工程、港口工程等近二十多年得到了飞速发展，推动了地基基础工程技术的进步。我国土地广阔，尤其是特殊土分布范围很广，导致我国地基基础工程的复杂性，此外土地资源紧张，山地多、平地少，因此要求填海造地与平山改地，进一步扩大了地基工程的范围。

基础工程的实践促进了基础工程理论、设计计算方法的发展。复合地基技术能充分利用天然地基承载潜能，可以提高工程效益，复合地基理论在我国得到很大发展，已发展形成广义复合地基理论。复合地基与浅基础、桩基础成为常用的地基基础形式，并相继发展了基础工程理论；在桩基础领域，发展了复合桩基理论和变刚度调平设计理论；沉降控制设计理论和设计计算方法也开始得到发展。

改革开放以来，我国引进和自主创新了多种适合我国国情的地基处理新技术、新工艺。不少地基处理技术处于国际领先地位，如真空预压首先在我国得到广泛的应用，近年还在不断发展，越来越多的土木工程技术人员掌握了各种地基处理技术。地基处理技术得到了普及和提高，地基处理理论和应用在我国都得到了快速发展。在探讨加固机理、改进施工机械和施工工艺、发展检验手段、提高处理效果、改进设计方法、地基处理技术综合应用等方面都取得不少进展。与国外相比，我国在某些地基处理施工机械和施工工艺方面尚有较大差距，有待进一步发展和提高。

在桩基础方面，为了满足工程建设的需要，在桩基设计理论、新桩型、新工艺方面得到了长足发展。复合桩基理论和变刚度调平设计理论是我国学者的贡献；近年结合各地具体工程地质，发展了多种异形桩，如挤扩支盘桩、DX 桩、X 形桩等；各种管桩、筒桩、螺旋桩在工程中得到应用；发展了灌注桩后注浆技术，有效提高了承载力；全套管全回转钻孔工艺，提高了大孔径钻孔桩的成孔质量及承载力；我国最长灌注桩已超过100m，超长桩的应用促进了对超长桩性状的研究。特殊土地基，如湿陷性黄土地基、盐渍土地基、冻土地基、膨胀土地基和岩溶地基中桩基施工工艺、设计计算方法、桩基工作性状研究都有了新进展。另外挤土桩施工环境效应及防治对策的研究也取得较大进步。

近 20 年来，复合地基技术在我国迅速发展，已形成了较系统的复合地基理论。目前在我国应用的复合地基类型主要有：由多种施工方法形成的各类砂石桩复合地基、水泥土桩复合地基、刚性桩复合地基、土桩复合地基、灰土桩复合地基等。近年还发展了多种长短桩复合地基技术、桩网复合地基技术。目前复合地基技术在房屋建筑、公路、铁路、堆场、机场、堤坝等土木工程建设领域得到广泛应用。但复合地基的承载力与沉降计算理论目前还落后于工程实践，有待进一步发展。

土工合成材料的应用被视为 21 世纪岩土工程的一个显著的特征，称为一次革命。新型土工合成材料的发展、各种土工合成材料在岩土工程加固中的性状、加筋土地基设计计算理论和方法、现场测试方法等方面的研究近年来得到较大的发展。但土工合成材料的作用机理，土工合成材料与地基土共同作用性状有待进一步研究。

高速公路、山地机场高速铁路的发展，对地基沉降的要求越来越高。在地基沉降计算理论和方法方面，虽然开展了不少研究，提出了许多地基沉降计算理论和方法，如弹性理论法、分层总和法、Skempton-Bjerrum 法、三维压缩非线性模量法、应力路径法、应变路径法、有限单元法等，特别是软黏土地基固结的沉降计算研究更多，但目前从总体来看，地基沉降的计算结果与实际还有较大差距。地基沉降难以正确预估，既有力学理论与力学计算方法的问题，也有土体本构模型与参数选用问题，这正是土力学迫切需要攻关的问题。在地基基础工程中数值计算方法正在逐步兴起，但与国际相比，还有较大差距，尤其是国内缺乏有影响的计算软件。近年来，监测手段与信息化的快速发展，极大地推动了地基基础工程的现场原位检测、地基处理的动态设计、信息化施工方法的发展，同时也确保了地基基础工程的质量。监测仪器与监测方法的进步，也是近年发展的显著特点。此外，在地基基础工程施工领域，我国的施工机械能力，尤其是成套技术与国外相比差距较大。

1.2.3 边（滑）坡防治工程方向

近年来，随着我国经济建设与基础设施的发展，边（滑）坡工程的数量、范围、规模大幅增加，建筑边坡、交通边坡、矿山边坡、水利边坡与地质灾害治理工程的数量与质量都达到了空前发展，位居世界首位。工程质量与科技水平也日益提高，设计、施工技术规范也日益完善。

边（滑）坡防治工程的科学技术不断提高，主要表现在如下几个方面：

（1）边（滑）坡防治措施不断增多，尤其是新型支护方法与支挡结构类型不断涌现，如锚固技术方面，高陡边坡的锚杆挡墙、锚杆框架、预应力锚索框架、锚拉抗滑桩等技术的应用已十分普遍；边（滑）坡工程中新材料广泛应用，如加筋挡墙与水泥及胶结材料灌浆等技术；抗滑桩技术水平大幅提高，新型埋入式抗滑桩即抗滑短桩逐渐得到应用，经济效益十分显著；高密度微型桩（小直径群桩）在工程中被逐渐采用，尤其是在应急抢险工程中发挥了积极作用；此外，边坡防护与绿化等新技术的不断开发保护和改善了环境。

（2）稳定分析方法与支挡结构设计计算方法迅速进步，表现在经典计算方法包括土压力计算方法与极限平衡法日益成熟，而且在我国首次发展了支挡结构侧向岩石压力的解析计算方法，并纳入规范，得到了广泛应用；对传统极限平衡法中的计算公式进行了比较，总结出几种较为科学合理的方法而在国内推广；对国内广泛应用的传递系数法，进行了深入分析，并指出其应用中要注意的问题，提高了边（滑）坡稳定分析的科学性；在前人的基础上，发展了适应性极广的数值极限计算方法，尤其是有限元强度折减法的快速兴起，为边坡、基坑工程、地质灾害治理工程设计提供了强有力的工具，在国内土坡与岩石边坡工程中广泛应用，并开始应用于加筋土边坡、地震作用下边坡及边（滑）坡预报中。在应用数值极限方法解决边（滑）坡工程设计计算方面，已在新型埋入式桩与多排抗滑桩设计计算中取得了突破性进展，其应用水平已进入世界领先行列。

（3）在边（滑）坡施工领域中监测手段仪器类型快速发展，尤其是动态施工法得到普及。GPS等高科技监测手段的应用，极大地推动了边（滑）坡信息化施工、动态设计及地质灾害预报预警工作的发展。目前主要应用的监测手段是地面和深层位移监测，这十分适用于土坡与基坑；而岩石边坡位移量小，采用位移监测数据精度较低，为此我国研发了沿固定滑面的滑动力测试传感器，为岩石边坡的预警提供了新的方向。此外，在地质灾害监测光纤传感技术及其应用方面也取得重大进展。总之，地质灾害监测预警技术体系已基本形成，地质灾害遥感调查正由示范性试验阶段步入全面推广的实用性阶段。监测技术和设备也取得了长足的进步，设备精度、监测设备性能已具有较高水平，并开发了部分高精度（微米级位移识别率）、自计、遥测、自动传输的监测设施，但与国外相比，还有一定差距。

目前我国地质灾害治理还存在如下问题：①我国山多地广，边（滑）坡工程量大面广，存在着事故较多、风险较高的突出问题。②地质勘测、地质灾害勘查难度大，滑面位置与岩土强度等勘察资料不确定性大，为边（滑）坡治理带来严重隐患。③边坡与地质灾害治理技术水平仍然较低，存在工程费用高、环境破坏大、资源浪费多的问题。④目前我国边（滑）坡与地质灾害规范对安全系数的定义、设计安全系数的取值、采用的稳定分析方法、岩土强度参数及其试验方法的规定等都还不统一，甚至还存在一些错误的地方，需要进一步规范，这对工程的可靠性与合理性十分重要。⑤目前地质灾害监测技术虽有较大进步，但对如何应用监测数据准确预警预报，仍存在较大的问题，这方面需要有重大的突破。我国边（滑）坡数量众多，要全国范围采用监测预警方法，无论在经费上还是人员监测水平上都存在问题，必须对监测方式、监测项目、技术要求、人员培养等方面进行规范。

1.2.4　地下工程方向

我国现代城市地下空间开发利用最早是 1965 年开始建设的我国首条地铁工程——北京地铁 1 号线，而城市地下空间的全面开发源于人民防空工程。1978 年提出了"平战结合"的人防工程建设方针，对既有人防工程进行改造，在和平时期可以有效利用；新建工程必须按"平战结合"的要求进行规划、设计与建设。1986 年 10 月国家进一步明确了人防工程平战结合的主要方向是与城市建设相结合。1997 年 10 月建设部颁布了《城市地下空间开发利用管理规定》，明确规定了"城市地下空间规划"是城市规划的重要组成部分，有效地推动了全国大中城市地下空间的开发利用。同时，我国一些省份与城市也制定了各自的管理规定，如《上海市地下空间规划编制导则》《天津市地下空间规划管理条例》《深圳市地下空间开发利用暂行办法》等，为城市地下空间的发展提供了科学的指导。

在隧道及地下工程设计方法方面，逐步形成了荷载-结构法、地层-结构法及经验类比分析法、收敛-约束法等设计计算方法。荷载-结构法基于岩土松散体理论，是目前工程实践中普遍采用的方法，一般情况下难以充分反映实际情况。地层-结构法是将隧道结构与围岩视为一体，作为共同的承载体系，根据变形协调条件主要采用 FEM 的方法计算围岩与衬砌结构的受力。这种方法基于岩土弹塑性理论，较好地反映了隧道承受变形压力的实际情况。但这种方法缺少设计依据，没有给出设计安全系数，主要依据设计人员经验确定结构尺寸，这是需要改进的地方。经验类比分析法则是当围岩条件（围岩类别、弹性波速度、裂隙系数、围岩强度比、相对密度、细颗粒含有率等和地下水情况）及隧道设计施工等条件（支护形式、地形条件、施工方法、辅助工法等）类似时适合采用的设计方法。这种方法实际上是普遍应用的，各行业规范都提供了相应的经验数据。收敛-约束法是依托隧道周边典型位置地层收敛变形曲线和衬砌结构特征曲线，确定最优的支护时机和衬砌结构参数。

随着岩土及地下工程的发展，提出了有限元强度折减法，国内首先将这种方法应用于隧道及地下工程，使隧道及地下工程的设计计算与稳定分析进入了一个新的时代。有限元强度折减法是通过不断降低围岩抗剪切强度数值直至其达到极限破坏状态，进而得到隧道的破坏面和安全系数，定量评价隧道的稳定性；同时，根据破坏面和安全系数的大小来评定设计的合理性，并由此对支护参数和施工工艺提出改进建议。

在隧道及地下工程的建造技术与装备方面，新奥法（NATM）、岩石掘进机法（TBM）等典型的岩石地层地下空间建造技术，盾构法（SM，泥水平衡、土压平衡）、顶进法等典型的软土地层地下空间建造技术，沉管法等水底地下空间建造技术，地铁车站施工混合工法（包括曲线管幕法、三圆盾构法和矩形顶管法等），地铁车站绿色智能施工技术——智能化预制拼装技术，地层冻结技术，以及沉井式地下车库施工技术等都得到了广泛的应用和长足的发展，如 2019 年 9 月开工建设的济南黄河隧道开挖直径为 15.76m，是目前世界上最大直径公轨合建盾构隧道。

沉管法是修建水底隧道常用的方法之一。与盾构法相比，沉管法对地层条件要求低、埋深浅、断面形式灵活、可平行作业。由于沉管法隧道在经济、技术上的独特优点，并随着一些关键技术（防水技术、浮运沉放技术等）的逐步解决和日趋完善，沉管隧道受到很多国家的重视。目前，世界上已建和在建的沉管隧道达到了 100 多座。2018 年 10 月通车的港珠澳大桥拱北隧道采用曲线管幕和冻结法，岛隧部分采用 33 节每节长 200m 的沉管建造完成，这充分体现了我国在这一领域的设计、科研、施工建造的领先的技术水平。现代压气沉箱法是采用了压缩空气的沉箱工法，随着自动化作业的实现，压气工法的安全可靠性得到工程界的广泛认同，在地铁车站、地下停车库、隧道竖井、连续隧道等领域得到了广泛的应用。

综上所述，城市地下空间与工程正在我国蓬勃兴起，技术上逐步赶上世界先进水平。但在地下空间生态规划、隧道及地下工程施工设备与施工方法的创新等方面还与国外存在一定差距。

1.2.5　基坑工程方向

基坑工程是指建筑物和构筑物的地下结构工程在施工时，进行基坑支护、地下水控制和土方开挖，以及确保基坑周围的建（构）筑物、道路和地下管线正常工作的综合性系统工程。它主要包括岩土工程勘察、基坑支护结构的设计和施工、地下水控制、基坑土方开挖、工程监测和周围环境保护等。

近 20 多年来随着城市建设和地下空间应用的不断发展，高层、超高层建筑日益增多，地铁车站、铁路客站、明挖隧道、市政广场、桥梁基础等各类大型工程不断涌现，我国基坑工程日益增多，深大基坑不断出现，基坑工程理论与技术水平得到高速发展。围护结构形式、地下水控制技术、围护结构计算理论、基坑监测技术、信息化施工技术以及环境保护技术等各方面都得到了很大发展和提高。

1. 多种围护结构形式得到发展和应用

随着基坑工程的发展，各地发展了许多具有中国特色的围护结构形式，如土钉和复合土钉围护形式、多种排桩墙围护形式、门架式围护形式等。我国科技人员对促进基坑工程维护结构形式的发展做出了很大的贡献。我国基坑工程常用的围护形式大致有如下 4 类：

（1）放坡开挖及简易支护。主要包括放坡开挖；以放坡开挖为主，辅以坡脚采用短桩、隔板及其他简易支护或辅以喷锚网加固等。

（2）加固边坡土体形成自立式围护。主要包括水泥土重力式围护结构；各类加筋水泥土墙围护结构；土钉墙围护结构；复合土钉墙围护结构；冻结法围护结构等。

（3）挡墙式围护结构。主要包括悬臂式挡墙式围护结构、内撑式挡墙式围护结构和锚拉式挡墙式围护结构。另外还有内撑与拉锚相结合挡墙式围护结构等形式。挡墙式围护结构中常用的挡墙形式有：排桩墙、地下连续墙、板桩墙、加筋水泥土墙等。排桩墙中常采用的桩型有：钻孔灌注桩、沉管灌注桩等，也有采用大直径薄壁筒桩、预制桩等不同桩型。

（4）其他形式围护结构。主要包括门架式围护结构、重力式门架围护结构、拱式组合型围护结构、沉井围护结构等。

每种围护形式都有一定的适用范围，而且随工程地质和水文地质条件以及周围环境条件的差异，其合理围护高度可能产生较大的差异。

2. 基坑工程设计计算理论方面的发展

基坑工程的设计计算理论方面的发展包括土压力计算、新型围护结构的设计计算方法、基坑工程变形计算、基坑工程稳定分析以及按变形控制基坑工程设计理论等多个领域。

在库仑和朗肯经典土压力理论基础上发展了考虑变形大小以及土体蠕变影响的土压力理论。

为了有效控制基坑工程变形，保护环境，发展了按变形控制基坑工程设计理念。当允许基坑周围地基土体产生较大变形时，基坑围护设计可按稳定控制设计；当不允许基坑周围地基土体产生较大变形时，基坑围护设计应按变形控制设计。按变形控制设计不仅要求围护体系满足稳定性要求，还要求围护体系变形小于某控制值。但传统的算法只能计算围护结构受力后的结构变形，而不能计算基坑开挖后支撑结构设置前土体产生的位移。近年来数值分析法在基坑工程中逐渐得到应用，可以较好地解决上述问题，并估算围护结构与基坑周围土体的位移。

随着许多新型围护结构的出现，相应的设计计算方法也得到了发展。如土钉和复合土钉墙围护设计计算方法，门架式双排桩围护结构设计计算方法，水泥土重力式围护结构设计计算方法，拱式组合型围护结构设计计算方法等。许多围护结构设计计算理论随着工程应用的发展不断得到改进和发展。

3. 地下水控制技术方面的发展

地下水控制技术包括地下水控制计算能力、地下水控制施工能力和地下水监测能力等几个方面。随着复杂条件下深大基坑工程建设的需要快速增加，无论是浅层潜水还是深层承压水，无论是降排水还是止水，或者是降排水与止水相结合（包括降排水与回灌水结合），以及降排水对周围环境影响等方面的设计计算能力、施工能力和监测能力都有很大提高。

4. 基坑工程施工技术的发展

基坑工程施工主要包括围护结构施工、地下水控制施工和土方开挖施工三部分。随着基坑工程发展，上述三方面的施工技术都得到很大发展。

在围护结构施工方面，地下连续墙施工技术、加筋水泥土连续墙施工技术、排桩墙施工技术、土钉施工技术、锚杆和锚索施工技术等都有很大提高。许多新机械、新技术和新工艺在围护结构施工中得到应用。如可回收锚索施工技术的应用扩大了桩锚围护结构的应用，可回收土钉施工技术的应用扩大了土钉墙和复合土钉墙围护的应用。

地下水控制施工技术主要包括止水帷幕施工技术和降水施工技术。在止水帷幕施工技术方面，高压喷射注浆技术、深层搅拌技术、TRD技术（Trench Cutting Re-mixing Deep Wall Method，即混合搅拌壁式地下连续墙施工技术）等技术水平的不断发展提高了止水帷幕施工能力。在降水施工技术方面，轻型井点降水技术、喷射井点降水技术、各种管井降水技术等在基坑降水中得到应用，可满足基坑降水施工的要求。

在土方开挖施工技术方面，适用多种复杂环境的各类挖土机械和开挖方式得到发展，人们越来越重视土方开挖施工组织的合理编制，重视利用时空效应，分层分区开挖，实现信息化施工。由于采用了监测技术和信息化施工，基坑施工大大减少了工程安全事故的发生。

基坑是一个临时工程，施工是一个关键问题，如何提高施工中的安全性，加快施工进度，降低工程费用，还有许多技术工作要做，尤其是开发大型专业施工机械和成套设备。如日本开发了围护结构压入式施工工艺与成套设备，其施工的安全性、快速性与效益大幅提高。

5. 基坑工程环境保护方面的发展

基坑工程对环境的影响主要来自两个方面：地下水位下降和基坑围护结构的位移。近年来不少专家学者应用数值分析方法，研究了地下水位下降和基坑围护结构的位移对周围建（构）筑物和地下管线的影响。同时还探讨了各类建（构）筑物和地下管线对地基土体的沉降和水平位移的抵御能力。按变形控制设计基坑围护体系不仅要求围护体系满足稳定性要求，而且围护体系变形要求小于变形控制值。原则上，控制量应根据基坑周围环境条件因地制宜确定，以基坑变形对周围市政道路、地下管线、建（构）筑物不会产生不良影响，不会影响其正常使用为标准。目前国内各种基坑规范也都给出了这一控制值，大都是依据经验确定。在如何科学合理地确定控制值方面，目前的理论研究落后于工程实践。

对基坑工程周围建（构）筑物和地下管线的保护除控制围护体系变形，要求小于变形控制值外，有时也可直接对基坑工程周围的建（构）筑物和地下管线地基进行加固。如对建（构）筑物进行桩基托换，对地下管线周围土体进行土质改良等措施。对基坑工程周围的重要的建（构）筑物和地下管线可采取综合措施。

1.2.6 环境岩土工程方向

早期的环境问题源于城市垃圾，因而并没有引起足够的重视。20世纪80年代是环境岩土工程的发展时期，在美国有两项重大举措：一是制定了严格的废料存储设施的条例；另一项是公布了全面环境回应、补偿与责任法案。此后由于工业化程度的大力发展以及人们环境意识的提高，环境岩土工程得到迅速发展。

环境岩土工程是岩土工程与环境工程的交叉学科，涉及岩土力学、环境工程、化学工程、生物学、土壤学、水文学、地质学以及社会科学等多种学科。环境岩土力学理论与工程应用的主要研究领域包括：污染物运移理论、固体废弃物工程特性与垃圾填埋场工程、固体废物处理处置与资源化技术、土壤与地下水修复技术等，地下水开采引起的地面沉降变形也可纳入环境岩土力学问题，目前国际环境岩土工程的研究重点是在废弃物填埋场及污染土处理的相关内容上。

在污染土研究方面，国内研究始于 20 世纪 60~70 年代，主要是由于在老企业厂房的改建过程中，发生地基土被废液污染，导致建筑物破坏的事故。污染土研究主要包括污染物离子在土层中迁移规律和污染土力学性质的研究。

污染土的力学性质研究都是针对具体的工程，以岩土工程勘察评价为目的，对已污染的土做基本力学性质的测试，如压缩、直剪试验等，通常都是取原状样，也有少数与未被污染的土进行了对比试验，试验方法以室内压缩和直剪试验为主。刘汉龙和朱春鹏等采用人工制备土样的方式，分析了不同酸碱度下土体的工程特性以及治理措施。污染土在干燥条件下有时会发生结晶膨胀，从而导致建筑物损坏。范青娟等对地基土浸碱膨胀做了膨胀率和膨胀力的室内和现场试验，试验结果表明室内试验与现场试验结果比较接近。有机污染物对土体性质的影响，主要是对腐殖质进行一些土壤化学方面的研究，力学方面的研究未见报道。截至目前，还没有人对污染土进行回弹试验、蠕变试验和动力特性试验。

关于污染土性质研究所采用的测试技术主要还是岩土工程勘察的常规方法，如钻探、物探、原位测试、室内土工试验，还没有专门的用于污染土的试验仪器和勘察设备。随着测试技术的快速发展，各种新的测试方法被应用于环境岩土工程领域。Gerald 等采用动电技术进行了污染物的调查研究。Rowe 等提出了监测土体污染的复杂的电容率测量体系。Mary 等采用电修复技术进行污染土的处理研究。查甫生等将电阻率法与环境岩土工程相结合，分析了土体中污染物浓度和类型与电阻率之间的变化关系。随着离心模型试验设备的迅速发展和模拟技术的提高，土工离心机已成为污染物迁移模拟的一个重要手段。清华大学的胡黎明、张建红和邢巍巍等利用离心机进行了土壤中污染物扩散的研究，分析非饱和土中含水量的变化和迁移机理，验证相关的模型相似律，该结果为进一步分析土壤中的无机污染物扩散机理提供了良好的研究基础。

垃圾废弃物研究主要是城市生活垃圾的处理。关于城市生活垃圾的处理方法主要有 3 种：堆肥、填埋和焚烧。对于有机物含量较高的垃圾，采用焚烧法；无机物含量较高的垃圾，采用填埋法；可降解的有机物较多时，采用堆肥法。当前我国最主要的垃圾处理方法是采用填埋法。

垃圾填埋研究中最重要的是垃圾渗滤液的处理，通过研究提出 7 种方法：化学沉淀法、活性炭吸附法、吹脱法、膜分离技术、微电解法、催化氧化法和生物法。另一问题是垃圾场边坡的稳定性，越来越受到人们的关注，很多学者对其进行了现场和室内试验研究。目前大多集中在静力试验研究方面，动力特性研究较少。张国栋等对垃圾土的动剪切模量和阻尼特性及影响因素进行了分析。Bray 等采用等效线性化处理垃圾土的非线性应力应变关系，对填埋场进行了一维地震响应计算，并采用 Newmark 方法计算填埋场的永久变形。美国的联邦法律对在地震区建造填埋场做了详细的规定，要求位于地震区（指在 250 年内其基岩水平地震加速度超过 0.1g 的概率至少应达到 10%）的垃圾场，必须能够承受设计最大水平加速度的地震动，而且除经特别批准外，垃圾场必须位于距活断层 60km 以外的地方。此外，美国的环境保护协会（EPA）1993 年制定了 "Solid Waste Disposal Facility Criteria"，对填埋场的地震设防做了详细技术说明，并给出了用拟静力法进行地震分析时地震系数选取的简化方法。在试验和监测等方面，美国、欧洲和东亚等国家也进行了一些研究工作。

总体来说，国内的卫生填埋技术总体水平比国外落后 15 年左右，在防渗及渗滤液处理、沼气控制利用、封场及填埋专用仪器设备等方面还远不够完善，技术转化率低，缺乏具有原创性和自主知识产权的新技术和新工艺，尤其在技术集成与工程化方面缺乏足够的支撑。

1.3 岩土工程主要研究方向与关键课题

1.3.1 发展原位测试技术

岩土工程研究与应用主体是特定的岩土材料，岩土材料的复杂性在于该介质的地质历史产物的多变性和不确定性。土样从土层取出后地应力就被卸除，即使再精细的取土技术也不能保证室内测定的参数与原位一致。节理岩体更无法取样试验。因此，大力发展原位测试技术，是获得可靠计算参数，降低岩土不确定性的有效途径。而开发高精度、多功能的测试仪器设备也将是未来研发的必然方向，如：桩基无损检测技术中的钻孔电视成像技术、超声波 CT 层析成像技术、用于观察土体污染状况的可视化静力触探测试等。

地球物理方法采用不同类型的脉冲（例如，剪切波和压缩波，电磁、化学和热能输入）激发场地以量测场地的反应。目前已被有效运用于工程地质勘探中，该方法可能会在以下领域推动岩土工程理论和实践的发展，例如，地层的划分和结构组成、岩石的裂隙鉴定、水流情况和水文地质特性的评估、小应变参数和各向异性原位应力状态的确定以及地下结构物和其他构筑物的侦测和监控。

随着物理学、数学，特别是电子技术、计算机技术的发展，物探还有更大的发展空间。目前地球物理场的观测空间已从地面发展到地下（如地下物探）、水域（如海洋物探）、低空（如航空物探）以至空间的遥感技术。工程物探的发展方向是扩大和提高岩土工程多波勘探仪器装备的精度和适用范围，开发新的高精度、多功能的测试仪器装备和相关技术，发挥岩土工程物探探测速度快、测点密度大、成本相对较低等优势，进一步提高岩土工程多波勘探方法精度，使岩土层的探测精度能达到钻探取得的精度甚至更高。

1.3.2 破坏和变形细观机制研究

随着岩土工程领域的不断拓展，特别是在深地、深海、深空工程（"三深工程"）方面需要面对更多复杂的岩土材料和环境条件。基于连续介质和唯象的常规土力学理论与方法在描述岩土材料的非连续性、大变形和破坏等复杂特性以及复杂环境影响上有许多缺陷。通过考虑岩土细观不同种介质分布和特性的力学数值计算，可以对岩土的力学响应和破坏过程作进一步地分析和研究，并可用计算结果来建立适用于宏观计算的岩土本构模型和参数，这样可以建立细观和宏观不同尺度的计算和分析的耦合。同样地，可以利用岩土介质微观的数值图像和力学特性来计算和预测其在细观上的力学响应和破坏，这样，可以实现宏观-细观-微观不同尺度耦合的非均匀岩土材料力学分析和预测。

利用数字图像作为物体或材料介质实际空间分布的测量和表述手段，并进一步将其直接输入到数值计算与分析方法中来研究过去相关工作和认识中的不足和困难或探索新的知识和规律，这将会是力学研究的一个新的热点，需解决的问题如下：

（1）建立适用于各种岩土工程问题的多场、多过程、多种计算方法耦合的、计算效率高的离散单元法，特别是适合结构性黏土、裂隙土等疑难土的多场耦合离散单元法。这一方面的研究既可能涉及分子或纳米尺度上的物理力学机制，又需要高效的耦合计算方法。由于需进行数亿甚至数万亿颗粒的计算，这对计算能力的要求会很高。

（2）针对真实工作环境，建立"三深"疑难岩土体的静动力接触模型和全生命周期内的土体微、细观结构演化与宏观特性的关联。这方面的研究既需要模拟高/低温、高水压、高真空和化学等极端环境的微、细观尺度上的试验技术，又需要解决代表性单元尺度效应与试验测试精度限制的矛盾，还需要发展三维土体内微、细观结构信息的提取与处理分析技术。这需要多功能、高精度、大量程 X 射线、CT 等技术的进一步发展。

（3）建立基于微细观机制的，能够反映复杂应力路径影响的实用化本构理论，并解决"三深"中各种复杂、疑难的与岩土力学与工程有关的核心问题。在不同岩土工程问题中，土体经历的应力路径不尽相同，当前土工测试技术尚难以准确获取现场原状土体的应力路径和力学性状。因此，可以考虑采用离散单元法对典型岩土工程边值问题进行模拟，获取土体应力路径，进行相应的室内试验研究，弄清复杂应力路径下疑难土的力学特性；同时基于微细观机制建立反映这些力学特性的本构模型并进行合理简化，从而建立实用化本构模型。

1.3.3　非饱和土和特殊土力学特性研究

我国地域辽阔，岩土类别多、分布广。以土为例，软黏土、黄土、膨胀土、盐渍土、红黏土、有机质土、结构性土等特殊土都有较大范围的分布。如我国软黏土广泛分布在天津、连云港、上海、杭州、宁波、温州、福州、湛江、广州、深圳、南京、武汉、昆明等地。人们已经发现上海黏土、湛江黏土和昆明黏土的工程性质存在较大差异。以往人们对岩土材料的共性，或者对某类土的共性比较重视，而对其个性进行深入系统的研究较少。对各类各地区域性土的工程特性开展深入系统研究是岩土工程发展的方向。

近十余年来，填土、湿陷性黄土、膨胀土、冻土、膨润土以及结构性土是主要研究领域，对其土的基本特性（包括静动力作用下的变形、强度、水气渗透、持水性和结构性）、应力理论（包括有效应力和应力状态变量）、本构模型是研究重点，结构性模型、多因素耦合模型（包括 T-H-M-C、干湿循环和冻融循环）和缓冲/回填材料是研究的热点和亮点；反应敏捷且操作简便的吸力测量装置、非饱和土的动力特性、非饱和土的三维强度准则、非饱和原状土（特别是原状黄土）的土压力理论、生物化学作用对土的性质的影响等是今后研究的重要方向。

1.3.4　土动力学与岩土地震工程发展研究

土动力学和岩土地震工程是岩土工程学科的一个重要分支，围绕土木工程建设及可持续发展的国家需求，研究地震、爆炸、波浪、交通等各种动荷载作用下土体的变形与强度特性，以及土工建（构）筑物的抗震性能与灾变行为，发展重大工程灾变评价方法与控制技术，实现基础设施的安全服役。其研究热点主要有：

1. 土、堆石料的动力特性与本构模型

土、堆石料的动力特性与本构模型有：自然状态土的动力特性与破坏机制；土、堆石料的速率效应与动强度理论；不规则动荷载的等效方法及其作用下土、堆石料的力学特性；土在长期循环荷载作用下的力学特性；液化后土的力学特性；考虑颗粒破碎的实用动力本构模型；土、堆石料精细化本构模型研究与实用化，本构模型的三维化方法。

2. 动荷载作用下饱和土的液化

动荷载作用下饱和土的液化包括：初始各向异性、结构性对土液化特性的影响；粉土、含细粒砂土、黄土与砾石类土的液化机制与判别；爆炸、波浪荷载下土的液化特性；从场地液化到地基液化的判别准则；液化后土体大变形的预测与评价方法；液化与土层地震动关联性理论，液化对地震动影响机制和评价方法；先进的（如物理、化学、生物）抗液化加固处理技术。

3. 岩土体的地震变形与稳定性分析

岩土体的地震变形与稳定性分析包括：地震土压力计算理论与方法；非线性数值方法，尤其是材料软化后数值方法的有效性；岩土体渐进破坏过程的弹塑性模拟以及破坏机制与灾变模式；地基动承载力计算理论及方法；土质高边坡动力稳定性分析理论与震害预测方法。

4. 土与结构动力相互作用

土与结构动力相互作用包括：接触带厚度及接触带内土变形的非均匀性；土与结构接触界面能量反射与透射的数值模型与方法；高精度和高效率的人工边界条件；界面接触、滑移、开裂与闭合等几何非线性；近场非线性复杂波动问题数值模拟高效算法。

1.3.5 环境岩土工程的研究热点

1. 污染物运移理论

主要研究：大尺度地下水运动模拟技术、污染状况监测技术、各类污染物在包气带和地下水系统中的迁移规律，以及土壤与地下水污染场地风险分析和安全评价理论与方法。由于污染物的多样性，特别是日益严重的非水相流体有机污染物，以及涉及物理、化学和生物等作用的污染过程的复杂性，土壤中多相渗流和多过程耦合理论模型与模拟技术是主要的科学问题。

2. 固体废弃物工程特性与垃圾填埋场工程

重要科学问题包括：固体废弃物变形、强度和本构关系等方面的研究以及垃圾填埋场边坡稳定、沉降，与垃圾填埋场内结构物的相互作用问题；垃圾体中渗滤液和填埋场气体的运动规律和控制技术；城市卫生填埋场阻隔垫层和表面覆盖层的力学与水力特性；填埋场污染监测与控制技术；填埋场基础的变形与稳定；土工合成材料工程性质与应用等。

3. 固体废物处理处置与资源化技术

我国固体废物的处理原则是无害化、减量化和资源化，与此相关的研究领域包括：核废料地质处置技术中渗流、温度、应力、变形等多场耦合问题；建筑垃圾的重复利用；

城市污水厂污泥、工业固体废物、疏浚淤泥的无害化和资源化；尾矿脱水、输送、资源化等处理技术；固体废物储存场地的安全运行和生态修复。

4. 土壤与地下水污染修复技术

目前亟待研究的污染控制与原位修复技术包括：地下水水力控制与抽出处理、土壤气相抽提与地下水曝气、气压劈裂等技术，其核心科学问题为多孔介质水气多相渗流以及与化学、污染物运动等多物理场耦合机理和理论的研究。

1.3.6　滑坡预报发展研究

滑坡的预报研究虽已有数十年的历史，取得了较大的进展，但至今尚有许多关键问题没有解决，滑坡滑动时间预测预报理论和方法还不成熟。根据已有研究中存在的问题及目前学科的发展现状，预计今后滑坡预报的发展研究将集中于以下几个方面：

1. 基于岩土体蠕变（流变）理论的滑坡变形过程及动态趋势预测预报研究

无论学科如何发展，依据于黏弹塑性力学的岩土体蠕变（流变）理论是滑坡滑动时间预报的基础。根据岩土体蠕变理论，滑坡的变形破坏是其内部应力和岩土体强度随时间不断变化的结果，位移、应变大小及其速率是这种变化的直接和间接反映，所以岩土体蠕变理论揭示了滑坡变形破坏的本质，描述了滑坡应力、强度、应变位移随时间变化的内在规律。因而，以岩土体蠕变理论为基础，研究滑坡变形过程中应力、强度、应变、位移、应变（位移）速率等随时间变化的物理规律，进而预测滑坡滑动时间，应是滑坡滑动时间预测预报研究的突破口之一。

2. 多因子综合预测预报研究

在滑坡形成过程中，滑体在宏观和微观上有多种物理、化学表现：应力、应变、位移、应变速率、岩土体强度、弹性波波速、电阻率、声发射参数、地温、地下水位、地下水化学场等。所有这些参数都可作为滑坡预报的因子，但如何选取能够反映滑坡动态过程的最佳因子，描述滑坡变形过程的物理、化学规律是滑坡预报的关键。

3. 基于非线性动力学的滑坡预测预报研究

尽管已有多种数学模型用于滑坡滑动时间预报，但尚无一成熟模型，均需要在实践中改进、完善。非线性动力学思想的提出，为建立滑坡变形过程的物理方程提供了一条新的途径，这无疑会在今后的研究中掀起热潮。

4. GIS 技术在滑坡预测预报中的广泛应用

地理信息系统（GIS）产生于 20 世纪 60 年代。它是随着人们对自然资源和环境的规划管理工作的需要以及计算机制图技术的应用而诞生的，是一种对大批量空间数据进行采集、存储、管理、检索、处理和综合分析，并以多种形式输出结果的计算机系统。国外尤其是发达国家，在将 GIS 应用于地质灾害研究方面已做了大量工作。从 20 世纪 80 年代至今，GIS 技术的应用也从数据管理、多源数据集数字化输入和绘图输出，到地面数字高程模型（DEM）或数字地形模型（DTM）模型的使用，到 GIS 结合灾害评价模型的扩展分析，到 GIS 与决策支持系统（DSS）的集成，再到网络 GIS，逐步发展扩大应用。可以预见，通过 GIS 与数值模型的结合，有效地建立适当的区域潜势分级以及提高灾害预测的准确度仍是今后研究的重点方向与发展趋势。

5. 智能学预测方法在滑坡预报中的应用

随着概率论、数理统计、灰色系统理论、模糊数学等现代数学理论的诞生和广泛应用，国内外学者在此基础上建立了多个滑坡预报模型。还有不少学者引入了马尔科夫预报、模糊数学方法预报、正交多项式最佳逼近模型（周创兵等）、梯度-正弦模型（崔政权）、泊松旋回预报和图解法等多种方法，使滑坡预报方法向定量化方向迈进了一大步。其中，以遗传算法、模糊逻辑和神经网络为代表的计算智能科学理论在工程学科的应用中独树一帜，在滑坡预报方面的应用也必将对该研究领域作出创新性贡献。

6. 人类活动在滑坡演变过程中的作用和定量评价研究

随着人类活动的增加和活动范围的扩大，因不合理人类活动诱发的滑坡越来越多，所以人类活动在滑坡演变过程中的作用机理及其定量表现，也将是滑坡滑动时间预报研究的重要方向之一。

7. 水在滑坡演变过程中的作用和定量评价研究

水（包括地表水、地下水）在滑坡变形破坏过程中作用极大，然而其在滑坡变形破坏中的作用机理及其定量表现，一直是滑坡预报研究中的难点。在今后研究中，其仍将是重点课题之一。

1.3.7 高科技手段在岩土工程中的应用

1. 大范围位移监测合成孔径雷达

大范围位移监测的合成孔径雷达 SAR（Synthetic Aperture Radar），是利用载有雷达飞行平台的运动，得到长的合成天线，通过向太空发射电磁辐射波（EMR），并接收其反射波的强度与延时，由此获得高分辨率的图像。通过两幅或两幅以上的雷达遥感图像进行相位干涉处理的技术，称为干涉雷达（InSAR）技术。该技术是 SAR 技术中的精华部分，最大的特色在于可以分辨出数毫米的地面位移变化，并且可以得到高精度的地面数字高程模型（DEM），这些技术在地质灾害监测及预警系统领域已做过有益的实践，在某些领域取得了显著效果。

2. 全球卫星定位系统

全球卫星定位系统即 GPS（Global Positioning System），20 世纪 70 年代初期，美国国防部主持设计和研制 GPS 卫星导航定位系统时，明确将其用于军方，到 1994 年 3 月美国建成了由 24 颗卫星组成的、覆盖率达 98％的 GPS 卫星星座。卫星可同时发射两种信号（C/A 码和 P 码），以保证在任何地方、任何时候同时观测到 4 颗以上 GPS 卫星星座。俄罗斯的 GLONASS（Global Orbiting Navigation Satellite System）系统则是另外一套全球定位系统。全球定位系统能为全球任意地点及任意多个用户同时提供高精度、全天候、连续的、实时的三维定位与三维测速和时间基准。随着 GPS 接收机的改进，数据处理方法的优化，目前可以利用 GPS 卫星发送的导航定位信号进行厘米级甚至毫米级的精度定位，米级甚至亚米级的动态定位，亚米级甚至厘米级的速度测量和毫微秒级的时间间隔观测。在滑坡监测方面，在水平和垂直方向，其精度可分别达 1.5cm 和 3cm。由于具有全天候、可同时测量观测点的三维位移、测站之间无须保持通视、经费低廉等优点，以及在实时定位、导航和测速等方面具有高效率、高精度、多功能等特点，近几年来许多国家竞相利用 GPS 及 GLONASS 已有的系统，进行地质灾害的观测与预报。

3. 地下剪切破坏形态监测技术

地下剪切破坏形态监测技术（TDR，Time Domain Reflectometer），是一种电子测量技术，最早应用于电力和通信工业上，用来确定通信电缆和输电线路的故障与断裂。在20世纪70年代后期和20世纪80年代，美国矿业局广泛采用了 TDR 技术寻找地下煤矿中的塌陷层。20世纪90年代以后，在欧美等发达国家 TDR 技术已开始在滑坡监测中得到广泛应用。用 TDR 监测滑坡的优点是价格低廉、检测时间短、可远程访问、数据提供快捷、安全性高。

4. 声发射监测技术

声发射是坡体、工程结构在破坏过程中材料内部贮存的应变能快速释放产生弹性波的物理现象。通过监测坡体声发射参数的变化可进行早期预报崩塌、滑坡发生的时间。岩石的声发射现象，最早是在天然地震及矿柱塌陷中观测到的。声发射的研究历史约有60年，20世纪60年代在金属材料的断裂机制和破坏预报方面取得了迅速发展，带动了岩石声发射的研究。20世纪70年代以来计算机的发展，使其应用范围逐步扩大。在崩塌、滑坡的发生与发展过程中，总是伴随着岩体应变能的不断积聚和释放，而位移信息恰是这种变化与调整的宏观体现，因此，声发射信息超前于宏观位移在理论上是显而易见的。

5. 生物技术

生物技术已被广泛应用于治理污染地基，并且可以预见这种方法将会持续发展。土的岩土力学性状可能会受到生物地球化学反应的影响，这种生物地球化学反应源于微生物能够有选择性地拉动或固定溶液中的无机化合物，释放能改变其化学性质和 pH 值的酶和蛋白质，引起无机化合物的沉淀，并改变矿物质的电荷分布和阳离子交换能力。基于上述现象生物技术在潜在液化土层的稳定、基础设施的自修复、基础原地抬升以及在基坑开挖、隧道施工和矿物开采之前的岩土体性质的预处理等方面将有广阔的应用前景。

6. 纳米技术

岩土工程师已对黏土颗粒（直径<0.002mm）进行了数十年的研究，因此，实际上他们是现在称之为纳米技术的这一领域的先驱者。我们的目标曾经是从很小的颗粒性状向外推，借以了解和预测宏观级别的土料的性状。但新的纳米技术的目标正好相反，即：认识材料在从大到小的转变过程中所表现的不同特征和性状，进而运用这种知识来开发以纳米级别的建筑块体为基础的新的、更好的材料。我们的挑战在于，要特别留意在其他的材料和方法中发现的重要的新纳米级别的各种进展，并将其用于岩土材料。美国国家研究委员会 NRC（2005）的报告中提到诸多可能性，其中包括了采用高比表面积的矿物颗粒和工程纳米颗粒而使黏土衬垫和土工地基具有预定的物理化学和电学特性，将它们拌入土体后成为跟踪器或传感器。

1.3.8　岩土工程信息化

随着全球信息化的进展，"数字地球"反映了现代岩土工程的基本趋势。由于岩土材料的复杂性和岩土工程的不确定性，信息化涵盖了岩土工程的各个领域。大到地质构造和地质灾害的监控，小到室内试验的实时测试和反馈控制，都是岩土信息的内容。其中基于 GIS 系统的地质灾害的监控和决策，地下工程的超前预报和信息化施工是其中最重要的任务。我国除了香港以外,其他地区在这一领域是相对落后的。

岩土工程的安全与信息密切相关。随着大规模经济建设的开展,岩土工程活动的领域和范围越来越广阔,新的项目和新的条件提出了新的问题。而技术水平和管理水平相对落后,使岩土工程中的事故多发,并且产生较严重的后果:各种矿井的事故频发;深基坑支护结构的倒塌屡见不鲜;土石坝的溃坝引起灾难性的后果;1998 年的洪水中多处溃堤给附近人民生命财产造成巨大损失。地下工程也是事故的多发处;地基的变形影响建筑物的正常使用。这些问题给人民的生命财产和国民经济造成巨大损失。提高信息化水平,提高管理水平,提高对于突发事故与灾害的应对能力,避免与减轻事故及其损失是岩土工程面临的另一个极其重要和迫切的课题。

1. 动态设计方法

动态设计中修改设计的依据是施工开挖中不断揭露出来的新的岩石情况、开挖爆破的影响和参数、施工地质测绘和监测、试验资料。工作的要点是对于这些信息和资料要及时整合、分析、反馈、调整,否则就达不到动态设计的目的。然而,实现动态设计最关键的问题是设计方、勘探方、施工方、监测方、监理方和业主等各方面要密切配合,而不能相互牵制、防范。要建立一个各方面(各环节)密切配合(而不是互相牵制)的体制。已故的国际岩石力学学会创始人之一缪勒教授曾对新奥法隧洞施工中有关各方之间的关系作过一个比喻,即彼此应当十分默契、密切配合,像一个优秀的篮球队一样。

2. 信息化施工

信息化施工是指施工过程中,通过设置各种测量元件及仪器,及时采集现场实际数据并加以分析,然后根据分析结果对原设计和施工方案进行调整,并反馈到下一阶段的施工过程中,对下一施工过程进行分析和预测,从而保证工程施工安全、经济地运行。

随着社会经济与科学技术的不断发展,岩土工程项目越来越向大规模、高技术、高难度的方向发展。人们对工程质量以及工程进度、成本、安全可靠性也提出了越来越高的要求。然而岩土工程的复杂性和不确定性使这些要求难以实现。同时影响设计的因素众多、设计参数难以准确确定、设计方法不够完善等,经常使设计结果与实际工程状况有较大差异。传统的"设计-施工"模式往往难以确保项目目标的实现,因此必须充分利用施工中所获得的信息,对设计施工进行动态调整,使岩土工程项目可以安全顺利地完成,还可以节省投资,从而获得更好的经济效益和社会效益。

参 考 文 献

[1] 钱七虎. 利用地下空间助力发展绿色建筑与绿色城市[J]. 隧道建设(中英文),2019,39(11):1737-1747.

[2] 中国工程院土木、水利与建筑工程学部. 土木学科发展现状及前沿发展方向研究[M]. 北京:人民交通出版社,2012.

[3] 龚晓南. 复合地基理论和技术应用体系形成和发展[J]. 地基处理,2019,1(01):7-16.

[4] 刘松玉,蔡正银. 土工测试技术发展综述[J]. 土木工程学报,2012,3:151-165.

[5] 科学技术学会. 岩石力学与岩石工程学科发展报告[M]. 北京:中国科学技术出版社,2010.

[6] 郑颖人,孔亮,刘元雪. 塑性本构理论与工程材料塑性本构关系[J]. 应用数学和力学,2014,35

（07）：713-722.

[7] 上海市住房和城乡建设管理委员会. 工程物探技术标准 DG/TJ 08-2271—2018[S]. 上海：同济大学出版社，2018.

[8] 张林霞，李艺，周红军. 我国地质找矿钻探技术装备现状及发展趋势分析[J]. 探矿工程（岩土钻掘工程），2012，39（02）：1-8.

[9] 杨光华. 土的现代本构理论的发展回顾与展望[J]. 岩土工程学报，2018，40（08）：1363-1372.

[10] 黄茂松，姚仰平，尹振宇，等. 土的基本特性及本构关系与强度理论[J]. 土木工程学报，2016，49（7）：9-35.

[11] 高文生. 桩基工程技术进展 2017[M]. 北京：中国建筑工业出版社，2017.

[12] 朱春鹏，刘汉龙. 污染土的工程性质研究进展[J]. 岩土力学，2007，28（3）：625-630.

[13] 王卫东. 深大基坑工程设计实践与创新[C]. 中国土木工程学会第十二届全国土力学及岩土工程学术大会论文摘要集，2015.

[14] 陈洁，雷学文，黄泽彬，等. 生态边坡稳定机制研究综述[J]. 安徽农业大学学报，2019，46（02）：282-288.

[15] 郑颖人，陈祖煜，王恭先，等. 边坡与滑坡工程治理（第 2 版）[M]. 北京：人民交通出版社，2010.

[16] 刘汉龙，马国梁，肖杨，等. 微生物加固岛礁地基现场试验研究[J]. 地基处理，2019，1（01）：26-31.

[17] PENG F L，DONG Y H，WANG H L，et al. Remote-control technology performance for excavation with pneumatic caisson in soft ground[J]. Automation in Construction，2019，105.

[18] LIU Y，XU C，HUANG B，et al. Landslide displacement prediction based on multi-source data fusion and sensitivity states[J]. Engineering Geology，2020，271.

[19] 陈湘生. 跨地铁运营隧道的地下空间施工组合技术研究[J]. Engineering，2018，4（01）：226-243.

[20] 林鸣，刘晓东，等. 沉管隧道规划综述[J]. 中国港湾建设，2017，37（1）：1-7.

[21] 温彦锋，邓刚，王玉杰. 岩土工程研究 60 年回顾与展望[J]. 中国水利水电科学研究院学报，2018，16（05）：343-352.

[22] 尹振宇. 土体微观力学解析模型：进展及发展[J]. 岩土工程学报，2013，36（6）：993-1009.

[23] 刘恩龙，刘明星，陈生水，等. 基于热力学和微极理论考虑颗粒破碎的微观力学模型[J]. 岩土工程学报，2015，37（2）：276-283.

[24] 蒋明镜. 现代土力学研究的新视野——宏微观土力学[J]. 岩土工程学报，2019，41（02）：195-254.

[25] 陈正汉，郭楠. 非饱和土与特殊土力学及工程应用研究的新进展[J]. 岩土力学，2019，40（1）：8-61.

[26] 方熠，张慧，朱莹，等. 环境与工程地球物理技术研究及应用述评[J]. 安全与环境工程，2018，25（6）：8-18.

[27] 臧濛，孔令伟，郭爱国. 静偏应力下湛江结构性黏土的动力特性[J]. 岩土力学，2017，38（1）：33-40.

[28] 杜修力，路德春. 土动力学与岩土地震工程研究进展[J]. 岩土力学，2011，32（s2）：10-20.

[29] 刘松玉，詹良通，胡黎明，等. 环境岩土工程研究进展[J]. 土木工程学报，2016，49（3）：6-30.

[30] 陈云敏，刘晓成，徐文杰，等. 填埋生活垃圾稳定化特征与可开采性分析：以我国第一代卫生填埋场为例[J]. 中国科学：技术科学，2019，49（02）：199-211.

[31] 唐亚明，张茂省，薛强，等. 滑坡监测预警国内外研究现状及评述[J]. 地质论评，2012，58（3）：

533-541.

[32] 马国凯，李振宇. 综合物探技术在滑坡监测中的应用研究[J]. 工程地球物理学报，2016，13(2)：191-195.

[33] 宋亚亚，何忠意，朱佩宁，等. 降雨入渗对非饱和土边坡稳定性影响的参数研究[J]. 水利与建筑工程学报，2019，17(3)：72-78.

[34] 刘汉龙，肖鹏，肖杨，等. 微生物岩土技术及其应用研究新进展[J]. 土木与环境工程学报(中英文)，2019，41(1)：1-14.

第2章 结构工程发展现状及前沿

2.1 概述

2.1.1 结构工程的内涵

土木工程是建造各类工程设施的科学技术的统称。它既指所应用的材料、设备和所进行的勘测、设计、施工、保养、维修等技术活动，也指工程建设的对象，即建造在地上或地下、陆上或水中，直接或间接为人类生活、生产、军事、科研服务的各种工程设施，例如房屋、道路、铁路、管道、隧道、桥梁、运河、堤坝、港口、电站、飞机场、海洋平台、给水排水以及防护工程等。

结构工程是隶属于土木工程一级学科的二级学科，主要研究土木工程中具有共性的结构选型、力学分析、设计理论和建造技术与管理，其基本内涵包括结构分析、结构试验、结构设计、结构施工、结构检测与维护等方面。各种建筑物、构筑物和工程设施都是在一定的经济条件下，选用合适的工程材料建造的构件组合体，在规定的设计使用年限内，承受在施工和使用期间可能出现的各种作用，满足设计所预期的各项功能（安全性、适用性和耐久性）。结构工程有很强的社会性、理论性、实践性、多学科的综合性以及技术先进、安全可靠和经济合理的统一性。

2.1.2 结构工程的突破与创新

高层建筑、高耸构筑物、大跨度空间结构、生命线工程向更高、更深、更长、更广的结构及结构系统发展，是近现代结构工程发展的典型特征。

高层建筑是近代经济发展和科学技术进步的产物，是城市现代化的象征。现代高层建筑兴起于美国，其中代表性建筑有：1931年建成的纽约帝国大厦（高381m，103层），1972年建成的纽约世界贸易中心姊妹楼（分别高417m和415m，110层，2001年9月11日遭恐怖袭击而倒塌），1974年建成的芝加哥西尔斯大厦（高443m，108层）。目前，世界上最高的建筑是2010年建成的迪拜哈利法塔（高828m，162层），中国最高的建筑是2016年建成的上海中心大厦（高632m，119层）。上海中心大厦建设突破了传统层叠式超高层理念，首创了"垂直城市"超高层建筑模式，取得了大量居国际领先水平的创新成果，工程建造实现了重大突破。

高耸构筑物高度较大、横断面相对较小，以水平荷载（特别是风荷载）为结构设计的主要依据。目前，世界上最高的高耸构筑物是2012年建成的东京晴空塔（高634m），该塔获得吉尼斯世界纪录，认证为"世界第一高塔"，成为全世界最高的自立式电波塔。中国最高的高耸构筑物是2009年建成的广州塔（塔身主体高454m，天线桅杆高

146m，总高度 600m），是中国第一高塔，世界第四高塔。广州塔可抵御 8 级地震、12 级台风。

大跨度空间结构往往是衡量一个国家或地区建筑技术水平的重要标志。其结构形式主要包括网架结构、网壳结构、悬索结构、膜结构和薄壳结构等 5 大空间结构及各类组合空间结构，形态各异的空间结构在体育场馆、会展中心、影剧院、大型商场、工厂车间等建筑中得到了广泛的应用。目前，世界各地已建成了多个跨度达 200～300m 的超大空间结构。我国已建成或正在建造多座跨度超过 100m 的大型空间结构，如国家大剧院（212m×144m）、奥运会"鸟巢"体育场（340m×290m）、北京大兴国际机场航站楼 C 区结构（513m×411m）等。

生命线工程是维系现代城市与区域经济、社会功能的基础性工程设施与系统，其典型对象包括区域电力与交通系统、城市供水、供气系统、通信系统等。在强烈灾害作用下，生命线工程的破坏可以导致城市乃至区域社会、经济功能的瘫痪。生命线工程系统的耦联作用，还会导致严重的次生灾害。生命线工程研究包括生命线工程结构、生命线工程网络、复合生命线工程系统三个基本层次。目前，生命线工程以抗灾性能设计与性态控制为核心，从单体结构研究拓展为工程系统研究，在工程抗震、工程抗风、工程抗爆、抗地质灾害等方面推进其研究进展。

组合结构已发展成为一种公认的新型结构体系，与传统的钢结构、木结构、砌体结构和钢筋混凝土结构共同组成 5 大结构体系。随着建筑材料、设计理论和设计方法的不断发展，组合结构已经由构件层次拓展到结构体系的层次，对不同结构构件以及体系之间的相互组合，形成了一系列新型而高效的结构体系，其中，钢-混凝土组合框架结构、框架-核心筒混合结构等都是其中的代表。钢-混凝土组合结构体系目前已大量用于高层及超高层建筑结构。

随着社会经济发展和科学技术的进步，高层或高耸建筑的高度将更高，大跨度桥梁的跨度将更大，组合结构的形式将更复杂，大跨度空间结构的形式将更加多样化，生命线工程的长度将更长，地下工程结构的复杂程度和难度将更大，所有这些突破都离不开结构工程学科的创新。

2.1.3 结构工程面临的挑战

现代结构工程正在向大型、复杂、新颖方向发展，对技术含量的要求也越来越高。因此结构工程的发展对结构体系的创新提出了迫切的需求，同时面临结构安全性、耐久性和可持续发展的挑战。

结构工程面临创新性挑战。为了拓展人类生存发展空间，超大、超长、超高、超深、超厚结构不断涌现，新技术、新工艺层出不穷，技术风险日益突显，数千乃至上万个节点的大型工程网络都将对结构工程研究形成新的挑战。同时，随着极地的研究向沙漠、深海、太空拓展，结构工程将置身于更严酷的环境，需实现结构工程学科领域的新突破。

结构工程面临着质量和安全的巨大挑战，建筑工程、生命线工程等领域的安全事故时有发生，并为全社会所关注。结构在项目规划、结构设计、施工建造、运营管理和整体拆除各阶段都面临可能出现的各种作用，这些作用往往都具有很强的不确定性。特别是灾害性作用，如地震、强风、海浪、浮冰、洪水、冲击和爆炸及地质灾害等，无论在时间、空间还是强度上都具有很大的随机性。与此同时，土木工程材料，如岩石、岩土、混凝土和各种复合工程材料，其刚度和强度参数以及受力演化行为往往表现出强烈的非线性和随机性。上述因素的耦合作用可能导致工程的破坏或失效，带来经济乃至社会和环境方面的巨大风险。

结构工程在耐久性方面提出了更高的要求。结构在服役过程中受到各种环境作用和疲劳效应、腐蚀效应、材料老化和劣化等不利因素的影响，不可避免地产生累积损伤、抗力衰减、功能退化。同时，还可能遭受无法预见的灾害和意外超载作用，也会对结构产生损伤。当结构功能退化和损伤达到一定程度时，就可能导致工程事故发生，甚至造成重大灾难，使生命财产受到损失。结构工程的耐久性还关系到工程的使用寿命和综合效益，对各类土建工程耐久性的重视，也是整个社会可持续发展的重要组成部分。结构由于耐久性不足而引起的检查、维护和加固等费用也为社会的进一步发展增添了巨大的负担和隐患。

结构工程在可持续发展方面提出了更高的要求。结构工程所耗费的能源和材料数量巨大，不断扩大的建设规模不仅破坏生态、污染环境，还加剧自然界的负担，使有限的资源面临枯竭的危险。对各项工程科学设计和科学评估，对工程可能造成的环境影响进行深入研究，使建设工作与社会发展的总体目标协调一致，避免以危害人类后续发展为代价的方式来获得当代人的利益。目前，我国水泥年产量约 25 亿 t，每年混凝土总用量 45 亿 m^3，混凝土的主要原材料是水泥、砂石骨料和水，一般占混凝土体积的 75%～85%。这些水泥在生产过程中要消耗大量矿产资源和煤炭资源，同时，烧结和水解过程中还要排放大量的 CO_2 温室气体（约 30 亿 t），而我国钢铁、电力、地矿产业每年排放的各类工业废渣、废料多达 10 亿 t，占地 10 万多亩，而在混凝土中的利用率却平均不足 15%；混凝土生产还要消耗大量的砂石资源和水资源，因此，我国水泥工业和混凝土行业在快速发展的同时，也在能源、资源和环境方面给地球生物圈带来了与日俱增的负担，给国民经济可持续发展带来了严峻的挑战。

2.2 结构工程研究前沿

2.2.1 结构工程材料

人类建设史上，工程材料的进步往往使结构发生质的变化。从古到今，结构工程材料发展的主要特征可以归结为：从天然材料（如木、石、藤、竹等）的直接利用，到人工合成材料（如铸铁、钢材、混凝土等）的发明推广，再到性能改良材料（如高强度钢材、预应力混凝土、高性能材料等）的开发应用。

天然材料的直接利用时期。古代建筑结构多以木、石、藤、竹乃至皮革之类的天然材料制成。人类最早穴居巢处，进入到石器铁器时代，开始掘土凿石为洞，伐木搭竹为棚，利用天然材料建造最简陋的房屋。后来，用黏土烧制砖瓦，用岩石制石灰、石膏，建筑材料从天然进入了人工阶段，为建造更大跨度的房屋创造了条件。

人工合成材料的发明推广时期。1825 年英国建成了第一条铁路，1863 年伦敦建成了

第一条地铁，1856 年转炉炼钢法和 1867 年钢筋混凝土的相继问世，促使近代土木工程的快速发展。19 世纪 60～70 年代相继发明了内燃机和电机，到 1885 年德国制造出了第一辆汽车，铁路、公路、高层建筑和大型公共建筑（车站、展览馆、体育场馆等）在 19 世纪的大量建设，使近代土木工程在 19 世纪末达到了相当成熟的阶段。19 世纪下半叶世界的三大标志性工程为：美国布鲁克林悬索桥（主跨 486m，1883 年）、法国埃菲尔铁塔（高 305m，1899 年）、英国 Forth 桁架桥（主跨 520m，1890 年）。

性能改良材料的开发应用时期。进入现代建筑结构建设的 20 世纪后，钢材和混凝土不断向高强度、高性能、耐腐蚀的方向进步，为钢结构和预应力混凝土结构发展提供了更好的基础。其中，1939 年法国工程师 E. Freyssinet 将高强钢丝用于预应力混凝土以及 1940 年比利时工程师 G. Magnel 改进了张拉和锚固方法，极大地推进了现代预应力混凝土的发展。20 世纪上半叶建成的世界三大标志性工程为：美国旧金山金门大桥（主跨 1280m，1937 年）、澳大利亚悉尼拱桥（主跨 503m，1932 年）和美国纽约帝国大厦（高 381m，103 层，1931 年）。

结构工程开发和研制的新型材料应具有轻质、耐久、高强、高弹性模量等特点。当前，钢材和混凝土等传统材料的改进仍将占据重要地位，高强高性能混凝土、高性能钢材等材料的发展和进步仍将受到人们的高度重视。现代高强混凝土是在 20 世纪 70 年代初期发展起来的，由于在混凝土的传统组分中引入高效减水剂，可以用预拌方式生产甚至用泵送工艺浇筑。掺加粉煤灰、硅灰、磨细高炉矿渣等工业废料作为辅助胶凝材料，使该种混凝土不仅具有高强度，而且具有很好的抗渗性和体积稳定性。高性能混凝土是为了解决混凝土结构耐久性问题而发展起来的，以较少的硅酸盐水泥用量、大量的矿物掺合料、低水胶比为特征，基于不同的工程要求可以具有不同的性能。大掺量矿物掺合料混凝土、自密实混凝土，甚至智能混凝土（如高阻尼混凝土、碳纤维混凝土）等新型混凝土复合材料的研究成为前沿研究热点。

土木工程材料未来将向以下几个方向发展：智能化、高性能、绿色节能和多功能性。智能化材料具有自我清洁、自我调节、自我控制和自我修复功能；高性能材料具有更加轻量化，更高耐久性、高抗震抗爆性、高强度、高保温性、高吸声性能，以及优良的装饰和防水性能，通过这些性能实现智能材料的功能结构一体化。绿色节能材料是环保节能可持续利用的材料，这种材料充分利用可再生资源与环保资源，同时使用能耗低、污染少的生产方式进行绿色节能材料生产，减少生产和使用建筑材料过程中对环境的破坏。材料多功能性可以加快施工速度，提升施工效率，达到提升建筑物经济性和实用性的目的。同时，要对这些材料规范化、制度化和系列化生产，采用先进技术降低生产污染与损耗，满足社会的需求。

2.2.2 结构分析理论

20 世纪中叶，计算机技术的发展极大地促进了结构分析理论和技术的发展。计算机技术催生了结构有限单元分析理论，形成了精细化的结构分析理念，提升了人们挑战结构极限的信心。20 世纪后期，结构分析理论的研究与进展主要集中在结构动力分析、结构非线性分析、结构稳定分析、结构可靠度和结构优化研究方面。对这些关键科学问题的研究，仍然属于结构工程领域的前沿与热点问题。

结构动力分析不仅要考虑动力荷载和响应随时间而变化，而且还要考虑结构因振动而产生的惯性力和阻尼力。结构动力分析一般包括：模态分析、强迫振动、瞬间响应和随机振动。模态分析是动力学分析的基础。强迫振动是一种普遍的动力现象，其分析计算的核心在于强迫荷载的确定。瞬间响应是系统在某一信号输入作用下，其系统输出量从初始状态到稳定状态的变化过程，可以得到模型任一节点的位移和应力等随时间的变化情况。在地震、风、冰、浪等带有非常明显随机特征荷载作用下的结构分析应采用随机振动的方法。由于上述荷载等所特有的随机过程性质，结构动力分析发展了随机振动分析的基本理论。经典随机振动理论的局限性相当明显：在线性分析范围内，由于多自由度分析的计算工作量巨大，难以有效地应用于工程结构；在非线性分析范围内，对简单的双自由度体系也很难求得解析解或数值解。同时，由于经典随机振动分析理论的主体是基于数字特征的分析体系，根据响应的分析结果很难获取精确的结构动力可靠度。结构随机反应分析、结构破坏界限或失效准则的确定、结构动力响应可靠概率的计算方法是结构动力可靠性分析的三大关键问题。在结构动力分析中最常用的算法有 Newmark 法、Wilson 法、HHT 法、二次 α 方法、MKR-α 法等。这些积分算法仅具有二阶收敛精度，精度和效率难以进一步提高。高阶精度对于长持时仿真至关重要，可以避免误差的过度积累。因此，发展高阶算法是结构动力分析领域的研究热点。

结构的非线性分析才能反映结构的实际受力状态。在实际工程中，所有力学问题都具有非线性，一些经典的力学理论都是对实际问题采用基于某些假定的简化处理，如小变形假定、线性弹性假定、边界条件保持不变假定等，若不满足上述假定中的任意一种，就会产生一种非线性现象，分别对应几何非线性、材料非线性和边界非线性，若同时不满足上述假定中的多种假定，就会产生多重非线性。结构向超高层、大跨度的方向发展，引发了对几何非线性问题的关注；结构可能遭遇地震、火灾、爆炸、环境侵蚀作用的影响，使结构材料的物理非线性问题变得突出。结构几何非线性问题已基本得到解决，结构材料物理非线性问题仍然是当前研究中的关键难题，这是因为在结构非线性变形的后期，结构性态进入软化段而形成数值分析难题，更重要的是材料本构关系的研究尚未达到可以足够反映结构复杂受力性态的水准。在结构工程的主体材料中，钢材本构关系的研究相对成熟，混凝土本构关系的理论基础、观点和方法迥异，使用范围和计算结果差别大，很难确认一个通用的混凝土本构模型，只能根据结构特点、应力范围和精度要求等加以适当选用。一批学者通过对细观损伤力学、宏观损伤力学的研究，逐渐认识到：弹塑性损伤力学较适用于混凝土材料本构关系的描述。同时，由于混凝土材料的随机性质，采用随机损伤力学的观点反映混凝土本构关系具有更为合理的发展前景。

结构的稳定分析是结构分析的重要组成部分。稳定问题是力学中的一个重要分支，与强度问题有着同等重要的意义。根据结构承受荷载形式的不同，可以将结构稳定问题分为静力稳定和动力稳定两大类。结构稳定性分析理论已形成基本体系，但稳定问题具有复杂性，尤其当构件存在初始缺陷、残余应力以及非线性因素的影响时，其增加了解决问题的难度。在工程结构稳定性的研究领域中，还存在很多尚未完全解决的问题。例如：大跨度桥梁、大跨度薄壳、大跨度大空间网壳、高层与超高层建筑结构的双重非线性动力稳定性问题。长期以来，力学工作者致力于结构稳定性问题的研究，在发展了经典稳定性理论的同时,也极大地推动了动力稳定理论研究的前进。如稳定性判定准则的建立、临界荷载的确定、初始缺陷的影响或后分叉分析等。动力荷载作用下结构的稳定性问题是一个动态问题,由于引入了时间参数,该问题变得极为复杂。结构动力稳定性研究分析已经成为结构动力学、有限元法、数值计算方法及程序设计等诸多学科相互交叉、有机结合的产物,属于现代工程结构研究领域中的一个重要分支。

结构可靠度分析是结构设计的依据。结构可靠度是工程结构可靠性的概率度量。自20世纪20年代,国际上开展了结构可靠性基本理论的研究,并逐步扩展到结构分析和设计的各个方面,包括我国在内,研究成果已应用于结构设计规范,促进了结构设计基本理论的发展。工程结构可靠度为一种处理和分析工程结构中随机性的理论和方法,在理论上仍需提出新的问题并不断深入研究。在规范应用中,需根据工程结构的特点,并考虑以往的工程设计、使用经验对可靠性设计方法加以论证,逐步改进其中的不完善之处。工程结构可靠度研究的主要方向有:结构可靠性基本理论和方法,结构体系可靠度,结构可靠度的 Monle-Carlo 模拟方法,结构承载能力与正常使用极限状态可靠度,结构疲劳与抗震可靠度,钢筋混凝土结构施工期与老化期可靠度等。

结构优化设计是力学概念和优化技术的有机结合,根据设计要求,采用数学手段得到满足预定功能要求的设计方案,不但能缩短设计周期,而且还能提高设计质量和水平,以达到降低工程造价的目的。实现结构优化设计,一直是结构工程师的主要追求。优化设计尽管在航空、航天结构领域已取得了显著进展,但在土木工程的应用还不普遍。显然,应结合土木工程结构的特点,深化工程设计理论,发展新一代结构优化设计理论与技术,开拓广阔的应用前景。

2.2.3 结构设计理论

结构设计方法的发展,经历了从定量、经验到概率几个发展阶段。结构设计初期主要着眼于整个结构的实际承载能力,而未能建立起材料的精确应力-应变关系和截面承载力等系统概念。设计主要是依靠纯经验的生物比拟,或者是对结构整体进行直接的荷载实验。20世纪初,结构设计形成了比较完整的弹性理论系统,形成了基于弹性理论的结构设计理论,即容许应力设计理论。20世纪40~50年代,结构设计形成了承载力极限状态设计理论,但结构分析与构件设计的基本理论产生了矛盾:结构分析采用弹性分析理论;构件设计采用塑性分析或弹塑性分析理论。20世纪50~60年代,结构设计引入结构塑性分析理论,试图解决这一矛盾。但由于问题的复杂性,这一矛盾没有得到根本解决。在20世纪70年代,极限状态的设计理论得到发展和应用,结构全过程非线性分析得到深入研究。在20世纪70年代中期,考虑结构荷载和材料性能的不确定性,结构设计发展了基于概率的极限状态设计理论,并在20世纪80年代得到了世界各国的认同和发展。这种基于近似概率的极限状态设计理论,仍然属于基于构件设计结构的范畴。但前述结构弹性分析与构件考虑塑性性质进行设计的矛盾不仅没有解决,还增添了新的矛盾:构件层次设计考虑荷载与材料性质的随机性,并引用不确定性分析的理念,而结构分析应用了确定性分析理念。上述两类矛盾,已经成为结构工程分析与设计理论发展的内在动力。

20世纪90年代中期,地震工程领域提出了基于性能的结构抗震设计理论方法 PBSD

(Performance-based Seismic Design)，引起了世界范围内的广泛重视。这一思想可以推广延伸到建设工程系统的所有抗灾（包括风灾和火灾）设计中，性能设计将是 21 世纪世界各国规范制定的基础。与传统抗震设计比较，PBSD 具有如下特点：（1）建筑结构性能水准、性能目标及设防水准具体化，美国加州结构工程学会的放眼 21 世纪委员会（Vision 2000 Committee SEAOC 1995）提出了明确的抗震性能目标要求。（2）基于"投资-效益"准则，在设计中除了考虑技术因素外，还应考虑经济、社会、政治等诸多因素，追求的设计目标是在设计基准期内综合考虑这些问题后得到的最优方案。即考虑结构近期投资和长远效益的最优平衡。（3）强调"个性"设计。在设计中应根据结构用途、业主要求、国家允许最低标准等要求，使每个结构有不同的性能水平，以便达到最优"投资-效益"平衡。而传统的设计仅强调最低设防标准。结构抗震性态设计包括地震设防水准、性态参数与水准及性态分析与设计，它可以满足现阶段人们期望的功能要求，突破了传统的变形、强度及构件可靠度设计的约束，给结构的相应分析提出了一系列新的科学问题。

2.2.4　结构检测与维修加固

工程结构的安全性、耐久性，应当综合考虑材料性能、环境作用、施工技术等因素以及结构管理、维护、维修与加固改造技术的发展，因此，需要根据结构生命周期各个阶段面临的风险以及适用性要求，建立考虑工程建造、结构使用和结构老化 3 个阶段的"全寿命周期综合设计"新理念。

工程结构检测，根据检测对象的不同可分为：建筑材料检测、建筑结构现场检测、建筑物附属设备检测、建筑物环境检测等。常用的检测技术有：静载试验检测技术、动载试验检测技术、超声波检测技术、混凝土强度无损检测技术、桩基动力检测技术、路基路面试验检测技术、电子显微镜能谱分析技术等。未来结构检测技术的发展方向为：检测内容系统化和全面化；检测方法和手段精确化和便捷化；检测设备智能化和集成化。

随着经济规模的发展，建筑业将经历 3 个发展阶段：首先是大规模的建筑新建阶段，其次是新建与修缮同步阶段，最后是既有建筑物的维修、改造以及以加固为主的阶段。同时，由于建筑结构可靠度水平的不断提高，老、旧建筑物和构筑物不再满足现有可靠度水平的要求，存在一定的安全隐患，需要进行有效的加固，以确保结构能够继续安全地使用。因此，结构加固技术迅速升温，成为学术研究的重点之一。工程结构加固的方法很多，主要有：加大截面法、外包钢加固法、预应力加固法、增设支点加固法、粘钢加固法、粘贴纤维复合材加固法，还有焊接补筋加固法、植筋加固法、喷射混凝土补强法及化学灌浆修补法等。加固方法的选择，应根据可靠性鉴定的结果，并结合结构受力特点综合考虑加固效果、施工简便性及经济性等因素决定。随着现代建筑科学技术的不断进步，新材料、新工艺的不断涌现，结构加固技术会有更大的发展空间，加固方案的选择范围将更广。

2.2.5　结构健康监测与损伤识别

工程结构在长达几十年，甚至上百年的服役过程中，遭受了环境侵蚀、材料老化、荷载效应、人为或自然突变效应等灾害因素的耦合作用，不可避免地导致结构的损伤累积和抗力衰减，从而使得抵抗自然灾害、正常荷载以及环境作用的能力下降，引发灾难性的突发事故。一旦结构关键构件的损伤积累到一定程度，如没有被及时发现和处理，损伤将迅速扩展，从而导致整个结构的毁坏。及时监测结构的健康状况，对结构早期损伤进行维修，能够保证结构性能，延长结构寿命。同时，尽早地发现结构损伤，还可大大降低维护费用。因此，研究有效的健康监测、损伤识别、安全评定、损伤控制及修复技术，具有重要的社会与经济价值。

结构健康监测利用传感器采集信号，再对获得的信号进行分析，得到该结构的特征参数，进而判断该结构当前的损伤状态。监测系统包括：测量传感器系统、数据采集系统、数据分析系统。结构损伤指结构承载能力在使用期间的减少，可分为突然损伤和累积损伤：突然损伤由严重的自然灾害或人为灾害引起；累积损伤一般是结构在经过长时期使用后缓慢累积的损伤。损伤检测可分为 5 个层次：判断结构中是否有损伤存在；损伤定位；识别损伤类型；评估损伤的严重程度和评估结构的剩余寿命。

1994 年，美国地球物理公司开发了 SIR 地质雷达仪，适用公路路面检测；20 世纪 90 年代日本雷达仪器公司（JRC）研制开发了一系列混凝土内部雷达探测仪。德国在柏林的莱特火车站大楼安装了健康监测系统。连接丹麦和瑞典的 Oresund Bridge 上安装了一套用于永久监测的连续监控系统，监测结构的静力及动力荷载、风荷载、应变、加速度和周围环境的温度、湿度等。在我国，结构健康监测系统的应用逐渐增多，但由于健康监测系统集成技术复杂、成本昂贵，健康监测系统多应用于重大土木工程结构，如大跨度桥梁、大坝、大跨空间结构、超高层建筑、海洋平台等。

现代结构工程学科的发展依赖于多学科的交叉和综合。结构工程与其他学科的交叉、融合、协同，为创造新的结构形式和体系提供了重要基础。与结构健康监测技术密切相关的智能结构的发展，就是一个典型例证。智能结构系统包括了结构健康监测与诊断系统、结构控制系统和结构损伤修复系统，所涉及的领域包括结构状态的信息采集、传输和处理技术，结构状态及损伤的分析与识别理论，结构控制技术和智能工程材料等，其体现了现代学科交叉、融合的特征，是一个值得推动的重要研究方向。

2.2.6 结构试验技术

试验技术是推动现代科技发展的重要手段，结构试验技术促进了土木工程各个领域的快速发展。由于土木工程所涉及的建筑材料、基本构件和结构形式的门类繁多，工程结构所处的自然环境和所受到的作用复杂多样（超低温、老化、重力场、火灾、风场、地震等试验模拟涉及众多学科的综合运用），结构试验涉及的研究范围极为广泛。结构试验的相关研究不仅需要土木工程和工程力学相关学科的专业背景，也会大量应用到机械、液压、电子、信息、控制、传感器、精密仪器、计算机等学科的专业知识。

随着土木工程领域新材料的应用，重大工程、大型复杂结构的建设和动力效应、非线性力学行为的研究，试验技术发展了多振动台台阵试验，研制了万吨级的多功能结构试验机；为了简化试验设计，提高设备加载能力，发展了混合试验技术（拟动力子结构试验等）；为了提高拟动力试验的加载速率，提出了快速拟动力试验技术；为考虑阻尼等"率相关效应"的影响，发展了实时动力试验技术（包括实时混合试验、实时子结构试验、子结构振动台试验等）。

互联网技术为结构试验技术的发展提供了新的机遇。基于互联网的通信技术可以提供大量数据传输和共享的功能，为异地试验室的设备之间的控制和反馈提供接近实时的通信手段。但受网络环境的影响，远程试验的实时性、可靠性还有待检验。

结构试验技术的研究热点还包括：加载方式、闭环控制算法、数值积分算法、界面参数测量、子结构拆分与人工边界处理等。这些结构试验的新思路、新方法、新装置有待和以结构力学特征研究为目的的科研试验相结合，进一步检验和推广。随着智能技术的突破性发展，智能算法、智能设备（仪器仪表）、工业机器人在结构试验领域的潜在应用也逐渐受到学术界的关注。

2.3　第三代工程结构及其发展趋势

2.3.1　第一代工程结构

早期的结构主要由石材、砖砌体和竹木等天然结构材料组成，在建造时并没有科学的理论和方法进行指导，这一阶段的结构可称为第一代工程结构。

2.3.2　第二代工程结构

自 19 世纪末，钢材与混凝土两种人造材料的应用逐渐广泛，在当前及可以预见的未来一段时期内，其仍将是主要的结构材料。由钢材与混凝土等人工材料组成，并经过科学的设计计算所形成的结构可以称为第二代工程结构。

在 20 世纪，随着高强度钢材和混凝土的推广应用以及结构设计理论、施工技术的不断提高，第二代工程结构的发展呈现出跨度不断增大、高度不断增加、安全性和经济性更加合理等特征。

2.3.3　第三代工程结构及其发展趋势

第二代工程结构主要以满足承载力和刚度条件为设计要求，但对结构老化及极端条件下的性能等问题未做充分考虑。随着结构工程的不断发展，结构工程师逐渐认识到一个结构不仅应具有传统结构被动抵抗外荷载的能力，同时应能够对其进行主动控制，对结构的老化状况进行监测以掌握其实际性能，对引起结构功能退化的原因进行诊断，并能够根据掌握的信息对结构进行加固或修复，从而使结构获得尽可能长的使用寿命。能够满足上述目标的结构可以称之为第三代工程结构。

第二代工程结构主要在材料和设计理论方面对第一代工程结构进行了发展，而第三代工程结构则在耐久性、智能化和结构体系的优化等方面有了进一步的发展。目前，各国学者在高性能及智能材料、传感器、控制技术以及数据采集、通信等系统方面均开展了大量研究，为第三代工程结构的发展提供了技术上的支持。

以实现第三代工程结构为目标，结构工程学科的发展趋势主要包括：

（1）结构材料向高性能、多功能、高耐久性方向发展。随着材料科学研究的长期积累，工程材料的发展空前活跃，有望在未来产生能够供人类大量使用且高性能、符合环保的全新材料。新型材料具有轻质、高强、高弹性模量、耐久等特点，并易于大规模推广应用，如玻璃纤维和碳纤维增强塑料从最初作为加固补强材料有向主要结构受力材料发展的趋势。但可以预见，未来改性的钢材与混凝土等传统材料仍将占据重要地位，高性能轻质混凝土、超高强度钢材和预应力钢材及其防腐工艺也会不断进步。

（2）新型结构向多种结构形式优化组合方向发展。结构体系向更高、更长、更大、更柔的方向发展，引发了对各种杂交组合体系、协作体系以及三向组合结构和混合结构等创新结构体系的研究，以充分发挥不同材料和体系的优点，并最终获得高经济指标、可靠的结构连接以及安全方便的施工工艺。

（3）结构功能向自感知、自适应、自诊断、自修复的智能方向发展。随着结构规模的增大和使用要求的提高，结构在使用阶段可能出现振动过大以及构件的疲劳、应力过大、老化失效、开裂等问题，并由此危及正常使用和安全性，因此，需要建立完善的健康监测系统，对容易发生损伤的部位及时做出诊断和预警，对结构的健康状况进行评定。所谓智能结构，就是综合集成先进的传感器技术、信息传输与处理技术、先进的结构分析与诊断技术以及各种控制技术，并利用先进智能工程材料，使工程结构具有自感知、自识别、自适应、自控制乃至自修复的能力，充分保证其正常服役期内的适用性和安全性，同时可延长使用寿命，提高工程结构的耐久性，减小工程的全寿命周期费用。

（4）不确知耐久性结构向高耐久性、预期寿命方向发展。结构工程更强调在寿命期内的健康监测、养护、维修、加固新技术的应用，以保证结构在设计寿命期内的服务功能。大型结构的安全性、耐久性、可靠性应当考虑材料性能、超载、环境等因素，还应综合考虑施工、管理、维护系统及加固与维修等，因此，需要建立考虑耐久性的结构安全设计理念。应根据结构在各个阶段所面临的风险以及功能要求的不同，从单纯使用阶段的安全设计发展到包括工程建造、使用和老化三个阶段综合考虑的"全寿命周期"综合设计。

（5）现有的计算方法向精细化、全寿命和计算与试验交互性仿真方向发展。借助计算机和非线性数值方法的不断进步，力学模型日益精细化，仿真度提高，可以在设计阶段逼真地描述结构在地震、强风等条件下施工和使用的全过程，并提供形象直观的图形图像作为判断决策的依据。

2.4 三代结构设计理论

2.4.1 第一代结构设计理论

第一代结构设计理论始自伽利略的实验力学与牛顿的理性力学，可以视为土木工程设计从经验走向理性的近代起点。迄至19世纪初叶，柯西、泊松等对弹性力学的奠基性研究，使土木工程结构设计开始具备坚实的理论基础。1825年，Navier首次提出允许应力设计法。19世纪末，以应力分析-强度设计为基本特征的第一代结构设计理论初具雏形。20世纪30年代，允许应力设计理论已经成为当时世界发达国家设计规范的基础和标准的表达方式。

允许应力设计理论，虽然有经验的积累，但带有很明显的主观决策痕迹。由于经验估计的特征，这一时期的设计理论又被称为基于经验安全系数的允许应力设计理论。在这一背景下，形成了工程设计理论中的线性世界观与传统的确定性设计。

2.4.2　第二代结构设计理论

第二代结构设计理论的发展可划分为两个阶段：前期（20 世纪 30～60 年代）和后期（20 世纪 70～90 年代）。前期的结构设计理论，以构件极限强度分析与基于经验统计的概率性结构安全系数度量为基本特征。后期考虑多种极限状态的近似概率设计法，构成了第二代结构设计理论的核心。

至 20 世纪 80 年代，包括中国在内的世界主要国家，均开始在土木工程结构设计规范中采用考虑多种极限状态的近似概率设计准则。这一发展趋势，时至今日仍在延续。

由于第二代结构设计理论对结构受力力学行为的反映和对工程中客观存在的随机性的度量是局部的、近似的、不彻底的，第二代结构设计理论存在两个基本矛盾：在构件设计层次考虑非线性，而在结构分析层次忽略非线性；在构件设计层次考虑随机性，而在结构分析层次不承认随机性影响。该矛盾形成了这一代结构设计理论的基本局限性和理论的内在张力，从而推动了第三代结构设计理论的研究和发展。

2.4.3　第三代结构设计理论的基本特征与发展目标

起步于 20 世纪 70 年代的结构受力全过程分析研究和 20 世纪 80 年代的结构整体可靠性研究，可以视为新一代结构设计理论萌芽的标志。

第三代结构设计理论的基本特征与学术指向是：（1）以固体力学为基础的、考虑结构受力全过程、生命周期全过程的结构整体受力力学行为分析。（2）以随机性在工程系统中的传播理论（矩演化与概率密度演化）为基础、以精确概率（全概率）为度量的结构整体可靠性设计。

第三代结构设计理论的基本发展目标是：解决第二代结构设计理论中存在的两个基本矛盾，实现结构生命周期的整体可靠性设计。

2.4.4　第三代结构设计理论的基础

在固体力学发展过程中逐步形成的计算力学数值方法，则为分析复杂结构的材料损伤、结构破坏乃至倒塌全过程提供了现实的技术手段。因此现代固体力学的基本理论与计算力学数值方法，为第三代结构设计奠定了理论基础。

概率密度演化理论成为第三代结构设计理论得以实现的第二块理论基石。这一科学发现，在很大程度上揭示了概率统计规律及其演化取决于系统物理规律。这就在本质上揭示了概率统计规律赖以存在的物理基础。

计算数学与计算力学的发展，则成为第三代结构设计理论的第三块基石。

2.5　结构工程主要研究方向

结合我国国情和国际上的发展动向，我国未来的结构工程学科发展重点为：

（1）材料科学的探索。可以预见，高性能工程材料的研究与开发，仍将是结构工程研究的重要组成部分。与此同时，随着可持续发展观念深入人心和我国工程建设逐步从高潮迈入平稳发展阶段，工程材料的高性能化、可再生循环利用的研究将会得到更多的重视。针对特定的应用背景，生物材料的研究在一定范围内可能形成研究热点。

（2）力学基础理论的发展。近年来，伴随着结构随机动力学、损伤力学研究领域的一系列创新，人们开始重新认识到力学基础理论在结构工程中的核心价值。在未来一定时期内，结合多种灾害作用下的结构动力灾变研究、工程结构全寿命设计研究，将目前唯象学固体力学的研究推进到多尺度物理力学的研究，是结构工程未来深入发展的必然趋势。

（3）多重灾害研究的推进。现有抵御结构动力灾变的研究大多限于结构效应层面的破坏机理分析和控制措施研究。而对于结构作用层面的多种与多重灾害危险性分析、灾害作用与环境作用的耦合效应分析等重要问题，则还缺乏较为深入的认识与研究。随着结构工程研究的深入发展，相信会有越来越多的科学家将更加深刻地认识到这些问题的重要性，从而持续地推动研究工作的深入。

（4）结构设计的精细化。可持续结构的设计必然要采用概率性方法。应对结构所受外部作用的随机性、结构材料与结构性态的非线性、随机性与非线性的耦合效应、结构材料性质的经时变化规律等做精细化的反映与描述；深入研究各类灾害性作用机理与危险性、复杂环境作用的规律，合理设置结构安全性与耐久性设计标准。在此基础上，充分考虑荷载及其组合、结构缺陷、施工误差、环境影响等众多随机和不确定因素，对结构的可靠性、耐久性、全寿命经济性以及对环境的影响等做出正确的评估，实现工程结构受力全过程、寿命全过程结构性态的精细化设计。

（5）分析-设计-施工技术的一体化。结构优化技术、计算机仿真技术和网络技术的发展，将催生一体化的工程结构分析-设计-施工技术。应在这一研究方向上积极探索，并在这一技术的支撑下，使结构设计周期进一步缩短、结构建造过程进一步精确。同时，对于大型复杂结构，应结合经济社会发展水平、结构可承担风险等方面的因素，逐步实现工程结构基于风险的综合设计、施工与维护。

（6）结构监测与结构控制的拓展。现代信息技术的发展，为实现结构设计-施工-监测-维护的一体化统筹奠定了基础。在这一基础之上，面向结构生命周期，发展适用于全寿命的结构监测和结构控制理论与技术，并将之"打造成"结构全寿命设计理论中的必要环节，显然是值得努力的方向。与此同时，将现阶段主要适用于单一工程结构的监测与控制技术发展到生命线工程系统领域，也是值得期待的未来发展趋势。

（7）结构耐久性研究的发展。工程结构耐久性研究，是过去20多年里我国结构工程研究发展中的一个重要亮点。现有研究还基本局限于材料性能与结构构件设计层面。而对于环境作用的整体结构效应研究，则尚属空白。多尺度物理力学的研究，促进了复杂环境作用下整体结构效应研究的深入。在这一过程中，应注意到环境作用导致的物理、化学作用甚至生物学作用，重点研究多场、多物理、物理-化学-生物耦合作用下的材料本构关系，并循着"从本构到结构"的研究技术路线，探索整体结构的环境作用效应与灾变机理，这将是这一领域研究的必然发展趋势。

（8）结构试验技术的创新。发展新型试验手段和方法，从结构基本构件向材料本构关系、结构性能两端延伸，研究结构在各种极端条件下的破坏机理，揭示材料损伤本构关系、结构累积破坏机理与倒塌机制、结构性能退化机理及其与环境的关系等一系列问题的客观本质。在这一进程中，先进传感技术与观测技术、远程协同试验技术、结构分析-结构性能联机试验技术应构成现代结构试验技术发展的亮点。

参 考 文 献

[1] 茹继平，刘加平，曲久辉，等. 建筑、环境与土木工程[M]. 北京：中国建筑工业出版社，2011.

[2] 项海帆. 壮心集——项海帆论文集(2000～2014)[M]. 上海：同济大学出版社，2014.

[3] 国家自然科学基金委员会，工程与材料科学部. 建筑、环境与土木工程Ⅱ[M]. 北京：科学出版社，2006.

[4] 中国工程院土、水利与建筑工程学部. 土木学科发展现状及前沿发展方向研究[M]. 北京：人民交通出版社，2012.

[5] 叶列平. 土木工程科学前沿[M]. 北京：清华大学出版社，2006.

[6] 国家自然科学基金委员会，中国科学院. 中国学科发展战略——土木工程与工程力学[M]. 北京：科学出版社，2016.

[7] 茹继平，李杰. 结构工程基础研究 20 年——来自国家自然科学基金委员会的报告[J]. 建筑结构学报，2017，38(2)：1-9.

[8] 韩素芳，路来军，王安玲，等. 中国混凝土为我国经济发展快车提供新动力——新中国 70 年混凝土行业成就综述[J]. 混凝土世界，2019，125(11)：14-21.

[9] 徐俊杰. 结构动力分析高阶时域积分算法的研究进展[J]. 地震工程与工程振动，2017，37(3)：80-84.

[10] 张振浩，杨伟军. 结构动力可靠性理论的发展与研究综述[J]. 空间结构，2012，18(4)：64-75.

[11] 李双蓓，刘立国，倪骁慧. 结构稳定性研究的现状和新方法的探索[J]. 广西大学学报(自然科学版)，2004，29(增刊)：107-111.

[12] 贡金鑫，仲伟秋，赵国藩. 工程结构可靠性基本理论的发展与应用(1)[J]. 建筑结构学报，2002，23(4)：2-9.

[13] 贡金鑫，仲伟秋，赵国藩. 工程结构可靠性基本理论的发展与应用(2)[J]. 建筑结构学报，2002，23(5)：2-10.

[14] 贡金鑫，仲伟秋，赵国藩. 工程结构可靠性基本理论的发展与应用(3)[J]. 建筑结构学报，2002，23(6)：2-9.

[15] 周结稳. 建筑工程结构检测技术的发展趋势分析[J]. 建筑技术开发，2018，45(20)：12-13.

[16] 程绍革. 建筑抗震鉴定与加固技术发展历程回顾与展望[J]. 城市与减灾，2019，5：2-5

[17] 朱宏平，余璟，张俊兵. 结构损伤动力检测与健康监测研究现状与展望[J]. 工程力学，2011，28(2)：1-11，17.

[18] 纪金豹. 促进国内结构实验技术发展的若干思考[J]. 实验技术与管理，2019，36(4)：270-273.

[19] 李杰. 论第三代结构设计理论[J]. 同济大学学报(自然科学版)，2017，45(5)：617-624，632.

[20] 丁洁民，吴宏磊，赵昕. 我国高度 250m 以上超高层建筑结构现状与分析进展[J]. 建筑结构学报，2014，35(3)：1-7

[21] 金伟良，吴航通，许晨，等. 钢筋混凝土结构耐久性提升技术研究进展[J]. 水利水电科技进展，2015，35(5)：68-76，135.

[22] 金伟良，牛荻涛. 工程结构耐久性与全寿命设计理论[C]. 第 20 届全国结构工程学术会议论文集

（第Ⅰ册），2011.

[23]　李杰. 生命线工程的研究进展与发展趋势[J]. 土木工程学报，2006，39(1)：1-6，37.

[24]　李宏男，柳春光. 生命线工程系统减灾研究趋势与展望[J]. 大连理工大学学报，2005，45(6)：
　　　 931-936.

第 3 章　钢结构发展现状及前沿

3.1　概述

3.1.1　钢结构的特点及其优势

相对于传统的钢筋混凝土结构和砖混结构，钢结构具有诸多优势。一方面，就比强度（即单位重量的强度）而言，钢材可发挥更高的强度，拉伸的比强度为混凝土的 60 倍以上，压缩的比强度为混凝土的 6 倍以上，其优势明显。另一方面，在相同的构件截面面积下，钢结构可以获得更大的跨度；在相同的跨度下，钢结构可以缩小构件截面面积。另外，钢材具有可回收再利用的特点，是一种绿色建筑材料，符合当前国家对建筑业提出的可持续发展的要求。基于此，钢结构在抗震防灾、丰富设计、质量提升、节能环保等方面具有诸多优势，归纳为以下几方面：

（1）钢结构在抗震防灾方面具有较突出优势。一是钢材质地均匀，具有很好的塑性及韧性，能够适应振动荷载，抗震性能好，可以用作防灾据点或储备基地；二是可采用耐火钢建造耐火灾的建筑物；三是利用钢管混凝土柱和减震钢材，可减少建筑物的摇晃，提高建筑物的舒适性。

（2）使用钢结构可以随意打造空间。一是使用钢结构可以实现没有柱子的大空间，因此，可以灵活应对之后可能发生的建筑用途变更；二是可以实现没有内墙、开间大的结构；三是采用灵活隔断，可以实现房间的自由布局。

（3）对于建筑师而言，钢结构具有丰富的可设计性。一是由于钢材的强度大，可以实现梁柱的轻量化设计；二是由于加工性好，易于表现曲线之美；三是与木材、玻璃、金属、石材等材料配合默契，可实现新颖的建筑表现；四是随着外部装饰材料的技术进步，可实现新材料和设计的快速应用。

（4）工业化程度高，可以保证质量的稳定和缩短施工工期。一是钢结构由各种型材和钢板组成，适合在工厂预制，其制作加工方便，精度高，可保证质量稳定；二是能大批量生产，工地安装迅速快捷，可大大缩短施工周期，降低造价，提高经济效益。

（5）有利于节约资源、减少碳排放。一是钢结构可以通过分解、重新组装，实现重复利用，实现资源的节约；二是钢材可回收利用，不产生建筑垃圾；三是采用最易于工业化建造的钢结构体系，可以提高材料在实现建筑节能和结构性能方面的效率，减少建筑垃圾、建筑施工对环境的不良影响。

基于上述优点，钢结构可在多领域应用并发挥其优势：

（1）可应用于大型写字楼等高层建筑，以及机场、体育场、火车站等大空间设施。在高层建筑领域，因为要支撑来自上层的荷载，因此，支柱截面会变得特别大。但由于钢结构强度高，支柱截面可设计得更小，房间的有效面积增大（使用面积系数高），大楼的资产价值升高。在大空间设施领域，使用高强度钢结构构件，可实现结构体的轻量化和大跨度，打造出没有柱子和墙壁的大空间。

（2）可应用于商业设施、工厂与仓库等结构，以获得大空间。由于建设工期短，可以提前开始商业活动和生产活动，有助于收益的提升。在具有成套设备的结构中，需要支撑大负荷设备，因此，高强度构件是必需的。采用钢结构，可以获得柱子较少的空间，便于设备仪器的布置，还可以灵活应对频繁发生的设计变更。

3.1.2 钢结构的发展前景

当前，国家大力倡导绿色、节能、环保、可持续发展，积极推广钢结构建筑，并给予较大力度政策支持。钢结构行业迎来新的春天。例如，2016 年 2 月，中共中央、国务院发布了《关于进一步加强城市规划建设管理工作的若干意见》，提出力争用 10 年左右时间，使装配式建筑占新建建筑的比例达到 30%，积极稳妥推广钢结构建筑；2016 年 9 月，国务院办公厅印发了《关于大力发展装配式建筑的指导意见》，提出要因地制宜发展装配式混凝土结构、钢结构和现代木结构等装配式建筑；2017 年 4 月，住房和城乡建设部印发《建筑业发展"十三五"规划》，明确提出要大力发展钢结构建筑，引导新建公共建筑优先采用钢结构，积极稳妥推广钢结构住宅。尤其是住房和城乡建设部建筑市场监管司在其 2019 年工作要点中指出，"开展钢结构装配式住宅建设试点；明确一定比例的工程项目采用钢结构装配式建造方式，跟踪试点项目推进情况，完善相关配套政策，推动建立成熟的钢结构装配式住宅建设体系"。这一系列的政策支持为钢结构行业的发展提供了良好的时机。

另外，我国是钢铁大国，也是钢结构用量最大的国家。1996 年我国钢材产量跃居世界第一，到 2018 年我国钢材总产量已达到 11.06 亿 t，巨大的钢材产量支撑了钢结构的使用与发展。但同发达国家相比，我国钢结构建筑用钢占钢材总产量的比例严重偏低。目前，我国钢结构用钢占钢材总产量比例不到 6%，而发达国家钢结构建筑用钢要占钢材产量的 10% 以上，美国、日本等国家更是达到了 30%。另外，我国钢材产量中粗钢产量占到 80% 以上。从用途来看，仍以板材为主，占比超过 60%，高性能钢材使用较少，轧制型材使用更少。因而，我国钢结构在建筑结构领域的应用仍具有巨大的上升空间。

总体来说，在今后一个相当长的时期内，大力发展钢结构建筑尤其是装配式钢结构将成为国家的宏观政策。因此，钢结构具有良好的市场发展前景。

3.2 钢结构材料

3.2.1 传统钢结构材料

传统钢结构材料主要包括以 Q235 为代表的碳素结构钢，以 Q345、Q390、Q420 为代表的低合金高强度结构钢，以及对应的连接材料，包括焊条、焊丝、焊剂及螺栓、焊钉、铆钉和各类铸钢材料等。这些材料在我国民用、工业钢结构领域得到大量应用，促进了我国钢结构建筑的快速发展。但随着钢结构的使用环境复杂化、结构形式多样化，传统钢结构材料已不能满足工程应用的需求。

3.2.2　新型钢结构材料

随着钢结构的使用环境日益复杂化（如海洋环境、高温环境、极低温环境等）、结构形式多样化（如超高层钢结构、大跨度钢结构、复杂形体钢结构、新型冷弯型钢结构等）以及钢材生产技术的提升，满足特殊使用功能的高性能钢材应运而生。

1. 高强度结构钢

在建筑工程中应用高强度结构钢，能够减小构件的截面尺寸和结构的自重，相应地减小焊缝尺寸，改善焊缝质量，提高结构疲劳使用寿命，从而减少焊接材料用量和焊接工作量，同时还能够减少各种防锈防火等涂层的厚度、用量及其涂刷工作量，降低钢结构构件的加工、制作、运输和施工安装的费用，并创造更大的建筑使用空间。另外，在建筑工程中应用高强度结构钢能够减少钢材用量，从而大幅度减少冶炼钢材所消耗的铁矿石资源。在减少焊接材料和防锈防火等各种涂层厚度的同时，也能够减少对其他可再生能源的消耗，同时减少资源开采时对生态环境的破坏，符合节能和可持续发展战略。

近年来，随着钢材生产技术和生产工艺水平的提高，钢材的强度和加工性能也相应大大提高，并且与强度标准值为 460～1100 MPa 的高强度结构钢配套的焊接材料和焊接技术也逐渐成熟，完全能够满足构件的加工制作要求，这就使得在钢结构建筑中应用高强度结构钢成为可能。但我国目前工程中最常用的钢材强度等级仍为 Q235 和 Q345，尽管我国《钢结构设计标准》中列入了 Q390、Q420 和 Q460 钢材，但实际工程中应用很少，仅在国家体育场（鸟巢）、中央电视台新总部大楼等个别重大工程中采用。而很多发达国家在钢结构用钢方面非常注重使用高强度结构钢，其钢材的强度等级最低用到 275MPa，已大量使用 420MPa、460MPa、490MPa、550MPa、590MPa 级钢材，并配套相应的规范标准，目前，780MPa 级钢材也正在积极推广使用中。

2. 特厚高性能钢材

近年来，随着钢结构形式日益复杂化，普通厚度及强度等级的钢材已不能满足工程需求，高强度、特厚的钢材得到越来越广泛的应用。一般厚板较易产生层状撕裂，因为钢板越厚，缺陷越多，焊缝也越厚，因而焊接应力和变形也越大。因此，厚板往往需要对厚度方向的受力性能（Z 向性能）进行规定。如中央电视台新总部大楼使用的厚板钢构件强度等级为 Q460，最大壁厚达 100mm，特殊部位 Z 向性能指标要求为 Z35。国外已开发出具有良好力学性能和焊接性能、屈服强度为 590MPa 和 780MPa 的、厚度为 80～100mm 的特厚高性能钢材。

3. 耐候钢和耐火钢

耐候钢是指通过添加少量合金元素，使其在大气中具有良好耐腐蚀性能的低合金高强度钢。耐候钢的耐大气腐蚀性能为普通碳素钢的 2～8 倍，并且使用时间越长，耐蚀作用越突出。耐候钢除具有良好的耐候性外，还具有优良的力学、焊接等使用性能。高耐候钢主要分为 Q265GNH、Q295GNH、Q310GNH、Q355GNH 4 种。焊接耐候钢主要分为 Q235NH、Q295NH、Q355NH、Q415NH、Q460NH、Q500NH、Q550NH 7 种。目前，耐候钢已经应用到许多建筑和桥梁结构中，但是高耐候钢的焊接性能相对较差，而焊接耐候钢的耐大气腐蚀性能相对较差；高耐候钢的钢板厚度有限（小于 40mm），高强度的焊接耐候钢（如 Q415NH、Q460NH、Q500NH、Q550NH）的钢板厚度也受到限制（小于 60mm）。由于存在这一系列问题，耐候钢的工程应用受到限制。

耐火钢定义为在温度 600℃时屈服强度不小于常温屈服强度 2/3，且其他性能（包括常温机械性能、可焊性、施工性等）与相应规格的普通结构钢要求基本一致的钢材。我国耐火钢的相关研究起步较晚，目前国内马钢集团、宝钢股份、武钢集团等单位积极研发新型耐火钢，并取得了一定成果。例如马钢集团的 490MPa 级耐火 H 型钢产品、宝钢股份的 Nb 系列耐火耐候钢板、武钢集团的 WGJ510C2 耐火耐候钢板等。

4. 冷弯型钢

冷弯型钢具有轻质高强、抗震性能和整体性能好、施工速度快、工业化程度高、经济环保等优点，因而，被广泛应用于建筑业、交通运输业、机械制造业、造船业、电力业等。近年来，受国家发展装配式钢结构、推进建筑工业化建造技术政策的影响，冷弯型钢因具有适合冷加工成型、截面灵活高效、连接简单便捷等优势得到进一步重视。目前工程中常用的冷弯型钢构件壁厚为 2～6mm。随着冷弯型钢生产技术及设备能力的日益发展，国内已能生产厚度 1.5mm 以下，牌号为 Q235、Q550 的冷弯超薄壁型钢，厚度大于 6mm 的冷弯厚壁型钢，以及壁厚 20mm（国外 25mm）、截面展宽达 2m 的各类截面冷弯型钢。

5. 低屈服点钢

低屈服点钢是指采用接近工业纯铁的成分，通过降低钢材中的碳含量及合金元素生产出的具有较低屈服点并且屈服强度控制在较低范围内的钢材，其断后伸长率一般在 50%以上，进入塑性状态后有良好的滞回性能。因此，低屈服点钢作为新型的耗能减震材料在结构抗震设计中得到了越来越多的应用。目前低屈服点钢主要有 LY100、LY160、LY225 三种牌号，LY100 的屈服强度为 80～120MPa、LY160 的屈服强度为 140～180MPa、LY225 的屈服强度为 205～245MPa。

3.2.3　钢结构材料前沿方向

为满足我国钢结构发展的需求，应加速研究新型高效高性能建筑结构用钢材，主要包括：新型高强度钢、耐候钢、耐火钢、Z 向性能钢、抗震高性能钢及低屈服点钢等钢材；用于吊车梁下翼缘和桥梁大梁底板等的变厚度钢板；高强冷弯型钢及壁厚 25mm 以上冷弯厚壁型钢等。

3.3　钢结构构件

3.3.1　传统钢结构构件

传统钢结构构件包括各类热轧型钢（如热轧角钢、T 型钢、L 型钢、H 型钢、工字钢、槽钢、圆钢、方钢、扁钢等）、焊接型钢（如焊接 H 型钢、箱型钢等）、钢管（如直缝电焊钢管、冷成型焊接圆钢管等）等。这类钢结构构件在工程中得到广泛应用（梁、柱、支撑等），设计理论及方法十分成熟。

3.3.2　新型钢结构构件

新型钢结构构件主要包括：（1）与新型材料对应的各类构件，如各类高强度、大厚度、耐候、耐火、低屈服点钢材形成的各类钢构件；（2）特殊功能构件，如提高腹板稳定性的波纹腹板 H 形梁、便于布设管线的蜂窝梁、有助于改善建筑净空的扁平梁、有助于改善建筑外观的异型钢管柱等；（3）抗震耗能构件，如钢板剪力墙、钢管束剪力墙、屈曲约束支撑、各类阻尼器、隔振耗能支座等；（4）冷弯型钢构件，如冷弯 C 型钢、Z 型钢、圆钢管、方钢管、异型钢管、各类轻钢龙骨墙等；（5）组合构件，主要包括钢管混凝土构件、型钢混凝土构件、异型钢管混凝土构件、钢板夹心混凝土组合剪力墙等。这类构件的强度、稳定、疲劳及抗震设计理论和方法等是国内外学者关注的重点问题。

3.3.3　钢结构构件前沿方向

随着我国钢结构学科的发展，各类新型材料对应的构件、耗能减震构件、新型截面冷弯型钢构件、新型组合构件等的研发及其设计理论和方法研究将是钢结构构件的前沿发展方向。另外，随着装配式钢结构建筑在我国的大力推广，各类新型装配式钢结构构件及其连接的研发将成为钢结构学科的热门问题。

3.4　钢结构体系

3.4.1　传统钢结构体系

1. 多、高层钢结构体系

目前传统的多、高层钢结构体系研究已经取得了一定的技术进展，建立了较完整的分析理论，形成了多、高层钢结构成套设计技术，主要包括以下几个方面：①焊接柱残余应力及稳定性研究；②构件恢复力模型研究；③钢结构框架体系系统非线性分析理论研究；④较完善的钢结构抗震设计方法；⑤火灾下钢框架整体非线性分析理论；⑥在地震作用下考虑损伤、损伤累积和裂缝效应分析理论的研究；⑦结构振动控制技术的研究；⑧钢-混凝土混合结构设计。目前，工程中常用的多、高层钢结构体系有：

（1）纯框架体系。该体系是多层钢结构最常见的结构体系之一，它将梁柱构件刚接，依靠梁柱受弯来承受竖向荷载和水平荷载。这种体系的主要特点是：传力路线明确，建筑平面布置灵活，可以做成大开间，充分满足建筑布局上的要求，制作安装简单，但抗侧移刚度小。因此，基于抗震验算要求，其建造楼层一般不应超过 12 层。柱子可以采用轧制或焊接工字钢、方钢管、圆钢管或冷弯型钢组合截面，也可以采用钢管混凝土。

（2）钢框架支撑体系。这种体系借助支撑来承受水平力和提供侧向刚度。当房屋较高时，它比纯框架经济，比较适用于 7～15 层的住宅。这种体系是在纯框架中沿房屋进深方向布置钢支撑，或沿房屋进深方向和纵向布置，有时还可以连接成支撑芯筒，以此获得较大的抗侧移刚度。这种体系适用于小震或中震作用下的情况，抗侧移刚度足以承受侧向水平力。支撑框架主要可分为中心支撑框架、偏心支撑框架和近年来研究的内藏钢板支撑剪力墙结构体系。

（3）钢框架剪力墙体系。该体系可细分为：钢框架-混凝土剪力墙体系 、钢框架-带缝混凝土剪力墙体系、钢框架-钢板剪力墙体系以及钢框架-带缝钢板剪力墙体系。

2. 大跨度空间钢结构体系

我国大跨度空间钢结构的发展经历了从传统的桁架、网架网壳、索结构体系，到新型组合和混合结构体系如张弦梁、弦支穹顶、预应力空间体系（预应力钢索加桁架、网架、网壳），最后扩展到张力结构体系，并从重型屋盖系统向超轻、超大跨度系统过渡，形成了由刚变柔，由二维向多维组合形式发展的大趋势。我国的大跨度钢网格结构，其规模之大、类型之齐全已为世界瞩目。常见的大跨度空间钢结构体系如图 3-1～图 3-4所示。

图 3-1　长沙南站（空间网架结构）

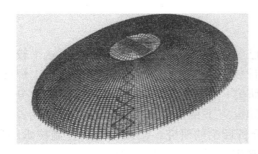 

图 3-2　国家大剧院（空间网壳结构）

图 3-3　北京工人体育馆（悬索结构）　　图 3-4　上海浦东国际机场 T1 航站楼（张弦梁结构）

3. 塔桅钢结构体系

自 20 世纪 70 年代以来，塔桅钢结构体系在广播、通信、输电线路以及气象监测等领域得到了迅猛的发展。我国最早的大型钢塔是 200m 高的广州电视塔（1965 年，如图 3-5 所示）和 210m 高的上海电视塔（1973 年，如图 3-6 所示）。20 世纪 80 年代，我国塔桅钢结构发展很快，许多电视塔、输电塔、微波通信塔和其他用途的塔桅钢结构蜂拥而起，科研工作也突飞猛进。如高塔的风荷载和风振的理论与试验研究，塔桅钢结构的非线性静、动力计算，塔桅钢结构的振动控制等都有很大进展。目前，塔桅钢结构体系在理论研究、技术研究、试验分析、工程实践及规范编制等方面均已成熟。

图 3-5　广州电视塔　　　　图 3-6　上海电视塔

4. 重型钢结构厂房

在重型钢结构厂房方面，国内的研究工作开展相对较早，已经建立了重型钢结构厂房非线性静、动力分析方法。基于残余应力及焊接影响的研究，研究人员提出了承载力的计算方法及对节点构造的改进方法，并在大型火电厂全铰接支撑-框架结构的振动台试验研究方面取得突破。

3.4.2　新型钢结构体系

1. 交错桁架结构体系

交错桁架结构体系的主要构件是柱、楼板、桁架、纵向连梁，其结构的组成如图 3-7 所示。交错桁架结构体系的柱布置在房子的四周，中间没有柱，且桁架的高宽分别与房屋的层高和宽度相等，楼板位于桁架的上弦杆和纵梁上，在相邻的两榀结构中，桁架单元相互交错布置，从而形成了两部立柱间距的大空间，桁架的中间节间可设走廊或连通两房间的洞口来代替设置斜腹杆。交错桁架结构体系在纵向由梁相连，可在最高层设立柱支承屋面结构，还可设局部无落地桁架以获得底层的大空间，但必须在对应位置设横向支撑。这种结构体系主要用于15～20层的旅馆、汽车旅馆、集体宿舍、老年公寓和住宅，其优点主要有：满足建筑上大开间的要求，结构上又可采用小柱距和短跨楼板，使楼板厚度减小，减轻结构自重；腹杆可采用斜杆体系和华伦氏空腹桁架体系相结合，便于设置走廊；桁架采用隔层布置，其主要受轴力，有利于缩小框架柱截面面积；框架横向刚度大，侧向位移要求容易满足；用钢量较低，较经济。

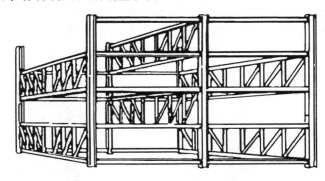

图 3-7　交错桁架结构体系

2. 轻型钢结构体系

近年来对轻型钢结构体系开展了系统研究，取得了一系列成果，为轻型钢结构体系的推广应用提供了技术支撑，主要有以下几个方面：（1）对薄柔构件及其构成的框架和节点的抗震性能进行了系统研究，为在抗震设防区使用薄柔构件轻型钢框架提供了可能；（2）对轻型门式刚架端板连接中，翼缘与端板采用非全熔透焊缝连接的节点性能进行了系统研究，提出了轻型门式刚架采用端板连接时梁翼缘与端板可以采用非全熔透焊缝形式的建议；（3）对轻型门式刚架中，带牛腿的常截面柱的稳定性进行了研究，给出了精确的理论公式和简化实用计算公式；（4）对轻型门式刚架中常用的铰接平板柱脚进行了研究，提出了此类柱脚转动刚度的计算公式，给出了柱计算长度的确定方法；（5）通过系统研究，形成了低多层住宅钢结构成套技术。

3. 箱式钢结构体系

箱式钢结构体系具有标准的模数尺寸，其标准尺寸适应现代工业化的运输、装卸、施工的要求，可以缩短建造时间。同时，箱式钢结构房屋的空间形式可以自由组合，创造出多样化的组合模式，改善建筑外观。基于以上特点，箱式钢结构主要有以下用途：（1）用于建筑工地、港口码头等的工人宿舍、办公室、食堂、仓库等临时性建筑；（2）用于油田、矿山等偏远或者自然条件恶劣地区的临时性建筑；（3）用于灾后快速重建，恢复生活生产的临时性建筑；（4）用于军队训练、作战等期间的营房、食堂、指挥所、医院等便携式建筑；（5）用于潮流时尚建筑，如品牌商店、休闲娱乐场所、旅游度假村等前卫建筑；（6）用于学生宿舍、居民住宅、旅店、零售商店等造价较低的建筑；（7）用于城市公共设施，如展览馆、厕所、报刊亭等公共建筑。2020年，为应对新型冠状病毒，不到10天时间建成的"火神山"医院（图3-8）成为箱式钢结构体系应用的典范。

4. 冷弯型钢结构体系

近年来，冷弯型钢在建筑结构领域中的应用范围不断扩大，特别是在国家和各地方政府相继出台发展装配式钢结构、推进建筑工业化的相关政策后，冷弯型钢的冷成型生产、截面灵活高效、连接便捷等方面的一些优势得到重视。目前，在冷弯型钢结构方面，针对壁厚 6mm 以下的 Q235、Q345、LQ550 冷弯薄壁型钢的材性、构件、结构体系等已进行了系统的研究，形成了成熟的设计理论及设计方法（包括静力设计、抗震设计、抗风设计、抗火设计等）。此外，国内对壁厚 6mm 以上的冷弯厚壁型钢基本构件（包括闭口截面和开

图 3-8 "火神山"医院

口截面）的设计理论进行了研究（包括残余应力、冷弯效应、承载力设计方法、抗震设计方法等），相关研究成果已被新修订并即将颁布的《冷弯型钢结构技术标准》采纳。另外，冷弯型钢构件因冷加工成型而造成截面各部位材料冷作硬化、残余应力等问题更为突出，冷弯型钢结构在直接动力荷载作用下的疲劳问题亟待解决，这些问题成为目前制约冷弯型钢在我国推广应用的瓶颈。

3.4.3 钢结构体系前沿方向

钢结构体系的前沿方向包括以下几个方面：

（1）高性能多高层钢结构体系。应用高强、高性能钢材可以减小构件尺寸、节省材料、增加使用面积，提高构件及结构整体的抗震、抗火性能等，因此，高性能多高层钢结构体系是高层钢结构未来发展的方向之一。新型高强钢构件、高层高强钢结构体系、高层高强钢构件与低屈服点高延性高耗能钢构件的组合结构体系等将广泛应用于高层钢结构中。另外，新型塔桅钢结构体系，高性能钢材（如高强钢、耐候钢、耐火钢、厚板钢）的重型工业厂房结构体系，多层轻型钢结构体系，特别是住宅轻型钢结构体系，新型冷弯型钢结构住宅体系，钢结构维护体系等的设计理论和方法，以及节能、保温、隔热、防火、隔声、防水等，是未来钢结构体系发展中迫切需要研究与解决的问题。

（2）装配式工业化钢结构体系。在国家大力发展装配式钢结构的政策背景下，新型装配式工业化钢结构体系的研发及其成套设计理论成为钢结构体系发展的前沿方向。新型构件、节点、结构体系的研发及其设计理论，以及信息化、集成化的设计方法等，是未来装配式工业化钢结构体系发展中迫切需要研究与解决的问题。

（3）可恢复功能结构体系。可恢复功能结构是指地震后不需修复或稍加修复即可恢复其使用功能的结构。从结构形式上，可将其分为可更换结构构件、自复位结构、摇摆墙和摇摆框架。可恢复功能抗震结构目前已成为地震工程、抗震加固领域一个新的研究方向，近年来受到了全世界抗震加固工程学者和技术人员的广泛关注。

（4）可展开结构体系。在社会生活生产中，除需要永久性建筑结构外，也常常需要一些临时性结构或流动性结构。如每年举办的各种展览会、啤酒节、大型比赛集会等，常常需要建造一些临时性的工作室、流动展厅、临时货棚等。这些结构大都是暂时性的，而且每年都具有重复性和流动性，若采用常规结构的方法，则每次都要建造新结构，且

施工速度慢，拆除后不能重复使用。这不仅费工费时，而且造成资源浪费。可展开结构体系即是为适应临时性或流动性结构的需求而发展起来的一种新型结构体系。这类结构整体或部分可在工厂预先装配完成，运输时可收缩折叠，使用时可在现场展开成型，迅速构成整体结构。与常规结构相比，这类结构具有易工厂化生产，折叠后体积小，便于运输储存，现场安装、拆除速度快，施工方便，可重复使用等优点。在国家大力发展装配式钢结构的背景下，这类结构将受到学者和技术人员的青睐。

3.5 钢结构技术标准与设计软件

3.5.1 钢结构技术标准

我国钢结构技术标准主要由国家标准、行业标准、地方标准、CECS（China Association for Engineering Construction Standardization）标准和企业标准五部分组成。总体来说，标准基本已满足钢结构材料、设计、加工制作、安装及施工等方面的要求。

在材料、产品标准方面，包括材质、型材、板材、管材、焊接材料、紧固件等内容。其中材质标准主要包括碳素结构钢、低合金结构钢、耐候钢、不锈钢、船舶及海洋工程用结构钢、桥梁用结构钢材质标准等，相关常用现行标准如表3-1所示。型材标准主要包括热轧角钢、热轧H型钢和T型钢、热轧L型钢、热轧工字钢、热轧槽钢、热轧球扁钢、冷拉圆钢和方钢、扁钢、六角钢、焊接H型钢、改善耐蚀和耐焊接性能热轧型钢、冷弯型钢、冷弯开口型钢等标准，相关常用现行标准如表3-2所示。板材标准主要包括优质碳素结构钢冷轧钢带、优质碳素结构钢热轧钢带、碳素结构钢和低合金结构钢热轧钢带、碳素结构钢冷轧钢带、合金结构钢热轧厚钢板、厚度方向性能钢板等标准，相关常用现行标准如表3-3所示。管材标准主要包括直缝电焊钢管、结构用不锈钢无缝钢管、结构用直缝埋弧焊接钢管、结构用无缝钢管、不锈钢小直径无缝钢管、建筑结构用冷弯矩形钢管、冷拔异型钢管、建筑结构用铸钢管等标准，相关常用现行标准如表3-4所示。焊接材料标准包括铸铁焊条及焊丝、高强钢焊条、非合金钢及细晶粒钢焊条、热强钢焊条、不锈钢焊条、堆焊焊条等标准，相关常用现行标准如表3-5所示。紧固件标准主要包括六角头螺栓、钢结构用高强度大六角头螺栓、钢结构用高强度大六角螺母、钢结构用高强度垫圈、钢结构用扭剪型高强度螺栓连接副、地脚螺栓、电弧螺柱焊用圆柱头焊钉等标准，相关常用现行标准如表3-6所示。

<table>
<tr><td colspan="2">常用现行钢结构材质标准</td><td>表 3-1</td></tr>
<tr><td>标准编号</td><td>标准名称</td><td>实施日期</td></tr>
<tr><td>GB/T 1591—2018</td><td>低合金高强度结构钢</td><td>2019-02-01</td></tr>
<tr><td>GB/T 3077—2015</td><td>合金结构钢</td><td>2016-11-01</td></tr>
<tr><td>GB/T 3078—2019</td><td>优质结构钢冷拉钢材</td><td>2020-07-01</td></tr>
<tr><td>GB/T 32289—2015</td><td>大型锻件用优质碳素结构钢和合金结构钢</td><td>2016-11-01</td></tr>
<tr><td>GB/T 34560—2017</td><td>结构钢</td><td>2018-07-01</td></tr>
<tr><td>GB/T 4171—2008</td><td>耐候结构钢</td><td>2009-05-01</td></tr>
<tr><td>GB/T 699—2015</td><td>优质碳素结构钢</td><td>2016-11-01</td></tr>
</table>

续表

标准编号	标准名称	实施日期
GB/T 700—2006	碳素结构钢	2007-02-01
GB 712—2011	船舶及海洋工程用结构钢	2012-02-01
GB/T 714—2015	桥梁用结构钢	2016-06-01
GB/T 8731—2008	易切削结构钢	2009-05-01
CECS 300—2011	钢结构钢材选用与检验技术规程	2012-06-01
DB 41/T 1080—2015	12Cr13Ni2 不锈结构钢	2015-11-13

常用现行钢结构型材标准　　　　　　　　　　　　　　表 3-2

标准编号	标准名称	实施日期
GB/T 11263—2017	热轧 H 型钢和剖分 T 型钢	2017-12-01
GB/T 14977—2008	热轧钢板表面质量的一般要求	2009-10-01
GB/T 28299—2012	结构用热轧翼板钢	2013-02-01
GB/T 32977—2016	改善耐蚀性能热轧型钢	2017-07-01
GB/T 33968—2017	改善焊接性能热轧型钢	2018-04-01
GB/T 33976—2017	原油船货油舱用耐腐蚀热轧型钢	2018-04-01
GB/T 34103—2017	海洋工程结构用热轧 H 型钢	2018-04-01
GB/T 3414—2015	煤机用热轧异型钢	2016-11-01
GB/T 34201—2017	结构用方形和矩形热轧无缝钢管	2018-06-01
GB/T 706—2016	热轧型钢	2017-09-01
GB/T 9945—2012	热轧球扁钢	2013-05-01
GB/T 12755—2008	建筑用压型钢板	2009-06-01
GB/T 2101—2017	型钢验收、包装、标志及质量证明书的一般规定	2018-04-01
GB/T 28414—2012	抗震结构用型钢	2013-03-01
GB/T 33814—2017	焊接 H 型钢	2018-02-01
GB/T 6723—2017	通用冷弯开口型钢	2017-12-01
JG/T 137—2007	结构用高频焊接薄壁 H 型钢	2007-11-01

常用现行钢结构板材标准　　　　　　　　　　　　　　表 3-3

标准编号	标准名称	实施日期
GB/T 14995—2010	高温合金热轧板	2011-10-01
GB/T 31922—2015	改善成形性热轧高屈服强度钢板和钢带	2016-06-01
GB/T 3274—2017	碳素结构钢和低合金结构钢热轧钢板和钢带	2017-11-01
GB/T 3278—2001	碳素工具钢热轧钢板	2002-02-01
GB/T 3524—2015	碳素结构钢和低合金结构钢热轧钢带	2016-06-01
GB/T 36130—2018	铁塔结构用热轧钢板和钢带	2019-02-01
GB/T 37800—2019	热轧纵向变厚度钢板	2020-07-01
GB/T 38215—2019	结构波纹管用热轧钢带	2020-09-01
GB/T 38688—2020	耐蚀合金热轧厚板	2020-10-01

续表

标准编号	标准名称	实施日期
GB/T 38690—2020	耐蚀合金热轧薄板及带材	2020-10-01
GB/T 4237—2015	不锈钢热轧钢板和钢带	2016-06-01
GB/T 709—2019	热轧钢板和钢带的尺寸、外形、重量及允许偏差	2020-02-01
GB/T 711—2017	优质碳素结构钢热轧钢板和钢带	2017-11-01
GB/T 8749—2008	优质碳素结构钢热轧钢带	2018-11-01
GB 3522—1983	优质碳素结构钢冷轧钢带	1983-12-01
GB/T 11253—2019	碳素结构钢冷轧钢板及钢带	2020-09-01
GB/T 11251—2009	合金结构钢热轧厚钢板	2010-05-01
GB/T 5313—2010	厚度方向性能钢板	2011-09-01

常用现行钢结构管材标准　　　　　　　　　　　　　　表 3-4

标准编号	标准名称	实施日期
GB/T 13793—2016	直缝电焊钢管	2017-07-01
GB/T 14975—2012	结构用不锈钢无缝钢管	2013-05-01
GB/T 17395—2008	无缝钢管尺寸、外形、重量及允许偏差	2008-11-01
GB/T 24187—2009	冷拔精密单层焊接钢管	2010-04-01
GB/T 30063—2013	结构用直缝埋弧焊接钢管	2014-09-01
GB/T 3089—2008	不锈钢极薄壁无缝钢管	2008-11-01
GB/T 3090—2000	不锈钢小直径无缝钢管	2001-09-01
GB/T 3094—2012	冷拔异型钢管	2013-02-01
GB/T 34567—2017	冷弯波纹钢管	2018-07-01
GB/T 3639—2009	冷拔或冷轧精密无缝钢管	2010-05-01
GB/T 8162—2018	结构用无缝钢管	2019-02-01
JG/T 178—2005	建筑结构用冷弯矩形钢管	2005-12-01
JG/T 300—2011	建筑结构用铸钢管	2011-10-01
JG/T 381—2012	建筑结构用冷成型焊接圆钢管	2012-10-01

常用现行钢结构焊接材料标准　　　　　　　　　　　　表 3-5

标准编号	标准名称	实施日期
GB/T 10044—2006	铸铁焊条及焊丝	2006-09-01
GB/T 32533—2016	高强钢焊条	2016-09-01
GB/T 5117—2012	非合金钢及细晶粒钢焊条	2013-03-01
GB/T 5118—2012	热强钢焊条	2013-03-01
GB/T 983—2012	不锈钢焊条	2013-03-01
GB/T 984—2001	堆焊焊条	2002-06-01

常用现行钢结构紧固件标准

表 3-6

标准编号	标准名称	实施日期
GB/T 5780—2016	六角头螺栓 C 级	2016-06-01
GB/T 5781—2016	六角头螺栓 全螺纹 C 级	2016-06-01
GB/T 5782—2016	六角头螺栓	2016-06-01
GB/T 5783—2016	六角头螺栓 全螺纹	2016-06-01
GB/T 5785—2016	六角头螺栓 细牙	2016-06-01
GB/T 5786—2016	六角头螺栓 细牙 全螺纹	2016-06-01
GB/T 1228—2006	钢结构用高强度大六角头螺栓	2006-11-01
GB/T 1229—2006	钢结构用高强度大六角螺母	2006-11-01
GB/T 1230—2006	钢结构用高强度垫圈	2006-11-01
GB/T 1231—2006	钢结构用高强度大六角头螺栓、大六角螺母、垫圈技术条件	2006-11-01
GB/T 3632—2008	钢结构用扭剪型高强度螺栓连接副	2008-07-01
GB 799—1988	地脚螺栓	1989-07-01
GB/T 10433—2002	电弧螺柱焊用圆柱头焊钉	2003-06-01
GB 152.4—1988	紧固件 六角头螺栓和六角螺母用沉孔	1989-01-01
GB/T 15389—1994	螺杆	1995-10-01
GB/T 16674.1—2016	六角法兰面螺栓 小系列	2016-06-01
GB/T 16938—2008	紧固件 螺栓、螺钉、螺柱和螺母 通用技术条件	2009-02-01
GB/T 16939—2016	钢网架螺栓球节点用高强度螺栓	2016-06-01
GB/T 27—2013	六角头加强杆螺栓	2014-03-01
GB/T 28—2013	六角头螺杆带孔加强杆螺栓	2014-03-01
GB/T 29.1—2013	六角头带槽螺栓	2014-03-01
GB/T 29.2—2013	六角头带十字槽螺栓	2014-03-01
GB/T 3098.1—2010	紧固件机械性能 螺栓、螺钉和螺柱	2011-10-01
GB/T 3098.23—2020	紧固件机械性能 M42～M72 螺栓、螺钉和螺柱	2020-10-01
GB/T 3098.6—2014	紧固件机械性能 不锈钢螺栓、螺钉和螺柱	2015-03-01
GB/T 3098.8—2010	紧固件机械性能 −200℃～+700℃使用的螺栓连接零件	2011-10-01
GB/T 31.1—2013	六角头螺杆带孔螺栓	2014-03-01
GB/T 35481—2017	六角花形法兰面螺栓	2018-04-01
GB/T 35—2013	小方头螺栓	2014-03-01
GB/T 9074.1—2018	螺栓或螺钉和平垫圈组合件	2019-07-01

设计标准方面，既有通用标准，又有专用规程，基本覆盖了建筑钢结构领域。通用标准主要包括钢结构及冷弯薄壁型钢结构、建筑抗震设计规范、建筑设计防火规范等，专

用规程主要包括高层及高耸结构、空间钢结构、轻钢结构、组合结构、钢结构连接、钢结构防火防腐等。常用的现行钢结构设计标准如表 3-7 所示。

常用现行钢结构设计标准 表 3-7

标准类别	标准编号	标准名称	实施日期
通用标准	GB 50017—2017	钢结构设计标准	2018-07-01
	GB 50018—2002	冷弯薄壁型钢结构技术规范	2003-01-01
	GB 50011—2010	建筑抗震设计规范（2016 年版）	2010-12-01
	GB 50016—2014	建筑设计防火规范（2018 年版）	2015-05-01
	CECS 410—2015	不锈钢结构技术规范	2015-12-01
高层、高耸结构标准	JGJ 99—2015	高层民用建筑钢结构技术规程	2016-05-01
	CECS 230—2008	高层建筑钢-混凝土混合结构设计规程	2008-11-01
	GB 50135—2019	高耸结构设计标准	2019-12-01
	DG/TJ 08-32—2008	高层建筑钢结构设计规程	2008-07-01
空间钢结构标准	JGJ 7—2010	空间网格结构技术规程	2011-03-01
	JGJ 257—2012	索结构技术规程	2012-08-01
	CECS 158—2015	膜结构技术规程	2016-01-01
轻钢结构技术标准	GB 51022—2015	门式刚架轻型房屋钢结构技术规范	2016-08-01
	JGJ 209—2010	轻型钢结构住宅技术规程	2010-10-01
	JGJ 227—2011	低层冷弯薄壁型钢房屋建筑技术规程	2011-12-01
	JGJ/T 421—2018	冷弯薄壁型钢多层住宅技术标准	2019-01-01
组合结构标准	CECS 230—2008	高层建筑钢-混凝土混合结构设计规程	2008-11-01
	CECS 159—2004	矩形钢管混凝土结构技术规程	2004-08-01
	GB 50936—2014	钢管混凝土结构技术规范	2014-12-01
	CECS 254—2012	实心与空心钢管混凝土结构技术规程	2012-10-01
	CECS 28—2012	钢管混凝土结构技术规程	2012-10-01
	CECS 408—2015	特殊钢管混凝土构件设计规程	2015-12-01
	GB 50923—2013	钢管混凝土拱桥技术规范	2014-06-01
	JTG/T D65-06—2015	公路钢管混凝土拱桥设计规范	2015-12-01
	T/CECS 188—2019	钢管混凝土叠合柱结构技术规程	2020-06-01
	T/CECS 546—2018	钢管混凝土束结构技术标准	2019-01-01
	T/CECS 663—2020	钢管混凝土加劲混合结构技术规程	2020-08-01
	YB 9082—2006	钢骨混凝土结构技术规程	2007-02-01
	JGJ 138—2016	组合结构设计规范	2016-12-01
	YBJ 238—1992	钢-混凝土组合楼盖结构设计与施工规程	1992-01-01

续表

标准类别	标准编号	标准名称	实施日期
钢结构连接标准	GB 50661—2011	钢结构焊接规范	2012-08-01
	JB/T 13354—2017	动载钢结构焊接规范	2018-04-01
	CECS 226—2007	栓钉焊接技术规程	2007-12-30
	CECS 235—2008	铸钢节点应用技术规程	2008-07-01
	CECS 260—2009	端板式半刚性连接钢结构技术规程	2009-11-01
	T/CECS 506—2018	矩形钢管混凝土节点技术规程	2018-05-01
	JGJ 82—2011	钢结构高强度螺栓连接技术规程	2011-10-01
防火防腐标准	GB 51249—2017	建筑钢结构防火技术规范	2018-04-01
	CECS 200—2006	建筑钢结构防火技术规范	2006-08-01
	CECS 24—1990	钢结构防火涂料应用技术规范	1990-09-10
	GB 14907—2018	钢结构防火涂料	2019-06-01
	DB 37/T 2321—2013	钢结构螺栓连接处简杯涂装防腐技术规程	2013-05-01
	DB 33/T 841—2011	桥梁钢结构防腐蚀工程施工工艺及质量验收规范	2011-12-02
	GB/T 19355—2016	锌覆盖层 钢铁结构防腐蚀的指南和建议	2016-09-01
	GB/T 20852—2007	金属和合金的腐蚀 大气腐蚀防护方法的选择导则	2007-10-01
	GB/T 30790—2014	色漆和清漆 防护涂料体系对钢结构的防腐蚀保护	2014-12-01
	GB 30981—2020	工业防护涂料中有害物质限量	2020-12-01
	GB/T 32119—2015	海洋钢铁构筑物复层矿脂包覆防腐蚀技术	2016-05-01
	GB/T 32120—2015	钢结构氧化聚合型包覆防腐蚀技术	2016-05-01
	GB 50212—2014	建筑防腐蚀工程施工规范	2015-01-01
	GY 5071—2004	钢塔桅结构防腐蚀设计标准	2004-12-01

施工标准方面，主要包括钢结构工程施工质量验收标准、钢管混凝土工程施工质量验收规范、高耸结构工程施工质量验收规范、塔桅钢结构工程施工质量验收规程以及防腐蚀、防火涂料施工验收要求等，相关常用现行标准如表 3-8 所示。

常用现行钢结构施工标准　　　　　　　　　　　表 3-8

标准编号	标准名称	实施日期
GB 50205—2020	钢结构工程施工质量验收标准	2020-08-01
GB 50628—2010	钢管混凝土工程施工质量验收规范	2011-10-01
GB 51203—2016	高耸结构工程施工质量验收规范	2017-07-01
GB/T 50224—2018	建筑防腐蚀工程施工质量验收标准	2019-04-01
CECS 80—2006	塔桅钢结构工程施工质量验收规程	2006-11-01
DB 45/T 1102—2014	钢结构防火涂料施工质量验收技术规范	2014-12-20

在技术标准的编制方面，我国钢结构技术标准经历了从引入国外规范到自主研发，从通用标准到专项标准的不断细化完善的过程。引入新设计方法（如抗震设计、抗风设计等）、新型材料、新型构件、新型结构体系以及施工、检测、加固与维护技术等，及时

补充新的科研成果及思想,是今后钢结构技术标准的发展方向。

3.5.2 钢结构设计软件

国内外钢结构设计软件的发展为钢结构的设计提供了技术保障。国内已经开发出多个钢结构的计算机辅助设计(CAD)专用软件,如 STS、3D3S、SFCAD、MESTEEL 等软件,国外著名的软件公司都针对中国设计规范推出了功能完备的设计软件,如 STRAP、STAAD、Xsteel、SCIA、STRUCAD、FRAMECAD(轻钢)、SAP2000、AN-SYS 等软件。

另外,大量高层与超高层结构(混合结构)、复杂高层建筑的出现,对高层建筑结构的计算分析手段提出了更高的要求。复杂高层建筑的体型和结构布置需要进行多遇地震作用下的内力和变形分析。目前,除自主研发的 SATWE、YJK、PMSAP、TBSA 等商业化软件外,国际通用软件,如 ETABS、SAP2000、MIDAS 等,也在复杂高层建筑设计中得到广泛的应用。许多体型特殊的工程结构,除进行弹性分析计算外,尚需补充弹塑性分析计算,以找出结构的薄弱部位,采用构造措施进行加强。弹塑性分析方法主要有两类——静力弹塑性分析和动力弹塑性分析。目前,常用的国际通用软件,如 ETABS、SAP2000、ANSYS 等以及国内自主开发的弹塑性分析程序,如 SATWE-PUSH、YJK 等,均可进行结构静力弹塑性分析;对于动力弹塑性分析,我国应用较多并受到行业认可的软件主要有 ABAQUS、LS-DYNA、PERFORM-3D 等,另外新一代动力弹塑性分析软件 SAUSAGE 因其具有模型转换快、容错率高、计算速度快等优点,也得到越来越广泛的应用。迄今为止,我国许多较高的重点项目,如上海环球金融中心、中央电视台新总部大楼、上海中心大厦及深圳平安国际金融中心等,均进行了结构整体地震作用下的动力弹塑性分析,为提高结构抗震设计安全性提供了保障。

此外,BIM 技术的应用为我国钢结构住宅产业化健康快速发展提供了新思路。BIM技术具有全流程智能控制、全流程协同工作的特点,广泛运用于项目各个阶段(招标、设计、施工等),在缩短工期、节约成本、保证项目质量上可发挥重要作用,可为钢结构全生命周期各阶段提供技术支持和管理保障。BIM 技术在钢结构领域的应用是目前的研究热点之一。目前常用的 BIM 软件主要有 Revit、Bentley、ArchiCAD、CATIA 等。

参 考 文 献

[1] 郁银泉. 钢结构发展与标准化工作探讨[J]. 工程建设标准化,2019(12):28-33.

[2] 中国工程院土木、水利与建筑工程学部. 土木学科发展现状及前沿发展方向研究[M]. 北京:人民交通出版社,2012.

[3] 廖建国. 钢结构和钢材的发展及展望[N]. 世界金属导报,2017-09-19(B08).

[4] 汪大绥,姜文伟,包联进,等. CCTV 新台址主楼结构设计与思考[J]. 建筑结构学报,2008(03):1-9.

[5] 邱林波,刘毅,侯兆新,等. 高强结构钢在建筑中的应用研究现状[J]. 工业建筑,2014,44(03):1-5,47.

[6] 聂诗东,戴国欣,杨波,等. 高性能 GJ 系列结构钢在工程建设中的发展及应用[C]. 第九届全国

现代结构工程学术研讨会论文集. 2009：169-175.

[7] 张兴. 低屈强比高强度结构钢的发展概况[J]. 宽厚板，2018，24(04)：35-38.

[8] 柴昶. 厚板钢材在钢结构工程中的应用及其材性选用[J]. 钢结构，2004，(05)：47-53.

[9] 于千. 耐候钢发展现状及展望[J]. 钢铁研究学报，2007，(11)：1-4.

[10] 贾良玖，董洋. 高性能钢在结构工程中的研究和应用进展[J]. 工业建筑，2016，46(07)：1-9.

[11] 李功文. 冷弯厚壁方矩管基本构件设计理论及方法研究[D]. 上海：同济大学，2019.

[12] 卫璇，杨璐，施刚，等. 低屈服点钢材及结构构件研究进展[J]. 钢结构，2017，32(05)：1-5，14.

[13] 杜国恩. 多高层钢结构住宅在我国的发展研究[J]. 山西建筑，2008，34(32)：91-92.

[14] 袁斌. 超大跨度空间钢结构设计的发展趋势及现状[J]. 建材与装饰，2019，(33)：101-102.

[15] 王肇民. 高耸结构的发展与展望[J]. 特种结构，2000，(01)：4-7.

[16] 谭明. 浅谈轻型钢结构住宅体系的发展与前景[J]. 建材与装饰，2018，(13)：11-12.

[17] 李元齐，徐厚军. 我国冷弯型钢结构发展现状及展望[J]. 建筑结构，2019，49(19)：91-101.

[18] 张文淑. 钢结构交错桁架的优化设计[D]. 兰州：兰州大学，2018.

[19] 高占阳，袁霓绯，李洪光，等. 装配式高层钢结构住宅现状及发展瓶颈研究[J]. 钢结构，2019，34(05)：56-60.

[20] 唐依伟. 可恢复功能抗震结构体系的研究与探析[J]. 农家参谋，2018，571(02)：232.

[21] 付志君. 可恢复功能结构的抗震性能评估方法[D]. 兰州：兰州理工大学，2017.

[22] 薛素铎，丁光松，刘景园，等. 可展开折叠式空间网格结构[C]. 第七届空间结构学术会议论文集. 1994：54-59.

[23] 陈柯，杨健兵，张帆，等. SAUSAGE 与 ABAQUS 在某超限高层建筑大震弹塑性时程分析中的应用[J]. 建筑结构，2019，49(09)：61-65.

[24] 董小雪，汤军，刘远刚. 基于 BIM 技术的钢结构施工管理应用研究[J]. 建筑节能，2020，48(03)：157-160，165.

[25] 王春雷. 关于 BIM 在工业建筑中结构设计的应用研究[J]. 智能城市，2020，6(04)：37-38.

第4章 装配式建筑结构发展现状及前沿

4.1 概述

4.1.1 装配式建筑结构

装配式建筑结构是指在工厂或现场生产预制建筑部品和构配件，在现场采用机械化施工技术装配而成的建筑物。这种建筑的施工方法与传统的现浇结构不同，即先生产或加工建筑的主要部品或构配件，如梁、板、墙、柱、阳台、楼梯、雨篷等，再通过运输工具将预制构件运送到建设现场，最后采用不同的连接方式将其拼装成不同结构形式。

与传统建筑相比，装配式建筑具有生产效率高、建设周期短、产品质量好、环境影响小、工人劳动条件好、可持续发展、符合建筑产业转型等优点；但也同时存在整体性较差、技术基础差、安装精度高、运输成本高、初期工程造价高等不足之处。随着设计、施工、运输难度与工程造价的逐步降低，装配式建筑作为一种安全可靠、经济合理、绿色环保的建筑形式，必将具有长久的生命力与竞争优势。

4.1.2 装配式建筑标准化设计

为了平衡建筑工业化大生产所要求的构件少和建筑多样性之间的矛盾，在建筑设计中将构件区分为标准构件与非标准构件。标准构件不单应用于某一个或某一组建筑，而是整个国家或者区域内的建筑都可以套用该标准构件。非标准构件则可以独立应用于某一个或某一组建筑，从而使每个建筑具有其独特性。

标准构件所占比例是衡量装配式建筑设计水平的重要指标。基于标准构件的建筑设计，有利于实现较高的预制装配率，有利于部品构件的通用化使用，有利于装配式建筑的可持续发展。

4.1.3 装配式建筑结构体系

装配式建筑结构体系种类较多，主要包括装配式混凝土结构（分为框架结构、框架-剪力墙结构、剪力墙结构等）、装配式钢结构、装配式模块结构及装配式竹木结构等。其中装配式混凝土结构是应用最为广泛的结构体系。因为钢材具有轻质高强、易加工、易运输、易装配与拆卸的特点，所以钢结构是最适合采用装配式的建筑体系。装配式竹木结构因受材料产地制约，一般用于村镇式建筑。

4.2　装配整体式混凝土结构

4.2.1　发展历史

我国装配式混凝土行业已有近 60 年的历史。20 世纪 50 年代末～60 年代中期，装配式混凝土建筑出现了第一次发展高潮，主要采用苏联的薄壁深梁式装配式混凝土大板建筑，以 3～5 层的多层居住建筑为主，建成面积约 90 万 m^2。20 世纪 70 年代末～80 年代末，我国进入住宅建设的高峰期，装配式混凝土建筑迎来第二个发展高潮，此阶段的装配式混凝土建筑，以全装配大板居住建筑为代表，包括钢筋混凝土大板、少筋混凝土大板、振动砖墙板、粉煤灰大板、内板外砖等多种形式，并开始向高层发展，总建造面积约 700 万 m^2。此后，我国的装配式混凝土建筑发展开始出现滑坡，到 20 世纪 90 年代初，现浇结构迅速取代了装配式混凝土建筑，预制构件行业市场疲软、产品滞销，构件厂纷纷倒闭。有关装配式混凝土建筑的研究及应用在我国建筑领域基本消亡。

从 20 世纪末开始，由于劳动力数量下降和成本的提高以及建筑业"四节一环保"的可持续发展要求，装配式混凝土建筑作为建筑产业现代化的主要形式，又开始迅速发展。同时，设计水平、材料研发、施工技术的进步也为装配式混凝土建筑的发展提供了有利条件。在市场和政府的双重推动下，装配式混凝土建筑的研究和工程实践成为建筑业发展的新热点。为了避免重现 20 世纪八九十年代的衰退，国内众多企业、大专院校、研究院所开展了比较广泛的研究和工程实践。在引入欧美、日本等发达国家的现代化技术体系的基础上，我国完成了大量的理论、试验、生产装备、施工装备和工艺等方面的研究，初步开发了一系列适用于我国国情的装配式建筑结构技术体系。为了配合和推广装配式混凝土建筑的应用，国家和许多省市发布了相应的技术标准和鼓励政策。

4.2.2　研究及应用现状

1. 装配整体式混凝土结构及连接

当前，装配整体式混凝土结构根据结构体系的不同，主要分为装配整体式混凝土框架结构、装配整体式混凝土剪力墙结构、装配整体式混凝土框架-剪力墙结构、装配整体式部分框支剪力墙结构以及装配式筒体结构、板柱结构、梁柱节点为铰接的框架结构等。在上述结构体系中，又以装配整体式混凝土框架结构、装配整体式混凝土剪力墙结构、装配整体式混凝土框架-剪力墙结构的研究成果最为成熟，工程应用最广泛。

（1）装配整体式混凝土框架结构

装配整体式混凝土框架结构与现浇框架结构的抗震能力基本上处于同一水平，其结构体系主要包括现浇柱叠合梁框架、预制柱叠合梁框架、预制型钢混凝土框架、预制混凝土异型柱框架、预制预应力混凝土框架等，主要模块化预制构件有：梁、柱、外墙、叠合板、阳台、楼梯等。其特点为工业化程度较高，预制率可达 80%，空间利用灵活，适用高度和抗震等级与现浇混凝土框架结构基本相同。主要应用于公寓、办公楼、酒店、工业厂房等建筑。

在装配整体式混凝土框架结构体系中，节点的连接至关重要，其决定着承载能力、刚度和抗震性能等结构性能。按连接部位分类，装配整体式混凝土框架结构节点主要包括梁柱节点、柱柱节点、梁梁节点、非结构性节点等。

1）梁柱节点。梁柱节点的连接方式是区分装配式结构与现浇结构的根本标志，也是影响整体结构抗震性能的核心受力部位。为了实现"强节点、弱构件"的设计原则，需要保证梁柱节点区域的拼装部位具有足够的强度、刚度以及延性，满足正常使用条件下和地震作用下对承载力和变形能力的要求。针对装配整体式混凝土框架梁柱节点，各国学者在连接钢筋、连接钢绞线、后浇混凝土性能、预制梁端钢筋锚固等方面进行了研究，提出了一系列增强节点性能的措施，使装配整体式混凝土框架梁柱节点整体性能、承载能力、刚度和抗震性能具有了较大的提高，甚至使装配整体式混凝土框架结构超过了现浇混凝土框架结构的性能。当前装配整体式混凝土框架节点类型主要有带键槽和不带键槽两种。

2）柱柱节点。柱作为结构在地震作用下的主要水平抗侧力构件，在框架结构中起着举足轻重的作用。装配整体式混凝土框架结构从最初采用竖向齿槽连接发展为榫头连接、浆锚插筋连接，再到套筒灌浆连接，最后在众多连接方式的基础上进行了改进。目前我国装配整体式混凝土框架结构要求预制柱的纵向受力钢筋贯穿后浇节点区，而柱与柱之间纵筋的连接方式主要采用套筒灌浆连接。试验结果表明，装配整体式混凝土框架柱柱节点与现浇混凝土框架柱柱节点具有相近的抗震性能，可按照"等同现浇"的原则设计。

3）梁梁节点。装配整体式混凝土框架结构中多采用叠合梁后浇的形式，叠合梁下部纵向钢筋的连接形式主要为机械连接、套筒灌浆连接或焊接连接，类似"刚接"，连接整体性较好，但屈服力和极限承载力略低于现浇梁。

4）非结构性节点。框架结构主要的荷载由梁、柱、楼板承担，墙构件主要起到围护、装饰、分隔、保温、隔声、防火等建筑功能，对主结构的整体结构性能和抗震性能往往影响较小。一般情况下，可认为装配整体式混凝土框架结构中的墙构件与主结构的连接为非结构性节点，根据墙板的类型不同，其连接主要分为外挂墙板连接和填充墙与主结构连接。预制外挂墙板可通过设置金属制预埋件点挂、上部预留伸出钢筋线挂或点线结合方式与主结构连接，填充墙与主结构连接主要通过在墙与主结构之间的缝隙中填充砂浆并间隔布置抗剪件实现或采用"先填充墙后框架梁"的吊装工法将填充墙板"夹"在预制梁底部。

（2）装配整体式混凝土剪力墙结构

目前工程中常用的装配整体式混凝土剪力墙结构有 3 种：全部或部分预制剪力墙结构、装配整体式双面叠合混凝土剪力墙结构、内浇外挂剪力墙结构，其抗震性能与现浇结构类似。此外，无黏结后张拉预应力预制钢筋混凝土剪力墙、预制叠合剪力墙结构、预制混凝土夹心保温外墙结构等其他装配式混凝土剪力墙结构也得到不断发展。

装配整体式混凝土剪力墙结构的主要模块化预制构件有：剪力墙、叠合楼板、楼梯、内隔墙等。其特点为工业化程度较高，无梁柱外露，抗侧刚度大，建筑物自重大，空间灵活度一般，适用于高层或超高层中小开间住宅。

现阶段的装配整体式混凝土剪力墙结构是基于我国 20 世纪的预制大板结构体系发展而来，在结构接缝处理上进行改进。由于在接缝处易产生应力集中，变形也不连续，装配整体式混凝土剪力墙结构的抗震性能取决于墙板之间的接缝连接及其整体性能，其接缝类型主要有水平接缝和竖向接缝。

1）水平接缝。装配整体式混凝土剪力墙结构的水平接缝是指上下层预制构件间的拼接接缝，主要用于传递竖向荷载，抵抗水平剪力，提供可靠的抗震性能。目前应用较多的为灌浆连接和螺栓连接。对于灌浆连接，竖向钢筋采用灌浆连接可有效传递剪力，与现浇墙体基本相当；对于螺栓连接，Wall-shoes 连接和 U 形盒式连接可有效传递钢筋应力，但耗能性能较差。

2）竖向接缝。装配整体式混凝土剪力墙结构的竖向接缝主要用于传递相邻构件间的作用力，承担竖向剪力，保证结构的整体稳定，可分为后浇带连接、螺栓连接以及焊接连接。其中，后浇带连接常采用软索连接和钢锚环连接，有良好的抗震性能，但需要现场支模后浇混凝土，施工工艺较为复杂；螺栓连接有螺栓钢框连接和预埋钢板螺栓连接体系，抗震性能与现浇节点相近，满足"强节点，弱构件"的设计要求；焊接连接一般需要设置预埋钢板，"松板"的竖缝焊接构造可抵抗较高剪力。

（3）装配整体式混凝土框架-剪力墙结构

已有研究表明，装配整体式混凝土框架-剪力墙结构与现浇结构相比，其承载力、延性及耗能性能均略有提升。装配整体式混凝土框架-剪力墙结构的节点形式主要有：梁柱节点、梁梁节点、柱柱节点、柱剪力墙、梁剪力墙连接等。其中，梁柱节点、梁梁节点、柱柱节点与装配整体式混凝土框架结构节点类似；而柱与剪力墙、梁与剪力墙连接的研究成果十分缺乏，少量有限元模拟研究显示，柱墙采用的 U 形筋连接、直形筋连接、连环扣连接和直 U 形筋连接等四种方式，较现浇结构的承载力均略有降低，但变形能力略有提高。

装配整体式混凝土框架-剪力墙结构的主要模块化预制构件有：柱、梁、叠合楼板、阳台、楼梯、内隔墙等，剪力墙采用现浇。其特点为同时兼具框架结构平面布置灵活和剪力墙结构抗侧刚度大等优点，同样适用于高层或超高层住宅。

2. 装配整体式混凝土结构设计方法

（1）国内外研究及应用现状

装配整体式混凝土结构在各国得到广泛应用，且均根据实际情况制定了相关的装配整体式混凝土结构的设计规范。

美国形成了 ACI 318-11、ACI 550.1R-09、ACI T1.2-03、NEHRP 2003 以及 PCI 手册等系列规范，提出装配整体式混凝土结构体系可采用等同现浇的设计方法，并根据抗震性能要求不同采取延性连接。为便于预制构件的制作、运输和施工，往往将预制构件拆分成预制梁柱单元，构件的连接节点位于弯矩和剪力都比较大且传递荷载关键的梁柱节点核心区域；并对预制梁的性能要求、预应力筋的布置和预应力水平、梁柱节点连接构造措施、节点区域有黏结非预应力筋的布置、节点性能的提高措施，以及承载力计算方法等提出了明确要求，为装配整体式混凝土结构在抗震设防区的推广应用提供了理论支持和设计方法。

欧洲共同体委员会从 20 世纪 80 年代后期开始，推出了一系列适用于装配整体式混凝土结构的技术规程，主要包括 EN1992-1-1 等，此后，1998 年由欧洲混凝土委员会（CEB）和国际预应力协会（FIP）合并成立的国际混凝土联合会（FIB）发布了 FIB-MC 2010，有力促进了装配整体式混凝土在欧洲的推广应用。在规范中针对装配整体式混凝土结构的性能和设计的最近研究成果进行了归纳和汇总，针对装配整体式混凝土结构的钢筋连接的受力性能和锚固构造、新旧混凝土的界面性能和计算方法、预制构件的设计和构造以及装配整体式混凝土结构的施工等方面进行了说明和解释，此外，该规范还采纳并推荐了大量的相关研究成果和技术报告，针对装配整体式混凝土结构的抗震设计以及预制构件设计、节点连接性能和装配整体式混凝土结构的性能给出了解释和指导。

日本在预制装配拆分设计与节点设计方面具有大量的设计经验，日本建筑学会（AIJ）制定了装配式混凝土结构相关技术标准和指南，包括预制混凝土剪力墙（壁式结构 W-PC）、预制钢筋混凝土剪力墙式框架（壁式框架结构 WR-PC）及与现浇等同的钢筋混凝土预制框架（框架结构 R-PC）。日本的预制混凝土技术则完全遵循"等同现浇"理念，其对混凝土预制化工法定义为"将钢筋混凝土结构分割并制成预制件的技术"，相应地形成了对应的混凝土预制化工法，即 W-PC 工法、R-PC 工法、WR-PC 工法。

近年来，我国建筑工业化受产业转型的影响而快速发展，相关的技术规范和标准也不断更新。目前，关于装配整体式混凝土框架结构设计的规范主要有《混凝土结构设计规范》GB 50010—2010、《混凝土结构工程施工规范》GB 50666—2011、《装配式混凝土结构技术规程》JGJ 1—2014、《预制预应力混凝土装配整体式框架结构技术规程》JGJ 224—2010 等，规范要求装配整体式混凝土结构的节点设计和施工性能要求以等同现浇为目标。

（2）主要设计方法

常用装配整体式混凝土结构设计方式是直接采用传统现浇方式设计，进而进行装配式拆分设计，将整体结构拆分成预制混凝土构件和连接节点两个部分，把施工设计拆分成预制混凝土构件的生产和装配两个部分。其设计环节主要包括结构构件的设计、预制构件的拆分设计、构件的连接节点设计、有限元分析设计等。这种先整体后拆分的设计方式，缺乏或者忽略了标准化、模数化设计思维，更少有兼顾生产、施工的整体化、精细化。

近年来，以信息为核心的 BIM 技术被越来越广泛地应用于装配式建筑结构设计中，BIM 将三维模型和数学信息融合起来，创造了新的设计方法和理念，改善了信息丢失及设计脱节的问题，展现了全新的集成化设计模式。对解决结构构件"零件化"的装配式建筑设计具有显著优势。但当前 BIM 应用仍然存在族库有限、对计算硬件要求高、难以应用于项目整体设计和建筑生命全周期设计等缺点。

3. 装配式混凝土结构施工

（1）国内外研究及应用现状

1891 年，法国就开始实施装配式混凝土建筑的建设；20 世纪 70 年代，美国的配件化施工开始实施，其城市发展部对配件化施工设立了严格的规范标准进行管理；20 世纪末期日本已采用工厂化的生产方式，建立了完全适应日本市场需求的装配式住宅体系；2004 年，英国住房部门利用装配式施工技术建造了至少 25% 的新住房。在装配式建筑施工方面，国外学者们对新加坡装配式建筑施工作业进行模拟研究，发现采用精益建造概念和基线仿真模型可提高施工效率；基于 BIM 模型优化工序，根据楼板、门窗等生产安装效率计算出与此相关工作的持续时间，实现了主体结构与围护结构施工穿插安排，提高了建造效率；提出应用 BIM 和 IFC（Industry Foundation Classes）技术建立建筑物质量自检工具，帮助装配式建筑各利益相关者在施工过程中监控建筑质量。国内学者们总结提炼了装配式建筑建设过程中的质量问题和质量缺陷表现形式，并提出解决措施；分析了不同的装配式建筑节点连接方式对施工质量的影响；应用 BIM 技术模拟与分析装配式建筑项目施工过程，帮助项目优化。

当前装配式混凝土建筑结构的主要应用技术有 PCF（Precast Concrete Form）——半预制装配式混凝土结构技术、PC（Precast Concrete）——预制式装配混凝土结构技术、NPC（New Precast Concrete）——新型混凝土预制装配技术。PCF 技术即半预制装配式混凝土结构技术，是国外预制混凝土技术与国内设计要求相结合而形成的，主要用于解决房屋建筑混凝土剪力墙外墙和叠合楼板预制结构问题。在当前的发展过程中 PCF 技术还缺乏正确和科学的指导，因此在实际施工过程中存在一定的差异性，造成成本增加、资源浪费等问题。PC 技术主要运用于全预制混凝土结构施工中，在阳台、楼梯间等都能有所应用，并对房屋建筑质量以及屋面防渗水等方面的安装做了较为严格的控制，解决了诸多的质量问题。NPC 技术较为完善，纵向构件基本采取全预制的叠合形式，极大地减少了工程现浇量，总装配率能高达 90％甚至更多，但同时存在灌浆孔过多、安全隐患大等问题。

（2）装配整体式混凝土结构主要施工流程

预制柱的安装流程：预制柱进场检查→按预制柱安装位置进行楼面画线，包括轴线和柱边安装位置线→测量预制柱安装位置标高并在四角放置调高垫铁→预制柱起吊就位→微调预制柱安装位置→设置可调斜支撑并校正柱身垂直度→预制柱底周边用坐浆料封闭→灌浆料准备和钢筋连接套筒灌浆→套筒灌浆料预养至规定强度后拆除斜支撑。

预制剪力墙板的安装流程：预制墙板进场检查、堆放→按施工图放线→安装调节预埋件和墙板安装位置坐浆→预制墙板起吊、调平→预留钢筋对位→预制墙板就位安放→斜支撑安装→墙板垂直度微调就位→摘钩→浆锚钢筋连接节点灌浆。

预制梁板的安装施工流程：预制梁板进场检查、堆放→按图放线→设置梁底和板底临时支撑→起吊→就位安放→微调就位→摘钩。

现阶段预制楼梯安装有两种方式：一种是类似梁板的安装，下设临时支撑，吊装就位后与叠合梁板现浇，形成现浇节点的连接；另一种是利用预埋件和灌浆连接。

预制构件之间的连接采用浆锚套筒灌浆连接，这是现装配式结构中预制构件间常用的一种连接方式，是确保竖向受力构件连接可靠的重要保证。其主要施工流程是：灌浆孔检查→预制构件底部接缝四周封堵→高强灌浆料灌浆。

4.2.3　主要研究及发展方向

（1）加强新型节点研究。采用新材料、新技术、新方法，推动新型框架节点及剪力墙连接等方面研究，是发展装配式混凝土结构的必经之路。同时，应加强对延性节点（摩擦连接、非线弹性连接、延性杆连接等）的研究，此类节点本身已能适应大部分侧向位移以耗散能量，设计时无须对预制构件作严格的延性设计，若能优化其节点构造，甚至可以实现在地震后更换构件，较之现浇结构的修复更为方便经济。

（2）隔震及耗能减震技术的应用。加强对隔震及耗能减震技术在装配式混凝土结构中的应用研究，以期从根本上解决装配式混凝土结构抗震性能不足的问题。同时，加强对带耗能减震器的装配式混凝土结构的恢复力模型、滞回特性、骨架曲线、强度和刚度退化特性的深入研究。

（3）基础理论的创新与发展。推动现有装配式混凝土结构构件、连接和体系形式的理论体系创新发展，是当前重要任务。如采用大直径钢筋、大间距配筋、集束配筋、高效预应力等新技术和新方法，解决预制构件配筋复杂、节点连接和安装质量难以保证的技术难题，可为我国装配式混凝土结构实现规模化、高效益和可持续发展提供理论与技术支撑。

4.3 装配式钢结构

4.3.1 发展历史

装配式钢结构建筑是以钢结构构件作为主要的承重体系的装配式建筑。装配式钢结构具有降低环境污染、减轻劳动强度、加快施工速度等特点，在国内外已有广泛的发展和应用，其主要为装配式住宅。瑞典是世界上住宅工业化最发达的国家，也是当今世界上最大的轻钢结构制造国家，其轻钢结构住宅预制构件达到95％。意大利BSAIS工业化建筑体系适用建造1～8层钢结构住宅。美国是最早采用钢框架结构建造个性化和多样化住宅的国家，高度工业化的轻钢结构在美国发展最快，美国钢结构学会和金属房屋制造协会（AISC和MBMA）联合编制了低层建筑的设计指南，推进了钢结构住宅在美国的发展，2000年轻钢结构在美国的建筑市场中占75％。日本是世界上最早在工厂里生产建筑构件的国家之一，钢结构占据了绝对的主导地位，20世纪90年代末，日本预制装配式住宅中木结构占18％，混凝土结构占11％，钢结构占71％。澳大利亚应用最为广泛的是以冷弯薄壁型钢作为承重结构的轻钢结构建筑体系。装配式钢结构建筑在欧洲、美国、日本、澳大利亚等发达国家已广泛应用，钢结构建筑的比例已达45％～55％，但我国钢结构建筑只占5％，钢结构建筑发展严重滞后。

虽然我国装配式钢结构起步晚，但在国家的大力支持下，目前发展速度很快，许多企业、高等院校、科研院所等进行了装配式钢结构的研究和应用，取得了大量的成绩：宝业集团与同济大学合作研发分层装配式支撑钢结构，哈尔滨工业大学、天津大学、湖南大学、华南理工大学研究集装箱建筑，长沙远大住工集团与北京工业大学、湖南大学合作研发装配式斜支撑建筑，杭萧钢构研发了钢管束＋剪力墙体系、钢筋桁架楼承板，精工钢构集团研发了绿筑PSC集成建筑系统，浙江东南网架研发了装配式绿色低碳民用钢结构建筑体系，实现钢结构产业化。在北京、上海、天津、包头等地已相继兴建了一批钢结构住宅示范、试点工程。

4.3.2 装配式钢结构设计

1. 装配式钢结构结构体系类型

目前装配式钢结构结构体系主要有以下类型：钢框架结构、钢框架-支撑结构、钢框架-延性墙板结构、筒体结构、巨型结构、交错桁架结构、门式刚架结构、低层冷弯薄壁型钢结构。在结构设计时可根据建筑功能、建筑高度以及抗震设防烈度等进行选择。

2. 装配式钢结构连接节点

（1）梁柱节点

传统钢框架中梁柱刚性连接节点采用的形式有全焊接、全栓接、栓焊混合连接，这 3 种连接形式属于广义上的装配式连接形式。其中全焊接、栓焊混合连接由于受到施工水平和环境等不同因素的影响，焊接质量难以保证，导致节点连接受力性能不稳定。而全栓接由于装配化程度不高，费工费料，无法满足真正意义上的装配式建筑的要求，故在工程中很少采用。为了能够保证施工质量，大幅缩短施工时间，并实现绿色环保等综合建设目标，新型装配式钢结构梁柱连接形式应运而生。该类节点大多采用螺栓连接替代焊接连接，有效避免了现场焊接施工带来的不利影响，并通过一定的构造设计提高建筑的装配化程度，为装配式钢结构的发展提供了新的引擎。

1）套筒式装配式梁柱连接节点。套筒式装配式梁柱连接节点有效解决了闭口截面构件中螺栓不易施工，装配过程难以实现等问题。它具有良好的延性和承载力，当增加套筒厚度时，可以有效提高节点的刚度和抗震性能。

2）悬臂短梁式装配式梁柱连接节点。悬臂短梁式装配式梁柱连接节点是指在工厂内将悬臂梁段与柱焊接在一起，在施工现场采用螺栓完成梁与悬臂梁段的拼接。该连接节点具有传力明确、结构合理、安全性好、现场无焊接、安装效率高等特点。同时在地震作用下具有良好的延性，能实现塑性铰的外移。

3）单边螺栓梁柱装配式连接节点。单边螺栓早期起源于国外，它可以实现单侧扭紧、单侧安装功能，在不破坏钢管的前提下，能完成螺栓连接，同时施工简单，现场焊接工作量较少，在闭口截面柱与梁的装配式连接中具有很好的应用前景。它具有"膨胀螺栓"式单边螺栓、"铆钉"式单边螺栓、带"折叠垫片"的单边螺栓、自攻螺纹单边螺栓、Blind Bolt 螺栓、Molabolt 螺栓等多种形式。它是解决闭口截面柱完成装配式连接的最佳方案，但由于单边螺栓承载力不如传统高强度螺栓可靠，且受构造安装复杂、成本较高等诸多因素的限制，其并没有得到大范围推广使用。

4）桁架梁与柱装配式连接节点。桁架梁在我国装配式钢结构领域应用较多，与实腹式梁相比，桁架梁具有节省材料、传力明确等优点，更容易把钢材轻质高强的材料特性发挥到极致。该类节点转动刚度大，节点的承载能力较高，延性、耗能能力较好；桁架梁弦杆和腹杆厚度变化会对节点承载能力产生显著影响，但对节点的延性和耗能影响不大。

5）带耗能元件的装配式梁柱节点。该类节点是在一些新型的装配式钢结构梁柱节点中，通过合理设计，加入耗能元件来辅助节点受力，当节点受力后，变形主要发生在耗能元件上，地震后只需要更换耗能元件即可完成结构的快速修复。因而它具有较好的抗震性能，且能延缓或防止结构倒塌。

（2）墙板节点

目前墙板节点主要有：GT 螺栓连接节点、U 形卡连接节点、ADR 连接节点、插入钢筋法连接节点、外挂式连接节点、钢管锚连接节点和斜柄连接节点等。其中 GT 螺栓连接节点可以适应墙板较大的转动变形，避免墙板产生较大的应力集中，但它构造较为复杂，需要在钢梁翼缘通长焊接角钢，并且需要特制的钩头螺栓，墙板在进行加工时需要预留不同直径大小的孔洞；U 形卡连接节点造价低廉，施工方便，但是不利于墙板的转动变形，墙板与钢框架之间属于刚性连接，在框架发生变形时，容易造成墙板的破坏；ADR 连接节点与 GT 螺栓连接节点相似，施工复杂，造价相对较高；插入钢筋法连接节点其优点是当主体结构发生较小的变形时，墙板之间可以保持有效的连接，不会提早开裂而影响建筑装饰，但是它构造复杂需要加工专用托板，现场安装需灌注砂浆，与装配式建筑干法施工的原则相违背；钢管锚连接节点与 ADR 连接节点相似，主要用于外挂墙板，能够适应较大的层间变形，但其构造复杂，零件较多，给墙板加工带来很多不便；斜柄连接节点的缺点是不利于墙体面内转动，并且会对墙板之间的连接造成不便。以上这些连接节点可大致分为两大类，即柔性节点和刚性节点，柔性节点可使墙板发生较大的转动变形，且墙板与主体结构之间的相互作用较弱，如 GT 螺栓连接节点、ADR 连接节点等；刚性节点即为墙板与框架之间采用刚性连接，但在主体结构发生变形时，墙板较难适应主体结构的变形，如 U 形卡连接节点和插入钢筋法连接节点。

3. 装配式钢结构设计

装配式钢结构设计包括规划设计、预制构件设计、构造节点设计及专业配合设计等 4 个方面。（1）规划设计：在进行规划设计时，须考虑采光需求和满足通风等刚性要求，同时应充分考虑现场施工实际情况，以确保施工质量和效率，在兼顾安全、生态、环保和科学的基础上对装配式钢结构进行设计。（2）预制构件设计：预制构件设计须保证预制构件设计科学、合理、标准，同时应最大限度地减少构件数量和类型以及考虑预制构件的生产条件，确保预制构件生产便利、便捷、安全、有效。（3）构造节点设计：节点在整个结构中负责传递和分配内力、保证结构整体性，因而各类预制构件之间对接节点是否稳固，决定了整个建筑质量的好坏。故在进行构件节点设计时，须根据实际进行科学设计，确保建筑的整体质量不受影响。（4）专业配合设计：由于装配式钢结构涉及内容多、专业广，在进行设计时，不同专业应协同作业、配合设计。

4.3.3 装配式钢结构施工

1. 装配式钢结构构件制作

首先根据产品施工详图或零部件图样要求的形状和尺寸，按 1∶1 的比例把产品或零部件的实体画在放样台或平板上，求取实长并制成样板。再根据样板在钢材上画出构件的实样，并打上各种加工记号，为钢材的切割下料作准备。然后通过切割将放样和号料的零件形状从原材料上进行下料分离；分离后对构件进行边缘加工、弯卷成型、折边、构件矫正；最后对构件进行除锈、防腐与涂饰，构件制作完成。

2. 装配式钢结构构件安装

对于装配式框架结构安装，无论是民用建筑还是工业厂房，其所采取的安装方式都是一样的，即分为综合安装、分件安装两种安装措施。综合安装为起重机在一次开行中，分节间安装完成各种类型的构件；而分件安装是利用流水形式的安装措施，它分为分层段安装和分层大流水安装两种措施。其中分层段安装，是将一个楼层作为一个流水安装层，并把它划分为不同的施工段，然后采取分步骤的起吊、校正、定位、焊接、接头灌浆等流水作业施工。而分层大流水安装措施与分层段措施所不同的是，它是直接进行逐层施工，不需要进行二次的分段。装配式钢结构构件的具体安装步骤为：测量放线→吊装钢柱→吊装钢梁→校正→高强度螺栓施工→焊缝焊接→焊缝检测→楼承板铺设→栓钉施工→楼层结构成型。

4.3.4　主要研究及发展方向

在后续研究中应加强对高层装配式钢结构新体系和新关键节点的研究以及相关规范标准的编制,同时应突破等强连接的传统设计方法,研究新的抗震设计理念和设计方法,在确保安全的前提下,实现更好的经济性,推动装配式钢结构更好更快地发展。

1. 新型装配式钢结构连接节点

带有复位功能的装配式节点和损伤控制装配式节点可减小构件和节点的地震损伤及残余变形,保持建筑物使用功能的连续性。通过合理设计,不仅可以保障结构在正常使用荷载和作用下满足设计要求,还能使结构在罕遇地震作用下表现出适当的耗能能力,最关键的是可实现建筑使用功能不中断或震后建筑功能快速恢复的目标。此外,嵌入式钢柱-混凝土基础连接节点、预制钢-木混合结构连接节点等适用于模块化装配式钢结构建筑的新型节点也得到了国内外的研究关注。但由于缺乏较为统一的设计、制作和建造标准或规范,目前上述新型装配式钢结构连接节点在实际装配式钢结构中的应用尚不广泛,要推广应用还有待进一步研究。

2. 装配式钢结构整体抗震性能

与新型装配式构件或部品相比,装配式钢结构的整体抗震性能试验进行得还不够充分。受限于试验条件,开展装配式钢结构整体抗震性能试验存在一定困难,但近年来发展较快的实时混合模拟(Real-time Hybrid Simulation,RTHS)技术,可在一定程度上解决上述问题。将新型装配式钢结构节点、构件或部品作为主要研究对象,采用 RTHS 技术得到地震过程中整体结构和子结构的时变内力,可较为准确地获得结构整体和局部的地震反应性态,并为分析、设计提供依据。

3. 震后可恢复功能的装配式钢结构

近年来,侧重于减少地震所致经济损失的第 2 代基于性能抗震设计理念得到越来越多的重视和应用。这一理念除着重控制建筑结构地震损伤外,更注重减少地震导致的"综合 3D 损失(即 Death、Dollar、Downtime)"。目前,对于装配式钢结构建筑而言,实现上述目的主要依靠自复位技术和损伤控制技术。当前,新型损伤控制装配式钢结构的损伤元件设计、损伤控制方式、损伤部件拆换施工工法等均未形成统一的标准。因此,尽管基于损伤控制设计实现震后建筑功能快速恢复的理念比较先进,但要在短时间内将其付诸规模化实际应用,尚需开展进一步深入研究。

4.4　装配式竹木结构

4.4.1　发展历史

装配式竹木结构是一种新兴的建筑结构,它采用工业化的胶合木材、胶合竹材或木、竹基复合材作为建筑结构的承重构件,并通过金属连接件将这些构件连接。装配式竹木结构克服了传统竹木结构尺寸受限、强度刚度不足、构件变形不宜控制、易腐蚀等缺点。装配式木结构建筑在北美地区应用广泛。

在美国，95%以上的低层民用建筑和50%以上的商用建筑都采用装配式木结构，每年新建建筑中90%采用装配式木结构。从原木、锯材到工程木的构件生产、设计、建造等各阶段工艺和管理模式已成熟。目前其正在向工业化、标准化方向快速发展，并在多高层木结构领域进一步研究。在加拿大，每年新建的独栋住宅中装配式木结构占比约80%，新建多层多户住宅中装配式木结构占比为50%，装配式木结构住宅总占比约为80%。近年来加拿大也重视多高层木结构的研发，加拿大国家建筑规范已允许建造6层木结构建筑，计划于2020年国家建筑规范将允许建造12层重木结构建筑。

日本的装配式木结构建筑也曾经历因资源短缺、技术滞后而短期停滞的时期，但随着技术的进步，关键的耐火、耐腐蚀及抗震性能的优化改进，装配式木结构建筑逐步振兴。目前，日本装配式木结构工厂预制加工能力强，社会分工成熟。日本国内通过发展装配式木结构建筑行业振兴木材产业，通过提高木材产业技术优化装配式木结构建筑行业，形成了木材产业与建筑行业相辅相成的良性循环发展模式。

欧洲如瑞典、芬兰、德国、挪威、奥地利、法国等多个国家均有装配式木结构实践，其中瑞典和芬兰因其具有很好的木材资源，装配式木结构产业发展已趋于成熟。在瑞典，95%以上的独立式住宅和别墅为装配式木结构建筑。瑞典在多层装配式木结构方面的建造技术先进，建立了完善的装配式木结构设计技术与规范体系，形成工业化生产与建造体系。芬兰每年新建房屋中约80%是装配式木结构，现有的装配式木结构建筑多为低层住宅，近年来也在探索高层装配式木结构建筑研究。目前，芬兰木结构的加工、建造技术已十分成熟。

木结构是中国几千年建筑历史上最重要的建筑形式。但自20世纪60年代起，新建的木结构建筑在我国占比很低。随着国家标准《装配式木结构建筑技术标准》GB/T 51233—2016和新版《木结构设计标准》GB 50005—2017的颁布实施，以及国家鼓励装配式建筑发展的政策推动，中国木结构建筑行业将会出现爆发式发展。

4.4.2 装配式竹木结构设计

1. 装配式竹木结构建筑的结构体系

2017年10月实施的最新《多高层木结构建筑技术标准》GB/T 51226—2017更加细致地归纳了装配式木结构建筑的结构体系和结构类型。依照竹木构件的轻重大小，装配式竹木结构可分为重型装配式竹木结构体系和轻型装配式竹木结构体系。其中，重型装配式竹木结构体系是指以间距较大的梁、柱、拱和巧架为主要受力的体系。重型装配式木结构体系已经被广泛应用于休闲娱乐场所、学校、体育馆、图书馆、展览厅、会议厅、餐厅、教堂、火车站、桥梁等大跨建筑和高层建筑。

（1）纯木结构体系。承重构件均采用木材或木材制品制作的结构形式，从材料上划分，包括方木原木结构、胶合木结构和轻型木结构等类型；从结构体系上划分，包括轻型木结构、木框架支撑结构、木框架剪力墙结构、正交胶合木（CLT）剪力墙结构等。

（2）木混合结构体系。该体系是由木结构构件与钢结构构件、钢筋混凝土结构构件混合承重，并以木结构为主要结构形式的结构体系。它包括下部为钢筋混凝土结构或钢结构、上部为纯木结构的上下混合木结构以及混凝土核心筒木结构等。

2. 装配式竹木结构建筑的节点形式

传统竹木结构的连接节点一般通过木工制作的榫卯连接得以实现，然而在现代竹木结构中，这种传统的连接方式已经很少被使用，取而代之的是各种标准化、规格化的金属连接件。加拿大木结构设计标准规定现代木结构中的金属构件大体分为钉类连接、螺栓和销类连接、木结构铆钉、剪板和裂环连接件、齿板连接件、构架连接件以及梁托等。而《木结构设计标准》GB 50005—2017 对各类连接件的分类与加拿大规范稍有差异，它将各类连接件分为齿连接、螺栓和钉连接以及齿板连接 3 大类。这些连接形式也适用于竹结构。

除上述三种在《木结构设计标准》中提及的常用连接以外，植筋节点也是近年来常用于装配式竹木结构的连接节点之一。木材植筋技术源自瑞典、丹麦等北欧国家，至今已有 40 余年发展历史。其做法是将筋材（如钢筋、螺栓杆、FRP 筋等）通过胶粘剂植入预先钻好的木材孔中，待胶体固化后形成整体。木结构植筋最早用于横纹植入木梁端部来增强梁端的抗剪与局部承压能力。目前植筋主要用于梁端拼接、柱脚及墙体锚固、木结构桥梁等。

3. 设计方法

现行装配式木结构的相关规范包括《木结构设计标准》GB 50005、《装配式木结构建筑技术标准》GB/T 51233、《多高层木结构建筑技术标准》GB/T 51226 以及《胶合木结构技术规范》GB/T 50708 等。装配式多高层竹木结构采用的各种受力状况下的竹木构件、竹木楼盖、竹木屋盖以及竹木剪力墙，均应按现行国家标准《木结构设计标准》GB 50005 的有关规定进行验算。连接设计主要包括竹木组件之间的连接、竹木组件与其他结构连接等。

在地震作用下，竹木结构房屋建筑会出现损坏乃至破坏，对于不同震害情况，需要采取相应的抗震加固措施来提高其抗震性能。构造措施主要包括节点部位抗震构造、屋面抗震构造及结构构件抗震构造等。

4.4.3 装配式竹木结构施工

我国竹木构件的制作主要依据《轻型木桁架技术规范》JGJ/T 265—2012、《木结构工程施工规范》GB/T 50772—2012，但我国的制造标准和相关图集仍然缺乏。对于胶合木的产品标准仍然缺失，可以借鉴美国国家标准学会和美国工程木材协会共同编制的《Standard for Performance-rated Cross Laminated Timber》ANSI/APA PRG 320—2012 和欧洲《Timber Structures Cross Laminated Timber Requirements》BS EN 16351—2015。竹木构件的安装主要依据《木结构工程施工规范》GB/T 50772，工程质量验收主要依据《木结构工程施工质量验收规范》GB 50206。

4.4.4 装配式竹木结构主要研究及发展方向

对装配式竹木结构的推广应进行科学引导，尽快形成装配式竹木结构建筑产业链。增加竹木结构研发投入，不断攻克竹木结构应用的关键技术难题。当前的主要研究及发展方向如下：

（1）材料性能的深入研究。提高装配式竹木构件的制作工艺和标准化生产，并对材料强度建立一个类似于钢筋、混凝土的强度等级规则和标准。

（2）防火及耐火性能研究。传统竹木结构在火灾发生时损失惨重。目前，推广现代竹木结构的最大难题在于改变人们对竹木结构根深蒂固的传统观念以及保障人民的生命财产安全。因此对装配式竹木结构房屋的耐火性和防火性需要进行大量、详尽的研究，并应加强防火措施。此外，还需要在有关部门的配合下出台安全可靠的装配式竹木结构消防安全验收标准。

（3）连接方式研究与创新。竹木结构体系中各个构件之间的连接方式对整个结构至关重要，好的连接方式不但能够保证结构的整体稳定性，还能提高其抗震性能。亟须对各种连接方式进行探讨与创新，找到一种既方便施工又能保证具有一定安全储备的连接方式。

（4）编制适合装配式竹木结构的分析和设计软件。目前市面上的分析与设计软件主要针对的是钢结构、混凝土结构以及部分木结构体系，仍需开发针对装配式竹木结构节点分析以及整体抗震分析及设计的软件。

4.5　装配式建筑中的 BIM 技术应用

4.5.1　发展历史

BIM 原始概念最早是由"BIM 之父"Chuck Eastman 教授在 1975 年提出，后人在此基础上发展完善，并于 2002 年由 Autodesk 公司提出基于 IFC（Industry Foundation Classes）标准的"Building Information Modeling"，即 BIM。我国也在 2015 年颁布了《关于推进建筑信息模型应用的指导意见》，在大力推广 BIM 技术的同时明确了我国建筑未来发展方向，为实现现代化建筑产业奠定了基础。装配式建筑与 BIM 技术的整合是建筑工业化与建筑信息化融合的必然结果，在装配式建筑中应用 BIM 技术可以消除设计、生产、施工环节的信息孤岛，通过共享 BIM 模型中的丰富的数据信息，可以避免设计过程中的错、漏、碰、缺现象的发生，进而消除可能的工程变更。BIM 模型具有虚拟施工模拟的特性，因此，可以利用 BIM 技术对装配式建筑的运输、场地布置、吊装、安装进行实时模拟，进而优化施工过程，提高施工效率，降低施工成本。国内对 BIM 与装配式建筑结合方面的研究还处于初级阶段，但越来越多的学者已开始对 BIM 与装配式建筑进行理论与实践方面的探索。尤其是国家关于装配式建筑一系列政策的出台，极大地推动了 BIM 技术装配式建筑的应用。

4.5.2　基于 BIM 的装配式结构设计方法

（1）基于 BIM 的装配式结构设计方法的思想

基于 BIM 的装配式结构设计方法是将标准通用的构件统一在一起，形成预制构件库。在进行装配式结构设计时，可从预制构件库中选择已有的构件，减少设计过程中的构件设计，从设计人工成本和设计时间成本方面减少造价，而不用详尽考虑每个构件的最优造价，以此达到从总体上降低造价的目的。

（2）基于 BIM 的装配式结构设计过程

基于 BIM 的装配式结构设计过程共分为 4 个阶段：预制构件库形成与完善、BIM 模型构建、BIM 模型分析与优化和 BIM 模型建造应用。预制构件库是基于 BIM 的装配式结构设计的核心，设计时 BIM 模型的构建及预制构件的生产均以其为基础。预制构件库创建完成后，可根据设计的需求在预制构件库中查询并调用构件，构建装配式结构的 BIM 模型。预设计的装配式结构 BIM 模型需通过分析复核来保证结构的安全，分析复核满足要求的 BIM 模型即确定结构的设计方案，并通过碰撞检查等方式对 BIM 模型进行调整和优化，最终形成合理的设计方案。上述阶段得到的 BIM 模型即可交付使用，建造阶段可应用 BIM 模型模拟施工进度并以此合理规划预制构件的生产和运输以及施工现场的装配施工。预制构件厂依据构件预制库进行生产。施工阶段可采集施工过程中的进度、质量、安全信息，并上传到 BIM 模型，实现工程的全寿命周期管理。

4.5.3　装配式建筑施工阶段的 BIM 技术应用

在装配式建筑的施工阶段，BIM 技术的主要作用可以展现在两个方面：构件管理和工程施工过程中的质量与进度控制。一方面，构件管理和工程施工过程中的质量与进度控制的结合可以对构件的生产、运输及在施工现场的存储管理和施工进度、质量、成本控制实现完整监控。另一方面，在装配式建筑的施工过程中，通过 BIM 技术和标签技术可以将设计、生产、施工、运营维护、报废等阶段结合起来，不但解决了信息创建、管理、传递的问题，而且 BIM 模型、三维图纸、装配过程、管理过程的全程跟踪等手段为装配式建筑施工奠定了基础，对于实现建筑工业化有极大的推动作用。

4.5.4　装配式建筑运营维护阶段的 BIM 技术应用

在建筑全寿命周期中，运营维护阶段所占的时间最长，但是所能应用的数据与资源却相对较少。传统的工作流程中，建筑设计、施工建造阶段的数据资料往往无法完整地保留到运维阶段，例如建设过程中多次进行变更设计，但此信息通常不会在完工后妥善整理，造成运维上的困难。BIM 技术的出现，让建筑的运维阶段有了新的技术支持，大大提高了管理效率。在运营维护阶段的管理中，BIM 技术可以随时监测有关建筑使用情况、容量、财务等方面的信息。通过 BIM 文档完成施工建造阶段与运营维护阶段的无缝交接和提供运营维护阶段所需要的详细数据。

4.5.5　装配式建筑中的 BIM 技术应用的发展方向

（1）建筑的全寿命周期应用。BIM 技术应用于建筑全寿命周期的思想已成为共识，有必要加大建筑工程从建设到运营各环节的应用基础研究，实现 BIM 应用层次的提升。

（2）推动智能化建筑发展。随着建筑工业化水平的不断提高，现代建筑施工必然要向着智能建造的方向发展，而 BIM 是实现建筑智能建造的基础。因此，未来 BIM 发展要立足于装配式建筑的发展现状，充分发挥信息集成在构件制造（Manufacture）中的重要作用，推进模块化、信息化、智能化建筑的发展。

（3）增强基础研究。我国现有 BIM 研究以应用型技术为主，缺少对 BIM 三维图形系统等基础性内容的自主研究。未来 BIM 研究不单要关注实践，更要增强 BIM 基础研究工作，通过对图像、图形、数据等引擎的深入研究，打造符合中国建筑业发展要求的 BIM

平台，为装配式建筑的高质量发展奠定良好的基础。

（4）应用信息技术发挥云端优势。随着信息技术的不断发展，BIM 技术的未来应用必然要借助物联网、大数据、云计算等方面的优势，扩宽信息收集渠道，增强信息整理能力，提高信息分析水平，从而全方位、全面推进建筑信息模型的完善与发展。

参 考 文 献

[1] 吴刚，冯德成. 装配式混凝土框架节点基本性能研究进展[J]. 建筑结构学报，2018，39(02)：1-16.

[2] 吴从晓，周云，赖伟山，等. 现浇与预制装配式混凝土框架节点抗震性能试验[J]. 建筑科学与工程学报，2015，32(03)：60-66.

[3] 宋玉普，王军，范国玺，等. 预制装配式框架结构梁柱节点力学性能试验研究[J]. 大连理工大学学报，2014，54(4)：438-444.

[4] 刘阳，郭子雄，吕英婷，等. 采用改进纵筋连接的足尺装配式钢筋混凝土柱抗震性能试验研究[J]. 建筑结构学报，2017，38(11)：101-110.

[5] 伍永胜，肖鹏，刘梦泽，等. 装配式混凝土框架结构研究现状[J]. 混凝土与水泥制品，2017，(04)：42-47.

[6] 钱稼茹，彭媛媛，秦珩，等. 竖向钢筋留洞浆锚间接搭接的预制剪力墙抗震性能试验[J]. 建筑结构，2011，(02)：7-11.

[7] 薛伟辰，古徐莉，胡翔，等. 螺栓连接装配整体式混凝土剪力墙低周反复试验研究[J]. 土木工程学报，2014，47(S2)：221-226.

[8] PSYCHARIS I N, KALYVIOTIS I M, MOUZAKIS H P. Experimental investigation of the response of precast concrete cladding panels with integrated connections under monotonic and cyclic loading[J]. Engineering Structures，2018，159：75-88.

[9] SUN J, QIU H, LU Y. Experimental study and associated numerical simulation of horizontally connected precast shear wall assembly[J]. Structural Design of Tall and Special Buildings，2016，25(3)：659-678.

[10] 赵斌，王庆杨，吕西林. 采用全装配水平接缝的预制混凝土剪力墙抗震性能研究[J]. 建筑结构学报，2018，39(12)：52-59.

[11] 赵唯坚，钟全，贾连光，等. 装配式混凝土框架剪力墙结构低周往复加载分析[J]. 沈阳建筑大学学报(自然科学版)，2015，31(02)：276-285.

[12] 杨塑，吕伟，包亮. 基于螺栓连接的新型钢筋混凝土框架装配式节点抗震性能研究[J]. 工业建筑，2019，49(08)：93-99.

[13] 肖天琦. 装配式建筑部件生产与施工的协同研究[D]. 南京：东南大学，2019.

[14] 相阳，罗永峰，黄青隆. 装配式钢结构抗震性能研究进展[J]. 建筑钢结构进展，2019，21(03)：1-12.

[15] 孙风彬，刘秀丽，卢扬. 装配式钢结构梁柱连接节点研究进展[J]. 钢结构(中英文)，2019，34(11)：1-11.

[16] 刘学春，商子轩，张冬洁，等. 装配式多高层钢结构研究要点与现状分析[J]. 工业建筑，2018，48(05)：1-10.

[17] 郝际平，薛强，郭亮，等. 装配式多、高层钢结构住宅建筑体系研究与进展[J]. 中国建筑金属结构，2020，(03)：27-34.

［18］ 张爱林，张艳霞．工业化装配式高层钢结构新体系关键问题研究和展望［J］. 北京建筑大学学报，2016，3，21-28.

［19］ 肖岩，李佳．现代竹结构的研究现状和展望［J］. 工业建筑，2015，45(04)：1-6.

［20］ 郑维，刘杏杏，陆伟东．胶合木框架-剪力墙结构抗侧力性能试验研究［J］. 地震工程与工程振动，2014，34(02)：104-112.

［21］ 陈志琪．胶合木框架-CLT 剪力墙及其节点的抗震性能试验研究［D］. 南京：南京工业大学，2017.

［22］ 熊海贝，刘应扬，杨春梅，等．梁柱式胶合木结构体系抗侧力性能试验［J］. 同济大学学报（自然科学版），2014，42(08)：1167-1175.

［23］ 杨会峰，凌志彬，刘伟庆，等．单调与低周反复荷载作用下胶合木梁柱延性抗弯节点试验研究［J］. 建筑结构学报，2015，36(10)：131-138.

［24］ 王禹杰，侯亚玮．BIM 在建设项目 IPD 管理模式中的应用研究［J］. 建筑经济，2015，36(09)：52-55.

［25］ 徐韫玺，王要武，姚兵．基于 BIM 的建设项目 IPD 协同管理研究［J］. 土木工程学报，2011，44(12)：138-143.

第5章　高层与超高层建筑结构发展现状及前沿

5.1　概述

超过一定层数或高度的建筑称为高层建筑。高层建筑的起点高度或层数，各国规定不一，且多无绝对、严格的标准。在美国，高度在 24.6m 或 7 层以上视为高层建筑；在日本，高度在 31m 或 8 层及以上视为高层建筑；在英国，把高度等于或大于 24.3m 的建筑视为高层建筑。

我国《建筑设计防火规范》GB 50016—2014（2018 年版）规定高层建筑是建筑高度大于 27m 的住宅建筑和建筑高度大于 24m 的非单层厂房、仓库和其他民用建筑。《高层建筑混凝土结构技术规程》JGJ 3—2010 规定 10 层及 10 层以上或房屋高度大于 28m 的住宅建筑以及房屋高度大于 24m 的其他高层民用建筑混凝土结构为高层建筑。建筑高度超过 100m 时，不论住宅及公共建筑均为超高层建筑。

随着世界范围内的城市化进程，城市发展引起土地紧张，迫使城市规模逐渐扩大，城市人口持续剧增，从而造成了有限的城市用地与过量的城市人口之间的矛盾。这一矛盾导致了城市建筑向高密度、高体量发展，加上工业社会的科技进步所提供的必要条件，高层建筑的产生和大量兴建成为历史必然。现代高层与超高层建筑是随着经济发展及人类需求的变化而发展起来的，是商业化、工业化和城市化的结果。高层与超高层建筑不仅需要满足功能性需求及节省材料用量，还要兼顾美观；而随着科学技术的进步，轻质高强材料以及机械化、电气化和科技信息化在建筑中的广泛应用，高层与超高层建筑得到了更好的发展。

目前世界范围内正在设计的超高层建筑大部分位于亚洲，其中超过 200m 的建筑多达 300 多座，超过 400m 的有数十座。2018 年在全世界范围竣工高度 200m 以上的 143 座高层建筑中，中国有 88 座，占 61.5％，连续 23 年位居世界之首。根据已经建成和在建项目推测，2020 年全球最高的 20 座超高层建筑中，中国占有 11 座，已当之无愧地成为世界高层建筑第一大国。中国高层建筑飞跃发展，引起了全世界同行的瞩目。

5.2　高层与超高层建筑发展历程与现状

5.2.1　高层与超高层建筑发展及特点

高层建筑在古代就已出现。在我国，建于公元 523 年的河南登封市嵩岳寺塔，共 10 层，塔高 40m，采用砖砌单筒体结构；公元 1055 年建于河北定州的料敌塔，采用砖砌双筒体结构，总高度达到 82m，共 11 层。在罗马帝国时期，部分城市就开始使用砖石承重结构修建了 10 层左右的建筑；在公元 1100～1109 年间，意大利的博洛尼亚（Bologna）古城先后修建了 41 座采用砖石承重的塔楼，其中最高的塔楼高度已达到 98m。现代高层建筑的萌芽真正起源于 1883～1885 年在美国芝加哥修建的家庭保险公司大厦，共 10 层，总高 42m（1890 年加建两层，增高至 55m）。目前世界已建成的最高建筑是迪拜的哈利法塔，总高度 828m；我国已建成的最高建筑是上海中心大厦，主体建筑高达 587m，总高度更是达到了 632m。随着近 30 年经济水平、科技水平以及建筑水平的不断发展进步，高层与超高层建筑投资规模以及高度不断增大，目前建成和在建的高层、超高层建筑有以下特点：

（1）层数更多，高度更高。城市建设速度大幅度加快，建设用地越来越紧张，层数更多、高度更高的建筑成为建筑业的必然选择。到目前为止，我国超过 150m 的高层建筑已经超过了 200 座，许多新建的超高层建筑的高度更是超过了 600m。近几年，我国超高层建筑的数量显著增加，建筑高度也正不断地突破极限。

（2）平面布置和竖向体型更加复杂。国民生活质量在逐步提升，对于建筑结构使用功能、个性体验等方面的期望也随之提高，因此在满足基本使用条件的基础上，建筑物的外观个性化和内部的舒适程度逐渐成为建筑师考虑的方向，建筑结构的布置会越来越朝着复杂化的方向发展。

（3）新型材料的研究与应用。随着建筑高度越来越高、结构越来越复杂，对建筑结构的承载能力和安全性能等的规定越来越严格，传统的建筑材料渐渐难以满足复杂建筑物的需求，新型材料迅速进入市场，在保证结构整体性能的同时确保了有效使用空间。

（4）耗能减震技术的应用与发展。地震等自然灾害具有突发性，对建筑结构危害极大，对高层建筑来说更是如此。传统设计方法一般是通过增强建筑物自身的强度、刚度、延性，来实现建筑结构的抗震设计，以此满足设计要求。随着技术革新和建筑高度的发展，利用建筑结构自身来抵抗地震的弊端逐渐凸显，采用阻尼器等耗能设备进行抗震开始受到青睐。

（5）施工技术和工艺不断地推陈出新。随着高层与超高层建筑快速的发展，混凝土结构慢慢占据了主导地位。其中的模架、钢筋混凝土技术得到了充分的改进，取得巨大进步；由于现浇混凝土结构在高层与超高层建筑的广泛应用，混凝土的机械化施工水平不断攀升，并在拌制、泵送、高性能、机械化等方面多向推进；与此同时，在防水技术方面，随着各类防水设施出现，各种先进的工法技术与之同步发展。针对不同防水部位、功能等技术特点需选用适当的防水构造、防水材料和防水工艺，比如设置在屋顶的花园、采光屋顶、室内桑拿浴房和游泳池以及深度在几十米以下的地下室等结构设施慢慢出现，相应的各种先进的工法技术也在发展。

（6）计算机技术和理论在建筑中的推广应用。计算机技术日新月异地发展，在高层与超高层建筑中也展现了强大的优势，设计和施工越来越离不开计算机技术；结构计算理论和模拟分析的不断完善、BIM 数据分析等软件的广泛应用，也给高层、超高层建筑提供更为安全可靠、适用经济的建设方案。

（7）建筑节能技术的不断研发。据不完全统计，建筑运行能耗已经占据了全社会总能耗的 1/3，因此建筑节能问题的解决关系到人们生活和社会的可持续发展。例如建筑材料要着眼于节能回收、推广应用再生骨料混凝土，既解决了建筑垃圾的处理问题，又节约了自然资源，实现了节能可持续发展的理念；再如建筑玻璃幕墙也不断向着双层玻璃构造、智能通风、智能遮阳、智能照明等方向发展。越来越多的人意识到资源的匮乏，更加注重绿色生活，因此绿色建筑以及建筑节能技术、材料的应用将会日益广泛。

5.2.2 高层与超高层建筑结构体系发展

高层与超高层建筑结构抗侧力体系是决定高层与超高层建筑结构是否合理和经济的关键。此外，随着建筑高度的不断增加，建筑功能越来越复杂，对结构抗侧力体系的效率要求也越来越高，对结构体系创新的要求也越来越迫切。

高层与超高层建筑结构抗侧力体系的发展除了从传统的框架、剪力墙、框架-剪力墙、框架-核心筒、框筒结构逐步向框架-核心筒-伸臂、巨型框架、桁架支撑筒、筒中筒、束筒等结构体系转变外，还衍生出交叉网格筒、米歇尔（Michell）桁架筒以及钢板剪力墙等新型结构体系，并"进化"出了多种体系杂交混合使用。

结构材料也从纯混凝土结构、钢结构向钢-混凝土混合结构转变。结构体系呈现主要抗侧力构件周边化、支撑化、巨型化和立体化的特点。

建筑业态综合化、高度的不断突破、消防疏散等因素也促使其由单幢超高层建筑向由若干超高层建筑塔楼组成的"空中城市"以及连体结构发展。

1. 混合结构和组合构件迅速发展成为主流

钢筋混凝土结构自重较大导致可使用楼面效率低、纯钢结构刚度偏弱导致用钢量高、结构造价昂贵。两种结构体系各自的不足限制了其在超高层建筑中的应用。钢-混凝土混合结构逐渐增多，可有效发挥钢与混凝土自身优点。国内500m以上高度的在建或已建的超高层建筑结构全部采用钢-混凝土混合结构体系，如表5-1所示。

500m级超高层建筑结构体系一览 表5-1

工程名称	建筑高度(m)	结构体系	巨柱形式
苏州中南中心*	729	组合巨型框架＋RC核心筒	SRC钢骨混凝土柱
武汉绿地中心*	636	组合巨型框架＋RC核心筒	SRC钢骨混凝土柱
上海中心大厦	632	组合巨型框架＋RC核心筒	SRC钢骨混凝土柱
深圳平安大厦	599	组合桁架支撑筒＋RC核心筒	SRC钢骨混凝土柱
天津高银117大厦	597	组合桁架支撑筒＋RC核心筒	CFT钢管混凝土柱
合肥宝能CBD-T1塔楼*	588	组合巨型框架＋RC核心筒	SRC钢骨混凝土柱
沈阳宝能城*	568	组合桁架支撑筒＋RC核心筒	CFT钢管混凝土柱
广州东塔	530	组合巨型框架＋RC核心筒	CFT钢管混凝土柱
北京中信大厦	528	组合桁架支撑筒＋RC核心筒	CFT钢管混凝土柱
大连绿地中心*	518	组合巨型框架＋RC核心筒	SRC钢骨混凝土柱
合肥恒大中心*	518	组合巨型框架＋RC核心筒	SRC钢骨混凝土柱
南京江北绿地中心	500	组合巨型框架＋RC核心筒	SRC钢骨混凝土柱

注：＊表示高度有变化。

2. 结构体系多样化及结构效率提升

常用的高层与超高层建筑结构抗侧力体系如表 5-2 和图 5-1 所示。每种结构体系都有其受力特点、合理的适用高度以及适用的建筑功能。工程实践表明，框架-核心筒（伸臂加强层）一般适用于建筑高度为 150～300m 的超高层建筑，巨型结构以及斜交网格筒等适用于 300m 及以上高度的超高层建筑。除了单位面积材料用量这一直接指标外，顶点位移、弯曲变形占结构顶点位移的比例以及可使用楼面面积的效率等也是评价抗侧力体系效率高低的重要指标。根据华东建筑设计研究总院（ECADI）对近 80 栋建筑高度在250m 以上的混合结构分析和统计表明，结构竖向构件（外框柱＋核心筒剪力墙）的截面总面积占底层建筑面积的 6%～10%。

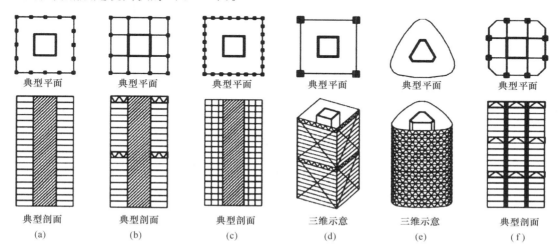

图 5-1　超高层建筑常用结构体系与布置

（a）框架-核心筒；（b）框架-核心筒＋伸臂桁架；（c）外周框筒＋内筒；
（d）外周支撑筒＋内筒；（e）外周斜交网格筒＋内筒；（f）巨型结构

不同高度的建筑物常用的结构抗侧力体系　　　　　　　　　　　表 5-2

建筑物高度	常用的结构抗侧力体系
<100m	框架、框架-剪力墙、剪力墙
100～200m	剪力墙、框架-核心筒
200～300m	框架-核心筒、框架-核心筒-伸臂
300～400m	框架-核心筒-伸臂、筒中筒
400～600m	筒中筒-伸臂、巨型框架/巨型桁架/巨型斜撑、结合体

我国超高层建筑大多采用以框架-核心筒结构为主的双重抗侧力体系，也有悬挂结构的单重抗侧力体系（图 5-2a）。以常用的框架-核心筒为例，无论外框架、核心筒还是斜撑、伸臂加强层等均有多种不同的组合和变化，体现出结构设计的多样性。

外框架是形成建筑外轮廓的主要结构，同时承担在侧向荷载作用下的较大倾覆力矩和部分剪力。外框柱常常随着建筑体型变化而变化。外框柱通常采用斜柱、搭接柱或转换柱的形式来适应建筑体型锥形化、退台等的内收，以满足建筑功能综合化带来的不同建筑功能下不同进深需求。在扭转建筑体型中，外框柱沿高度每层旋转若干角度。追求

(a)　　　　　　　　　　　　(b)　　　　　　　　　　　　(c)

图 5-2　抗侧力体系的多样性

(a) 深圳大疆总部；(b) 深圳华润总部；(c) 南京江北绿地中心

抗侧力体系的高效率必然导致超高层建筑结构周边化布置。除了常规的稀柱框架外，外框架也有采用密柱深梁的框筒结构（柱网间距小于 4.5m）以及巨型框架结构（外框柱数量不大于 8 个）。

核心筒结构贯穿建筑物全高，容纳了主要垂直交通和机电设备管道，并承担了大部分的竖向和水平荷载，通常作为超高层建筑的第一道抗震防线。随着建筑高区的电梯数量和机电设备用房的逐步减少，核心筒面积也逐渐收缩。核心筒的布置除了采用传统布置在平面正中基本对称的方式外，也有采用端部分离式筒体以及多个角筒组合而成，或者采用核心筒偏心布置的形式。

外框支撑主要以轴向受力抵抗水平荷载，充分发挥截面材料的效率。其布置也有多种变化形式，通常采用跨越若干楼层的巨型斜撑，如上海环球金融中心采用的单斜杆巨型斜撑，以及中国银行（香港）和北京中信大厦的交叉斜撑。天津高银 117 大厦采用巨型斜撑与竖向承重结构分离的形式，一方面可使巨型斜撑仅承担轴向力，以最大效率抵抗水平荷载；另一方面也可弱化斜撑的建筑立面效果。集承重体系与抗侧力体系于一体的斜交网格筒结构也在超高层建筑工程中有所应用（图 5-3）。

除了传统的框架中心支撑，也有工程在尝试应用高腰桁架筒（图 5-3b）或米歇尔桁架筒（图 5-3c），其进一步提升了支撑结构的效率。然而高效的结构材料与其对建筑立面效果的影响以及节点构造复杂程度之间需要进一步平衡。偏心支撑不仅能通过耗能梁段提高抗震延性，还便于核心筒建筑门洞开设，在钢结构核心筒体系中扮演了重要的角色。

伸臂桁架加强层极大地提高了框架-核心筒结构的整体抗倾覆能力，在 250m 以上高度的超高层建筑中得到了广泛应用。伸臂桁架加强层的设置有效提高了塔楼结构的抗侧刚度，同时也引起了结构刚度的突变，而且对建筑空间以及施工周期都产生一定影响。因此，伸臂桁架加强层也是一把"双刃剑"。环带桁架作为虚拟伸臂，可通过楼板的变形协调核心筒带动外框架承担更多的倾覆力矩。环带桁架抗侧效率虽不及伸臂桁架，却也克服了上述伸臂桁架加强层存在的问题，在超高层建筑中也有较多应用。核心筒与外框架之间的楼板面内剪切刚度的加强和准确模拟是提高环带桁架抗侧刚度的关键。

（a）　　　　　　　　（b）　　　　　　　　（c）

图 5-3　斜撑的变化
（a）广州西塔；（b）昆明春之眼；（c）深圳中信证券总部

3. 连体结构

连体结构不仅给予建筑师在立面和平面上充分的创造空间，同时也在防火和疏散方面提供了新的思路，使得超高层建筑塔楼可以同时朝竖向和水平两个方向延伸（图 5-4）。连体结构中的各塔楼可以在一定程度上突破传统结构设计中高宽比限制、平面和立面规则性限制等问题，使超高层建筑呈现更多的可变性。连体结构在提高多塔结构抗侧刚度的同时，也带来结构刚度突变、结构扭转效应、施工模拟、风环境以及抗震性能等新的技术问题，需要对具体工程进行有针对性的专门分析与研究。

（a）　　　　　　　　（b）　　　　　　　　（c）

图 5-4　连体结构
（a）苏州东方之门；（b）中央电视台新总部大楼；（c）南京金鹰广场

5.3　高层与超高层建筑的关键技术

5.3.1　结构设计要点

由于高层与超高层建筑建设难度相对较大，为保证人们居住的安全性，相关建筑结构设计人员应以提高建筑结构安全性为主要目标，找出更有利于高层建筑建设的结构设计措施，从而在促进建筑行业发展的同时，保证高层与超高层建筑的建设具有合理性、抗震性，提高人们居住的舒适度与安全性。

1. 重视建筑结构设计，优化结构设计方案

高层与超高层建筑结构设计方案直接决定了建筑结构后期应用的安全性。设计人员应重视建筑结构设计，结合建筑工程周围实际情况，优化已经研制出的结构设计方案。首先，设计人员应该重视概念设计，在前期设计阶段需要坚持结构设计规则性、整体均衡性等原则，保证建筑结构各个部分都能够发挥出更有力的支持作用；其次，结构设计人员应该加强与工程施工人员的沟通，在外观效果、施工效果的角度上实现对建筑结构设计方案的优化，避免建筑结构出现后期转换的问题；最后，由于计算机技术在结构设计过程中发挥了重要的作用，相关人员还应该积极采用有效的计算机软件，实现对结构设计方案更科学的优化。

2. 深入分析建筑结构设计指标，提高结构设计的合理性

建筑结构设计指标不仅是高层与超高层建筑结构设计人员应遵循的指标，还是保证高层与超高层建筑结构设计合理性的重要因素。因此在设计建筑结构时，相关人员就应该加强对以下两点内容的重视，从而提高高层与超高层建筑结构设计的合理性：一是地震作用指标：研究人员在深入分析后，发现超高层建筑结构自振周期在 6～9s，因此在地震作用指标的影响下，建议高层与超高层建筑结构设计中直线倾斜下降时间控制在 10s 左右。同时在分析该项技术指标时，也要全面结合建筑周围的实际情况，从而保证评估结果能够满足建筑结构合理性的要求；二是风荷载指标：由于高层与超高层建筑主要会受到地震以及风力的影响，相关人员还应该遵照当前所提出的风荷载指标对建筑结构设计进行全面评估，从而实现对建筑变形的控制，提高建筑居住的安全性。

3. 根据相关建筑结构设计规范，保证结构设计的抗震性

由于建筑结构直接影响着人们的生命安全，因此在建筑行业快速发展的背景下，国家制定了科学、合理的建筑结构设计规范。针对高层与超高层建筑提出的设计规范，包括：《高层建筑混凝土结构技术规程》JGJ 3—2010 和《建筑抗震设计规范》GB 50011—2010。要保证高层与超高层建筑结构设计更加合理，能够更好地满足建筑抗震性要求，相关人员在设计高层与超高层建筑时，要严格按照相关建筑结构设计规范进行设计工作。同时也要全面考虑当前建筑项目所处的外部环境、需求的抗震类别以及施工条件，以保证高层与超高层建筑结构设计抗震能力为建设目标。在按照相关规范设计后，利用相关分析方法对高层与超高层建筑进行结构抗震性能的深入分析。

4. 重视后期居住的舒适性，保证建筑结构设计的科学性

在高层与超高层建筑结构设计中，除需要重视上述设计要点外，还需要考虑后期人们居住的舒适性。一方面，这是当今社会人们生活水平提高后对建筑结构提出的新的要求；另一方面，也是高层与超高层建筑必须达到的建设目标。高层与超高层建筑竖向荷载相对较大，因此在前期施工以及后期居住中，都会出现一定的压缩变形问题。基于此，为了保证后期人们能够居住得更加舒适，在进行建筑结构设计及施工过程中，就应该积极采取预变形技术，并通过计算机软件进行详细的模拟，从而保证建筑结构设计能够更加科学合理，更好地满足人们居住要求。

5.3.2　抗震和减震技术

解决高层与超高层建筑的抗震问题，一方面从改善结构自身的抗震性能着手，开发高效的高层建筑结构新体系及高性能抗震部件；另一方面利用结构抗震控制的思想，发展适用于高层建筑的消能减震新技术，主动应对地震灾害。

抗震结构是以结构自身来抵抗地震能量，就好比"以刚克刚"，而减震结构是利用其他的辅助结构来消耗地震能量，就好比"以柔克刚"，图 5-5 展示了抗震与减震的区别。

1. 抗震性能设计

对于一些地震频繁发生的地区，该地区的高层与超高层建筑面临的抗震压力更大，这些地区的抗震目标也相对高一些，主要包括两个目标：（1）使用水准。比如说，强度较低的地震对事物造成的危害较小，对建筑物的影响也无足轻重，这对建筑结构的设计要求也不高，保证基本的弹性反应状态即可。

图 5-5　抗震与减震的区别

（2）倒塌水准。首先，不同强度地震的破坏力不同，为了更好地应对不同强度的地震，应该对高层与超高层建筑非延性部件提出更高的标准。其次，针对建筑物的控制构件，应当保证大部分的高层与超高层建筑具备中等抗震能力。最后，高层与超高层建筑延性结构构件的弹性变形能力必须高于非弹性变形能力。

我国《建筑抗震设计规范》GB 50011—2010 正式提出抗震性能化设计的理念。基于性能抗震设计是建筑结构抗震设计的一个新的重要发展，使抗震设计从宏观定性的目标向具体量化的多重目标转变。超高层建筑设计因其独特的重要性和敏感性，是抗震性能化设计思想和设计应用的最初落脚点，并在抗震性能化设计的具体应用上起到引领性作用。

抗震性能化设计不再只是关注小震水准的设计要求，同时也对其他不同重现期地震作用下的结构行为与性能要求予以足够的重视，特别是更明确地强调了建筑结构在大震作用下的结构弹塑性变形发展、预期结构性能与倒塌防止控制等方面问题，并提出了基于静力或动力的弹塑性分析要求。动力弹塑性时程分析作为抗震性能化设计的一项重要内容和手段，关键的几个问题是分析模型建立、地震波的选择、时域积分算法和计算结果的合理评价。

2. 抗震试验研究

试验研究一直是高层与超高层建筑结构抗震研究最为传统和有效的方法，主要分为静力试验和动力试验两大类。抗震静力试验包括拟静力和拟动力试验，广泛用于构件试验、节点试验及整体模型试验，是研究构件或结构抗震性能的重要方法。通过对满足静力相似关系的构件、节点或结构，采取按力或者位移分级加载，测量记录试验数据、损伤及破坏模式，得到力与位移曲线，从而得到强度、刚度、延性和耗能能力，评定其抗震性能。静力试验方法和其理论成熟，试验结论可靠，但难以考虑应变速率对结构的影响。

动力试验即振动台模型试验，是研究高层、超高层建筑结构抗震性能的重要手段。通过科学、合理的设计和精细模型加工，振动台试验可较准确测定结构的动力特性、动力响应和破坏形态，反映结构不规则性对抗震性能的影响，揭示薄弱部位。近 20 年来国内相关科研院所进行了数百栋实际工程的模拟振动台试验研究。中国建筑科学研究院（CABR）完成了 28 个实际工程模型振动台试验，对试验结果和试验数据进行分类对比分析，研究阻尼比、整体刚度退化、连梁刚度折减系数、外框剪力比、加速度放大系数等影响高层与超高层建筑结构设计的参数和指标，并对有代表性和共性的结构薄弱部位及加强措施进行汇总，提出与高层和超高层建筑结构设计相关的一些启示和设计建议。首次对设置了屈曲约束支撑和黏滞阻尼器等减震措施的昆明春之眼主楼进行了 1∶35 的缩尺模型振动台试验。同济大学土木工程防灾国家重点实验室已先后完成了 40 多个超限高层实际工程的振动台模型试验，得到了原型结构的动力特性、地震反应和破坏机理，发现了结构的抗震薄弱部位，检验了原先设定的抗震设防目标，并在此基础上提出了改善结构抗震性能的改进措施和意见，为保证这些大型工程的地震安全性提供了有力的技术支持，获得了很好的经济效益和社会效益。同济大学利用多功能振动台阵对重庆来福士广场 4 个塔楼高位减（隔）震连体结构进行了 1∶25 模型振动台试验，为验证和改进数值计算模型提供了可靠的试验数据。

3. 消能减震

近年来随着减震技术的发展，在超高层建筑结构设计中采用消能减震技术已成为一种新的抗震设计思路。地震作用下，通过在结构中设置减震装置（阻尼器）来消耗能量，减少主体结构承担的地震作用，有效地保护主体结构在地震作用下的安全。

超高层建筑消能减震常用的阻尼器主要有位移型阻尼器、速度型阻尼器以及混合型阻尼器（Viscous Compound Damper，VCD）3 种。位移型阻尼器主要是金属阻尼器，包括防屈曲支撑（Buckling-restrained Brace，BRB）、防屈曲钢板墙、剪切型软钢阻尼器和耗能连梁等，主要用于结构减震。速度型阻尼器主要为黏滞阻尼器，不提供结构刚度；但在变形很小的情况下，黏滞阻尼器就开始耗能，减小结构动力响应，因此可以用于抗风、抗震和提高塔楼顶部舒适度。减震阻尼器布置在相对位移或相对速度较大的楼层，同时采用套索或悬挑桁架等措施增加阻尼器两端的相对变形或相对速度，以提高阻尼器的减震效率。针对不同的地震水准要求，可混合应用不同类型的减震装置。

人民日报社报刊综合楼采用了 890 根屈曲约束支撑，最大屈服承载力为 6650kN。昆明春之眼主楼，塔楼综合应用了悬臂式黏滞阻尼器、屈曲约束支撑以及巨柱间跨层布置的黏滞阻尼器等多种混合减震装置，有效降低地震作用，在罕遇地震下最大变形可减少 25%（图 5-6）。上海世茂国际广场在塔楼和裙房之间的防震缝内设置黏滞阻尼器，减少裙房结构的扭转变形并降低地震作用，也是消能减震技术在相邻建筑中首次应用，为消能减震技术的应用开拓了更广泛的空间。

同济大学开发了一种新型组合式抗震消能支撑，该装置由铅芯橡胶消能器与油阻尼器并联后再与钢支撑通过节点板串联构成。该消能支撑已应用于多个重大工程，包括四川地震灾区、新疆抗震设防区等地的 20 多个重要的抗震加固或新建工程，取得了很好的经济效益和社会效益。

(a)　　　　　　　　　　　　　　　(b)

图 5-6　消能减震装置在超高层建筑中应用
（a）人民日报社报刊综合楼；（b）昆明春之眼主楼

4. 隔震技术

隔震技术是目前结构抗震控制中最为成熟的技术，应用最为广泛，最初主要用于基础隔震。基础隔震能显著地降低结构的自振频率，使变形集中在隔震层，隔离地震能量向上部结构传递。因此，基础隔震较多地应用于短周期的中低层建筑和刚性结构，而对于高层建筑，日本和中国已开始应用。近年来隔震技术以层间隔震、高位隔震等方式在高层建筑中得到应用。

为了增强隔震系统的消能减震能力，同济大学开发了橡胶支座与滑动支座组成的组合隔震系统，以及用流体阻尼器连接的耦联结构体系。

在现代大都市中，由于用地紧张或使用功能等方面的要求，建筑物往往可能靠得很近或采用天桥等构件连接。在强震发生时，相邻结构间有可能发生碰撞。为了提高相邻建筑物的抗震性能并防止它们之间相互碰撞，可采用控制装置来连接相邻建筑物以减少地震反应。同济大学对这种耦联结构体系的抗震控制问题进行了系统的理论与试验研究。

5.3.3　抗风及防火等安全性技术

1. 抗风技术

随着高层建筑高度增加，结构对风荷载更加敏感，在我国不少地区，抗风研究和设计已成为控制结构安全性能和使用性能的关键因素。在抗风研究方面，应进行超高层建筑的风荷载合理取值（包括风振效应问题）研究、群体建筑的风荷载及响应问题研究、超高层建筑舒适度研究和振动控制研究（主、被动以及半主动质量调谐阻尼减振器）等。高层建筑结构和普通建筑结构相比，其楼层高度和受力原理均存在很大的差别，所以高层建筑结构的抗风设计极为关键，这关乎高层建筑结构的稳定性和安全性。

特别是超高层建筑，风荷载是结构设计的主要控制荷载，因此风荷载的大小对结构的经济性起着至关重要的作用。风荷载的大小主要与建筑的体形、结构的动力特性、大气风环境以及建筑物周边环境等因素有关，这与结构抗震设计的概念和要求有所不同。由于国内超高层建筑结构设计时对结构的抗震设计关注更多，而对结构的抗风设计不够重视，建筑外形和结构往往设计得不合理。因此在方案设计初期阶段，就应该结合风洞试验对建筑朝向和体形等进行规划、优化和评估，这样就可以起到事半功倍的效果。实体风洞试验技术和数值风洞技术是评估超高层结构风致响应的重要手段。

超高层建筑除了建筑高度不断增加外，结构的高宽比也越来越大，甚至出现了高宽比大于 20 的建筑。因此在这种情况下，建筑物顶部的使用舒适度就成为结构设计必须解决的主要问题之一。对此，国内外一些已建成的超高层建筑，如上海中心大厦、上海 IFC、苏州国金中心、台北 101 大厦、上海环球金融中心、纽约特朗普世界大厦（Trump World Tower）、约翰·汉考克中心（Hancock Tower）等（图 5-7 和图 5-8），就通过设置调频质量阻尼器（Tuned Mass Damper，TMD）、调谐液体阻尼器（Tuned Liquid Damper，TLD）、主动质量阻尼器（Active Mass Damper，AMD）、黏滞阻尼器和黏滞阻尼墙等措施来降低风荷载作用下结构顶部楼层的加速度响应峰值，从而达到改善建筑物使用舒适度的目的。

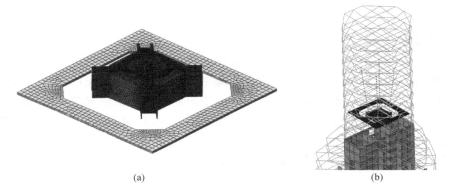

(a)　　　　　　　　　　(b)

图 5-7　上海中心大厦悬挂电涡流 TMD

(a)　　　　　　　　　　(b)

图 5-8　台北 101 大厦中的 TMD

通过参照飞机和汽车先进的气动设计理念，利用风洞试验对超高层外形进行优化已逐渐为工程师们所接受，此外建筑物周边的风环境对行人和空调新风及出风口设置的影响、建筑的烟囱效应控制等问题越来越受到重视。

2. 防火技术

高层与超高层建筑的防火安全性问题必须引起充分重视。高层与超高层建筑存在竖向连续的井筒，火灾扩散速度很快，而且因为高度高，疏散和扑救都很困难；并且外墙保温和幕墙系统采用了大量的防火性能较差的材料，这些都严重影响高层与超高层建筑的防火安全性。在充分关注结构构件本身防火问题的同时，必须重视高层与超高层建筑中防水、保温和围护材料的防火性能。同时开展高层与超高层建筑火灾安全技术指南与评估验证技术研究、高层与超高层建筑在遭受火灾及意外事件时人员疏散问题与防火安全措施的研究等。从结构构件的防火性能、维护结构材料的防火性能、火灾疏散与扑救等方面全方位提升高层与超高层建筑的防火性能。

2009 年 2 月 9 日，中央电视台新台址工程电视文化中心大楼失火，虽然失火原因是违规燃放烟花爆竹，但着火后，燃烧主要集中在钛合金下面的保温层，具有表皮过火的特点。大楼保温层使用的材料是国家推荐使用的新型节能保温材料，这种材料燃烧后过火极快，因此瞬间从北配楼顶部蔓延到整个大楼。目前这种新型材料在北京市很多建筑中都有使用，北京大学乒乓球馆着火也是这种情况。2010 年 11 月 15 日，上海某高层住宅在外墙节能改造过程中发生火灾，造成 53 人死亡。2014 年 7 月 30 日重庆 30 余层高的中国长航大厦发生火灾。据不完全统计，从 2019 年 12 月末到 2020 年 1 月初，短短的十多天里，全国高层建筑频频"发火"，至少发生 5 起火灾，16 条生命葬身火海。

3. 施工安全性

高层与超高层建筑施工过程中结构的安全问题也需要予以关注。高层与超高层建筑施工周期长，在施工建造过程中，整体结构往往还没有形成，其受力性能与建成后的结构截然不同，或是施工过程对结构内力有很大的影响，部分复杂的结构还需要搭设高大的支撑结构。中国建筑科学研究院、清华大学、同济大学等多家科研单位对国内一些重要工程施工过程进行了模拟分析和施工过程检测，并成功将研究成果应用在多个工程实践中，其中典型的工程有陕西法门寺、天津津塔、中央电视台新台址工程的施工模拟及预变形分析。但对施工安全性仍然缺乏必要的重视，施工过程中的事故也时有发生。

5.3.4　结构计算分析

随着有限元分析软件及计算机技术的发展，计算机仿真分析发展迅速，已成为研究高层与超高层建筑抗震性能的重要手段。分析方法从弹性分析发展到弹塑性分析，从静力非线性分析发展到动力非线性分析，已经成为发现结构薄弱部位、判断结构抗震性能和完善结构性能化设计的重要手段。结构计算分析在高层建筑结构设计中得到了广泛应用，有效提高了结构分析、设计水平，从而提高抗震性能。但仿真分析结果受材料本构关系、单元模型、计算假定和参数设置、分析模型、计算求解能力等因素的影响，对一些复杂结构的模拟存在不足。

高层与超高层建筑结构面临着超高超限，造型、结构体系、施工技术、风荷载复杂等问题，而仿真技术是解决以上问题的有效手段，因此研究高层与超高层建筑结构仿真技术，进而清楚揭示复杂高层与超高层建筑的作用机理，探索提升复杂高层与超高层建筑安全性、适用性、经济性的策略和方法，具有十分重要的理论意义和实用价值。

高层与超高层建筑结构分析软件选取需根据结构类型、结构特点、软件功能、前处理和后处理的便利性综合确定。弹性计算分析软件广泛采用国产商业化软件如 SATWE、PMSAP、YJK 以及国际通用程序如 ETABS、MIDAS、SAP2000 等。弹塑性分析软件主要有国内自主开发的 EPDA、SAUSAGE 以及 PERFORM-3D，国外的 ANSYS、ABAQUS、LS-DYNA 等大型非线性分析程序。高层与超高层建筑结构分析通常采用两种不同的软件完成，并相互校核。同济大学从静动力弹塑性分析、施工过程模拟及预变形仿真分析、减隔震仿真技术、抗连续倒塌仿真技术、风工程仿真技术以及性能试验仿真技术等 6 个方面展开了系统研究，建立了完善的高层建筑结构仿真分析技术体系，形成了针对高层建筑结构复杂技术问题的有效解决方法。

随着计算分析手段的不断丰富，结构工程师对超高层建筑结构的受力特点有了更深的认识。结构分析技术从早期的定性、简化计算朝定量、精细以及直接分析法的方向发展。

除了结构整体分析外，对于超高层建筑结构基于关键构件失效的防连续倒塌分析、大跨楼盖或连廊竖向振动分析、复杂节点的有限元分析、作为抗侧力体系中起变形协调作用的楼板应力分析、钢结构抗火分析、复杂截面和受力状态下构件承载力验算等专项分析技术日益成熟，为超高层建筑结构的安全性、鲁棒性以及舒适性提供了可靠支撑。

5.4 高层与超高层建筑发展前沿

高层与超高层建筑高度更高、建筑体型更复杂、结构效率更高的发展趋势给结构设计带来了挑战，设计院、科研院校和建设单位等相互结合，进行了大量的相关研究工作，主要研究范围在结构新材料、新型构件和结构、绿色智能化等方面。

5.4.1 高性能结构材料

目前 C60 以上高强混凝土已广泛应用于超高层建筑结构，国内最高混凝土强度等级已达 C100，世界上在自然养护条件下最高混凝土强度等级可达到 C200，属于超高性能混凝土。天津高银 117 大厦将 C60 高强混凝土成功泵送至 621m 的高度；轻质混凝土楼板的采用，进一步减轻了超高层建筑结构自重；自密实混凝土解决了超高层建筑结构构件截面钢筋布置密集、混凝土振捣困难的施工难题。高性能混凝土材料既可以减轻结构自重，又可以提高混凝土耐久性以及施工可操作性。

屈服强度为 Q390、Q420 以及 Q460 的高强度钢材也已成功应用于如中央电视台新总部大楼等工程中；屈服强度波动范围小、可焊性及抗震性能更好的 GJ 系列钢材已普遍用于超高层建筑结构；Q600 钢、耐候钢、耐火钢以及施焊时不需预热的超厚钢板等新型高性能钢也在研制和开发中。

此外，低屈服点钢材（钢材屈服强度为 $100\sim160\text{N/mm}^2$）具有高延伸率、屈服强度稳定等特点，已普遍在 BRB (Buckling Restrained Brace)、防屈曲钢板剪力墙等构件中应用，成为结构抗震的"保险丝"，保护主体结构在中、大震下免于破坏。正火状态交货的可焊铸钢以及锻钢等在伸臂桁架与核心筒连接等节点中已有所应用，也为超高层建筑结构中大承载力、多杆件汇交的复杂节点构造设计提供了新的选择。

5.4.2　新型构件及节点试验研究

除振动台模拟试验和风洞试验外，众多超高层建筑工程进行了大比例构件和节点试验研究，以验证结构的安全性和可靠性，并为结构设计提供参考。

中国建筑科学研究院（CABR）结合振动台试验及模型静力试验相关计算分析工作，完成了关于转换层、加强层、体型收进、带悬挑结构、连体结构等复杂高层建筑结构的研究应用，为我国复杂高层建筑设计提供了依据。针对混合结构和组合构件应用广泛的特点，开展了分离式型钢混凝土组合柱、钢板混凝土组合剪力墙、带钢斜撑混凝土组合剪力墙、内藏钢桁架混凝土组合剪力墙等多种形式的研究工作。

华东建筑设计研究院（ECADI）和国内科研院所及高校合作，对超高层建筑工程中关键节点或新型结构进行了大量缩尺模型力学试验，如上海环球金融中心巨型斜撑与巨柱连接节点、武汉中心伸臂桁架与核心筒的连接节点、中央电视台新总部大楼高含钢率SRC（钢骨混凝土）柱受力和变形性能以及蝶形节点受力性能、天津津塔考虑屈曲后效应钢板剪力墙的抗震试验、天津高银 117 大厦巨型 BRB 受力与变形试验、巨型钢管混凝土（CFT）柱防火性能试验、天津周大福金融中心蝶形铸钢节点试验等都取得了丰富的成果。国内其他设计及科研单位针对巨型钢管混凝土（CFT）柱的钢和混凝土共同工作机理、钢管混凝土剪力墙、外包钢板剪力墙受力性能以及自复位结构等也进行了专项试验和研究。上述结构试验和专项技术研究成果对超高层建筑结构关键技术的应用或改进起到了至关重要的作用，一方面确保结构安全、合理，有力地提升了工程项目的设计品质；另一方面也填补了国内设计规范或标准的部分空白并在其他工程实践中推广应用。

另外，上海中心大厦、天津周大福金融中心等设置结构性态监测系统，在施工过程和使用阶段获得的监测结果（如结构阻尼比、周期等动力特性，基础沉降、塔楼加速度、变形以及关键构件的应变等）用以验证结构设计的合理性，或改进结构的设计方法。

5.4.3　建筑智能化

智能化系统是超高层建筑的大脑，超高层建筑的智能化应用是历史发展的必然趋势（图 5-9）。一方面建筑工程行业面临着严峻的能源短缺问题，要实现建筑工程行业发展的

（a）　　　　　　　　　　　　　　　　（b）

图 5-9　智能化建筑

科学化，就必须通过新理念、新技术的应用，充分解决建筑工程行业能源问题。另一方面，在城市超高层建筑中，消费群体对于建筑安全度、舒适度、高效性、便捷程度等内容的要求不断提高，这就使得其在发展过程中必须注重建筑技术与新兴信息技术的充分结合。由此可见，在超高层建筑发展过程中，实现科学技术、社会经济、信息通信的结合势在必行。只有充分实现这些智能技术的交叉使用，才能确保超高层建筑的高效化发展，进而满足人们的应用要求。

超高层建筑的智能化技术应用是一个专业化程度较高、系统性较强的实践过程，包括以下几方面内容：

（1）运维管理系统的智能化。传统建筑模式下，超高层建筑的运维管理受到电气设备、管线道路等诸多内容的干扰，整个运维过程难度较大，且效率较低。而在建筑智能化应用过程中，充分应用了 BIM 技术运营维护管理系统。BIM 技术运营维护管理系统包含了数据存储服务器、能耗采集服务器、设备运行管理服务器等诸多内容；在大数据云平台的支撑下，运维管理的系统运行、物理信息和几何信息集成，实现了管理的三维可视化。另外，通过对人员、设备、能源及运维报表等内容的系统把控，整个管理过程的控制更加集中，实现了运维管理的高效准确。

（2）网络技术。互联网技术的成熟使得建筑工程领域的电子信息技术得以广泛利用，有效地实现了建筑工程的网络化、智能化。从应用过程来看，物联网技术、宽带网络技术、无线网络技术是超高层建筑智能化网络技术应用的 3 个主要表现方面。物联网技术是对现代建筑产品架构的智能化创新，其使超高层建筑的智能化实现了大融合。具体而言，在物联网系统下，超高层建筑内部的电力、空调、饮水机、排水设备、电梯等内容实现了实时监控，其在具体应用状况的基础上，对设备的运行趋势进行分析，进而实现了联网状态下的设备自动调整。宽带网络技术是现代智能化建筑通信的主要方式，其已成为超高层建筑用户的迫切需求之一。实践过程中，宽带网络通过 EPON（以太网无源光网络）、GPON（Gigabit-Capable PON）光缆接入技术的应用，使得整个通信过程的语音、数据、图像进行系统结合，确保了现代通信的可靠与集成，其已成为超高层建筑网络建设的重要方向。无线网络技术是超高层建筑智能化网络技术应用的重要内容之一。就运用现状来看，无线网络技术在公共家庭安全方面有着较为突出的应用优势。其在网络视频监控系统的支持下，道路监控、城管监控和大型户外活动监控成为可能，有效地实现了监控范围的扩大和人们生活质量的提高。

（3）防恐防灾系统智能化。租住用户众多、访客量较大是超高层建筑的突出特征。较高的人群基数和流动次数使得超高层建筑的安防设计至关重要。具体而言，安保监控设计、消防报警设计、防灾反恐设计、综合安防设计、紧急广播系统设计、紧急呼叫设计、内部对讲设计、安全门设计、访客管理系统设计等都是其重要的组成部分。在超高层建筑智能设计应用过程中，工程人员通过智能集成平台的应用，将不同的安防信息传送至防灾中心，然后在 GIS 电子地图、终端监控、系统指挥的协调下，实现了信息的交换和共享，有效地提高了防恐防灾的效率和质量。

（4）智慧家居控制系统。随着人们对居住环境舒适程度要求的不断提高，智慧家居在超高层建筑中的应用越发普遍。就应用内容来看，网络通信技术、自动化控制系统、计算机网络系统、音频设备系统、照明系统、空调系统、安防系统等都是重要的组成部分。在智慧家居控制系统下，用户群体通过触摸屏、遥控器、智能手机等多元化设备，实现了家具应用的远程联动控制，使得整个家具的控制更加灵活高效，有效地提升了生活质量。

5.5　面临的挑战

综上所述，近30年来高层与超高层建筑结构领域的发展成绩是巨大的。大型复杂高层建筑将是我国未来二三十年城市建设的重点之一，空前大规模、全方位的复杂高层建筑工程建设项目为提高我国在高层结构工程领域的研究、设计和施工总体水平提供了良好的机遇。复杂高层建筑抗震减灾问题的解决有利于解决一般建筑工程乃至城市的抗震安全问题。新型材料的不断出现，建造技术的逐步提高，结构体系的不断创新，结构分析理论和手段的不断发展，结构控制技术的不断进步，推动着复杂高层建筑的抗震研究不断前进。

超高层建筑结构在以下几个方面面临着巨大的挑战：

（1）千米级大楼、大高宽比（大于10∶1）、倾斜体型、扭转体型、核心筒偏置等复杂形体的超高层建筑以及由超高层建筑群组成的"空中城市"将给结构设计和施工提出更大的挑战。

（2）调谐质量阻尼器和黏滞（黏弹）阻尼器将在更多的超高层建筑中应用，其提供的附加阻尼弥补了现行规范可能高估超高层建筑结构固有阻尼而存在风险的缺陷。超高层建筑抗风体形优化将由单一减少风荷载措施向综合措施方向发展，如建筑体形风致响应优化＋MIA（振型干预方法）。风致振动控制将由单一的TMD制振向联合制振方向发展。

（3）开展超高层混合结构体系在高地震烈度区的抗震性能研究。在高地震烈度区优先采用全钢结构或在混合结构中设置消能减震装置。超高层建筑中采用层间隔震＋减震技术给抗震设计提供了新的选择。包含自复位结构、摇摆结构以及可更换构件等可恢复功能的结构体系，可以实现既定的地震可恢复功能，具有广阔的工程应用前景。在中、低地震烈度区，建议考虑超过现行规范规定的超大地震作用。已建成的钢-混凝土混合结构尚未经受实际地震的考验，结构阻尼比取值、整体结构的协调工作性能以及高性能结构材料的应用等仍需进行更深入和系统的研究。

（4）超高层建筑结构设计控制指标如长周期地震作用、结构层间位移角、刚重比、剪重比、外框承担剪力比、核心筒轴压比等应做进一步研究，在保证结构安全的同时，降低结构材料用量。

（5）钢-混凝土组合巨柱、超长大承载力的斜撑、超厚的基础筏板及混凝土剪力墙等巨型结构构件的设计方法、节点构造以及施工可建性等已超越了现行规范或标准的范围，需要进行进一步的理论分析、试验研究、结构性态监测和工程实践来验证及完善。

（6）需进行高性能混凝土（C70及以上混凝土）、轻质混凝土以及高性能钢材（Q500以上）在超高层建筑结构中的可行性研究。

（7）"千米级摩天大楼""英里塔"计划、"4D"超高层建筑、超高层建筑木结构、UHPC（Ultra High Performance Concrete）及再生混凝土、智能化技术应用以及模块化超高层建筑等新理念和新技术，为我国超高层建筑的发展提供了新的方向。

参 考 文 献

[1] 徐培福,郝瑞坤,赵西安. 我国高层建筑结构综述(上、下)[J]. 建筑结构学报,1983,4(3):3-12,20-27.

[2] 郭文文. 高层建筑结构的发展[J]. 建筑工程技术与设计,2018,(17):5239.

[3] 徐培福,王翠坤,肖从真. 中国高层建筑结构发展与展望[J]. 建筑结构,2009,39(09):28-32.

[4] 汪大绥,包联进. 我国超高层建筑结构发展与展望[J]. 建筑结构,2019,49(19):11-24.

[5] 周建龙. 超高层建筑结构设计与工程实践[M]. 上海:同济大学出版社,2017.

[6] 中国工程院土木、水利与建筑工程学部. 土木学科发展现状及前沿发展方向研究[M]. 北京:人民交通出版社,2012.

[7] CHEN X W,HAN X L. Research summary on long-span connected tall building structure with viscous dampers [J]. Structural Design of Tall and Special Buildings,2010,19 (4):439-456.

[8] 肖从真,王翠坤,黄小坤. 高层建筑结构抗震设计方法及结构体系创新[J]. 建筑科学,2018,34(09):33-41.

[9] 张良平,杨文参. 某超高层建筑结构设计中几个关键问题的思考[J]. 建筑结构,2019,49(07):56-59,55.

[10] 刘军进,肖从真,王翠坤,等. 复杂高层与超高层建筑结构设计要点[J]. 建筑结构,2011,41(11):34-40.

[11] 邵韦平,马泷,解立婕. 高层建筑的现状与未来[J]. 建筑学报,2019,3:1-5.

[12] 陈桐. 超高层建筑发展趋势研究初探[D]. 北京:中国建筑设计研究院,2017.

[13] 栗欣. 高层建筑防火技术措施[J]. 消防界(电子版),2020,6(06):55.

[14] SARKISIAN M. Designing tall buildings:Structure as architecture(Second Edition) [M]. London:Taylor & Francis Group,2012.

[15] 丁洁民,吴宏磊,赵昕. 我国高度 250m 以上超高层建筑结构现状与分析进展[J]. 建筑结构学报,2014,35(3):1-7.

[16] 包联进,汪大绥,周建龙,等. 天津高银 117 大厦巨型支撑设计与思考[J]. 建筑钢结构进展,2014,16(2):43-48.

[17] 魏琏,林旭新,王森. 超高层建筑伸臂加强层结构设计的若干问题[J]. 建筑结构,2019,49(7):1-8.

[18] 刘明国,姜文伟,于琦. 南京金鹰天地广场超高层三塔连体结构分析与设计[J]. 建筑结构,2019,49(7):15-21.

[19] 陈才华,张宏,肖从真,等. 带减震装置的巨型斜撑框架-核心筒超高层结构模型振动台试验研究[J]. 建筑结构,2018,48(S2):355-362.

[20] 方小丹,魏琏. 关于建筑结构抗震设计若干问题的讨论[J]. 建筑结构学报,2011,32(12):46-51.

[21] 汪大绥,周建龙. 我国高层建筑钢-混凝土混合结构发展与展望[J]. 建筑结构学报,2010,31(6):62-70.

[22] 陈勇,陈鹏,吴一红,等. 中国建筑千米级摩天大楼结构设计与研究[J]. 建筑结构,2017,47(3):1-9.

[23] 陈才华,王翠坤,张宏,等. 振动台试验对高层建筑结构设计的启示[J]. 建筑结构学报,2020,41(7):1-14.

[24]　吕西林，蒋欢军. 复杂高层建筑抗震与消能减震研究进展[J]. 建筑结构学报，2010，31(06)：52-61.

[25]　吴宏磊，丁洁民，刘博. 超高层建筑基于性能的组合消能减震结构设计及其应用[J]. 建筑结构学报，2020，41(03)：14-24.

[26]　周远标. 高层与超高层建筑结构设计要点探析[J]. 中国住宅设施，2018，3：68-70.

[27]　肖从真，刘军进，徐自国，等. 高层建筑结构仿真分析研究[J]. 建设科技，2014，3：98.

[28]　钱志伟. 我国超高层建筑的现状及发展趋势[J]. 中国住宅设施，2018，185(10)：61-62.

[29]　陈燕友. 智能结构在建筑工程中应用研究[J]. 智能建筑与智慧城市，2019，3：21-23.

第6章　海绵城市发展现状及前沿

6.1　国家需求

6.1.1　海绵城市内涵

2019年末，中国城镇化率已超60%，城镇化是促进社会全面进步的必然要求。然而在快速的城镇化进程中，城市建设用地不断扩大，大量人口聚集到城市，频繁的人类活动使原有自然生态系统遭到破坏，导致地表地理结构发生巨大变化，城市不透水下垫面的比例大大增加，严重影响城市原有生态环境和水文特征。城市开发建设前，70%～80%的降雨可以通过自然下垫面渗透进入地下，涵养了本地水资源，而城市开发建设后，由于屋面、道路等不透水设施不断地增加，仅有20%～30%的雨水能够下渗到地下，70%～80%的降雨形成快速径流，破坏了自然生态环境，由此带来一系列的城市雨洪管理问题。

近几年，北京、南京、上海、武汉等大中城市暴雨内涝灾害频繁发生（图6-1）。2017年7月3日，长沙市发生特大暴雨；2016年7月24日，西安遭遇罕见暴雨天气，24h累计降雨量约123mm；2012年7月21日，北京遭遇61年来最强暴雨，造成了严重内涝。

(a)　　　　　　　　　　　　　　　　　(b)

图6-1　强降雨产生的城市内涝

随着城镇化的快速发展，我国对水资源的过度开发导致河流、湖泊大面积消失，也增大了雨水径流面源污染。雨洪径流总量增大，河道中水流流速加大，大量的雨水直接通过不渗透表面进入城市雨水管道，雨水径流中悬浮固体和污染物含量也随之增加，尤其是初期降雨径流，给受纳水体带来了极大的生态环境压力，导致河流水质恶化，城市水体黑臭现象日益严重，水生态环境进一步恶化（图6-2）。

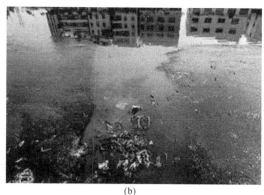

(a)　　　　　　　　　　　　　(b)

图 6-2　城市水体污染

　　传统的城市建设方式已经无法满足城市与水资源环境之间的协调发展。针对中国城镇化进程中的水环境问题，我国急需一种更为全面的解决方案，"海绵城市"的建设模式应运而生。

　　《海绵城市建设技术指南——低影响开发雨水系统构建（试行）》中对海绵城市的定义为：海绵城市是指城市能够像海绵一样，在适应环境变化和应对自然灾害等方面具有良好的"弹性"。在各地新型城镇化建设过程中，通过海绵城市建设，推广和应用低影响开发建设模式，优先利用自然排水系统，建设生态排水设施，充分发挥原始地形地貌对降雨的积存作用，充分发挥自然下垫面和生态本底对雨水的渗透作用，充分发挥植被、土壤、湿地等对水质的净化作用，采取绿色屋顶、透水铺装、下凹式绿地、雨水收集利用设施等措施，使建筑与小区、道路与广场、公园和绿地、水系等具备吸纳、蓄滞和缓释雨水的作用，有效控制雨水径流，实现"小雨不积水、大雨不内涝、水体不黑臭、热岛有缓解"。

　　从资源利用的角度看，海绵城市建设可以顺应自然，通过建设绿色屋面、绿地、硬质路面、雨水排放管渠、城市河流湖泊五位一体的节水型城市下垫面，实现城市内的降雨渗透、蓄存、净化、再利用和补给地下水；从防洪减灾的角度看，海绵城市建设要求城市能够与雨洪和谐共生，通过下渗、调蓄、收集雨水等措施，最大限度地削减峰值流量，降低洪水风险，减少灾害损失，使城市能够安全度过汛期，迅速恢复生产生活；从生态环境的角度，海绵城市建设要求城市建设和发展能够与自然相协调，不污染环境、不破坏生态。

6.1.2　相关政策法规

　　2013 年 12 月，习近平总书记在中央城镇化工作会议的讲话中强调，提升城市排水系统时，要优先考虑把有限的雨水留下来，优先考虑更多利用自然力量排水，建设自然积存、自然渗透、自然净化的"海绵城市"。从此，海绵城市走入了人们的视野。

　　2014 年 10 月，住房和城乡建设部出台《海绵城市建设技术指南——低影响开发雨水系统构建（试行）》，提出了海绵城市建设与低影响开发系统构建的规划、基本原则、规划控制目标分解、落实及其构建技术框架，明确了城市规划、工程设计、建设、维护及管理过程中低影响开发雨水系统构建的内容、要求和方法。

2014 年 12 月，财政部、住房和城乡建设部以及水利部联合下发《关于开展中央财政支持海绵城市建设试点工作的通知》（财建〔2014〕838 号），决定开展中央财政支持海绵城市建设试点工作，并对海绵城市建设试点给予专项资金补助，具体补助金额按城市规模分档确定，采取竞争性评审方式选择试点城市，并对试点城市开展绩效评价。

2015 年 4 月，财政部、住房和城乡建设部以及水利部公布首批海绵城市建设试点名单，根据竞争性评审得分，确定包括河北迁安、山东济南、湖北武汉等 16 个试点城市入选。

2015 年 8 月，水利部下发《关于印发推进海绵城市建设水利工作的指导意见的通知》（水规计〔2015〕321 号），指出应充分认识水利在海绵城市建设中的重要作用，开展海绵城市建设是有效解决城市水安全问题，加快推进生态文明建设的重要举措。明确了海绵城市建设中水利工作主要任务。

2015 年 9 月，国务院总理李克强召开国务院常务会议，部署加快雨水蓄排顺畅合理利用的海绵城市建设，有效推进新型城镇化。会议指出，按照生态文明建设要求，建设雨水自然积存、渗透、净化的海绵城市，可以修复城市水生态、涵养水资源，增强城市防涝能力，扩大公共产品有效投资，提高新型城镇化质量。

2015 年 10 月，国务院办公厅印发《关于推进海绵城市建设的指导意见》（国办发〔2015〕75 号），提出工作目标：通过海绵城市建设，采取"渗、滞、蓄、净、用、排"等措施，最大限度地减少城市开发建设对生态环境的影响，将 70% 的降雨就地消纳和利用；到 2020 年，城市建成区 20% 以上的面积达到目标要求；到 2030 年，城市建成区 80% 以上的面积达到目标要求。并且从加强规划引领、统筹有序建设、完善支持政策、抓好组织落实等四个方面，提出了十项具体措施。

2016 年 2 月，《中共中央 国务院关于进一步加强城市规划建设管理工作的若干意见》指出推进海绵城市建设，充分利用自然山体、河湖湿地、耕地、林地、草地等生态空间，建设海绵城市，提升水源涵养能力，缓解雨洪内涝压力，促进水资源循环利用。

2016 年 3 月，《住房城乡建设部关于印发海绵城市专项规划编制暂行规定的通知》（建规〔2016〕50 号）明确海绵城市专项规划的主要任务是：研究提出需要保护的自然生态空间格局；明确雨水年径流总量控制率等目标并进行分解；确定海绵城市近期建设的重点。

2016 年 4 月，《住房城乡建设部办公厅关于做好海绵城市建设项目信息报送工作的通知》（建办城函〔2016〕246 号）明确海绵城市建设项目将作为各地市申请海绵城市试点、专项建设基金，以及政策性、开发性金融机构优惠贷款的基本条件，并作为国办发〔2015〕75 号文件实施情况考核的重要依据。

2016 年 4 月，财政部、住房和城乡建设部和水利部公布第二批海绵城市建设试点名单，其中福州、珠海、宁波等 14 个城市最终入选第二批海绵城市建设试点。

2016 年 9 月，《住房城乡建设部关于印发城市黑臭水体整治——排水口、管道及检查井治理技术指南（试行）的通知》（建城函〔2016〕198 号）提出控源截污、内源治理、生态修复等工作任务，通过排水口改造、排水管道建设和完善、排水管道及检查井缺陷修复、雨污混接改造、排水设施管理强化等措施，实现消除污水直排、削减雨水径流，提升污水处理效益、减少污水外渗等多重目标。

2017 年 3 月，"海绵城市"首次写进《政府工作报告》，成为我国政府重点工作之一。李克强总理在政府报告中指出：统筹城市地上地下建设，再开工建设城市地下综合管廊 2000km 以上，启动消除城区重点易涝区段三年行动，推进海绵城市建设，使城市既有"面子"、更有"里子"。

2018 年 12 月，住房和城乡建设部发布《海绵城市建设评价标准》GB/T 51345—2018，明确了海绵城市建设的宗旨：保护山水林田湖草等自然生态格局，维系生态本底的渗透、滞蓄、蒸发（腾）、径流等水文特征，保护和恢复降雨径流的自然积存、自然渗透、自然净化。规定了海绵城市建设的技术路线与方法：应按照"源头减排、过程控制、系统治理"理念系统谋划，因地制宜、灰绿结合，采用"渗、滞、蓄、净、用、排"等方法综合施策。同时对海绵城市建设的评价内容、评价方法作出规定：评价内容包括年径流总量控制率和径流体积控制率、源头减排项目在不同区域实施的有效性、路面积水控制与内涝防治、城市水体环境质量、自然生态格局管控和水体生态性岸线保护、地下水埋深变化趋势、城市热岛效应缓解。

2019 年 12 月，全国住房和城乡建设工作会议提出系统化全域推进海绵城市建设，基本完成城市排水防涝补短板阶段性目标任务，地级及以上城市建成区黑臭水体消除比例达 84.9%。

6.2　发展现状

6.2.1　国外雨水管理发展现状

1. 美国雨水管理经验

美国幅员辽阔，大部分地区属于温带和亚热带气候，水资源东多西少。美国在雨洪资源处理与利用方面有着悠长的研究历史。20 世纪 50 年代末期，美国城市雨水管理的主要管理理念是"以排为主"，即通过管渠排水的方式实现雨水的排放。1987 年，美国认识到环境污染的重点是非点源污染，提出了比较完善的雨洪最佳管理措施（BMPs）技术和管理体系，主要采用雨水湿地、雨水塘和渗透池等末端措施控制径流污染。美国环境保护局将 BMPs 定义为"能够减少或预防水资源污染的任何方法、措施或操作程序，包括结构和非结构性措施的操作与维护程序"。BMPs 的作用是提高天然入渗能力。将结构性措施和非工程措施相结合，实现非点源污染防治目标，利用综合措施解决水质、水量和生态等问题，最佳管理措施大大降低了城市雨洪灾害的威胁。

20 世纪 90 年代，在最佳管理措施（BMPs）的基础上，美国提出了低影响开发（LID）管理技术的概念，根据美国环境保护局的定义：LID 是一种可以保存和再现场地自然特征的场地设计策略，在雨水的循环管理中，应尽量减少硬质路面造成的不透水影响，通过对雨水的综合治理，使雨水的排放成为自然资源循环的过程，而不是单纯的废水排放。与微观尺度景观控制的最佳管理措施相比，低影响开发管理技术的重点是解决场地尺度的雨洪管理问题，低影响开发旨在从源头避免城镇化对水环境的负面影响，并强调利用生态技术措施保持区域水文机制的自然状态。在城市建设过程中，模拟自然水文过程，通过分散、均匀的小型雨水源头控制机制，合理规划和综合利用绿色雨水基础设施，在土地开发利用过程中，建立减少径流量、洪峰流量和径流污染的多重目标，通过降雨过程中的蓄水、渗透、蒸发、过滤、净化和滞留等技术，尽量减少开发行为对场地水文特征的影响。

2007 年 4 月，美国环境保护局发布了"GI（绿色基础设施）意向声明"。与 LID 相比，GI 可以包括一些更大型的设施（如大型湿地、景观水体、绿色廊道等），以取代更多传统排水设施的使用，从而实现更有效的暴雨控制、自然水文条件、生态系统保护或修复等综合目标。GI 强调绿化植物在城市中的生态服务功能，利用场地条件和工程设计进行绿色网络系统布局，利用绿化植物和土壤对降水进行现场处理。

2. 日本雨水管理经验

日本位于亚洲季风气候带的东部边缘，其主要气候特征是年降水强度大、降雨时间集中，因此，日本也常年遭受雨涝灾害。日本雨水管理的具体发展过程经历了"洪水治理、防洪防涝与饮用水同时满足、生态维护、雨洪并重的水资源与灾害管理"的演变。

1868 年，日本借鉴荷兰、奥地利等国的雨水管理理念与技术，建立了与水资源管理相关的管理模式。1896 年，日本颁布了河流管理法《河川法》，实施修建堤坝、河道拓宽等防洪工程建设，随着现代防洪管理框架的建立，日本进入以工程措施为主的河道管理阶段。1964 年，日本政府修订了《河川法》，提出"治水与用水并重"的河流管理目标。针对水资源的开发，采取了修建大坝、拦河坝等一系列水利措施，大大减少了洪水灾害和水资源短缺的问题。

20 世纪 70 年代，随着城市化的快速发展，硬质化铺装被广泛应用，大大降低了城市的透水性，1977 年，日本政府开始重视城市开发用地的雨水排放问题，推动雨水储存设施的建设和雨水渗透技术的研发，在日本，最常见的雨水收集调蓄设施是绿色屋顶和多功能调蓄池。日本的雨水管理模式开始由单一的工程措施向工程措施与非工程措施相结合转变。1992 年，日本颁布了《第二代城市下水总体规划》，正式将雨水渗水沟、渗塘及透水地面作为城市总体规划的组成部分，要求新建、改建的大型建筑物和大型公共建筑群必须设置地下雨水储存池和雨水再利用系统。

3. 其他国家雨水管理经验

（1）澳大利亚雨水管理经验

20 世纪 90 年代末期，澳大利亚水文学家 Whelan 等人提出了水敏感城市设计（WSUD）。这种方法的目的是改变传统的城市规划设计理念。通过合理的城市发展规划和设施设计，把水作为城市宝贵的资源，保护自然资源。将城市的发展与城市水循环管理结合，将降雨、雨水管理、雨水排放、污水处理、供水等城市水循环系统视为一个相互联系、相互协调运行的整体，建设多功能活力型的城市。水敏感城市设计能最大限度保持城市原有的自然水体，保护城市原有的透水地面，减少城市发展对自然水文特性的负面影响，保持城市水循环的自然过程和城市水循环的整体平衡，最大限度地实现水生态与景观等多重价值。目前，水敏感城市设计体系已经在澳大利亚各地广泛推行。

（2）英国雨水管理经验

英国政府在 2010 年启动了可持续城市排水系统（SUDS）建设计划。可持续城市排水系统是英国环境保护局在美国最佳管理措施基础上形成的，它是解决英国传统排水体制带来的洪水、水污染等问题的雨水管理措施体系。可持续城市排水系统是将地表植被结合，实现水资源管理利益最大化的雨洪管理系统。要求新开发和重新开发的项目需要考虑降低排水系统的压力，通过对地表径流的流速和流量的管理，降低城市洪水和水污染的风险，缓解污水收集管网的压力。可持续城市排水系统综合考虑水量、水质、环境等因素，对城市排水系统进行可持续优化，对地下水和地表水进行可持续管理，提高雨水和地表水的利用率，改善城市整体水循环，满足城市发展的需要。

（3）德国雨水管理经验

德国水资源和水相关的事项由水务局统一管理，包括雨水、地表水、地下水、给水、排水处理等，这种管理模式有利于水资源统一配置和合理利用。政府通过制定各级法律法规，引导水资源保护和雨水综合利用，确保雨水入渗用地，积极推广雨水利用。德国的城市雨水利用主要有三种方式：1）屋顶雨水收集和储蓄系统。经过简单处理后，收集的雨水可用于家庭、公共场所和企业的非饮用水；2）雨水截污与渗透系统。德国城市街道雨洪管理口设置了截污挂篮，拦截径流雨水携带的污染物，城市地面采用透水性路面，雨水沿管道排入蓄水池或通过渗透补充地下水；3）生态小区雨水利用系统。小区内设渗透浅沟，使径流雨水渗入，超过渗水量的雨水进入雨洪池，可作为景观水。

6.2.2　国内雨水管理发展现状

1. 传统雨洪管理模式

在我国应对暴雨的指导思想主要是传统的"排水为主"的雨洪管理理念。城市雨水处理方法包括自然处理和人工工程建设，其中人工工程建设主要采取明渠、暗沟和管网等一系列"灰色"基础设施，主要设计理念为"快速排水"和"末端集中控制"，雨水几乎全部通过城市雨水管网系统收集排放到受纳水体，一般不考虑雨水调蓄、水质保护和水资源化利用等措施。但近年来，随着城市化水平的不断提高，不透水地面逐渐取代了天然地表，改变了径流产生规律，仅仅依靠人工工程建设的雨洪管理理念和"硬排水"模式，已不能解决城市下垫面硬化造成的雨水管网排水压力，同时，由于管网规划设计的不合理、排水设施维护管理不善等原因，常常会导致城市内涝更加严重。

2. 现代雨洪管理模式

到 20 世纪 90 年代，国际上已有较为系统的城市雨洪管理实践研究体系，影响较大的包括美国的最佳管理措施（BMPs）、低影响开发（LID），英国的可持续城市排水系统（SUDS），澳大利亚的水敏感城市设计（WSUD），以及新西兰低影响城市设计和开发（LIUDD）等。其基本思想是强调在城市建设过程中，维持开发建设前的场地水循环及径流水平。借鉴和学习国外可持续雨洪管理体系建设的经验，结合我国海绵城市建设，有利于我国雨洪管理体系的发展。

通过对城市雨洪管理实践的研究，从传统的灰色排水系统转变为灰色和绿色基础设施结合的综合雨洪管理系统，是社会和城市发展的必然趋势。绿色基础设施，是由城市绿道、城市绿地、城市水系、城乡湿地、雨水花园、乡土植被等各种开放空间和自然区域组成的相互连接的绿色空间网络，这些要素构成一个相互联系、有机统一的网络系统。与传统的灰色基础设施相比，绿色基础设施是一种高效、低碳的公共服务载体。绿色基础设施强调连接性，注重开放空间和绿色空间的作用，合理规划和建设绿色基础设施，可以有效减少城市对灰色基础设施的依赖，节约国家公共资源的投入、提高城市的安全性和对气候变化的适应性，保护生态环境、保护生物多样性、减少自然灾害的损失，是维持自然生命应具备的基础设施。

3. 海绵城市雨洪管理模式

海绵城市起源于国外低影响开发的雨水管理理念，基于当前我国水生态、水安全、水环境、水资源的复杂需求，根据我国国情与目标，我国海绵城市有了新内涵，不再限于建设低影响开发设施，还包括与水环境相关的多学科交叉发展的综合型建设理念，包括排水系统建设、给水系统建设、污水系统建设、河流湖泊生态水系统建设等多方面。

我国城市分布范围大，各区域自然条件区别大，相应地各城市规划、建设、管理体制和经济发展也不同，因此，中国的海绵城市建设应在学习借鉴国外雨水管理系统的基础上，逐步建立与完善一套具有当地特色的城市雨水管理体系。我国城市建设应根据当地地形地貌、人口密度、降雨条件等朝着本土化发展，将绿色基础设施与灰色基础设施有机结合，综合考虑城市内涝防治、水污染治理、雨水资源化利用和城市生态修复等问题，将"山水林田湖"视作一个完整的生命共同体，制定适合本区域的海绵城市建设方案。在实践方面应充分重视技术规范和建设标准化，严格遵守政策法规，通过制度保障雨水资源化利用。海绵城市建设应统筹低影响开发雨水系统、城市雨水管渠系统、超标雨水径流排放系统，3个雨水系统应相互协调，紧密联系，组成海绵城市建设的重要基础。

（1）低影响开发雨水系统

低影响开发雨水系统核心是采用源头、分散式措施维持场地开发前后水文特征不变，包括径流总量、峰值流量、峰现时间等。主要应对中小降雨事件，将建筑、小区雨水收集利用、可渗透面积、蓝线划定与保护等要求纳入城市规划。从降雨产生径流的源头，最大限度减少硬化面积，充分利用自然下垫面的渗透、存储、调节等作用，缓减地表径流的形成。因地制宜建设雨水滞渗、收集利用等削峰调蓄设施，减少外排径流量，缓解径流速度，进一步削减径流峰值。通过透水铺装，选用本土耐湿、吸附净化能力强的植物等，建设下沉式绿地或湿地公园，提升城市绿地汇聚雨水、蓄洪排涝、补充地下水、净化生态等功能。加强城市河湖水系保护和管理，强化城市蓝线保护，坚决制止因城市建设而破坏河湖水系的行为，维护水生态、防涝防洪功能。

（2）城市雨水管渠系统

城市雨水管渠系统即传统排水系统，是城市排水防涝的重要组成部分，由雨水口、雨水管渠、提升泵站、检查井、出水口、调节池等设施组成，主要负担重现期为1～10年的降雨安全排放，根据《室外排水设计规范》GB 50014—2006（2016版），要求一般地区室外雨水管网设计重现期为1～3年，重要地区为3～5年，特别重要地区为10年或以上。对于排水负荷大的城区，仅靠城市雨水管渠系统无法解决城市内涝问题，应与低影响开发雨水系统相结合，实现径流雨水的收集、转输和净化。

（3）超标雨水径流排放系统

超标雨水径流排放系统是城市雨水系统的重要组成部分，主要用于应对设计强降雨径流中超过雨水管渠系统排放能力的雨水或极端天气下特大暴雨，一般通过自然水体、隧道、行泄通道、大型调蓄池和防涝调蓄设施等自然途径或人工建设设施构建。超标雨水径流排放系统与雨水管渠系统既紧密联系，又相对独立。

6.3 海绵城市建设原理

6.3.1 水生态系统功能主体保护

统筹考虑供水、防洪、生态环境保护等目标要求，推进城市河湖生态化治理，最大限度地保护原有的河流、湖泊、湿地等水生态敏感区，尽量维持河道自然形态；护岸护坡尽量采用生态措施，避免河道过度"硬化、白化、渠化"，留有足够涵养水源。

6.3.2 生态修复与恢复

对于传统城市建设模式下，已经受到破坏的水体和其他自然环境，要综合运用物理、生物和生态的手段，使已经受到破坏的绿地、水体等自然环境的水文循环特征和生态功能得以恢复和修复，并维持一定比例的生态空间。例如合理设置人工湿地、生态浮岛等生态修复措施。

6.3.3 源头管理与控制技术（区域低影响开发）

按照对城市生态环境影响最低的开发建设理念，合理控制开发强度，在城市开发过程中保留足够的生态用地，控制城市不透水面积比例，最大限度地减少对城市原有水生态环境的破坏，同时，根据需求适当开挖河湖沟渠、增加水域面积，促进雨水的积存、渗透和净化。

6.4 海绵城市建设与黑臭水体治理

6.4.1 海绵城市建设与黑臭水体治理之间的联系

城市黑臭水体的存在产生了严重的水环境污染问题，是制约社会经济发展和建设生态文明的要素。习近平总书记在全国生态环境保护大会上提出：要深入实施水污染防治行动计划，保障饮用水安全，基本消灭城市黑臭水体，还给老百姓清水绿岸、鱼翔浅底的景象。2015 年 10 月，国务院出台《关于推进海绵城市建设的指导意见》，也指出要以解决城市内涝、雨水收集利用、黑臭水体治理为突破口，推进区域整体治理，逐步实现"小雨不积水、大雨不内涝、水体不黑臭、热岛有缓解"的目标。

海绵城市建设与黑臭水体治理对径流污染控制、水生态保护等方面有共同建设需求。城市黑臭水体治理要求在全面消除黑臭的同时，多渠道科学开辟补水水源、改善水动力条件，修复水生态系统，提升水体自然净化能力，实现城市水环境持续改善。海绵城市建设要求在生态优先的原则下，结合自然途径与人工措施，以解决雨水收集、调蓄、渗透、净化及生态利用等问题。

在建设途径上，城市黑臭水体治理涉及控源截污、内源治理、生态修复等方面。利用消除黑臭的水体构建天然雨水调蓄池，可以解决海绵城市建设中专用雨水调蓄设施用地困难的问题；建设人工湿地、生态堤岸等生态恢复及保护措施，对受到破坏的水体和其他自然环境进行恢复和修复，这也是黑臭水体整治中生态修复的措施之一；在城市开发建设中通过低影响开发措施控制初期雨水面源污染，最大限度地减少对城市原有水生态环境的破坏，加强雨水的积存、渗透和净化，这与黑臭水体中控源截污的要求完全一致。海绵城市建设应统筹解决各方面的问题，包括城市排水内涝、黑臭水体整治等问题。

海绵城市建设与黑臭水体治理对径流污染控制、水生态保护等方面有共同建设需求。在实际建设项目中，应将二者有机结合。通过海绵城市建设，实现城市降雨径流的滞蓄和净化，补给水体，增加水体流动性，保护水生态环境，是黑臭水体治理后，实现长效性的必要措施。

6.4.2 水体黑臭的形成机理

随着城市化、工业化的发展，大量污染物排入水体，好氧微生物分解污染物过程中，耗氧速率大于复氧速率，破坏河流生态系统，造成水体中溶解氧含量过低，水体透明度低，进而水体发黑发臭。

1. 外源污染物排放

随着城市化发展，生活污水、工业废水以及农业生产生活污水排放量显著增加，由于排水管网设计、施工等问题，污水处理系统效率较低，导致大量有机污染物排入河流。另外，合流制溢流污水和地表径流污水也是外源污染物的主要组成部分，溢流污染中含有管道沉积物，是河道晴天不黑臭雨天黑臭的主要原因。

2. 内源污染物释放

内源污染也是形成水体黑臭的重要原因之一，内源污染包括水中长期沉积的底泥释放污染物和水体中不断繁殖死亡的生物群落积累的有机污染物。河流中未分解的污染物或者吸附在污泥的物质沉降在河底，加剧河道溶解氧的消耗，底泥中的厌氧细菌进行发酵、分解，从而释放导致河流污染的黑臭物质。另一方面，由于各类水体扰动，底泥及其吸附质会再呈悬浮态漂浮在水中，对河流造成二次污染。

3. 水体流动性差

当河流流动缓慢或水动力条件不足时，难以利用扩散稀释污染物，水中溶解氧消耗速率大于恢复速率，导致水体处于缺氧或者厌氧状态，水体自净能力减弱，最终导致水体出现黑臭现象。

4. 水体热污染

当温度较高的工业废水、污水处理厂尾水不断排入河道，水体温度升高，水中溶解氧含量降低，而高温加快了微生物分解有机物速度，导致水体处于缺氧或者厌氧状态，致使水体发黑发臭。

6.4.3 我国黑臭水体的现状

截至 2020 年 1 月，全国 295 个地级以上城市黑臭水体总认定数为 2869 个，治理中的为 556 个，完成治理的为 2313 个。城市水体普遍受到污染，水体污染成因较多、情况各异，控制难度较大，导致黑臭水体逐渐增多，已严重影响了城市景观建设和居民生活质量。黑臭水体污染治理涉及政府部门较多，建设投资和运行费用巨大，目前还缺乏成熟的行之有效的技术，经济回报不大，易造成重建设、轻运行、黑臭水体反弹的现象。故我国黑臭水体治理任务十分艰巨。

我国黑臭水体的治理，最早可以追溯到 1996 年的上海苏州河环境综合整治。近年来，黑臭水体治理逐渐受到地方政府的高度重视，并已经开展了相关实践。"水十条"将公众身边黑臭水体作为国家战略的重点，体现自下而上的公众诉求，也是自上而下回归水治理本质的重要举措。自黑臭水体整治工作启动以来，市、区按照"控源截污、内源治理；活水循环、清水补给；水质净化、生态修复"的基本思路，对于列入整治名录的 19 个黑臭水体，坚持"一水一策"，编制完成了黑臭水体整治方案，并按照《水污染防治行动工作计划》以及《住房城乡建设部办公厅 环境保护部办公厅关于做好城市黑臭水体整治效果评估工作的通知》（建办城函〔2017〕249 号）等相关文件的要求，全力推进黑臭水体整治工作。

国务院颁布实施的《水污染防治行动计划》（"水十条"）明确城市人民政府是整治城市黑臭水体的责任主体，由住房和城乡建设部牵头，会同环境保护部、水利部、农业部等部委指导地方落实并提出目标：2017 年年底前，地级及以上城市实现河面无大面积漂浮物，河岸无垃圾，无违法排污口，直辖市、省会城市、计划单列市建成区基本消除黑臭水体；2020 年年底前，地级及以上城市建成区黑臭水体均控制在 10％以内，七大重点流域水质优良（Ⅲ类或以上）比例达到 70％以上；到 2030 年，全国城市建成区黑臭水体总体得到消除，七大重点流域水质优良（Ⅲ类或以上）比例达 75％以上。

在黑臭水体治理监督方面，住房和城乡建设部会同环境保护部，开通了城市黑臭水体整治信息报送系统和全国城市黑臭水体整治监管平台，公布每个黑臭水体的名称、责任人和完成时限，不定期发布黑臭水体整治有关政策、标准、典型案例等；建立公众监督平台，让群众可以通过手机 APP 直接在线举报黑臭水体；利用航天航空遥感技术监测黑臭水体。

6.5　发展战略

6.5.1　海绵城市总体规划——因地制宜

海绵城市总体规划以解决城市内涝、水体黑臭等问题为导向，以雨水综合管理为核心，将低影响开发雨水系统作为新型城镇化和生态文明建设的重要手段，结合城市生态保护、土地利用、绿地系统、市政基础设施等相关内容，针对城市地理条件、气候条件以及面临的问题，因地制宜地确定城市年径流总量控制率以及其对应的设计降雨量控制目标，制定城市低影响开发雨水系统的实施策略、原则和目标，倡导以"自然"为先导，以"循环"为关键，以"渗、滞、蓄、净、用、排"为切入点，保持和利用自然属性。

海绵城市总体规划原则：①保护优先。海绵城市开发建设过程中应优先保护河流、湖泊、湿地、坑塘等水生态敏感区，优先利用自然排水系统，同时结合周边条件进行低影响开发雨水系统规划设计。②生态为本。充分发挥山水林田湖等自然地形地貌对降雨的积存作用，充分发挥植被、土壤等自然下垫面对雨水的渗透作用，充分发挥湿地、水体等对水质的自然净化作用，在城市开发建设过程中最大程度实现水体的自然循环。

③因地制宜。以城市水文地质特点为基础，结合本地城市自然地理条件、降雨规律、内涝防治要求等，因地制宜确定海绵城市建设目标和具体指标，根据城市降雨、土壤、地形地貌等因素，因地制宜采取"渗、滞、蓄、净、用、排"等措施。④统筹协调。低影响开发雨水系统建设内容应纳入城市总体规划、水系规划、绿地规划、排水防涝规划、道路交通规划等相关规划中，各规划内容应相互协调。

6.5.2 海绵城市建设工程技术

海绵城市建设的主要工程技术措施包括：绿色屋顶建设技术、透水铺装技术、植草沟建设技术、雨水花园建设技术、下沉式绿地建设技术和低影响开发的其他技术措施等。通过各种技术的组合应用，可实现径流总量控制、径流峰值控制、径流污染控制、雨水资源化利用等目标。

1. 绿色屋顶

绿色屋顶也叫种植屋面、屋顶绿化等，是指在建筑物的屋面上种植树木花卉，在降雨时截留雨水，并利用雨水为屋顶植物提供水源，以达到保护生态的屋顶。绿色屋顶适用于符合屋顶荷载、防水等条件的平屋顶建筑和坡度小于等于15°的坡屋顶建筑。绿色屋顶的设计参考《种植屋面工程技术规程》JGJ 155，由防水层、保护层、排水层、过滤层、基质层和植被层组成。

2. 植草沟

植草沟又称为植被浅沟，是一种种植植被的具有景观观赏性的地表沟渠。根据构造的不同，可以分为转输型植草沟、干式植草沟和湿式植草沟3种。转输型植草沟是开阔的浅植物型沟渠，可将集水区的径流进行疏导和传输到其他雨水处理设施，广泛应用于高速公路旁；干式植草沟指开阔的、覆盖植被的水流输送渠道，可提高雨水渗透、过滤和传输能力，比较适用于建筑小区；湿式植草沟增加了堰板等，提高水力停留时间，长期保持潮湿状态，因此会容易产生卫生问题，不宜用于居住区。

3. 透水铺装

透水铺装是指将孔隙率较高、透水性较好的材料应用于道路路面，使不渗透路面变为可渗透路面，以达到减少地表径流的工程性措施。按照材料不同可以分为透水砖铺装、透水水泥混凝土铺装、透水沥青混凝土铺装、草皮砖、鹅卵石铺装和碎石铺装等。透水砖铺装和透水水泥混凝土铺装主要适用于广场、停车场、人行道以及车流量和荷载较小的道路，透水沥青混凝土铺装主要适用于对于面层荷载要求较高的场所，如车行道、路面停车场等地。透水铺装结构应符合《透水砖路面技术规程》CJJ/T 188、《透水沥青路面技术规程》CJJ/T 190和《透水水泥混凝土路面技术规程》CJJ/T 135的规定。

4. 雨水花园

雨水花园也称为生物滞留池，是一种具有生态进化和蓄渗功能的雨水滞留设施。一般是自然形成或者人工修建于地势低洼的地区，通过植物、微生物和土壤的一系列化学、生物及物理综合作用，汇集、吸收雨水并去除污染物，从而实现初期雨水的净化、滞留和消纳，调控水量和水质。主要用于建筑与小区内建筑、道路及停车场的周边绿地，以及城市道路绿化带等城市绿地。

5. 下沉式绿地

下沉式绿地具有狭义和广义之分。狭义的下沉式绿地指高程低于周边路面 200mm 以内的绿地；广义的下沉式绿地泛指具有调蓄容积，可调蓄和净化雨水的绿地，包括渗透塘、雨水湿地、生物滞留设施、调节塘等。下沉式绿地使用范围广，可应用于广场、城市建筑与小区、绿地等。对于径流污染严重、设施底部渗透面距离季节性最高地下水位或岩石层小于 1m 及距离建筑物基础小于 3m（水平距离）的区域，应采取必要的措施以防止次生灾害发生。

6.5.3 黑臭水体治理技术

城市黑臭水体的治理应该按照"控源截污、内源治理；活水循环、清水补给；水质净化、生态修复"的基本技术路线，其中控源截污、内源治理是选择其他治理技术的基础与前提。选择城市黑臭水体治理技术应遵循"适用性、综合性、经济性、长效性和安全性"等原则。

1. 控源截污技术

（1）截污纳管

截污纳管技术是整治黑臭水体最关键、最直接、最有效的工程措施，通过沿着河岸铺设和改造排污管道，在合适的地方建污水处理厂或设置污水提升泵房，将污水纳入污水处理收集系统，从源头控制污水向河流排放。主要适用于城市水体沿岸污水排放口、分流制雨水管道初期雨水或旱流水排放口、合流制污水沿岸排放口等。截污纳管技术工程量大，周期长，实施难度较大，且截污将导致河道水量变小，流速降低，需采取必要的补水措施，污水若进入处理厂，将对现有污水处理系统造成较大运行压力，需考虑是否设置旁路处理。

（2）面源控制

面源污染主要包括初期降水携带的污染物、冰雪融水中的污染物、畜禽养殖排放的污染物、农业生产过程中化肥和农药污染物等以非点源形式进入水体的污染物，主要分为氮磷污染物、有机污染物和重金属污染物等。面源污染控制技术可结合海绵城市的建设，采用低影响开发技术、初期雨水净化技术、地表固废收集技术、生态护岸隔离技术等。面源污染控制工程量大，工期长，雨水径流量及径流污染控制需要水体汇水区域整体实施源头减排和过程控制等综合措施。

2. 内源治理技术

（1）垃圾清理

垃圾清理主要是对城市水体沿岸垃圾临时堆放点的清理，属于一次性工程，应一次清理到位。对于城市水体沿岸垃圾存放历史较长的地区，垃圾需清理彻底，否则可能加速水体污染。

（2）生物残体及漂浮物清理

水生植物、岸带植物、水华藻类和落叶等属于季节性的水体内源污染物，若发生腐烂，会在水体中产生污染物并且消耗水中的氧气，对于这类污染物需在干枯腐烂前清理；对于塑料袋、生活垃圾等水面漂浮物，需要长期打捞维护。该技术实施成本较高，监管和维护难度较大。

（3）清淤疏浚

水体底泥是水中污染物的最终载体，若长期不清理养护，则会产生严重的底泥污染问题。清淤疏浚技术主要包括机械清淤和水力清淤，可以显著减少水体中的悬浮物质、有机质、磷、叶绿素，有效缓解水体黑臭和富营养化，大大改善水质。清淤疏浚技术适用于所有黑臭水体，主要针对污染底泥堆积严重的重度黑臭水体，大幅清除黑臭水体的内源污染，提高水体自净能力。进行清淤前，应明确疏浚范围和疏浚深度，过深容易破坏河底水生生态，过浅无法彻底清除底泥污染物。

3. 生态修复技术

（1）岸带修复

岸带修复包括土壤、植物、微生物修复，属于城市水体污染治理的长效措施。城市生态修复应考虑排水防涝功能，生态岸带应具有良好的抗雨水冲刷能力，岸带修复通常采取植草沟、生态护岸、透水砖等方式对已硬化河岸进行修复，防止雨水径流等面源污染对水体的影响，恢复水体自净化能力。然而岸带修复工程量较大，成本较高，维护管理不便。

济南市将山、湖、河、泉、城作为整体规划基础，把华山大沟、山头店沟黑臭水体治理和城市生态环境提升相结合，规划建设 $6.25km^2$ 人工生态湿地公园。通过合理布置深水区、浅水区和缓坡区及种植荷花、芦苇、蒲草等水生植物，拦截水体中悬浮颗粒物质，同时为水体中的鱼虾、野生动物以及农作物提供营养物质，构建良好的湿地生态系统，土壤和水生植物为微生物提供载体，促进微生物的繁殖，微生物可分解水中污染物质。另外，湿地中的植物根部的吸附作用，能够有效去除总氮、总磷，实现水体净化，提升水质指标，改善水生态环境。

（2）人工增氧

水体缺氧是黑臭水体最明显的特征，大部分微生物的生长需要氧气，通过增加水中含氧量能够促进微生物生长繁殖，有利于水生态环境修复。人工增氧技术成本低，见效快，可有效改善和缓解水体黑臭，促进生态系统恢复，但该技术需要持续运行维护，只能作为黑臭水体的缓解措施，无法根治河流污染。

国内外的曝气充氧技术包括纯氧增氧系统、鼓风机-微孔布气管曝气系统、水下射流曝气设备和叶轮吸气推流式曝气器等。北京在迎接亚运会期间，对北京清河 4km 之内的河道进行整治，采用 8 台 Aire-O_2 叶轮吸气推流式曝气充氧装置，使用一个月后，水体中的溶解氧从 0ml/L 增加到了 $5\sim7ml/L$，COD 去除率达到了 80%，BOD 去除率约为 60%，氨氮去除率约为 45%，很大程度上改善了河道的黑臭现象。深圳市福田河通过布置浮水喷泉和太阳能曝气机等人工曝气装置来增加水体的含氧量，提高了水体中好氧微生物活力。

4. 其他治理技术

（1）活水循环

活水循环是为了快速恢复水动力，通过设置提升泵站等工程措施，或者利用风力、太阳能等方式，加快水体流速，提高水体富氧能力和自净能力，改善水质。该技术适用于流速较缓慢的水体污染治理，为降低循环出水对湖底和河床的冲刷，活水循环技术应合理设置循环水出水口。活水循环技术部分工程需铺设输水渠，工程实施较困难，需要持续运行维护，建设和运行成本较高。

（2）清水补给

为有效提高水体自净能力，使水体中的污染物能够扩散和稀释，在工程中，可以利用城市再生水、城市雨水、城市地表水等水体作为治理对象水体补充水源，改善缓流水体水动力，促进污染物扩散和稀释，实现水质改善。城市再生水是经济可行、潜力巨大的非常规水源，应优先利用。

我国利用清水补给技术治理黑臭水体的案例很多，例如上海苏州河整治工程中采用生态调水，有效降低了中下游河水污染物浓度；引江济巢调水工程通过灌溉补水，扩大水量的交换，加快水体的流动，实现巢湖和淮河水生态环境的改善；秦淮河引江调水工程持续地以较大流量调水，使秦淮河水质能够维持在Ⅳ-Ⅴ类，甚至是Ⅲ类；福州市台江区瀛洲河、达道河和打铁港河水系治理项目将控源截污技术和清水补给技术相结合，在达到彻底截污效果后，保持补水量为 $8m^3/s$，水质可以达到地表水Ⅴ类标准。

（3）就地处理

对于短期内无法实现截污纳管或在降雨时溢流直接排入水体的污水，以及无补充水源的黑臭水体，应选用适宜的污水处理装置，采用物理、化学和生物方法，就地处理水体。该方法周期短，能快速、高效去除水中悬浮物和部分溶解性污染物。

（4）旁路治理

对于无法实施截污措施且没有补充水源的河道，可以采取旁路治理技术，在治理水体周边设置污水处理设施，从污染最严重的区域抽取河水，经过污水处理设施净化后排放至另一端，实现水循环和水体净化。该方法也可应用于突发性水体黑臭事件的应急处理。

深圳市白花河的治理项目成功运用了旁路治理技术，大水坑河是白花河支流，排放污水量约为 6.3 万 m^3/d，因为大水坑河水量较大，没有采用截污措施，若直接排入管道可能造成污水管道溢流，可以采取超磁分离＋曝气生物滤池工艺将部分污水进行旁路处理，设置 4 套一体化设备，处理污水量为 4 万 m^3/d，除了总氮外，出水水质达到《城镇污水处理厂污染物排放标准》GB 18918 一级 A 标准，处理后的尾水可以作为白花河的河道补充水。

（5）絮凝沉淀

絮凝沉淀是一种处理黑臭水体常用的化学方法，通过向水体投加混凝剂，将水体中悬浮物质转化为絮凝颗粒或絮凝团，再经过沉淀过滤去除，该技术可以快速净化水质，适用于小型且相对封闭的水体。

絮凝沉淀方法经常用于水处理工程，包括黑臭水体的治理，以天津市纪庄子河为例，通过强化沉淀处理河水试验表明：磁絮凝沉淀可以使絮体快速沉淀，在 3min 后可以实现良好的净化效果。

黑臭水体的治理是一项复杂的系统工程，我国黑臭水体治理应借鉴国内外的治理实例，完善公众参与和监督机制，结合市政工程措施，遵循局部治理与区域统筹考虑、临时设施与长效措施相结合，多技术联用，综合考虑生态效益和景观效果，做到"一河一策"，有效改善城市水生态环境，实现"清水绿岸、鱼翔浅底"。

6.5.4　海绵城市建设目标

建设海绵城市应达到"小雨不积水、大雨不内涝、水体不黑臭、热岛有缓解"的理想效果。海绵城市建设目标包括年径流总量控制、峰值流量控制、城市内涝防治、径流污染控制、雨水资源化利用。建设区域应结合当地降雨特征、水文地质条件和需要解决的问题选择相应的规划控制目标。

径流总量控制目标：雨水径流总量控制率作为城市规划刚性控制指标，一般采用年径流总量控制率作为控制目标，需综合考虑降水量、地下水、土壤等因素，主要通过控制中、小降雨事件实现，开发建设后年径流总量应接近开发建设前自然地貌的年径流排放量，一般按照绿地考虑，应加强对自然生态环境的保护，提升城市新建区域绿化覆盖率。根据发达国家实践经验，年径流总量控制率在80%～85%最佳。

径流峰值控制目标与城市内涝防治：为保障城市安全，在建设海绵城市区域，综合考虑降水量、地下水、人口密度等，完善排水防涝系统和城市雨水管渠等基础设施建设，对于一般中、小降雨事件能达到较好的削峰效果，对于特大暴雨事件，也能起到一定的错峰、延峰作用，积水程度显著减轻，综合提高城市排水及内涝防治能力。

径流污染控制：既要有效控制雨水径流污染，也要控制合流制管渠溢流污染，改善城市水环境质量。污染物指标可采用悬浮物（SS）、化学需氧量（COD）、总氮（TN）、总磷（TP）等，应结合当地城市水环境容量、人口密度和径流污染特征确定，一般可采用SS作为径流污染物控制指标，低影响开发雨水系统年SS去除率达40%～60%。同时要加强城市黑臭水体的治理，海绵城市建设区域内的河湖水系水质不低于《地表水环境质量标准》GB 3838—2002 Ⅳ类标准，且比海绵城市建设前的水质更优质。

雨水资源化利用：根据海绵城市建设地区实际情况确定雨水资源利用率，要保护水源地，使雨水得到合理利用。雨水资源利用率为雨水收集并用于道路浇洒、园林绿地灌溉、市政杂用、工农业生产、冷却等的雨水总量（按年计算，不包括汇入景观、水体的雨水量和自然渗透的雨水量）与年均降雨量（折算成毫米数）的比值。

6.5.5　黑臭水体治理目标

国家要求城市黑臭水体治理应能全面消除劣Ⅴ类水体，多渠道科学开辟补水水源、改善水动力条件、修复水生态系统、提升水体自然净化能力，实现城市水环境持续改善，并长效保持。2020年底前，地级及以上城市建成区黑臭水体均应控制在10%以内。2030年，城市建成区黑臭水体总体应得到消除。

6.6　建议

6.6.1　海绵城市规划实施途径

海绵城市规划应统筹协调城市建设各个环节，在城市建设各相关规划中均应遵循低影响开发理念，明确海绵城市建设的目标，结合开发区域确定规划控制指标。因地制宜落实涉及雨水渗、滞、蓄、净、用、排等用途的低影响开发设施用地。

1. 纳入现有城市规划编制体系

编制城市总体规划时，将低影响开发雨水系统作为新型城镇化发展的重要手段，因地制宜地确定年径流总量控制率、径流污染控制率等目标，并将相关内容纳入城市总体规划，制定低影响开发雨水系统的实施策略。

编制控制性详细规划时，应落实城市总体规划及相关规划确定的年径流总量控制率和径流污染控制率等目标，并根据控制性详细规划建设用地情况，明确各地块单位面积控制容积、下沉式绿地率、透水铺装率等，因地制宜选择各地块雨水渗、滞、蓄、净、用、排等用途的低影响开发设施。统筹落实和衔接各地块不同类型的海绵设施。

2. 通过其他专项规划落实

在新编的城市水系规划、城市绿地系统规划、城市竖向规划、城市排水防涝规划、城市道路建设规划等规划中，应将海绵城市相关指标纳入编制方案，对于已经编制的规划，应增加海绵城市内容。

（1）城市水系规划

城市水系是城市生态环境的重要组成部分，应在水系保护、水系利用和水系新建等方面落实海绵城市规划建设的相关要求。①水系保护。依据城市总体规划明确水生态敏感区范围，保护城市水系结构的完整性，进行蓝线划定，并提出水系及周边地块低影响开发控制指标。②水系利用。统筹水域、岸线和滨水区之间的功能，尽量保护其对径流雨水的自然渗透、净化与调蓄功能，实现自然排放，对已破坏岸线进行生态修复，优化、调整岸线周边地块的布局，合理布置植被缓冲带。③新建水系。新建水系应统筹考虑周边地块雨水径流控制、城市排水防涝和水体景观功能。

（2）城市绿地系统规划

根据城市绿地类型和特点，确定不同类型绿地的海绵城市建设目标和指标，选择合适的低影响开发设施类型，统筹水生态敏感区、生态空间和绿地布局，合理布局海绵设施，充分发挥绿地的渗滞、调蓄和净化作用。

城市绿地应与周边汇水区域有效衔接。合理确定周边汇水区域汇入水量，提出预处理和溢流衔接等保障措施，将海绵设施有机融入绿地规划中，尽量满足周边雨水汇入绿地，发挥绿地消纳、净化径流雨水的功能。绿地植物的选择应符合园林植物种植和园林绿化养护管理技术要求，配置适宜的乡土植物和耐湿植物。

对于径流污染较严重地区，合理设置预处理设施，在雨水进入绿地前净化部分径流污染物。有条件地区可布置湿地、湿塘等调蓄设施调控雨水径流。

（3）城市排水防涝规划

城市排水防涝规划应在满足《城市排水工程规划规范》GB 50318、《室外排水设计规范》GB 50014 等相关要求前提下，明确海绵城市建设的控制目标和建设内容。

明确年径流总量控制目标，落实城市总体规划中海绵城市建设目标；通过分析径流污染物特点，确定径流污染控制目标，合理选择海绵设施；根据当地水资源条件和雨水回用需求，明确雨水资源化利用目标及措施；源头海绵设施应与城市雨水管渠系统和超标雨水径流排放系统有效衔接，最大限度发挥其对雨水径流的渗滞、调蓄、净化等作用。

（4）城市道路交通规划

城市道路交通规划在保障交通安全和通行能力的前提下，确定各等级道路径流控制目标，充分利用城市道路及周边绿地落实海绵设施，通过合理的横、纵断面设计，协调道路红线内外用地空间布局和道路与周边场地竖向关系，确定不同等级道路海绵设施类型与布局，实现道路源头径流控制目标。

3. 融入现有规划管理体系

将海绵城市建设的规划设计条件及控制要求依法纳入土地出让公告或合同中，在"一书两证"的审查审批过程中落实海绵城市的建设要求。

6.6.2 海绵城市基础理论体系建设

我国对于海绵城市的建设尚处于初级阶段，缺乏理论知识和实践经验，在吸收借鉴国外先进海绵城市建设技术的基础上，应立足于本国国情，结合自身的实际情况，进一步完善海绵城市理论体系。

海绵城市建设应根据开发地区的地形地貌特征，科学地规划；海绵城市的有效推进需要多专业、跨领域的协调配合，除了给水排水工程、环境工程、水利工程等涉水专业，还涉及城市规划、园林绿地、城市道路、生态等相关专业和领域；海绵城市的发展需要同时加强各相关专业的协作，共同应对城镇化产生的雨水和水环境问题。

参 考 文 献

[1] 中华人民共和国住房和城乡建设部. 海绵城市建设技术指南——低影响开发技术雨水系统构建(试行)[S]. 北京：中国建筑工业出版社，2015.
[2] 仇保兴. 海绵城市(LID)的内涵、途径与展望[J]. 给水排水，2015，51(03)：1-7.
[3] 闫韶华. 基于城市雨洪资源综合利用的"海绵城市"建设[J]. 智能城市，2019，5(24)：28-29.
[4] 樊敏. 海绵城市雨洪资源利用研究[D]. 郑州：华北水利水电大学，2019.
[5] 周振民，徐苏容，王超. 海绵城市建设与雨水资源综合利用[M]. 北京：中国水利水电出版社，2018.
[6] 李兴泰. 国内外城市雨水管理体系发展比较[J]. 山东林业科技，2019，49(02)：110-116.
[7] 李云燕，李长东，雷娜，等. 国外城市雨洪管理再认识及其启示[J]. 重庆大学学报(社会科学版)，2018，24(05)：34-43.
[8] 车伍，闫攀，赵杨，等. 国际现代雨洪管理体系的发展及剖析[J]. 中国给水排水，2014，30(18)：45-51.
[9] 赵昱. 各国雨洪管理理论体系对比研究[D]. 天津：天津大学，2017.
[10] 石磊，樊瀚琳，柳思勉，等. 国外雨洪管理对我国海绵城市建设的启示——以日本为例[J]. 环境保护，2019，47(16)：59-65.
[11] 刘娜娜，张婧，王雪琴. 海绵城市概论[M]. 武汉：武汉大学出版社，2017.
[12] 李骏飞，杨磊三，周炜峙. 海绵城市与黑臭水体治理共同建设途径探讨[J]. 中国给水排水，2016，32(24)：35-38.
[13] 王晨. 结合海绵城市建设综合治理城市黑臭水体[J]. 辽宁化工，2020，49(01)：73-76.
[14] 季民，黎荣，刘洪波，等. 城市雨水控制工程与资源化利用[M]. 北京：化学工业出版社，2017.
[15] 李定强，刘嘉华，袁再健，等. 城市低影响开发面源污染治理措施研究进展与展望[J]. 生态环境学报，2019，28(10)：2110-2118.
[16] 刘龙志，黄威，李亮，等. 基于海绵城市理念的玉溪东风广场改造及效果[J]. 中国给水排水，

2019，35(12)：1-6.

[17] 杜垚，李增玉，文韬，等 . 玉溪东风广场雨水收集系统的设计与施工[J]. 中国给水排水，2019，35(12)：77-80.

[18] 周钢 . 巢湖市城区黑臭水体评价及治理工艺研究[D]. 合肥：合肥工业大学，2018.

[19] 田壮 . 城市重污染河道快速净化技术与设备开发[D]. 天津：天津大学，2017.

[20] 李张卿，宋桂杰，李晓 . 深圳市白花河黑臭水体综合治理技术探讨[J]. 给水排水，2018，54(07)：47-50.

[21] 俞孔坚，林国雄，张喻 . 海口美舍河的生态修复[J]. 建设科技，2019，Z1：83-87.

[22] 王晨，李婧，赖文蔚，等 . 海口市美舍河水环境综合治理系统方案[J]. 中国给水排水，2018，34(12)：24-30.

[23] 李柯 . 海绵城市导向下的场地雨洪规划设计体系研究[D]. 大连：大连理工大学，2019.

第7章 城市综合管廊发展现状及前沿

7.1 概述

综合管廊就是城市地下管道综合走廊，建于城市地下用于铺设市政公用管线的市政公用设施。即在城市地下建造一个隧道空间，将电力、通信、燃气、供热、给水排水等各种市政管线集于一体，设有专门的检修口、吊装口和监测系统，实施统一规划、统一设计、统一施工和维护管理，是保障城市运行的重要基础设施和"生命线"。

按照埋设位置的不同，综合管廊可分为干线综合管廊、支线综合管廊及缆线管廊三类。干线综合管廊是指用于容纳城市主干工程管线，采用独立分舱方式建设的综合管廊。干线综合管廊一般设置于道路中央下方，负责向支线综合管廊提供配送服务，主要收容的管线为通信、有线电视、电力、燃气、自来水等，也有的干线综合管廊将雨、污水系统纳入。其特点为结构断面尺寸大、覆土深、系统稳定且输送量大，具有高度的安全性，维修及检测要求高。支线综合管廊是指用于容纳城市配给工程管线，采用单舱或双舱建设的综合管廊。支线综合管廊为干线综合管廊和终端用户之间相联系的通道，一般设于道路两旁的人行道下，主要收容的管线为通信、有线电视、电力、燃气、自来水等直接服务的管线，结构断面以矩形居多。其特点为有效断面较小，施工费用较少，系统稳定性和安全性较高。缆线管廊是指采用浅埋沟道方式建设，设有可开启盖板但其内部空间不能满足人员正常通行要求，用于容纳电力电缆和通信线缆的管廊。缆线管廊一般埋设在人行道下，其纳入的管线有电力、通信、有线电视等，管线直接供应各终端用户。其特点为空间断面较小，埋深浅，建设施工费用较少，不设置通风、监控等设备，在维护及管理上较为简单。

7.2 国家需求

随着我国经济的快速发展和城镇化建设进程的加快，城市的发展对于市政公共管线的需求量也越来越大，庞大的市政公共管线形成了交错复杂的地下"蜘蛛网"。相较于我国城镇建设的高速发展，城市基础设施的建设速度相对滞后，"拉链马路""管道爆管""空中蜘蛛网"等现象频发，对城市的正常运转造成了严重影响。为切实加强城市地下管线的建设管理，保障城市安全稳定运转，提高城市综合承载能力和城镇化发展质量，国家从战略层面上提出了稳步推进城市地下综合管廊建设的目标和要求，制定了一系列政策、法规、标准，旨在推动我国地下综合管廊建设的发展，如：《国务院关于加强城市基础设施建设的意见》（国发〔2013〕36号）、《国务院办公厅关于加强城市地下管线建设管理的指导意见》（国办发〔2014〕27号）、《国务院办公厅关于推进城市地下综合管廊建设的指导意见》（国办发〔2015〕61 号）、《国务院关于深入推进新型城镇化建设的若干意见》（国发〔2016〕8 号）、《中共中央　国务院关于进一步加强城市规划建设管理工作的若干意见》（2016 年 2 月 6 日）等。

目前，我国市政管线以直埋式和架空式为主，存在着一些不足。如建设之初对地下管网需求估计不足的重复性建设；地下空间资源占用加大，使用不够合理；地下管线种类多、隐蔽性强，存在风险隐患等，城市地下综合管廊的建设能够有效地解决这些问题。

7.2.1　国家城镇化进程

近年来，我国多地遭遇暴雨袭击，"逢雨看海"已经成为大多城市的通病，甚至多次造成伤亡，严重影响了城市的正常秩序。2012 年 7 月 21 日，北京遭遇特大暴雨，导致 79 人死亡。除了雨量较大的因素外，我国城镇排水标准设定的重现期为 1～3 年，相较于美国排水标准的居住区一般取 10 年，其值明显偏低，并且排水管道逐渐老化，排水设施的不健全、不完善，排水系统建设滞后等原因导致了我国的城市排水系统难以支撑排水、内涝防治和防洪系统的衔接，从而形成城市"逢雨看海"的现象。巴黎是个多雨的城市，但是很少发生因暴雨排泄不畅阻塞交通的情况，这与良好的地下综合管廊建设密切相关。

敷设和维修地下管线而造成的重复开挖道路的"拉链马路"现象几乎存在于我国的每个城市。不同的管线部门"各自为政"，市政基础设施建设缺乏统一的规划、管理而导致马路不断被挖填，甚至个别城市的一条大街每年被挖六七次的现象都很常见，严重影响了市民的正常生活和城市面貌，同时也造成了资源的巨大浪费。综合管廊能够有效改善城市发展过程中因各类管线的维修、扩容造成的"拉链马路"和"空中蜘蛛网"的问题，对提升管线安全水平和城市总体形象、创造城市和谐生态环境起到了积极推动作用。

7.2.2　城市地下空间开发利用

综合管廊是根据城市长远期的规划而设计与建设的，能有效集约化地利用地下空间资源，在满足公共设施远期需求的同时，为城市未来发展预留足够的余地。地下综合管廊在规划设计时从整个城市发展定位出发，建成之后管线可以分段铺设，也可根据发展需要进行扩容，无需反复开挖路面而造成资源浪费，给城市建设带来负面影响。

综合管廊的出现可更加合理地规划利用地上地下空间，避免出现地上架空线网和地下管线铺设维修导致的反复开挖路面，降低了管线的维修改造费用，消除城市中"拉链马路"和地下"蜘蛛网"的现象。同时能够保证道路交通畅通、安全，减少后期施工对居民生活和交通的负面影响，提高路面使用寿命。

7.2.3　保证城市地下管线安全运营

不同管线部门在施工建设过程中很少沟通，多是按各自的系统直接将管线埋设在土层中。由于各种管线的埋设深度不一，在施工中容易出现冲突，甚至造成事故，给人民的生命和财产安全造成严重的损失。2013 年 11 月 22 日凌晨，山东省青岛市黄岛区秦皇岛路和斋堂岛街交汇处，中石化管道公司输油管线破裂，造成原油泄漏。在雨水涵道和输油管线抢修作业现场相继发生爆燃，事故共造成 62 人遇难，136 人受伤，直接经济损失达 7.5 亿元。输油管道与城市排水管网规划布置不合理是造成本次事故的主要原因。如果将各种市政管线统一布置在综合管廊中，就能够实现不同管线部门的协调发展，避免施工过程中可能出现的冲突。综合管廊采用的是混凝土结构，各种市政管线由综合管廊保护起来，可有效防止外力荷载对管线的破坏，避免土壤和地下水对管线的侵蚀，增强了其耐久性，在提高市政管线安全水平的同时也节约了后期的维护成本。

7.3 城市综合管廊发展现状

7.3.1 城市综合管廊发展历程

城市综合管廊起源于 19 世纪的欧洲，最早是在圆形排水管道内部装设自来水、通信管线等，后来由于缺乏安全检测设备，综合管廊的发展受到了很大限制。近代以来，由于社会的发展及人类生活水平的提高，老旧的公共基础设施已经难以满足人们的需要，城市综合管廊再次受到人们的关注。

法国于 1832 年发生了霍乱，当时研究发现城市的公共卫生系统建设对于抑制流行病的发生与传播至关重要。于是第二年，法国巴黎启动巴黎重建计划，任命贝尔格朗着手规划市区下水道系统网络，并在管道中收容自来水（包括饮用水及清洗用的两类自来水）、电信电缆、压缩空气管及交通信号电缆等五种管线，这是历史上最早规划建设的综合管廊形式。

近代以来，巴黎逐步推动综合管廊规划建设，在 19 世纪 60 年代末，为配合巴黎市中心的开发，规划了完整的综合管廊系统，收容自来水、电力、电信、冷热水管及集尘配管等，并且为适应现代城市管线种类多和敷设要求高等特点，把综合管廊的断面修改成了矩形形式。迄今为止，巴黎市区及郊区的综合管廊总长已达 2100km，堪称世界城市里程之首。法国已制定了在所有有条件的大城市中建设综合管廊的长远规划，为综合管廊在全世界的推广树立了良好的榜样。

日本综合管廊的建设始于 1926 年，为便于推广，他们把综合管廊的名字形象地称之为"共同沟"。东京关东大地震后，日本政府意识到综合管廊的重要性，在东京都复兴计划中，开始试点建设 3 处共同沟：九段坂综合管廊、滨町金座街综合管廊、东京后火车站至昭和街综合管廊。1962 年日本政府宣布禁止挖掘道路，并于 1963 年 4 月颁布《共同沟特别措施法》，制定建设经费的分摊办法，拟定长期的发展计划。迄今为止，日本是世界上综合管廊建设速度最快、规划最完整、法规最完善、技术最先进的国家。

美国从 1960 年开始了综合管廊的研究，在当时，传统的直埋管线和架空缆线所能占用的土地日益减少而且成本越来越高，随着管线种类的日益增多，多次道路开挖既影响城市交通，又破坏城市景观。研究结果表明，从技术、管理、城市发展及社会成本上看，建设综合管廊都是可行且必要的。1970 年，美国在 White Plains 市中心建设综合管廊，除了煤气管外，几乎所有管线均收容在综合管廊内。此外，美国具有代表性的还有纽约市从束河下穿越并连接 Astoria 和 Hell Gate Generatio Plants 的隧道，该隧道长约 1554m，收容 345kV 输配电力缆线、电信缆线、污水管和自来水干线。

各国综合管廊的发展建设表明，城市地下综合管廊科学规划非常重要，管廊规划必须科学预测综合管廊未来的使用状况，并预留适当的发展空间。各国综合管廊建设及管理非常注重在法律法规方面的建设和完善，以法律条文规范运维管理行为，以此保证综合管廊安全运行。最为突出的是都用到了信息化管理方法，对管廊数据进行整合和分析，并且对其采用实时监控，从而确保管廊高效运转。它的管理归属部门有统一的规定，并且都以政府监督管理为主，各分部门协助政府协调发展。

城市综合管廊工程在我国起步相对较晚。我国第一条综合管廊于 1958 年建造于北京天安门广场下，鉴于天安门在北京的特殊的政治地位，为了日后避免广场被开挖，建造了一条宽 4m、高 3m、埋深 7～8m、长 1076m 的综合管廊，收容电力、电信、暖气等管线，并预留了自来水管的位置。至 1977 年在修建毛主席纪念堂时，在纪念碑北侧和东侧又建造了相同断面的综合管廊（给水、电力和电信），长约 500m。

1994 年上海市政府规划建设了我国第一条大规模、长距离的现代化综合管廊——浦东新区张杨路综合管廊。该综合管廊全长 11.125km，综合管廊沿道路两侧同时敷设，采用双室箱涵断面，共有 1 条干线综合管廊、2 条支线综合管廊，其中支线综合管廊收容了给水、电力、信息与煤气等 4 种城市管线，它是我国第一条较具规模并已投入运营的综合管廊。

2010 年建成的上海世博会园区综合管廊是我国第一条采用预制装配技术建设的综合管廊工程，为目前国内系统最完整、技术最先进、法规最完备、职能定位最明确的一条综合管廊，以城市道路下部空间综合利用为核心，围绕城市市政公用管线布局，对世博园区综合管沟进行了合理布局和优化配置，构筑服务整个世博园区的骨架化综合管沟系统。

随着我国城镇化的快速发展及综合国力的不断提升，城市的市政基础设施已逐渐跟不上人们日益增长的生活需要。城市综合管廊作为一种新兴的市政基础设施不仅能够提高人们的生活质量、改善城市交通状况、提高市政管线安全水平，还能为日益拥挤的城市高效利用土地资源出力。相信随着政府一系列政策的出台引导，我国的综合管廊建设必将呈现高速、健康、安全的发展趋势。

7.3.2　城市综合管廊规划设计

1. 设计依据及原则

综合管廊规划是城市规划的一部分，综合管廊工程规划应根据城市总体规划、地下管线综合规划、各类工程管线的专线规划等进行编制，应当符合城市总体规划，坚持因地制宜、统一规划、分期实施等原则。

城市总体规划是管廊规划的上层规划，编制管廊规划要以城市总体规划为依据。同时城市总体规划也应该吸取管廊规划的成果，并反映在城市规划的修编中，最终使二者协调适应。城市地下空间规划是城市总体规划的一个专项子系统，管廊规划又是城市地下空间规划的一个专项子系统，所以管廊规划在编制时不但需要与城市总体规划协调适应，同时也要与城市地下空间规划相协调。

2019 年 6 月，住房和城乡建设部发布了《城市地下综合管廊建设规划技术导则》（建办城函［2019］363 号，以下简称《导则》），根据《导则》所述，城市综合管廊的规划编制应遵循以下几点主要原则：

政府组织、部门合作。充分发挥政府组织协调作用，有效建立相关部门合作和衔接

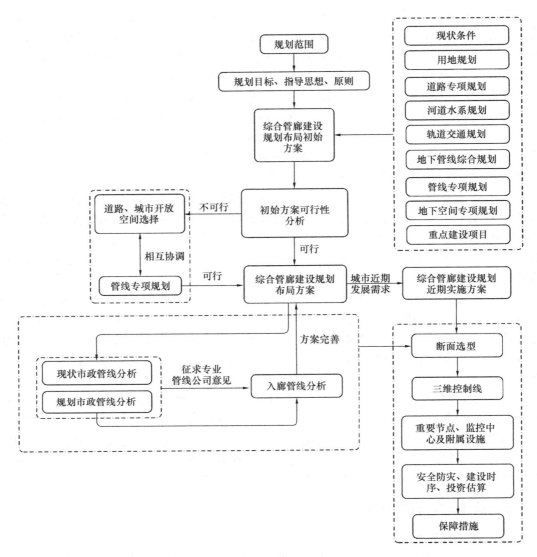

图 7-1 综合管廊建设规划编制技术路线图

机制，统筹协调各部门及管线单位的建设管理要求。

因地制宜、科学决策。从城市发展需求和建设条件出发，合理确定综合管廊系统布局、建设规模、建设类型及建设时序，提高规划的科学性和可实施性。

统筹衔接、远近结合。从统筹地上地下空间资源利用角度，加强相关规划之间的衔接，统筹综合管廊与相关设施的建设时序，适度考虑远期发展需求，预留远景发展空间。

编制出的城市地下综合管廊规划应进行规划可行性分析，可行性分析主要从两方面考虑：①根据城市经济发展水平、人口规模、用地保障、道路交通、地下空间利用、各类管线建设及规划、水文地质、气象等情况，科学论证管线敷设方式，分析综合管廊建设可行性，系统说明是否具备建设综合管廊的条件。对位于老城区的近期综合管廊规划项目，应重点分析其可实施性。②从城市发展战略、安全保障要求、建设质量提升、管线统筹建设及管理、地下空间综合开发利用等方面，分析综合管廊建设的必要性，针对城市建设发展问题，分析综合管廊建设实际需求。城市综合管廊建设规划编制可按图 7-1 所示技术路线图实施。

城市地下综合管廊设计的依据主要有国家政策、地方规划、规范规程等。依据的地方规划主要需要符合城市总体规划、土地利用规划、城市地下空间专项规划（包括轨道交通等）、城市综合管廊专项规划、城市市政管线综合规划等。依据的规范规程主要可分为总体设计规范、结构设计规范、专项管线设计规范、附属设施设计规范等。2016 年 1 月住房和城乡建设部公布了《城市综合管廊国家建筑标准设计体系》，其中给出了城市综合管廊国家建筑标准设计体系总框架，如图 7-2 所示。

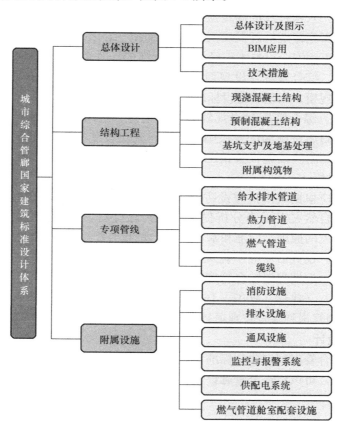

图 7-2　城市综合管廊国家建筑标准设计体系总框架

2. 规划设计的主要内容

根据《导则》，城市地下综合管廊规划应当包含的主要内容如下：分析综合管廊建设实际需求及经济技术等可行性。根据城市经济发展水平、人口规模、用地保障、道路交通、地下空间利用、各类管线建设及规划、水文地质、气象等情况，科学论证管线敷设方式，分析综合管廊建设可行性，系统说明是否具备建设综合管廊的条件。

明确综合管廊建设的目标和规模。综合管廊建设规划应明确规划期内综合管廊建设的总目标和总规模，明确近、中、远期的分期建设目标和建设规模，以及干线、支线、缆线等不同类型综合管廊规划目标和规模。

划定综合管廊建设区域。综合管廊建设规划应合理确定综合管廊建设区域。建设区域分为优先建设区和一般建设区。城市新区、更新区、重点建设区、地下空间综合开发区和重要交通枢纽等区域为优先建设区域。其他区域为一般建设区域。

不同类型综合管廊的系统布局。干线综合管廊宜在规划范围内选取具有较强贯通性和传输性的建设路由布局。支线综合管廊宜在重点片区、城市更新区、商务核心区、地下空间重点开发区、交通枢纽、重点片区道路、重大管线位置等区域，根据城市用地布局考虑与干线综合管廊系统的关联性。缆线管廊一般应结合城市电力、通信管线的规划建设进行布局。

确定入廊管线。入廊管线的确定应考虑综合管廊建设区域工程管线的现状、周边建筑设施现状、工程实施征地拆迁及交通组织等因素，结合社会经济发展状况和水文地质等自然条件，分析工程安全、技术、经济及运行维护等因素。

配套设施配置。综合管廊建设规划应合理确定监控中心、吊装口、通风口、人员出入口等各类口部的规模、用地和建设标准，并与周边环境相协调。

附属设施配置。综合管廊建设规划应明确消防、通风、供电、照明、监控和报警、排水、标识等相关附属设施的配置原则和要求。附属设施配置应注重近远期结合，结合已建、在建综合管廊附属设施设置情况，保证近期建设综合管廊的使用以及远期综合管廊附属系统的完整性。

安全及防灾。应根据城市抗震设防等级、防洪排涝要求、安全防恐等级、人民防空等级等要求，结合自然灾害因素分析提出综合管廊抗震、消防、防洪排涝、安全防恐、人民防空等安全防灾的原则、标准和基本措施，并考虑紧急情况下的应急响应措施。

测算资金规模。投资估算应明确规划期内综合管廊建设资金总规模及分期规划综合管廊建设资金规模，近期规划综合管廊项目需按路段明确投资规模。可参照《市政工程投资估算编制办法》（建标［2007］164号）、《城市地下综合管廊工程投资估算指标》［ZYA1-12(11)］测算规划综合管廊项目工程所需建设资金。

3. 综合管廊设计

根据《城市综合管廊国家建筑标准设计体系》中所给出的城市综合管廊国家建筑标准设计体系总框架，可以将综合管廊设计大致分为总体设计、结构设计、专项管线设计、附属设施设计。

（1）总体设计

总体设计指的是在符合规划要求的前提下，确定管廊的分类或形式，确定管廊的断面形式、断面大小、附属设施，明确管廊与道路、河道、地下构筑物等的相互关系，统筹考虑规范及周边环境，在各管线设计技术基础上实现管廊与内部管线设计的协调统一。总体设计可分为空间设计、断面设计、节点设计。

空间设计主要是为了对综合管廊进行定位设计，确保综合管廊与道路、河道、地下构筑物等的相互关系，设计要点如下：①综合管廊平面中心线宜与道路、铁路、公路中心线平行。如需转折则平面线形的转折角必须符合各类管线平面弯折的转角半径要求。②综合管廊穿越城市快速路、主干路、铁路、公路等时，宜垂直穿越；受到环境条件限制时可斜向穿越，最小交叉角不宜小于60°。③综合管廊与相邻地下管线及地下构筑物的最小净距应根据地质条件和相邻构筑物的性质决定，且不得小于表 7-1 的规定。

综合管廊与相邻构筑物的最小间距 表 7-1

相邻情况 \ 施工方法	明挖施工	顶管、盾构施工
综合管廊与地下构筑物水平净距	1.0m	综合管廊外径
综合管廊与地下管线水平净距	1.0m	综合管廊外径
综合管廊与地下管线交叉垂直净距	0.5m	1.0m

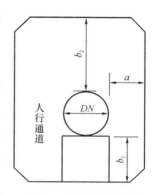

断面设计主要是为了对综合管廊的埋深及管道安装净距进行设计，确保工程造价符合规划，确保管线安装符合规范要求。断面设计要点如下：①综合管廊的覆土厚度应该根据设置位置、地下设施规划及建设情况、道路施工、行车负荷以及区域冻土深度情况等因素综合考虑。②综合管廊的设计原则是保障城市重要工程管线的安全运行，并不是将地下所有管线均纳入综合管廊内部，综合管廊的覆土应充分考虑其他支管与综合管廊交叉时可以顺利通行。③综合管廊的管道安装净距（图 7-3）不宜小于表 7-2 的规定。

图 7-3　管道安装净距

为了保证综合管廊内管线的安全可靠运行，综合管廊内需设置大量附属设施，如风机、分变电所等，综合管廊需设置专门的节点供上述设施设备使用，同时为了保证管廊内管线安装及更换等，也需要设置专用节点。综合管廊工程的节点一般有通风口、吊装口、交叉口、逃生口等。

综合管廊管道安装净距 表 7-2

DN（mm）	综合管廊管道安装净距（mm）					
	铸铁管、螺栓连接钢管			焊接钢管、塑料管		
	a	b_1	b_2	a	b_1	b_2
DN<400	400	400	500	500	500	800
400≤DN<800	500	500		500	500	
800≤DN<1000	500	500		500	500	
1000≤DN<1500	600	600		600	600	
DN≥1500	700	700		700	700	

综合管廊的节点设计要点如下：①综合管廊的每个舱室应设置人员出入口、逃生口、吊装口、进风口、排风口、管线分支口等。②综合管廊的人员出入口、逃生口、吊装口、进风口、排风口等露出地面的构筑物应满足城市防洪要求，并应采取防止地面水倒灌及小动物进入的措施。③综合管廊逃生口的设置应符合下列规定：敷设电力电缆的舱室，逃生口间距不宜大于 200m；敷设天然气管道的舱室，逃生口间距不宜大于 200m；敷设热力管道的舱室，逃生口间距不宜大于 400m。当热力管道采用蒸汽介质时，逃生口间距不应大于 100m。④天然气管道舱排风口与其他舱室排风口、进风口、人员出入口以及周边建筑物口部距离不应小于 10m。天然气管道舱室的各类孔口不得与其他舱室连通，并

应设置明显的安全警示标识。

（2）结构设计

综合管廊工程是一项百年工程，一朝建设则百年利民，因此，综合管廊工程的结构设计也是重中之重，综合管廊工程的结构设计使用年限应为100年，抗震设防分类标准应按照一类建筑物进行防震设计。综合管廊的结构安全等级应为一级，结构中各类构件的安全等级宜与整个结构的安全等级相同。同时综合管廊结构应根据设计使用年限和环境类别进行耐久性设计，并符合国家现行标准《混凝土结构耐久性设计标准》GB/T 50476—2019 的有关规定。

综合管廊结构可分为现浇混凝土综合管廊结构、预制拼装综合管廊结构以及构造的变形缝结构。现浇混凝土综合管廊结构的截面内力计算模型宜采用闭合框架模型。作用于结构底板的基底反力分布应根据地基条件确定，并应符合下列规定：地层较为坚硬或经加固处理的地基，基底反力可视为直线分布；未经处理的软弱地基，基底反力应按弹性地基上的平面变形截条计算确定。预制拼装综合管廊结构宜采用预应力筋连接结构、螺栓连接接头或承插式接头。当场地条件较差，或易发生不均匀沉降时，宜采用承插式接头。当有可靠依据时，也可采用其他能够保证预制拼装综合管廊结构安全性、适用性和耐久性的接头构造。综合管廊结构应在纵向设置变形缝，变形缝的设置应符合下列规定：现浇混凝土综合管廊结构变形缝的最大间距应为30m；结构纵向刚度突变处以及上覆荷载变化处或下卧土层突变处，应设置变形缝；变形缝的缝宽不宜小于30mm；变形缝应设置橡胶止水带、填缝材料和嵌缝材料等止水构造。

（3）专项管线设计

专项管线设计应以综合管廊总体设计为依据，纳入综合管廊的金属管道应进行防腐设计，管线配套检测设备、控制执行结构或监控系统应设置与综合管廊监控与报警系统连通的信号传输接口。专项管线设计一般包含给水管道、排水管道、天然气管道、热力管道、电力电缆、通信线缆。

1）给水管道。给水管道是压力管道，管道布置较为灵活，且日常维修概率较高。管道入廊后可以克服因管道漏水、管道爆裂及管道维修等因素引起的交通影响，可为管道升级和扩容提供方便。给水管道可选用钢管、球墨铸铁管、塑料管等。接口宜采用刚性连接，钢管可采用沟槽式连接。

2）排水管道。排水管线分为雨水管线和污水管线两种。在一般情况下两者均为重力流，管线需按一定坡度埋设，满足流速要求。采用分流制排水的工程，雨水管线基本就近排入水体。雨水、污水管道可选用钢管、球墨铸铁管、塑料管等。利用综合管廊结构本体排除雨水时，雨水舱结构空间应完全独立和严密，并应采取防止雨水倒灌或渗透至其他舱室的措施。

3）天然气管道。根据国内外相关设计规范的规定，天然气管道可进入地下综合管廊，天然气管道应采用无缝钢管，天然气管道的连接应采用焊接。天然气管道的阀门、阀件系统设计压力应按提高一个压力等级设计。天然气分段阀宜设置在综合管廊外部，当分段阀设置在综合管廊内部时，应具有远程关闭功能。天然气管道进出综合管廊附近的埋地管线、放散管、天然气设备等均应满足防雷、防静电接地的要求。

4）热力管道。热力管道的运行季节性较强，运行过程中管道温差变化幅度较大，管线出现故障的概率较高，管道维修比较频繁。将热力管道放进地下综合管廊，有利于监控检查，且维护施工方便。热力管道采用压力输送，敷设方式灵活，当同舱敷设的其他管线有正常运行所需环境温度限制要求时，应按舱内温度限定条件校核保温层厚度。

5）电力电缆。随着城市经济实力的提升及对城市环境的整治的严格要求，目前国内许多大中城市都兼有不同规模的电力隧道和电缆沟，电力管线从技术和维护角度而言纳入地下综合管廊已经没有障碍。电力电缆应采用阻燃电缆或不燃电缆且应对综合管廊内的电力电缆设置电气火灾监控系统。在电缆机头应设置自动灭火系统装置。

6）通信线缆。目前国内通信管线敷设方式主要采用架空和直埋两种。架空敷设方式造价较低，但影响城市景观，且安全性能较差，正逐步被直埋敷设所代替。通信线缆敷设方式灵活，适合纳入综合管廊。通信线缆应采用阻燃线缆。

（4）附属设施设计

附属设施设计主要包括消防系统设计、通风系统设计、供电系统设计、照明系统设计、监控与报警系统设计、排水系统设计。

1）消防系统设计。综合管廊主体结构应为耐火极限不低于 3.0h 的不燃性结构，综合管廊内不同舱室之间应采用耐火极限不低于 3.0h 的不燃性结构进行分隔。当舱室内含有两类及以上管线时，舱室火灾危险性类别应按火灾危险性较大的管线确定。

2）通风系统设计。综合管廊宜采用自然进风和机械排风相结合的通风方式。天然气管道舱和含有污水管道的舱室应采用机械进、排风的通风方式。综合管廊的通风口处出风风速不宜大于 5m/s，且应加设防止小动物进入的金属网格，网格净尺寸不应大于 10mm×10mm。综合管廊舱室内发生火灾时，发生火灾的防火分区及相邻分区的通风设备应能够自动关闭。

3）供电系统设计。综合管廊供配电系统接线方案、电源供电电压、供电点、供电回路数等应依据综合管廊建设规模、周边电源情况、综合管廊运行管理模式，并经技术经济比较后确定。综合管廊内应设置交流 220V/380V 带剩余电流动作保护装置的检修插座，插座沿线间距不宜大于 60m。

4）照明系统设计。综合管廊内应设正常照明和应急照明，且应符合照度、间距及应急事件要求。综合管廊照明宜采用节能型光源，灯具应防水防潮，防护等级不宜低于 IP54，照明灯具应设置漏电保护措施。照明回路导线应采用硬铜导线，截面面积不应小于 $2.5mm^2$。线路明敷设时宜采用保护管或线槽穿线方式布线。

5）监控与报警系统设计。综合管廊监控与报警系统宜分为环境与设备监控系统、安全防范系统、通信系统、预警与报警系统、地理信息系统和统一管理信息平台等。监控报警系统的组成及其系统架构、系统配置应根据综合管廊建设规模、纳入管线的种类、综合管廊运营维护管理模式等确定。

6）排水系统设计。综合管廊内应设置自动排水系统，满足排出综合管廊的渗水、管道检修防控水的要求。综合管廊的排水区间应根据道路的纵坡确定，排水区间不宜大于 200m，且应在排水区间的最低点设置集水坑，并设置自动水位排水泵。综合管廊的排水应就近接入城市排水系统，并应在排水管的上端设置逆止阀。

7.3.3 地下综合管廊施工技术

1. 综合管廊明挖施工技术

综合管廊明挖施工技术主要包含两方面技术：明挖基槽施工技术；明挖主体结构施工技术。

（1）明挖基槽施工技术

明挖基槽施工技术主要包括：明挖基槽降排水施工技术、放坡开挖施工技术、拉森钢板桩施工技术。

1）明挖基槽降排水施工技术。主要参照基坑工程的降排水设计，可分为井点降水法、集水坑降水法。井点降水法就是在基坑开挖前，预先在基坑四周埋设一定数量的滤水管，利用抽水设备从中抽水，使地下水位降到坑底以下；在基坑开挖过程中仍不断抽水，使所挖的土始终保持干燥状态，从根本上防止了流砂发生。井点降水法有轻型井点、喷射井点、管井井点、深井井点等，可根据土的渗透系数、降低水位的深度、工程特点及设备条件综合选用。集水坑降水法是指在基坑开挖过程中，在坑底设置集水坑，并沿坑底的周围或中央开挖排水沟，使水流入集水坑中，然后用水泵抽水，抽出的水应及时引开，防止倒流。此方法是综合管廊施工时常用的施工方法。集水坑应设置在基础范围以外，地下水的上游。根据地下水量大小、基坑平面形状及水泵能力，应每隔20～40m设置一个集水坑。采用集水坑降水时，应根据现场土质条件保持开挖边坡的稳定。边坡坡面上如有局部渗出地下水，应在渗水处设置过滤层，防止土粒流失，并设置排水沟，将水引出坡面。

2）放坡开挖施工技术。当施工现场有足够的放坡场地、周边环境风险小、地下水位埋深较深等情况时，可以采用放坡开挖的形式。此方法主要适合地下水位以上的黏性土、砂土、碎石土等地层。开挖具体流程如下：①基坑开挖采用长臂挖掘机进行开挖，机械停在基槽2m以外以减轻土侧压力，所有开挖的土方运至弃土场，做到随挖随运，禁止堆放在基槽两侧。②每次基坑开挖过程中对开挖边坡进行校核，保证基坑开挖过程不超挖也不欠挖，以防止开挖放坡过陡造成边坡坍塌或开挖放坡过缓形成浪费。③基坑开挖至距基底10cm应立即停止开挖，改为用人工进行清理，禁止出现超挖现象，保证基底以下土体稳定。④基坑内的积水要及时排出，每隔10m设置一个集水坑，以保证土体稳定性。⑤在基坑两侧安装安全爬梯，供施工人员上下基坑；人工开挖时要求观测员全程观测，基坑两边各安排一个安全员进行来回巡查，确保基坑内作业人员安全。⑥基坑开挖至设计标高时应按要求及时回填砂砾石，间隔时间不得超过12h。

3）拉森钢板桩围堰施工技术。拉森钢板桩围堰施工适用于浅水低桩承台并且水深4m以上，河床覆盖层较厚的砂类土、碎石土，钢板桩围堰作为封水、挡土结构，在浅水区基础工程，黏土、风化岩层等基础工程中应用较多。槽钢工作坑其每根槽钢间咬口的止水性能差，如果在地下水丰富的地方使用，必须与井点降水配合。板桩施工的顺序：板桩准备→围檩支架安装→板桩打设→偏差纠正→拔桩。板桩准备包括板桩的检验、吊运、堆放。对板桩进行材质检验和外观检验，以便对不合要求的板桩进行矫正，以减少打桩过程中的问题。装卸板桩宜采用两点吊。吊运时，每次起吊的板桩不宜过多，注意保护锁扣免受损伤。板桩的堆放应注意堆放的顺序、位置、方向和平面布置等，其次要按型号、规格、长度等进行分别堆放，并在堆放处设置标牌说明。

（2）明挖主体结构施工技术

明挖主体结构施工技术可分为现浇主体结构施工和预制拼装主体结构施工。

1）现浇主体结构施工。主要有两种形式：满堂支架现浇和滑模现浇。满堂支架现浇是利用满堂脚手架施工工艺进行现浇主体结构的施工技术。满堂脚手架是一种搭脚手架的施工工艺，由立杆、横杆、斜杆、剪刀撑等组成。满堂脚手架相对其他脚手架系统密度大、更加稳固。满堂脚手架主要用于单层厂房、展览大厅、体育馆等层高、开间较大的建筑顶部的装饰施工。目前国内综合管廊建设主要采用现场搭设脚手架，支模板现浇混凝土施工方式。滑模现浇是指模板缓慢移动使结构成型，一般是固定尺寸的定型模板，由牵引设备牵引移动。滑模现浇技术最突出的特点是取消了固定模板，变固定模板为滑移式活动钢模，从而不需要准备大量的固定模板架设，仅采用拉线、激光、声呐、超声波等作为结构高程、位置、方向的参考系。由于综合管廊底板、侧墙、顶板满足滑模现浇的条件，随着综合管廊工程的大规模开发，滑模现浇施工必将是保证施工质量、降低工程成本的有效技术之一。

2）预制拼装主体结构施工。综合管廊预制拼装施工是预先预制管廊节段或者分块预制，吊装运输至现场，然后现场拼装的施工形式。目前综合管廊预制拼装主要有综合管廊节段预制拼装、综合管廊分块预制拼装、叠合整体式预制拼装。

2. 综合管廊暗挖施工技术

综合管廊暗挖施工技术是指不挖开地面而采用在地下挖洞的方式进行施工。对于城市综合管廊建设，在地面无明挖施工条件时（如交通要道、场地狭窄、穿江过河等），通常会考虑采用暗挖法施工。目前国内综合管廊项目已采用的暗挖施工技术主要有顶管法和盾构法，浅埋暗挖法使用较少。

1）顶管法。顶管法施工的基本原理就是依靠位于工作井内的主顶油缸及管涵中继间等的推力，将顶管机从工作井内穿过障碍物下的土层，一直推进到接收井内。与此同时，紧随其后的预制管节按照顶管机的推进轴线一节节地埋设就位。依据直径，顶管从小到大可分为微型、小口径、中口径及大口径；依据顶进距离大小可以分为普通顶管和长距离顶管；依据顶进姿态不同又可分为直线顶管和曲线顶管；依据顶管工具管的作业形式可分为手掘式、半机械式、机械式顶管施工。

2）盾构法。盾构法施工是盾构掘进机进行施工的一种全机械化施工方法。盾构法施工的工作原理是将盾构机械在地中推进，通过盾构外壳和管片支撑四周围岩防止发生往隧道内坍塌。同时在开挖面前方用切削装置进行土体开挖，通过不同的方式将其运出洞外。靠千斤顶在后部加压顶进，并拼装预制混凝土管片，从而形成隧道结构。盾构的分类有很多种，按照掘削地层分类可以分为：硬岩盾构、软岩盾构、软土盾构、硬岩软土盾构。按照盾构机横截面形状分类可以分为：半圆形、圆形、椭圆形、马蹄形、双圆搭接形、三圆搭接形、矩形等。按照掘土出土器械的机械化程度分类可以分为：人工挖掘式、半机械掘削式、机械掘削式。按照掘削面的加压平衡方式分类可以分为：外加支承式、气压式、泥水式、土压式等。

3）浅埋暗挖法。当综合管廊下穿铁路、道路、河流或建筑物等障碍物时，原则上可采用浅埋暗挖法施工，但是由于施工成本和工期较长，因此在综合管廊施工中应用的还不多。浅埋暗挖法沿用了新奥法的基本原理：采用复合衬砌，初期支护承担全部基本荷载，二衬作为安全储备，初期支护、二衬共同承担特殊荷载；采用不同开挖方法及时支护封闭成环，使其与围岩共同作用形成联合支护体系。浅埋暗挖法原则：管超前、严注浆、短开挖、强支护、快封闭、勤量测。管超前，指采用超前管棚或超前导管注浆加固地层。未开挖前先进行超前管棚或超前导管注浆加固地层，使松散、软弱地层经注浆加固后形成一个壳体，增强其自稳能力，防止地层坍塌现象产生。严注浆，指在导管超前支护后，立即进行压注水泥浆液填充砂层孔隙，浆液凝固后，土体集结成具有一定强度的"结石体"，使周围地层形成一个壳体，增强其自稳能力，为施工提供一个安全环境。短开挖，指根据地层情况不同，采用不同的开挖长度，一般在地层不良地段每次开挖进尺 0.5~0.8m，甚至更短，由于开挖距离短可争取时间架立钢拱架，及时喷射混凝土，减少坍塌现象的发生。强支护，指按照喷射混凝土→开挖→架立钢架→挂钢筋网→喷混凝土的次序进行初期支护施工。采用加大拱脚的办法以减小地基承载力。快封闭，指初期支护从上至下及早形成环形结构，是减小地基扰动的重要措施。采用正台阶法施工时，下半断面及时紧跟，及时封闭仰拱。勤量测，指坚持监控量测资料进行反馈指导施工，是浅埋暗挖法施工的基点，所以地面、洞内都要埋设监控点，通过这些监控点可以随时掌握地表和洞内土体各点因开挖和外力产生的位移从而指导施工。

7.3.4 城市综合管廊运营维护管理

城市综合管廊是保障城市运行的重要基础设施和"生命线"，在实际建造管理过程中，由于缺乏良好的运行维护管理机制，城市综合管廊的使用功能大幅度衰减，使用的寿命缩短，管线单位入廊的积极性不高等。一个良好的城市综合管廊运营维护管理模式可以使其使用效率提高、运行风险降低、秩序维护正常等，是城市综合管廊发展不可或缺的一部分。目前城市综合管廊建设的运营维护管理模式主要有政府全权出资模式、股份制合作模式、特许经营权模式、BT（Build Transfer）模式、PPP（Public-Private Partnership）模式等。

1）政府全权出资模式。政府全权出资指综合管廊的主体设施以及附属设施全部由政府投资，管线单位租用或无偿使用综合管廊空间，自行敷设管线。政府全权出资模式下，资金的来源主要有政府财政资金投入、以土地为核心的经营性资源融资、发行市政专项债，或由政府下属国有资产管理公司直接出资、申请金融机构贷款和发行企业债等。项目建成后由国有企业为主导通过组建项目公司等具体模式实施项目的运营管理。这种模式在早期较为常见，如苏州工业园区综合管廊，由苏州工业园区地产经营管理公司出资并建设，建成后移交给园区市政物业公司管理。

2）股份制合作模式。股份制合作模式是由政府授权的国有资产管理公司代表引入社会资本方，共同组建股份制项目公司，以股份公司制的运作方式进行项目的投资建设以及后期运营管理。

3）特许经营权模式。特许经营权模式是指政府授予投资商一定期限内的收费权，由投资商负责项目的投资、建设以及后期运营管理工作，政府不出资。具体收费标准由政府在考虑投资人合理收益率和管线单位承受能力情况下，通过土地补偿或其他政策倾斜等方式给予投资商补偿，使投资商实现合理的收益。投资商可以通过政府竞标等形式进行选择。这种模式为政府节省了成本，但为了确保社会效益的有效发挥，政府必须加强监管。

4）BT 模式。BT 模式一般由投资方或承建方出资建设综合管廊项目后，由政府在其后 3～5 年内逐年购回，投资方不参与综合管廊的运营，通过项目投资获得一定的工程利润，项目建设期利息一般由政府来偿付。采用 BT 模式的有珠海横琴新区综合管廊和石家庄正定新区综合管廊等。珠海横琴新区综合管廊通过 BT 模式委托中国二十冶集团建设，项目建成后，由横琴新区管委会委托珠海大横琴投资有限公司负责运营、维护和管理。

5）PPP 模式。PPP（政府与社会资本合作模式）是政府与社会资本之间，在公共服务和基础设施领域建立的一种长期合作关系。其特征为通常由社会资本负责项目的设计、建设、运营、维护工作；社会资本通过"政府付费""使用者付费""使用者付费＋可行性缺口补助"的方式获得合理投资回报；政府部门负责基础设施及公共服务价格和质量监管，以保证公共利益最大化。PPP 模式不仅缓解了短期财政资金压力的问题，还可以引入社会资本和市场机制，提升项目运作效率。PPP 模式的核心在于引入有管理技术经验的社会资本，达到风险共担和利益共享的最佳局面。从目前采用 PPP 模式的管廊来看，社会资本多为与管廊有利益关系的主体，如承建方、管网运营单位、管线单位等；部分城市的城市发展基金也作为社会资本参与 PPP。

不同建设运营模式对地方城市经济发展、政策支持、财政收入水平要求不一样。政府全权出资适用于财政收入水平较高的城市，股份制合作模式要明确资产的产权关系，特许经营权和 PPP 模式要求政府在政策上给予支持，表 7-3 为对以上几种建设运营模式的总结对比。

各建设运营模式总结对比

表 7-3

建设模式	出资人	所有权	优点	缺点
政府全权出资	政府	政府	全权控制；产权清晰；谈判时间短	财政压力大；经营风险高
股份制合作	政府、社会资本	产权界限模糊	减轻财政负担；引入市场机制、降低经营风险	产权难以界定；出资比例难以确定；项目公司内部管理难度大
特许经营权	社会资本	社会资本	政府不承担建设费用；引入市场机制、降低经营风险	政府失去对项目的控制；要求相关政策支持；公共利益或将受损
BT 模式	社会资本	政府	产权清晰；谈判时间短；政府融资渠道更加灵活	项目建成后付款压力大；经营风险高
PPP 模式	社会资本、政府	项目公司	引入市场机制、降低经营风险；减轻财政负担；政府对项目具有监管权和一定控制权	谈判时间长；公共利益或将受损

除了以上几种建设运营模式以外，根据城市综合管廊建设地的实际情况的不同，建设运营模式也有所变化，以下列举了日本、法国、英国等国家和我国台湾地区城市综合管廊建设的实际情况。

日本城市地下综合管廊建设中，政府起到了主要作用，综合管廊作为道路的一个附属工程，建设资金由政府提供，管理由交通运输省下属专职部门管理。日本的综合管廊中，国道地下综合管廊的建设费用由中央政府承担一部分；地方道路地下管廊的建设费用部分由地方政府承担，同时地方政府可申请中央政府的无息贷款用作共同沟的建设费用。后期运营管理采取道路管理者与各管线单位共同维护管理的模式：综合管廊设施的日常维护由道路管理者（或道路管理者与各管线单位组成的联合体）负责，而城市地下综合管廊内各种管线的维护，则由各管线单位自行负责。

我国台湾地区城市地下综合管廊是由主管机关和管线单位共同出资建设的，其中主管机关承担1/3的建设费用，管线单位承担2/3，其中各管线单位以各自所占用的空间以及传统埋设成本为基础，分摊建设费用。城市地下综合管廊的维护费用分摊由管线单位于建设完工后的第二年起平均分摊管理维护费用的1/3，另2/3由主管机关协调管线单位依照使用时间或次数等比例分摊。我国台湾地区还成立了公共建设管线基金，用于办理共同沟及多种电线电缆地下化共管工程的需要。公共建设管线基金的收入来源包括：政府依预算程序的拨款、管线机构提供的转款、基金的孳息收入、贷款利息收入、捐赠收入及其他有关收入。公共建设管线基金的用途包括：配合重大工程同时办理共同管道工程所需经费的贷款、新市镇新小区建设共同管道工程所需经费的贷款、同一道路多种电线电缆同时办理地下化共管工程所需经费的贷款、管理及总务支出、其他有关支出。规定基金应在开立专户存管，并设立专门的基金管理委员会，负责管理相关事务。

法国、英国等欧洲国家，由于其政府财力比较强，城市地下综合管廊被视为由政府提供的公共产品，其建设费用由政府承担。综合管廊建成后以出租的形式提供给管线单位实现投资的部分回收。由市议会讨论并表决确定当年的出租价格，可根据实际情况逐年调整变动。这一分摊方法基本体现了欧洲国家对于公共产品的定价思路，充分发挥民主表决机制来决定公共产品的价格，类似于道路、桥梁等其他公共设施。欧洲国家的相关法律规定一旦建设有城市地下综合管廊，相关管线单位必须通过管廊来敷设相应的管线，而不得再采用传统的直埋方式。

各地区建设模式对比如表7-4所示。

各地区建设模式对比 表7-4

国家或地区	建设经费来源	维护运营经费	建设模式
日本	管线单位承担传统敷设的费用。道路管理者承担剩余建设费用（国道由国家财政、地方道路由地方财政承担）	道路管理者和管线单位共同承担（比例在法规中未定）	政府与管线单位共同承担
我国台湾地区	主管机关和管线单位由法规明确1:2的投资比例；公共建设管线基金	全部由管线单位承担，有具体的分摊办法	政府与管线单位共同承担
法国、英国等欧洲国家	国家财政负担（按照公共产品）	由市议会讨论并表决确定当年的出租价格（可根据实际情况逐年调整变动）；或举行听证会	政府承担，通过出租的方式部分收回成本

7.4　城市综合管廊发展战略

7.4.1　充分利用现代技术进行智能化和信息化

目前我国综合管廊的建设处于起步阶段，但因其能充分利用道路地下空间，减少重复开挖，保护市政管线安全等独特优势，已经得到国家越来越多的重视。随着城镇化进程的不断发展，城市的交通越发拥挤，地下管线、地下通道和地下商业错综复杂，综合管廊与其他地下构筑物的相互避让成为设计和施工的一大难点。BIM 作为先进工程建造领域的革命性理念，可以将管廊和管线综合，通过可逆的模拟完整表现出来，更加直观地发现碰撞点，进行实时修改与反馈。其可视化、数据化、共享化、强整合性等特性，使得其在应对复杂问题时表现出强大的优势。

将 BIM 技术与地理信息系统（GIS）相结合运用到城市地下综合管廊中，通过对廊道建模，将管廊的空间信息与周围的地理位置信息相结合，可以清晰且立体化地展现出管廊建设工程周边的地理面貌及位置，使得在前期策划阶段，能够有效地规划建设综合管廊的位置，明确管线的加工要求，避免下料时对材料的浪费以及后期由于管廊路线规划不合理而造成的公共资源浪费。BIM＋GIS 技术能对管线进行准确的三维定位，对管线发生故障时能及时定位提高抢修效率。

BIM 与物联网相结合可以实现城市地下综合管廊的智能化管理，能够实时提供管线运行信息，对管线数据异常进行智能识别、定位、监控并报警。对于一些危险系数较高的管线，能在一定程度上降低事故发生的概率。

BIM 与云计算相结合，能够实现各个终端设备之间的相互联系。在城市地下综合管廊的运行及维护中，能够方便用户实时接收管线的运行现状。各相关从业人员也应该积极、及时、深入地探索和学习相关工具、技术及管理模式等新的内容，增强各自的核心竞争力。

7.4.2　探索并建立更优化的建设运营管理模式

目前我国的综合管廊建设管理运营还存在较多问题。

（1）法律法规不够健全。目前我国大陆在综合管廊的产权归属、成本分摊、费用收取等与综合管廊的建设管理运营有直接相关的重要问题上都没有出台相关的立法文件。国内大多数综合管廊都存在立法或行政法规等制度跟不上综合管廊建设发展步伐的问题，解决这些急需明确的问题，打破社会资本引入的障碍，我国的综合管廊建设将会得到更加健康迅速的发展。日本和我国台湾地区是在建立了完善配套的法律法规后，综合管廊才得以大规模地推行和发展。日本在 1964 年颁布了《共同沟特别措施法》，同年又颁布了"实施细则"，至 1987 年共进行了 5 次大的修改和完善。我国台湾地区于 2000 年出台了多部有关共同管道的规定，逐步构建起了共同管道的法规体系。两者都通过一系列的法律法规完善了综合管廊建设运营管理的体系，对于工程设计、管理维护、建设基金、经费分摊等具体问题给出了明确的回答。因此，我国大陆也应尽快完善综合管廊的有关法律法规，满足综合管廊发展的需要。

（2）城市综合管廊总体规划没有得到重视。我国现阶段综合管廊的建设都没有充分考虑到城市的发展和规划，大多数城市都是根据城市的特定需求修建综合管廊，而综合管廊的布局与地铁有所不同，只有在网状结构下才能充分发挥其效益。建议各城市根据城市的长远发展规划为市政管线的扩容等预留空间，同时抓住建设综合管廊的最好时机，结合地铁项目综合开发降低建设成本。对地下空间进行更加合理的整体规划，使地下空间的利用更加高效。

（3）缺乏统一管理。现阶段我国地下空间的开发缺少相应的管理机制，各管线单位各自为政，造成了我国地下管线建设多头管理，地下管线的档案及信息未共享的局面。出现了即使综合管廊已经建成也无法正常运营管理的局面。建议在管线总体的规划下，禁止各管线单位私自铺设地下管线，明确要求各管线单位必须进入综合管廊。只有在地下管线得到统一管理后，综合管廊的运营管理才不会形同虚设，才能得以充分发挥综合管廊的作用。

7.4.3　完善并优化城市综合管廊工程规划与技术规范

我国城市综合管廊建设起步较晚，相关的国家标准《城市综合管廊工程技术规范》GB 50838—2015 对于综合管廊的施工及验收仅做了符合性的一般叙述，缺少专门针对综合管廊主体、防水等过程施工的相关技术规范和验收标准。

建议有关部门积极收集自《城市综合管廊工程技术规范》发布以来，在综合管廊实际建设过程中所发现的难以匹配当前综合管廊建设发展的相关资料，以便完善并优化综合管廊技术规范，为我国综合管廊的蓬勃发展提供内在驱动力。

7.4.4　拓展城市地下工程建设思路

如前文所言，当前我国城镇化正在高速地发展，城市的交通日益拥堵，地下空间的使用将会越来越重要，城市综合管廊建设必将在地下空间的使用中占据一席之地。在充分考虑城市的发展和规划的前提下，应对城市综合管廊的建设提出新的思路。中关村西区地下综合管廊就提出了首例三位一体（地下综合管廊＋地下空间开发＋地下环形车道）的建设思路，以中关村西区地下综合管廊为载体，将地下空间开发与地下环形车道融为一体，既大大降低了建设成本，又充分合理地利用了地下空间资源。相信综合管廊未来的发展趋势必将与城市地下工程的共同建设息息相关，愿各相关从业人员能积极拓宽城市地下工程建设思路，为综合管廊的发展贡献力量。

参 考 文 献

[1]　张韵，刘成林，杨京生. 推进城市地下综合管廊建设可持续发展的几点思考[J]. 给水排水，2016，52(06)：1-3.

[2]　油新华. 我国城市综合管廊建设发展现状与未来发展趋势[J]. 隧道建设(中英文)，2018，38(10)：1603-1611.

[3]　杨海燕，孙广东，陈义华，等. 城市综合管廊建设可行性分析[J]. 建筑技术，2017，48(09)：906-910.

［4］　蒲贵兵，吕波，靳俊伟，等. 重庆市城市综合管廊建设存在的问题及建议［J］. 中国给水排水，2016，32（04）：24-27.

［5］　王军，潘梁，陈光，等. 城市地下综合管廊建设的困境与对策分析［J］. 建筑经济，2016，37（07）：15-18.

［6］　QIAN J L，CAO F G，ZHEN D Y. Analysis on the ownership of urban underground utility tunnel［C］. 2019 第四届建筑与城市规划国际会议，2019.

［7］　杨杰. PPP 模式在综合管廊项目中的应用研究［D］. 北京：北京交通大学，2016.

［8］　中华人民共和国住房和城乡建设部. 城市综合管廊工程技术规范 GB 50838—2015［S］. 北京：中国计划出版社，2015.

［9］　刘云龙. 城市地下综合管廊规划及设计研究［D］. 西安：西安建筑科技大学，2017.

［10］　JOSÉ-VICENTE VALDENEBRO J V，GIMENA F N. Urban utility tunnels as a long-term solution for the sustainable revitalization of historic centres：The case study of Pamplona-Spain［J］. Tunnelling and Underground Space Technology，2018，81：228-236.

［11］　中国安装协会. 城市地下综合管廊全过程技术与管理［M］. 北京：中国建筑工业出版社，2018.

［12］　薛学斌，殷吉彦，周洲，等. 城市综合管廊相关问题探讨［J］. 给水排水，2017，53（01）：137-142.

［13］　CANTO-PERELLO J，CURIEL-ESPARZA J，CALVO V. Criticality and threat analysis on utility tunnels for planning security policies of utilities in urban underground space［J］. Expert Systems With Applications，2013，40（11）：4707-4714.

［14］　油新华，申明奎，郑立宁，等. 城市地下综合管廊建设成套技术［M］. 北京：中国建筑工业出版社，2018.

［15］　范翔. 城市综合管廊工程重要节点设计探讨［J］. 给水排水，2016，52（01）：117-122.

［16］　邱端阳，唐圣钧，叶彬. 建设适宜深圳的综合管廊投资运营模式的思考［J］. 给水排水，2016，52（01）：123-127.

［17］　杨宗海. 城市地下综合管廊全生命周期风险评估体系研究［D］. 成都：西南交通大学，2017.

［18］　周文勇，刘红勇，温忠军. 基于 BIM 的城市综合管廊项目信息集成管理研究［J］. 科技管理研究，2019，39（08）：189-195.

［19］　朱记伟，郑思龙，刘建林，等. 基于 BIM 技术的城市综合管廊工程协同设计应用［J］. 给水排水，2016，52（11）：131-135.

［20］　陈苏. 基于 BIM 及物联网的城市地下综合管廊建设［J］. 地下空间与工程学报，2018，14（06）：1445-1451.

第 8 章　太阳能热发电技术研究进展

我国面临资源短缺，资源分布不均匀、不充分，环境污染严重的巨大压力，应积极发展一切可再生能源（包括风能、水能、太阳能等），满足人民日益增长的美好生活需要，解决我国新时代能源发展的需求。太阳能热发电耦合储热技术是一种高效无污染的能源利用方式，可实现供给侧的不稳定与需求侧稳定的和谐一致，从而克服太阳能低密度和间歇性的缺点，并实现太阳能的规模化、产业化应用。我国的太阳能热发电技术在全球具有领先水平，基础技术掌握牢固、核心技术拥有自主知识产权、工业化产业化经验丰富，具备大规模应用的技术支撑。太阳能热发电技术是一个复杂的系统工程，涉及光学、工程热力学、传热学、流体力学、材料力学、结构力学、化学、物理等多学科知识，其理论研究、中试基地测试、规模化应用、低成本高效运行等具有重要的科学价值和推广意义。总体来说，太阳能热发电技术作为一种绿色、友好、可持续、安全环保的发电技术，由于国家政策支持力度较大、企业参与度较高、学术界研究热情较强等特色，其工程应用前景非常广阔。

8.1　太阳能热发电技术概述

8.1.1　太阳能简介

太阳能是自然界中可供人类利用的一种巨大、无污染、可再生能源，是解决能源短缺和环境污染的有效途径之一。国内外学者认为：地球上一切能源都来自于太阳，比如我们生活所需的煤炭、石油、天然气等化石燃料都是因为各种植物通过光合作用把太阳能转变成化学能在植物体内贮存下来后，再由埋在地下的动植物经过漫长的地质年代形成。此外，水能、风能、波浪能、地热能等也都是由太阳能转换来的。太阳能主要是太阳中的氢原子核在超高温时聚变释放的能量，其产生的能量非常可观。

太阳被认为是一个超高温的气团，其半径约 700000km，由于其中心温度可高达数千万度，其向宇宙辐射的能量规律非常复杂，根据实际测量结果显示太阳这个超高温气团可以等同于一个温度为 5762K 的黑体，其最大辐射光谱约为 $0.503\mu m$，它向宇宙空间辐射的能量光谱大约 99% 都集中在 $0.2\sim3\mu m$，可见光部分（波长 $0.38\sim0.76\mu m$）占比约为 43%，红外线部分（波长 $>0.76\mu m$）占比约为 48.3%，有一点需要强调的是太阳能中只有很小的一部分能量到达地球。根据传热学知识可大概计算出太阳向周围辐射能量中投射到地球大气层外缘的百分数约为 4.567×10^{-8}%（这里计算中，假设地球的半径为 6436km，地球中心与太阳中心的距离为 1.5×10^8 km）。因此，把太阳看作一个圆形的黑体，其表面积为 6.13×10^{18} m^2，那么太阳向周围辐射出去的总的能量可以根据斯蒂芬-玻尔兹曼定律计算为 5.67×10^{-8} $\times6.13\times10^{18}\times5762^4=3.83\times10^{26}$ W，太阳辐射到达地球大气层外缘的能量为 1.75×10^{17} W，在地球大气层外缘垂直于射线方向单位面积的能量为 $1343W/m^2$（根据实测结果显示，这一数据的准确值应为 $1353W/m^2$，定义为太阳常数）。

在太阳能的利用过程中，需要注意的是太阳辐射强度有一个衰减过程，太阳常数只表示为大气层边缘处的最大辐射强度，由于大气中存在水蒸气、二氧化碳、臭氧以及灰尘等物质，对太阳辐射具有强烈的吸收、散射和反射作用，实际到达地球表面的太阳辐射强度小于太阳常数。通常，到达地球表面的太阳辐射强度分为直射辐射强度、散射辐射强度以及总辐射强度，人类在利用太阳能的过程中，既可以选择利用直射辐射强度，也可以选择利用散射辐射强度，还可以利用总辐射强度，从另一个方面来说，可以利用某种单色光或者某个光带，甚至利用全光谱。因此太阳能的合理、高效利用具有非常重要的科学意义和技术推广价值。

8.1.2　太阳能热发电技术的原理

太阳能的利用涉及人类的方方面面，比如太阳能采暖、太阳能热泵、太阳能玻璃房、太阳能温室建筑、太阳灶、太阳能烘干机、太阳能热水器、太阳能热发电等。

太阳能热发电就是指通过水或其他工质和装置将太阳辐射能转换为电能的一种发电方式，目前是国内外的研究重点和热点之一。其原理是先将太阳能转化为热能，再将热能转化成电能，它有两种转化方式（光伏和光热）：一种是将太阳能直接转化成电能，如半导体或金属材料的温差发电，真空器件中的热电子和热电离子发电，碱金属热电转换，以及磁流体发电等；另一种方式是将太阳能转换而来的热能通过热机（如汽轮机）带动发电机发电，与常规热力发电类似，只不过是其热能不是来自燃料，而是来自太阳能。太阳能热发电有多种类型，主要有以下 4 种：碟式系统、槽式系统、塔式系统、菲涅尔。一些发达国家将太阳能热发电技术作为国家研发重点，形成了各种类型的太阳能热发电示范电站，已达到并网发电的实际应用水平。

当前世界上已经建成或者未来将要建设的太阳能热发电系统很多，其原因主要是这种系统可以耦合储热系统。我们知道太阳能本身的能量巨大，但是通常会受到季节、经度纬度、白日黑夜、雨云风沙、雾霾气候条件和地理位置影响，没有储热功能的太阳能是很难进行规模化、产业化利用的，所以储热系统对于太阳能热发电具有重要的作用。

已经部分工业化的太阳能热发电系统大致可分为槽式系统和塔式系统，碟式系统截至目前尚未得到大规模的产业应用。太阳能热发电系统的传热工质主要是空气、导热油、水和熔融盐等，这些传热工质在接收器内可以加热到约 500℃ 然后用于发电。此外，该发电方式的储热系统可以将热能暂时储存数小时，以备用电高峰时之需。槽式系统是利用抛物柱面槽式发射镜将阳光聚集到管形的接收器上，并将管内传热工质加热，在换热器内产生蒸汽，推动常规汽轮机发电。塔式太阳能热发电系统是利用一组独立跟踪太阳的定日镜，将阳光聚集到一个固定塔顶部的接收器上以产生高温。除了上述几种传统的太阳能热发电方式以外，太阳能烟囱发电、太阳池发电、太阳能薄膜发电等新领域的研究也取得了一定的进展。同时，在所有的储能系统中，显热储热系统被认为是一种典型、安全、经济的储能系统。潜热储热目前也有一些发展，化学储能目前尚未进行大规模应用。因此，当前或未来的太阳能热发电系统中都耦合了一种储热系统，这也是太阳能热发电系统近 20 年来得到蓬勃发展的主要原因之一（本章后续的介绍均表示太阳能热发电系统耦合了储热系统)。

8.2 太阳能热发电的发展现状

太阳能热发电技术涉及众多内容,整个产业链包括:太阳能集热器(也叫镜场)、支撑结构(荷载及变形问题)、中央吸热器或者槽式吸热器、传热流体经济性和物性、储热/热化学能存储介质、电力循环及电力并网、先进聚光太阳能热发电设备的制造/可靠性/服务寿命预测、商业化和示范项目、政策和市场、测量和控制、太阳能资源评估(国内主要分几类地区)、气象条件及云层预测、镜面清洗问题以及其他不可预见的问题。

太阳能热发电系统带有低成本、大容量、长寿命且安全环保的储热系统,与其他储能方式相比优势明显,可以发挥调峰电源以及基础负荷电源作用,对于电网稳定安全运行、提高可再生能源占比和支撑"一带一路"中国能源解决方案意义重大。国内外在太阳能热发电领域进行了广泛的研究与应用。本章主要按照我国太阳能热发电技术现状、其他国家太阳能热发电技术现状、学术界研究现状三部分介绍。

8.2.1 我国太阳能热发电技术现状

太阳能热发电是太阳能利用的重要领域,太阳能热发电由于带有廉价的储热系统,不依赖气象条件可连续发电,成为清洁低碳能源生产和消费革命的重要组成部分。为推动我国太阳能热发电技术产业化发展,我国于 2016 年 9 月确定了第一批共 20 个太阳能热发电示范项目名单,总计装机容量 134.9 万 kW,分别分布在青海省、甘肃省、河北省、内蒙古自治区、新疆维吾尔自治区。截至 2019 年,目前示范项目中已经有 3 个示范电站并网发电,装机容量 200MW;已经建成的 3 个项目分别为:2018 年 10 月 10 日建成的中广核新能源青海德令哈槽式太阳能热发电系统,其装机容量为 50MW;2018 年 12 月 28 日建成的首航节能甘肃敦煌塔式太阳能热发电系统,其装机容量为 100MW;2018 年 12 月 30 日建成的浙江中控德令哈塔式太阳能热发电系统,其装机容量为 50MW。另有 5 个示范电站将在 2020 年 6 月 30 日前先后投运,这 5 个项目分别为:中国能建哈密塔式太阳能热发电系统,其装机容量为 50MW;中电建青海共和塔式太阳能热发电系统,其装机容量为 50MW;内蒙古乌拉特中旗槽式太阳能热发电系统,其装机容量为 100MW;兰州大成敦煌熔融盐线性菲涅尔式太阳能热发电系统,其装机容量为 50MW;玉门鑫能二次聚光塔式太阳能热发电系统,其装机容量为 50MW。此外,还有 8 个项目(共 51.4 万 kW,占总示范规模的 38%)因电价退坡机制不明确等政策性困难,开工建设时间待定。

在我国太阳能热发电系统中储热技术的应用主要包括 1 个固态混凝土储热、8 个双罐直接式熔融盐储热、4 个双罐间接式熔融盐储热,具体来说:位于张家口、装机容量为 50MW 系统采用的是 14h 混凝土储热,位于哈密、装机容量为 50MW 熔融盐塔式系统采用的是 8h 熔融盐储热,位于敦煌、装机容量为 100MW 熔融盐塔式系统采用的是 11h 熔融盐储热,位于玉门、装机容量为 50MW 熔融盐塔式系统采用的是 9h 熔融盐储热,位于阿克塞、装机容量为 50MW 熔融盐塔式系统采用的是 15h 熔融盐储热,位于德令哈、装机容量为 50MW 熔融盐塔式系统采用的是 7h 熔融盐储热,位于青海共和县、装机容量为 50MW 熔融盐塔式系统采用的是 6h 熔融盐储热,位于海西州、装机容量为 50MW 熔融盐塔式系统采用的是 12h 熔融盐储热，位于敦煌、装机容量为 50MW 熔融盐线性菲涅尔式系统采用的是 13h 熔融盐储热，位于乌拉特中旗、装机容量为 100MW 导热油槽式系统采用的是 4h 熔融盐储热，位于玉门、装机容量为 50MW 导热油槽式系统采用的是 7h 熔融盐储热（2 个）；位于德令哈、装机容量为 50MW 导热油槽式系统采用的是 9h 熔融盐储热。

2018 年度《太阳能热发电及采暖技术产业蓝皮书》显示，截至 2018 年底，我国具有槽式真空吸热管生产线 10 条，机械传动箱生产线 5 条，槽式玻璃反射镜生产线 6 条，液压传动生产线 2 条，熔融盐生产线 3 条，导热油生产线 3 条，定日镜生产线 5 条，槽式集热器生产线 3 条。从 2017 年开始，我国产业已从国内市场迈向国际市场。2018 年 7 月 18 日，国家主席习近平在阿联酋《联邦报》《国民报》发表的题为《携手前行，共创未来》的署名文章中指出"中阿合作建设中的迪拜 700MW 太阳能热发电项目是世界上规模最大、技术最先进的光热发电站"。2019 年我国公司参加总包的摩洛哥 250MW 槽式 Noor Ⅱ 和 150MW 塔式 Noor Ⅲ 电站相继投运。我国企业在非洲、希腊、智利等地积极寻求国际市场。

8.2.2　其他国家太阳能热发电技术现状

太阳能热发电由于其具有突出的优势，除了在我国得到广泛的应用外，在国际上也得到了快速的发展和应用。

位于南美洲西南部的智利共和国具有丰富的太阳辐射强度，部分沙漠地带直射太阳辐射强度年均值超过 3000kW·h，该国建立的第一个太阳能热发电站 Cerro Dominador，其装机容量为 110MW，比我国目前建成的 3 个系统装机容量都要大。位于欧洲中部的议会制国家奥地利非常重视高温太阳能热发电技术，该国研究学者针对粒子吸热器和二氧化碳循环技术进行了研究，建立了一批示范项目并且开发了一些流化床换热器。尤其是粒子吸热器作为未来非常具有发展前景的一种太阳能吸热器，直接能够接受高温的太阳光线，而不涉及高压问题，也可以不需要二次传热，因此具有较高的传热储热效率和应用可行性。

欧洲发达国家法国和德国属于太阳能热发电领域的先驱，德国的技术主要集中在太阳能模拟器设计及研发，而法国的技术主要集中在重质粒子技术，两个国家都具有很好的太阳辐射强度和非常强大的技术实力、经济实力，掌握了一批具有自主知识产权的核心技术，在一些关键的物性和系统设计方法方面具有较强的能力。

意大利目前拥有较多的太阳能光伏光热发电站，也具有一批高水平的研究队伍，比如意大利巴勒莫大学的 Gaetano Zizzo，意大利 ENEA Centro Ricerche Portici 研究中心的 Paola Delli Veneri 等都是太阳能领域的专家，但是目前意大利对于太阳能发电的补贴已经停止了，这个政策在一定程度上影响了后续太阳能的发展。西班牙也是太阳能热发电领域的先驱国家，好多大型的新型储热系统都是来自西班牙，目前西班牙的装机容量大概为 2300 MW，是世界上现有装机容量最大的国家之一，但是近两年西班牙受经济影响，太阳能热发电和科研投入均有所降低。

美国由于其具有强大的科技实力和经济实力，一直是太阳能热发电领域的领导者。美国拉斯维加斯有一个被 1800 面广告牌大小的巨型镜子包围的高塔。这座高塔是一座熔融盐太阳能发电厂，厂内拥有目前世界最先进的熔融盐。最近美国著名太阳能热发电项目开发商 Solar Reserve LLC 正在筹备共计 2GW 的 Sandstone 太阳能发电项目（Sandstone Solar Energy Project），项目选址距离美国内华达州拉斯维加斯西北部 225mile，总占地面积约为 20000arce。共计 2G 的 Sandstone 太阳能发电项目将采用技术先进的熔融盐塔式光热发电系统，计划包括 10 座聚光塔，单个塔式电站均将配置 10h 熔融盐储热系统，可实现一周 7 天 24 小时运转。

8.2.3 学术界研究现状

太阳能热发电在学术上也具有重要的研究价值。国内外一大批的学者开始研究热发电技术中的关键科学问题。

我国目前关于太阳能热发电技术的研究高校包括：北京工业大学、中山大学、天津大学、华北电力大学、西安交通大学、哈尔滨工业大学、清华大学、南京工业大学、武汉科技大学、昆明理工大学等。研究科研院所主要是中国科学院电工研究所、工程热物理研究所，上海应用物理研究所等，尤其是中国科学院电工研究所在本领域具有国内领先、世界一流的科研能力和科研成果，也是我国在太阳能热发电领域的领导者，王志峰教授（国家太阳能光热产业技术创新战略联盟理事长）是相关规范的制定者，也是国家太阳能光热产业技术创新战略联盟的倡导者之一。

相变材料是太阳能储热系统的关键。近 30 年来，科研工作者积极寻找更适用于太阳能储热的材料。储热材料主要分为有机材料、无机材料、金属等，其中，有机材料主要包括石蜡、脂肪酸、酯类、醇等，它们熔点低、热传导系数低、重度易燃、安全系数较低；无机材料包括盐水合物和熔融盐等，但盐水合物熔点低、过冷现象明显、不共融；金属材料的熔点很高、比热容小，单位重量潜热小，不利于热能的储存；相对其他储热材料而言，熔融盐储热材料有合适的储热温度、安全系数高及经济性等，其有更广泛的应用前景。结合相关的文献资料，以储热材料的相变温度为基础，将无机储热材料划分为低温（小于 120℃）、中温（120～300℃）和高温（大于 300℃）三部分，而对于太阳能热发电技术而言，更适合采用中高温储热系统。相变材料的选取一般需要遵循以下规则：热力学性能（合适的相变温度、较大的相变潜热、比热容及导热系数以及材料的共融性）；动力学性能（满足过冷度小、融化时无过饱和以及结晶快等现象）；物理学性能（良好的相平衡、蒸汽压低、密度大以及相变前后体积变化小等）；化学性能（热稳定性好、腐蚀性好，符合绿色化学的特点）；经济性能（材料易得，成本低廉，具有工业实用性）。开发高效储热材料是提高储热系统性能的基础，相变储热材料具有较高的储热密度和较低的温度变化区间，有望在未来实现大规模应用，但是目前的相变储热材料由于导热系数较低，难以得到推广应用，因此提高相变储热材料的导热能力是当务之急。提高导热性能的常见方法有：翅片（纵向翅片、环形翅片、仿生学翅片）、石墨夹层等，但是这些常见方法不可避免地会引起储热体的体积增加、成本增加，因此急需开发新的储热材料。国内外正在研究的新型材料包括：纳米复合相变材料（具体研究包括：筛选最佳的纳米材料，探讨最佳的纳米材料含量，研究不同分散剂的分散效果），泡沫金属复合相变储热材料（主要包括：制备高导热能力相变材料和研究孔隙率、孔密度对其的影响），陶瓷定型相变储热材料（主要包括：压力优化筛选，保压时间优化筛选，铝含量优化筛选），高温相变储热球（主要包括：球的制备和封装技术）等。

对于太阳能储热装置而言，近年来，许多科研人员普遍运用实验、数值模拟或者两者相结合的方法，探究不同储热装置的储热性能。目前，换热性能差是储热系统的一大缺点，因此相关科研人员采取相关措施，进行强化传热过程的探究，以提高储热系统的储热性能。现阶段，许多科研人员针对管壳式储热罐进行研究。M. Avci 等选用石蜡作为相变材料，分析水平放置的管壳式储热装置的熔化凝固过程，发现增加热载体进口温度会减少系统熔化时间。M. Kibria 等分析管壳式储热单元的导热流体的进口条件、导热管壁厚和半径对储热性能的影响，发现进口温度和管径对蓄/放热过程影响很大，但流速与壁厚影响微弱。S. Seddegh 等分析竖直放置的圆柱储热单元内外径比例对储热性能的影响。Y. Tao 等针对热载体的不同进口条件对管壳式储热器的储热时间、储热量以及热通量进行研究，发现储热时间随着进口温度、流速的增加而降低，在熔化过程中，热通量先增加后减小，且进口温度、流速越大，达到最大值的时间越短，最值也越大。同时，研究了 4 种不同的增强管对管壳式储热单元的影响，发现粗糙度可以改善储热罐的储热特性。Y. Fang 等针对管壳式储热罐，提出用有效储能比指标来表示相同容积的潜热储热系统的有效储能能力，此分析对储热系统的优化设计有一定指导意义。M. Dadollahi 等分析热载体速度和相变材料的表面积与体积的比值对管壳式储热系统的影响。在研究过程中，科研人员发现了自然对流的存在，对储热罐的储热特性产生很大的影响。S. Seddegh 等采用实验的方法分析自然对流在管壳式储热单元蓄/放热过程中的作用，发现自然对流能增强液态熔融盐的热传导速率。F. Fornarelli 等利用 Fluent 模拟分析储热单元在自然对流影响下的相变材料的相变过程。J. Kurnia 等提出了旋转的壳程储热系统，在此过程中削弱自然对流存在的弊端，结果表明，旋转储热系统明显提高了系统的传热性能，同时旋转速度越快，换热速率越高。X. Gao 等对盘管矩形罐储热装置的热性能进行了研究，结果表明自然对流促进了顶部熔融盐的热能传递，但削弱了罐体底部区域的传热速率。

由于相变材料普遍存在导热系数低的弊端，科研人员针对此问题进行强化传热的探究，发现通过在储热罐中添加导热翅片、使用热管或者是在熔融盐中添加高导热系数的颗粒都可以强化储热过程中的传热问题。叶三宝等采用石蜡做相变材料对新型翅片平板换热管的蓄放热进行实验研究，发现传热流体温度越高、流速越大，相变材料熔化越快，储热效率越高。Y. Tao 等研究自然对流和翅片对水平放置的管壳式储热器的影响，发现翅片可以改善由于自然对流的存在造成的熔融盐在熔化过程中不均匀的现象。华建社等模拟分析具有内外双螺旋结构的翅片管式储热换热器的储/放热过程，发现双螺旋翅片管比光滑管、单翅片管的储热效率高，且翅片管距对储热性能有重要的影响。M. Parsaza-deh、X. Yang 等模拟分析了环形翅片管壳单元的熔化过程，结果表明翅片在强化传热方面具有很好的应用前景。M. Amagour 等研究了基于等效圆翅片效率法的翅片管储热系统的相变换热，相对于其他系统，紧凑的翅片管系统具有较好的储热性能，特别是在小流量下，同时增大导热流体的流量可以明显缩短储/放热时间。王美俊等建立翅片管与光滑管的相变储热器的三维计算模型，从储热速率、储热量以及温度场的分布分析比较两者的性能，发现添加翅片可提高储热器的储/放热性能。F. Zhu、M. Eslami 等研究翅片对方形储热装置的作用，发现翅片与自然对流相互作用，可提高储热速率，同时采用三种热增强方法改善方形储热器的储热性能。S. Tiari 等分析翅片对方形储热系统的影响，发现翅片的尺寸、数量能影响相变材料的自然对流现象。M. Parsazadeh 等探究在导热流体和储热材料中添加纳米材料对储热性能的影响，发现添加纳米材料能缩短相变材料的熔化时间，提高储热单元的储热效率。

除此之外，还有许多科研人员探究球型胶囊填充床储热装置的储热性能，并进行储热装置的强化传热研究。S. Bellan 等对球型胶囊封装的高温潜热储热系统的动态热性能进行分析，结果表明，Stefan 数和胶囊外壳材料的物性对系统的热性能有显著的影响。F. Ma 等采用 Al-Si（硅为主要合金元素的铸造铝合金）建立了填充床储热系统，结果表明相比于岩石填充床储热系统，由于相变材料的潜热和高导热系数，填充床系统的储热性能更好，且热载体进口温度、胶囊的壁厚都对储能系统的储/放热时间有很大的影响。A. Abdulla 等针对储热过程中的温跃层，对填充床储热系统进行了研究，发现热载体的进口速度和相变材料的熔点对储热系统性能的影响很大。同时，科研人员对其他不同结构的储热装置进行了研究。牛建会等为了解决相变导热系数低且易与受热面相剥离而造成的相变储热装置功率不足的问题，搭建了外压内吸薄壁弹性矩形阵列管储热装置，探究其在导热流体的入口温度、流速和初始温度下的放热性能。李凤飞等以新型平板微热管列阵为核心传热元件，设计一种新型空气换热式相变储热器，此换热器的结构紧凑，性能高效。W. Li 等研究不同尺寸的球状储热器在不同温度水浴以及不同导热材料下的熔化过程，发现水浴温度越高，球状体积越小，球外壳导热系数越大，相变材料熔化越快。N. Tay 等利用计算流体动力学分析软件研究储热体的动态熔化过程。张仲彬等模拟计算带有空穴的相变储热胶囊的储热过程，发现空穴使储热过程变缓，适当增加热载体的流速和阻塞率可加快储热过程，而导热流体的流向对储热装置储热效果的影响很弱。侯普民等搭建环形相变储热试验装置，发现环形结构可有效地减少储/放热时间，改善储/放热速率，且增加换热流体的流量和温度能明显提高储热速率。任红霞等模拟研究组合式相变储热器，发现此设计可以有效减少储热时间，提高储热器的储热性能，使相变材料的固液相分布更均匀。马涛等研制出一种矩形组装式太阳能储热器，模拟分析传热介质的温度以及流速对储热装置储热过程的影响，得到储热器内温度与时间的表达式，同时发现对流传热系数随 Re 的增大而线性增加。毛前军等针对太阳能热发电系统的高效聚集技术、相变材料的热物理属性、高效能源利用等方面也进行了研究。

综上可知，储热装置主要分为圆柱管壳式、矩形、球状、胶囊填充床等结构，对比分析可知传统的圆柱管壳式储热结构由于其构造简单、结构对称，得到更广泛的研究应用。而对于单一结构的储热单元，在相变过程中受到自然对流的影响，相变材料在熔化过程中会有温度分布以及熔化过程不均匀的现象，科研人员发现采取强化传热措施，可以增强部分区域的传热速率，改善这一缺陷。例如添加翅片可以改善这一现象，但会增加储热装置结构的复杂性，同时过多翅片的加入又会降低储热材料的储热密度。

8.3 太阳能光热利用的产业政策

8.3.1 国家太阳能光热产业技术创新战略联盟

按照科学技术部、财政部、教育部、国务院国资委、中华全国总工会、国家开发银行六部门联合发布的《关于推动产业技术创新战略联盟构建的指导意见》（国科发政〔2008〕770 号）精神，在产学研结合工作协调指导小组支持和积极推动下，太阳能光热产业技术创新战略联盟（以下简称太阳能光热联盟）于 2009 年 10 月成立。这是一个由太阳能光热领域相关企业、大学、科研机构，以企业的发展需求和各方的共同利益为基础，以提升产业技术创新能力为目标，以具有法律约束力的契约为保障，形成的联合开发、优势互补、利益共享、风险共担的技术创新合作组织。2010 年被科学技术部列入首批 36 家试点联盟之一（国科办政〔2010〕3 号），2012 年被科学技术部评估为 A 类联盟（国科办体〔2013〕4 号），根据科学技术部办公厅关于印发《产业技术创新战略联盟评估工作方案（试行）的通知》（国科办政〔2012〕47 号），该联盟被认定为"国家太阳能光热产业技术创新战略联盟"（来源于国家太阳能光热产业技术创新战略联盟官网）。

8.3.2　中国太阳能热发电大会的发展历程

为探讨交流我国太阳能热发电领域的最新进展，由各高校学者和企业代表共同参加的本领域高层论坛最初取名叫"三亚论坛"，后来逐步发展成全国太阳能光热大会，笔者多次参加了本领域最权威的大会，因此就大会发展的历程做一个简单的介绍和总结（资料主要来自于联盟官网和个人参会的一些体会）。

1. 2007 年太阳能热发电技术发展三亚论坛

举办时间：2007 年 8 月 13 日。

举办地点：海南省三亚市。

参会人员：59 人。

专家主要观点：太阳能热发电技术是一项具有大规模化能力，在近期内可步入商业化的技术，是能源技术发展的热点，也是国际太阳能技术发展的重点。

2. 2008 年太阳能热发电技术发展三亚论坛

举办时间：2008 年 8 月 26 日。

举办地点：海南省三亚市。

参会人员：来自中国大陆、中国台湾、西班牙、美国、澳大利亚、韩国和意大利等国家和地区政府部门、投资公司和科研院所、企事业单位的 120 多位代表出席了此次论坛。

专家主要观点：太阳能热发电技术是目前能源市场需求的理想选择，并具备进一步大规模化、商业化和产业化的能力，从而成为未来能源技术发展的热点和国际太阳能技术发展的重点。

3. 2009 年太阳能热发电技术发展三亚论坛

举办时间：2009 年 8 月 11 日。

举办地点：海南省三亚市。

参会人员：来自中国、西班牙、美国、德国、韩国、意大利等国家的 230 多位政府官员、专家学者、企业家和投资商。

专家主要观点：太阳能热发电系统是多物理过程、非稳态、强非线性耦合的复杂系统，当前制约太阳能热发电技术发展的主要障碍是：聚光成本高，在不稳定太阳辐照下的系统光学效率和热-功转换效率低。

4. 2010 年太阳能热发电技术发展三亚论坛

举办时间：2010 年 8 月 17 日。

举办地点：海南省三亚市。

参会人员：来自中国、韩国、西班牙、美国等国家的政府部门、投资公司和科研院所、企事业单位的 300 多位代表。

专家主要观点：应研究用能系统的合理配置和用能过程中物质与能量转化的规律以及它们的应用，提高能源利用率和减少污染，最终减少能源的消耗。

5. 2011 年太阳能热发电技术发展三亚论坛

举办时间：2011 年 8 月 16 日。

举办地点：海南省三亚市。

参会人员：430 人。

专家主要观点：碳捕捉与封存（CCS）技术是一种特殊的能源环境技术，对其认识需要不断深入。

6. 2012 年太阳能热发电技术发展三亚论坛

举办时间：2012 年 8 月 21 日。

举办地点：海南省三亚市。

参会人员：来自中国、欧洲等高校及科研院所、企业代表等。

专家主要观点：我国科学家绘制了太阳能热发电技术发展路线图，将太阳能热发电技术划分为 4 代。

7. 2013 年太阳能热发电技术发展三亚论坛

举办时间：2013 年 8 月 12 日。

举办地点：海南省三亚市。

参会人员：270 余人。

专家主要观点：发展清洁能源是从根本上解决能源问题的主要途径之一，有望成为主力能源。

8. 2014 年太阳能热发电技术三亚论坛暨第 20 届国际太阳能热发电和热化学大会

举办时间：2014 年 9 月 16 日。

举办地点：北京国家会议中心。

参会人员：清华大学教授过增元院士，美国南佛罗里达大学 Dr. Goswami 教授，国际能源署 Paolo Frankl 博士等。

专家主要观点：将聚光太阳能热利用推向全球化发展。

9. 2015 年第一届中国太阳能热发电大会

举办时间：2015 年 8 月 19 日。

举办地点：甘肃省敦煌市。

参会人员：300 余人。

专家主要观点：太阳能热发电技术的重要意义越来越清楚。

10. 2016 年第二届中国太阳能热发电大会

举办时间：2016 年 8 月 10 日。

举办地点：内蒙古呼和浩特市。

参会人员：400 余人。

专家主要观点：太阳能热发电系统设计与实践、太阳能高效聚集和吸收、储热材料及储热换热设备、太阳能热化学与工农业热利用、太阳能热发电示范项目技术方案、太阳能热发电对电网的价值等研究。

11. 2017 年第三届中国太阳能热发电大会

举办时间：2017 年 8 月 8 日。

举办地点：甘肃省敦煌市。

参会人员：400 余人。

专家主要观点：示范项目建设是不是成功，不是看这些项目是不是建成，而是看我们整个产业体系能不能形成，我们的技术能不能实现可靠地运行。

12. 2018 年第四届中国太阳能热发电大会

举办时间：2018 年 9 月 12 日。

举办地点：江苏省常州市。

参会人员：400 余人。

专家主要观点：我国有丰富的太阳能资源，经过十几年的发展，太阳能热发电技术已经基本成熟，为进一步探讨大规模发电方式，还需要解决聚光跟踪、高温传热储热、高参数热力循环等方面的关键技术以提高效率、降低成本。

13. 2019 年第五届中国太阳能热发电大会

举办时间：2019 年 8 月 19 日。

举办地点：浙江省杭州市。

参会人员：300 余人。

专家主要观点：本届大会共进行 58 个口头报告，展示了 12 个墙报以及 13 家参展单位的技术能力和产品。大会由中国科学院电工研究所王志峰研究员主持。浙江大学岑可法院士，西安交通大学何雅玲院士等做了大会讲话和报告。北京工业大学吴玉庭教授介绍了什么是熔融盐（盐的熔融态液体），熔融盐高温传热的应用领域（主要包括太阳能热发电与热利用、核电、电力储能、间歇余热利用等），国内外已建成的塔式熔融盐电站（西班牙 Gemasolar，美国的 CRESCENT DUNES 电站，摩洛哥 Noor Ⅲ 电站，首航光热敦煌 100MW 电站，中控德令哈 50MW 电站），目前全球总共有约 24 座太阳能热电站采用了大规模熔融盐储热技术，总装机容量达到了 3899MW，最长已有 10 年的商业运行经验。吴教授还介绍了在二元熔融盐中添加其他种类盐或替代二元熔融盐的某种组分，先后配置了 200 多种混合熔融盐配方，其中获得了 3 种优化配方，熔点在 80～110℃，最高使用温度在 550～650℃，并经过了 1000 次大温差冷热冲击和恒高温热稳定试验，其主要物性变化率不超过 5％。中国科学院上海应用物理研究所唐忠锋研究员做了超高温熔融盐设计及其传储热研究进展，主要介绍了超高温熔融盐的研究背景、超高温熔融盐配方的设计优化、超高温熔融盐物性测试方法以及超高温熔融盐的腐蚀控制方法研究。超高温熔融盐的物性测试中主要包括：初晶温度、热焓、比热容、密度、蒸气压、表面张力、黏度、导热系数等，对于不同的物性采用的测试方法主要有：步冷曲线法、差示热分析仪、阿基米德法、最大气泡法、旋转法、激光闪光法等。哈尔滨工业大学王富强教授做了太阳能光热高效能源品味提升过程中的能流输运机制与调控方法的报告，重点解决了如何评价太阳能聚集方向特性，太阳能高温热利用中的光能损失问题，太阳能高温热化学转换过程中如何进行能流输运的高效调控等问题。闭幕式由中国科学院电工研究所王志峰教授主持，他以我国目前已经投入运行的 3 个太阳能光热发电站为例阐明了太阳能热发电中的关键问题和共性技术，对中国太阳能热发电行业发展有着非常重要的借鉴意义。2019 年 8 月 22 日下午根据会务组安排 120 余名与会代表参观了浙江大学位于青山湖校区的太阳能热发电试验平台，浙江大学肖刚教授对该平台进行了详细的介绍，其平台占地 10000m²、定日镜面积 2000m²，塔高 40m，最大热功率可达 1MW，这些实际运行参数对后续的研究工作提供了很好的参考和借鉴意义。

8.4 本章小结

太阳能的热发电技术是当前研究的重点与热点问题之一，本章根据作者多年的科研经历与参加国内外学术会议的体会，总结了太阳能热发电技术的原理及研究现状，以及归纳总结了国内太阳能热发电大会的历届举办情况，希望能够让更多的学生了解太阳能热发电技术的一些基本情况，促进国内外更多的学者参与到这一高技术领域的研究中来，共同发展我国的太阳能热发电技术。

参 考 文 献

[1] AVCI M，YAZICI M. Experimental study of thermal energy storage characteristics of a paraffin in a horizontal tube-in-shell storage unit [J]. Energy Conversion and Management，2013，73：271-277.

[2] KIBRIA M A，ANISUR M R，MAHFUZ M H，et al. Numerical and experimental investigation of heat transfer in a shell and tube thermal energy storage system [J]. International Communications in Heat and Mass Transfer，2014，53：71-78.

[3] SEDDEGH S，WANG X，JOYBARI M，et al. Investigation of the effect of geometric and operating parameters on thermal behavior of vertical shell-and-tube latent heat energy storage systems [J]. Energy，2017，137：69-82.

[4] TAO Y B，HE Y L. Numerical study on thermal energy storage performance of phase change material under non-steady-state inlet boundary [J]. Applied Energy，2017，88(11)：4172-4179.

[5] TAO Y B，HE Y L. Numerical study on performance enhancement of shell-and-tube latent heat storage unit [J]. International Communications in Heat and Mass Transfer，2015，67：147-152.

[6] TAO Y B，HE Y L，QU Z G. Numerical study on performance of molten salt phase change thermal energy storage system with enhanced tubes [J]. Solar Energy，2012，86(5)：1155-1163.

[7] FANG Y，NIU J，DENG S. Numerical analysis for maximizing effective energy storage capacity of thermal energy storage systems by enhancing heat transfer in PCM [J]. Energy and Buildings，2018，160：10-18.

[8] DADOLLAHI M，MEHRPOOYA M. Modeling and investigation of high temperature phase change materials (PCM) in different storage tank configurations [J]. Journal of Cleaner Production，2017，161：831-839.

[9] SEDDEGH S，JOYBARI M，WANG X. Experimental and numerical characterization of natural convection in a vertical shell-and-tube latent thermal energy storage system [J]. Sustainable Cities and

Society, 2017, 35: 13-24.

[10] FORNARELLI F, CAMPOREALE S, FORTUNATO B. CFD analysis of melting process in a shell- and- tube latent heat storage for concentrated solar power plants[J]. Applied Energy, 2016, 164: 711-722.

[11] KURNIA J C, SASMITOB A P. Numerical investigation of heat transfer performance of a rotating latent heat thermal energy storage [J]. Applied Energy, 2017, 227: 542-554.

[12] GAO X J, WEI P, XIE Y F, et al. Experimental investigation of the cubic thermal energy storage unit with coil tubes [J]. Energy Procedia, 2017, 142: 3709-3714.

[13] 叶三宝, 刁彦华, 赵耀华. 新型平板热管相变蓄热器放热性能分析[J]. 电力建设, 2014, 35(7): 136-140.

[14] TAO Y B, HE Y L. Effects of natural convection on latent heat storage performance of salt in a horizontal concentric tube [J]. Applied Energy, 2015, 143: 38-46.

[15] 华建社, 张焱, 张娇. 新型管壳式相变蓄热器的设计与数值模拟[J]. 节能, 2015, 11: 24-30.

[16] PARSAZADEH M, DUAN X. Numerical study on the effects of fins and nanoparticles in a shell and tube phase change thermal energy storage unit [J]. Applied Energy, 2018, 216: 142-156.

[17] YANG X H, LU Z, BAI Q S, et al. Thermal performance of a shell-and-tube latent heat thermal energy storage unit: Role of annular fins [J]. Applied Energy, 2017, 202: 558-570.

[18] AMAGOUR M E H, RACHEK A, BENNAJAH M. Experimental investigation and comparative performance analysis of a compact finned-tube heat exchanger uniformly filled with a phase change material for thermal energy storage [J]. Energy Conversion and Management, 2018, 165: 137-151.

[19] 王美俊, 田松峰, 韩强, 等. 管壳式换热器蓄热单元数值模拟与优化[J]. 节能, 2016, 8: 11-16.

[20] ZHU F, ZHANG C, GONG X L. Numerical analysis on the energy storage efficiency of phase change material embedded in finned metal foam with graded porosity [J]. Applied Thermal Engineering, 2017, 123: 256-265.

[21] ZHU F, ZHANG C, GONG X L. Numerical analysis and comparison of the thermal performance enhancement methods for metal foam/phase change material composite [J]. Applied Thermal Engineering, 2016, 109: 373-383.

[22] ESLAMI M, BAHRAMI M A. Sensible and latent thermal energy storage with constructal fins [J]. International Journal of Hydrogen Energy, 2017, 42(28): 17681-17691.

[23] TIARI S, QIU S G, MAHDAVI M. Numerical study of finned heat pipe-assisted thermal energy storage system with high temperature phase change material [J]. Energy Conversion and Management, 2015, 89: 833-842.

[24] PARSAZADEH M, DUAN X. Numerical and statistical study on melting of nanoparticle enhanced phase change material in a shell-and-tube thermal energy storage system [J]. Applied Thermal Engineering, 2017, 111: 950-960.

[25] BELLAN S, ALAM T E, AGUILAR J G, et al. Numerical and experimental studies on heat transfer characteristics of thermal energy storage system packed with molten salt PCM capsules [J]. Applied Thermal Engineering, 2015, 90: 970-979.

[26] MA F, ZHANG P. Investigation on the performance of a high-temperature packed bed latent heat thermal energy storage system using Al-Si alloy [J]. Energy Conversion and Management, 2017, 150: 500-514.

[27] ABDULLA A, REDDY K S. Effect of operating parameters on thermal performance of molten salt packed-bed thermocline thermal energy storage system for concentrating solar power plants [J]. In-

ternational Journal of Thermal Sciences，2017，121：30-44.

[28] 牛建会，马国远，田海川，等. 外压内吸薄壁弹性矩形阵列管相变蓄热装置放热研究[J]. 可再生能源，2017，35(3)：366-373.

[29] 李凤飞，刁彦华，赵耀华，等. 平板微热管式相变蓄热装置蓄放热特性研究[J]. 工程热物理学报，2016，37(6)：1253-1260.

[30] LI W，LI S G，GUAN S K. Numerical study on melt fraction during melting of phase change material inside a sphere [J]. International Journal of Hydrogen Energy，2017，42(29)：18232-18239.

[31] TAY N H S，BELUSKO M，Liu M，et al. Investigation of the effect of dynamic melting in a tube-in-tank PCM system using a CFD model [J]. Applied Energy，2015，137：738-747.

[32] 张仲彬，刘永强，姜铁骝，等. 带有空穴的相变胶囊蓄热过程分析[J]. 化工进展，2017，36(6)：2123-2130.

[33] 侯普民，茅靳丰，刘蓉蓉，等. 环形相变单元的蓄热装置设计及运行特性 [J]. 制冷学报，2018，39(1)：98-107.

[34] 任红霞，孙坤坤，崔海亭，等. 组合式高温相变蓄热器蓄热过程的数值模拟[J]. 可再生资源，2016，34(1)：106-111.

[35] 马涛，马少波，刘俊峰. 单元组装式太阳能储热器的 Fluent 蓄热性能研究[J]. 流体机械，2013，41(12)：74-78.

[36] MAO Q J，ZHANG Y M. Thermal energy storage performance of a three-PCM cascade tank in a high-temperature packed bed system[J]. Renewable Energy，2020，152：110-119.

[37] MAO Q J，CHEN H Z，YANG Y Z. Energy storage performance of a PCM in the solar storage tank[J]. Journal of Thermal Science，2019，28(2)：195-203.

[38] MAO Q J，CHEN H Z，ZHAO Y Z，et al. A novel heat transfer model of a phase change material using in solar power plant[J]. Applied Thermal Engineering，2018，129：557-563.

[39] 毛前军，刘宁，彭丽. 一种新型复合相变蓄热材料的制备与表征[J]. 可再生能源，2018，36(10)：1574-1580.

[40] MAO Q J. Recent developments in geometrical configurations of thermal energy storage for concentrating solar power plant[J]. Renewable and Sustainable Energy Reviews，2016，59：320-327.

[41] MAO Q J，ZHANG L Y，WU H J. Charge time of the storage material of the tank for a solar power plant[J]. International Journal of Hydrogen Energy，2016，41(35)：15646-15650.

[42] 毛前军，谢鸣，帅永，等. 太阳辐射强度对太阳能腔式吸热器热流密度的影响[J]. 太阳能学报，2013，34(10)：1818-1822.

[43] 毛前军，张丽娅，吴红军. 高温太阳能蓄热熔融盐的制备及熔点测试[J]. 暖通空调，2016，8：117-119.

第9章 土木工程防灾减灾发展现状及前沿

9.1 灾害及土木工程灾害的定义

9.1.1 灾害的定义

灾害对人类的生存与发展产生了深远的影响。从现代科学角度来观察，灾害是导致人类生命、财产、资源和生态环境损失并超越了承灾体承受能力的突发事件。此定义强调了灾害的 4 个基本属性：

第一，灾害事件是针对人类及其聚居群落或社会来说的，没有人类就没有所谓的灾害。在地球上出现人类之前，尽管宇宙、天地之间存在剧烈的变化和运动，但是不会形成任何灾害。

第二，灾害的表现是损失，主要是对人类及其社会造成的损失，一般来说包括人的生命（含肉体和精神）财产以及人类赖以生存和发展的资源和环境的损失。

第三，存在损失的阈值区，即并非所有的损失都是灾害；只有当损失达到并超过一定程度（阈值区），亦即超过了承灾体的承受能力（包括物质和精神两方面的承受能力），才能形成灾害。

第四，灾害事件的突发性。灾害事件有突发和缓发的区别。前者如突发的破坏性大地震，瞬发的大面积山体滑坡，民航飞行器遭遇不明袭击或坠落等；后者如持久超量的碳排放导致的全球气候变暖，大气污染导致的城市雾霾，超量的森林砍伐或过度的草原放牧导致的荒漠化等最终形成的灾害。突发与缓发是相对的。所谓"突发"通常是指灾害事件出乎人们或社会的意料而突然爆发，而"缓发"是指灾害事件的发生早在人们的预料之中。突发性灾害爆发时间短，造成的损失明显，更由于其突发性给人们造成的心理打击难以承受，导致的灾害后果更趋严重。缓发性灾害的发生一般来说是一个长期演变过程，公众和社会舆论对其后果早有预料，心理上也有所准备，因此相对来说对人们正常生活秩序的冲击也较少。突发和缓发的灾害，在其发生的机理、酿成的后果以及防治的手段、方法等诸方面都有明显的区别。本章只讨论突发性灾害。

从哲学的观点来看，灾害（Disaster）是致灾体（Hazard）和承灾体（Hazard Bearing Body）这一对矛盾相互作用、相互角力的结果（图 9-1）。其中，致灾体是矛盾的一方，是形成灾害的外因。它既可以是自然现象，如地震、暴雨、洪水、干旱、瘟疫等，也可以是人为因素，如技术失误、行为失当，甚至战争、恐怖袭击等恶意行径。承灾体是致灾体作用的对象，是损失的载体。在过去，灾害的形成被简单地理解为致灾体对承灾体的单向作用，没有致灾体就没有灾害，甚至认为致灾体本身就是灾害。沿袭这一逻辑，灾害就经常被按照致灾体的不同进行分类。比如，将灾害分为自然灾害（由自然致灾体引起的）和人为灾害（由人类行为引起的）两大类。这种观点片面地强调了致灾体在整个灾害系统中的作用，忽视了承灾体的抗灾、减灾和避灾的能动作用。

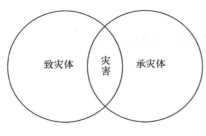

图 9-1　灾害系统图

灾害是致灾体和承灾体相互作用的结果。当致灾体的作用超过承灾体的抗灾能力且造成超过社区承受能力的损失时，就会演变成灾害；反过来，当承灾体的抗灾能力超过致灾体的作用时，灾害就不会出现，或程度比较轻微。在致灾体和承灾体这一对矛盾中，致灾体固然是导致灾害的重要因素，但是它的作用容易被夸大。尤其在科技不发达的古代，致灾体被认为是天意，是人类无法抗拒的。从现代科学的角度看，致灾体是导致人类灾害的重要原因（外因），但绝不是决定性原因。决定性原因是承灾体的抗灾能力（内因）。

9.1.2　土木工程灾害的定义

在灾害系统中，土木工程是兼具致灾体和承灾体双重特征的典型例子。在许多灾害中，土木工程往往首先在外界（如地震作用、风荷载等）的作用下扮演承灾体的角色，但是由于其自身的原因（如缺乏抗力）导致其结构失效或倒塌，造成人员伤亡和财产损失，进一步扩大了灾害的损失和范围，从而扮演了致灾体的角色。2001 年 9 月 11 日美国纽约世贸大厦遭遇恐怖袭击突出地体现了土木工程的双重角色。恐怖袭击显然是致灾体，被袭击的相关人员和土木工程设施都是直接的承灾体，然而当后者因缺乏抗御能力而倒塌时，便演变为致灾体并造成更多的人员伤亡和财产损失。再如，在破坏性地震中，土木工程设施首先是地震作用的承灾体，如果土木工程设施缺乏必要的抗震能力，就会发生破坏甚至倒塌，从而演变为致灾体，进一步酿成人员伤亡以及更大的财产损失。土木工程的失效和倒塌，是实际地震灾害中人员伤亡和财产损失的最主要原因。然而在目前的灾害理论中，土木工程因失效、失稳甚至倒塌成为致灾体，成为地震灾害的真正元凶这一客观事实长期以来没有得到应有的重视。

土木工程灾害有以下两个特点。首先，土木工程的失稳和失效使其演变为致灾体。其次，土木工程方法是防御和减轻土木工程灾害的主要手段。需要强调的是所谓减轻土木工程灾害，其实质就是使土木工程具有足够的抗灾能力，从而减少其演变成致灾体的可能性。以地震灾害为例加以说明：2008 年 5 月 12 日发生的 8.0 级汶川地震（矩震级 7.9，震源深度 14km）是我国继唐山地震后又一次大规模破坏性地震。地震造成 796.7 万间房屋倒塌，2454.3 万间房屋损坏，汶川映秀被夷为平地。截至 2008 年 9 月 18 日，地震共造成 69226 人死亡，17923 人失踪。2010 年 2 月 27 日，智利中部近海发生 8.8 级地震，震源深度 35km。地震共造成 4 栋建筑倒塌，50 余栋建筑损坏，525 人在地震中死亡，25 人失踪，其中绝大多数死于海啸。2010 年智利地震的震级更大，造成的伤亡却远远小于汶川地震，其原因是多方面的，比如智利人口密度约为四川省的 1/7，智利地震的震源深度也相对较深，但最根本的原因在于房屋建筑抗震能力的差异。智利地震的经验充分说明，通过土木工程方法，提高土木工程的抗震能力，就可避免土木工程演变为致灾体，实现有效减轻地震灾害的目标。

9.2　致灾体特征研究现状及前沿

9.2.1　地震

据统计, 全球每年与地震相关的损失从 1985 年的 140 亿美元增加到 2014 年的 1400 多亿美元, 同期平均受影响人口从 6000 万人增加到 1.79 亿人以上, 平均每年死亡人数超过 25000 人。地震灾害损失平均占每年因灾害造成的经济损失的 20%, 而在某些年份, 这一比例高达 60% (如 2010 年和 2011 年)。在中美洲, 危地马拉 (1976 年)、尼加拉瓜 (1972 年)、萨尔瓦多 (1986 年) 和海地 (2010 年) 由地震造成的直接经济损失分别约占每个国家名义国内生产总值的 98%、82%、40% 和 120%。地震还可能引起液化破坏、滑坡、火灾和海啸, 从而导致更高程度的破坏和损失。

地震按其成因分为诱发地震和天然地震两类。诱发地震是由于人工爆破、矿山开采、水库储水、深井注水等原因引发的地震, 这种地震强度一般较小, 影响范围也相对较小。天然地震又可分为火山地震和构造地震。火山地震是由于火山爆发、岩浆猛烈冲击地面引起的地震。构造地震是由于地壳构造运动使得深部岩石的应变超过容许值, 岩层发生断裂、错动而引起的地面震动, 一般简称为地震。目前, 我们常说的地震就是指这种地震, 是地震工程和工程抗震的主要研究对象。

构造地震发生的次数多, 影响范围广, 占地震发生总数的 90% 以上。板块构造学说认为, 岩石圈由亚欧板块、太平洋板块、美洲板块、非洲板块、印度洋板块和南极洲板块六大板块组成。各大板块又可以分成较小的板块, 共计 15 个小板块。板块与板块之间的边界有 3 种类型: 离散型边界、聚敛型边界和剪切型边界。由于地球岩石圈的运动, 各板块之间发生顶撞、插入等突变, 在板块间的边界处易发生岩层的断裂和错动, 从而引发地震。一次地震的孕育过程很漫长, 但其发生却只有短短的几秒到几分钟时间。据统计, 20 世纪全世界所有破坏性地震的有效持时总和不到 1h。另外, 绝大多数地震是在没有预兆的情况下发生的, 往往让人们猝不及防。突发性和不可预测性是地震的显著特征, 对土木工程结构造成的破坏尤为严重。

全世界的地震活动主要发生在两条地震带上, 即环太平洋地震带和地中海-喜马拉雅山地震带。这两条地震带均分布在板块间的聚敛型边界上。板块构造学说解释了发生在板块边缘附近的地震 (简称板缘地震), 板缘地震释放了全部构造地震能量的 95%。还有另外一种发生在板块内部的地震, 通常称为板内地震。与板缘地震相比, 板内地震活动具有三个特点: (1) 板内地震发生的地点零散, 发生概率小; (2) 板内地震多发生在大陆内部, 释放能量较大, 震源较浅, 一旦发生在人口密集的大城市, 其破坏性极大; (3) 板内岩层受力状态复杂, 而且各地不同。此外, 大陆地壳在较长时间的受力状态下, 形成了极为复杂的裂缝和褶皱, 所以地震震源分布凌乱, 机制多变。

20 世纪初提出的弹性回跳理论认为, 地壳岩层的构造变形不断加剧, 岩层长期累积了巨大的应变能, 当变形导致的地应力超过岩层的极限强度时, 岩层突然断裂、错动, 断裂面上的应力突然下降使得两侧的岩层急速地向相反方向整体回跳, 恢复到未变形的状态, 并把长期积累的应变能瞬间变为动能释放出来, 从而导致地震的发生。这一理论是当前进行地震活动性预测的重要理论基础。

起源于 20 世纪 70 年代末的地震全波形反演（Full-waveform Inversion，FWI）方法，其目的是利用地震记录中包含的所有信息来确定受地震波传播物理学约束的地球内部结构。这种方法涵盖了 3D 地震波传播的复杂性，因此在无法通过简单模型近似模拟的复杂环境中，可以跨尺度实现对地球内部进行地震成像。典型的 FWI 工作流程包括：选择震源和起始模型，进行正演模拟，计算和评估适配，并优化模拟模型，直到观测到的和模拟的地震记录收敛到单个模型上为止。FWI 对计算和算法的要求很高，由于近年来算法和计算技术的进步，FWI 得到了快速发展。利用这种方法，研究人员成功揭示了位于比利牛斯山脉以西的伊比利亚地壳的俯冲以及非洲超级地幔柱的形状等。截至目前，地震全波形反演（FWI）方法在频率和波长方面实现了跨越 9 个数量级的成像，被广泛用于包括医学成像、非破坏性测试、近地表特征、陆上和海上勘探地震学、深地壳地震成像、地震学和环境噪声地震学等各类领域中。增加多参数反演的使用，改进计算和算法效率，以及在优化过程中加入贝叶斯统计，都将极大地改善 FWI，从而在不久的未来对地震波传播的物理特性进行更完整的描述（例如，各向异性、衰减和孔隙弹性），并有可能实现 10km 以下的地幔成像。

20 世纪 90 年代末，在全球地震灾害评估计划（Global Seismic Hazard Assessment Program，GSHAP）中建立了第一个全球地震危害模型，它极大地提高了人类对地震危害的认识，为许多国家的建筑设计和土地利用规划提供了参考信息。

2018 年，全球地震模型（Global Earthquake Model，GEM）组织与来自 50 多个国家的数百名科学家合作，发布了 GEM 全球地震危害地图（2018，1 版），它是在国家或地区（即大陆）尺度上创建的地震危害模型。这些模型集合是同质的，因为用于描述每个模型的格式与用于描述 OpenQuake 引擎输入的地震危险模型的格式一致。目前，拼图包含了欧洲、中东、中亚、东南亚大陆、非洲、南美、墨西哥、中美洲和加勒比、北亚和太平洋岛屿的区域模型。相比于 GSHAP，GEM 的模型更加复杂，目前集成了 15000 条有关断层和微断层信息（并在不断添加中），清晰地描述了震源和地震动特征中的不确定性；GEM 另一个重要进步是改进了地震断层的特征，以及增强了将未来潜在地震的位置与活动断层源联系起来的能力，从而更有利于对最重大地震危害（和相关风险）做出更精确和准确的估计。

地震危害评估通常使用两种方法：概率地震危害分析（Probabilistic Seismic Hazard Analysis，PSHA）和确定性地震危害分析（Deterministic SHA，DSHA）。PSHA 和 DSHA 使用相同的地震和地质信息，但是在定义和计算地震危险方面具有本质不同。在 PSHA 中，地震危害定义为具有年超越概率的地震动，并根据地震和地震动的统计关系由三重积分（数学模型）计算得出。在 DSHA 中，地震危害定义为一次地震或一组地震的最大地面运动，并根据简单的地震和地面运动统计数据计算得出。包括 PSHA 和 DSHA 在内的地震危害评估的关键组成部分是地震动预测方程（GMPE）。PSHA 能够出色地解决所有不确定性，因而已成为美国以及世界很多地区地震危险性评估的主要方法。然而，大量后续研究发现，不仅 PSHA 所做的假设与地震活动性相矛盾，而且从根本上混淆了"概率"和"频率"的概念，由此产生的危害估计没有明确的物理和统计意义，如果使用 PSHA 可能会导致不安全或过分保守的工程设计。事实上，在美国加利福尼亚州，桥梁和建筑物的设计地震动就是由 DSHA 而不是 PSHA 确定的。DSHA 的最大缺点是时间特性（即地面运动的重现率或频率）通常被忽略，这是对 DSHA 需要进行改进的方向之一。

9.2.2　风灾

风在给人类社会带来便利的同时也导致了损失极为惨重的自然灾害。台风、飓风、龙卷风、雷暴风等都是具有强破坏性的典型风灾，给人类造成了巨大的生命和财产损失。据联合国统计，在 1998～2017 年的 20 年间，风灾共造成 233000 人死亡，其人数仅次于地震；直接损失达 13000 亿美元，相当于洪水和地震损失的总和，占所有报告的气候灾害损失的 60% 以上。

风是指空气相对于地球表面的运动。它由几个不同的力引起，特别是太阳对大气的不均匀加热造成的压力差以及地球自转引起的力。太阳对两级和赤道辐射强度的不同导致空气的温差和气压差，这些因素与地球自转共同导致水平方向和竖直方向的大规模大气环流。空气水平运动受到地面摩擦阻力的影响，会使地面的气流速度减慢。这种影响随离地面高度的增加而逐渐减弱，超过某一高度后可以忽略，这一高度称为大气边界层厚度，受地表摩擦阻力影响的近地面大气层称为大气边界层。在大气边界层内，风以不规则的、随机的湍流形式运动，平均风速随高度增加而增加，至边界层顶部达到最大，相应风速称为梯度风速。在大气边界层以外，即自由大气中，风速不再随高度变化，基本是沿等压线以梯度风速流动。近地层的摩擦作用或高空气流的剪切作用导致气流的涡旋，使风暴的湍流强度大，阵发性强，因此大气边界层内风的状况对地面建筑物和构筑物、人类活动等都有着很重要的影响。

20 世纪中叶，由于建筑材料强度大幅度提高，结构特性——质量、刚度和阻尼发生了根本变化，Tacoma 海峡吊桥、Ferrybridge 电厂冷却塔等多个大型工程的风致垮塌事故，以及气象学和航空工程学领域的最新成果，刺激了风工程的发展。1961 年，Davenport 发表了著名的《统计概念在结构风荷载中的应用》一文，首次将气象学、微气象学、气候学、空气动力学和概率论的基本概念嵌入结构风激励的同构框架中，该方案将结构对风的关键反应概括为风气候、地形、空气动力反应、力学响应及设计准则等五个环节，这五个环节环环相扣被称为"风荷载链"或"Davenport 链"，该论文的发表奠定了现代风工程的基础。20 世纪 70 年代，R. H. Scanlan 在桥梁颤振和抖振研究方面建立了研究方法框架。基于这些奠基性工作，经过五十多年的努力，结构风工程理论研究取得了巨大进步，同时解决了大量工程实际问题。

要保证风荷载下结构的安全性和可靠性，就需要对风产生的影响进行精确建模，这在很大程度上取决于对钝体空气动力学和气动弹性的理解。由于大多数人造结构都是钝体，钝体的空气动力学成为影响结构设计的关键课题。钝体的主要特征是它们产生分开的流动区域，这些流动区域成为涡旋脱落的来源，涡旋脱落一旦激发，会在风工程的多种情况下产生诸如横向风振等问题。过去几十年来，钝体空气动力学和气动弹性的发展使我们更好地理解和掌握了湍流风对结构的影响，这些发展是基于平稳性、高斯性和线性特征的隐含假设而进行的。

然而，近 20 年的调查研究表明，大多数极端风事件本质上是非平稳的，并且通常是高度瞬态的：（1）雷暴产生的风与中性稳定大气边界层流中的风在根本上不同，关键在于沿高度的风速剖面及风场的统计性质截然不同。在阵风前沿，不存在传统的速度剖面，而是在地面附近具有最大值，呈倒置速度分布，因此可能使低层至中层建筑承受较高的风荷载。（2）分离流作用下的结构区域在压力分布上表现出强烈的非高斯性，其特征是高偏度和峰度，非高斯性会导致局部荷载增加，并导致玻璃面板的预期损伤增加，同时对覆盖层的其他组件产生更高的疲劳效应。（3）在风对结构的影响方面，通常会遇到 3 种非线性，即几何、材料和空气动力学。几何非线性在悬索和拉索结构中最普遍，例如悬索桥和斜拉桥、索塔和桅杆以及气动结构；材料非线性可能是由建筑材料引起的，例如混凝土和复合材料不服从线性本构关系；由气动弹性引起的非线性在结构的风效应中普遍存在。在涡流引起的钝体振动中存在滞回非线性现象，例如在相应的响应预测方案中引入滞回行为，典型的现代桥面板或斜拉索的风致响应会显著增加。虽然 Davenport 链至今仍然有效，但风工程技术和方法已经得到了长足发展，包括收集全尺寸数据的方法、物理和数值建模技术、分析技术以及风-结构相互作用方法，这些方法使我们能够观察范围更广的风现象，包括非平稳、非天气风及其对建筑物和结构的影响。

风工程中的许多问题可以通过以下 3 种方法解决：现场测量、缩比模型风洞测量或基于 CFD（计算流体动力学）的数值模拟。风洞试验已被证实是确定建筑物和构筑物风荷载的一种合适和可靠的方法。即使在今天的知识和技术背景下，在两个不同的风洞中进行同一模型研究试验，其结果仍可能会显示出明显的差异。为了实现质量控制，不同的风工程组织［如美国土木工程师学会（ASCE）、日本建筑学会（AIJ）等］发布了风洞试验指南。

进入 21 世纪以后，风工程界一直致力于开发更大的多个风扇设施，从而可以将风洞试验的规模和强度提高至可以进行全尺寸破坏性试验。这些设施的优点是可以避免缩尺问题，并可以将整个建筑物或建筑物组件作为父结构的组成部分进行测试。它们还可以产生类似于设计风速的大风速，因此可以测试结构的失效模式并进行分析。此外，它们可以在受控且可重复的环境中模拟风致雨、碎屑甚至火灾对建筑物的影响。2001 年，日本宫崎大学建成一座具有多个风扇的二维（2-D）和三维（3-D）主动控制风洞，借助该设施实现了非定常流动和湍流尺度的控制。2005～2011 年，佛罗里达国际大学建造了"风之墙（WOW）"实验室，这是一座开放式喷射、亚音速风洞设施，能够模拟 5 类飓风，通过使用 12 个风扇矩阵可以实现最大风速大于 72m/s，在这里可以进行大型模型或小型全尺寸建筑模型的风致倒塌试验。2010 年，商务与家庭安全保险机构（IBHS）建成了一个 44.2m×44.2m×18.2m 的大型风洞，能够模拟全尺寸的一层或两层建筑物经受超过 58m/s 的强风以及风、雨、冰雹和大火的袭击。2013 年落成的加拿大西部大学风能能源与环境（WindEEE）穹顶，其为内径 25 m、外径 40m 的六边形腔室，这是一个新颖、三维并随时间变化的风洞，目的是创建各种规模和雷诺数（Re）的风力系统（如龙卷风、雷暴、各种阵风和洋流、剪切风和边界层等）。

风洞试验的一个重要缺点是只能获得有限点测量数据。粒子图像测速（PIV）和激光诱导荧光（LIF）等技术可以获得平面、甚至完整的三维数据，但成本相当高，而且复杂几何体可能会受到模型障碍物遮光阻碍。另一个缺点是在小规模测试中需要遵守相似性标准。利用计算流体动力学（CFD）进行数值模拟是一个有利的选择，它可以避免这些限制，提供整个计算域中相关流量变量的详细信息（全流场数据）。然而，CFD 的准确性是一个需要关注的重点，在模型的几何实现、网格生成和选择适当的求解策略时需要谨慎，CFD 的准确性验证要求高质量的全尺寸或缩尺风洞试验的测量值与其模拟结果进行比较。

计算风工程中 CFD 的基础控制方程是纳维-斯托克斯（Navier-Stokes，NS）方程，该控制方程包含 3 个守恒定律：质量守恒（连续性）、动量守恒（牛顿第二定律）和能量守恒（热力学第一定律）。由于直接求解计算风工程中高雷诺数流动的 NS 方程组的费用昂贵，CFD 中使用 RANS 和 LES 两个主要方法，有时还会使用 RANS-LES 混合方法。

RANS（Reynolds-averaged Navier-Stokes）即应用湍流统计理论，将非稳态的 NS 方程对时间取平均，求解工程中需要的时均量。为了恰当地反映湍流效应，有时需要采用非常复杂的形式。如果只需要流量的平均值或均方根值，RANS 是一种非常有效的方法。但由于结构和大气湍流的相互作用，在风工程中如何平均计算不同的湍流尺度仍不清楚。LES（Large Eddy Simulation）用小尺度（子网格）组件建模来直接求解大尺度（网格尺度）组件，这将依赖长时间计算，是一种非常耗时的方法，因为它通常进行三维计算，并且需要流体的大量时程数据才能进行可靠的分析。相比 RANS，LES 对流动现象的依赖性小，计算中需要确定的参数较少。利用 LES，可以得到所有网格点流量的时间序列数据，从而可以评估所有点的平均值、峰值以及功率谱。因此，在抗风设计方面，LES 比 RANS 更有优势。然而，LES 的滤波运算实际上是一个空间上的平均过程。

LES 的高昂成本，特别是对于研究高雷诺数下的边界流问题，促进了 RANS-LES 混合方法的发展。在 RANS-LES 混合方法中，使用 RANS 方法对流域的一部分（近壁区域）进行建模，而使用 LES 方法对其余的流域（远离壁面）进行建模。使用 RANS-LES 混合方法具有 3 个主要优点：（1）RANS-LES 混合方法可用于模拟高雷诺数下的流动，这对于单独采用 LES 是不可行的；（2）RANS-LES 混合方法可以提供瞬时流场；（3）RANS-LES 混合方法的使用减少了 RANS 模型选择的影响。RANS-LES 混合方法的使用，可将 LES 的计算成本降低几个数量级，这对于研究高雷诺数下的复杂工程和环境流量具有极大的便利性。

9.2.3 火灾

建筑物火灾危险性可以定义为可能发生的意外或故意火灾，威胁到建筑物内生命、结构和财产安全。在 1993~2015 年的 20 多年间，全球共有 8640 万起火灾事故，造成超过 100 万人死亡，火灾危害造成的年度总损失约占全球 GDP 的 1%，约 8579 亿美元。2018 年，美国共报道火灾 131.9 万起，造成 3655 人死亡，15200 人受伤，其中建筑火灾 49.9 万起，造成 2820 人死亡和 11600 人受伤；我国共接报火灾 23.7 万起，造成 1407 人死亡，798 人受伤，已统计直接财产损失 36.75 亿元，其中约 80% 的致命火灾发生在住宅。

防火安全可定义为应用科学与工程的原理来评估火灾的影响，通过对火灾的风险和灾害进行定量的分析，提出优化的预防或保护性措施，实现降低火灾带来的生命安全与财产损失的目的。目前，建筑物的防火安全措施是通过建筑规范推荐的规定来提供的，虽然确保建筑物防火安全的规范和策略因实施规程而异，但大多数规范和策略都是指令性的方法，并源自类似的防火安全原则。在指令性的方法中，建筑物的防火安全措施由主动和被动防火系统的组合提供。主动防火系统（洒水器、感温探测器和烟雾探测器等）的设计目的是在火灾初期探测和控制或扑灭火灾，从生命安全的角度来看其比被动防火系统更为重要。被动防火系统（结构和非结构建筑构件）的设计旨在确保火灾暴露期间的结构稳定性，并控制火灾蔓延。它们的主要目标是给防火和救援行动留出充足的时间，并尽量减少经济损失。

典型的建筑室内火灾的不间断发展过程如图 9-2 所示。火灾温度演化过程依赖于一系列变量（火灾荷载、通风条件、分隔特性等），因此，每一次火灾的火动力特性有显著的变化。一般来说，室内火灾的发展分为两个不同的阶段，即轰燃前火灾和轰燃后火灾。在轰燃前阶段，从阴燃（无焰燃烧）到点燃（火焰燃烧）的持续时间被定义为初始阶段，从点燃到轰燃（温度迅速升高）的持续时间被定义为火焰的增长阶段。而在轰燃后阶段，燃烧温度持续升高的时间被定义为燃烧阶段，随后的冷却被定义为火灾的衰减阶段。从生命安全的角度来看，轰燃前阶段是重要的，从结构安全的角度来看，轰燃后阶段是重要的。

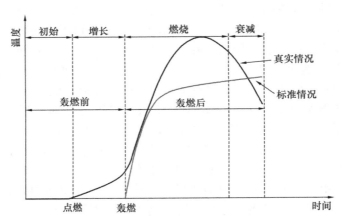

图 9-2 典型建筑室内火灾的不间断发展过程

在火灾发展过程中，其温度可达到 1000℃ 以上，这会导致结构材料（混凝土、钢、木材等）的强度和刚度显著下降。这种材料退化会使结构构件无法承受设计的结构荷载，并导致火灾期间或火灾后建筑物的部分或完全倒塌。此外，潜在的材料退化可能导致永久性结构损坏，从而导致建筑物在其最初设计的其他灾害下过早失效，以致危及结构安全。

轰燃后火灾的发展取决于四个关键因素，即火灾荷载、通风条件、房间布局和房间热性能。这些因素决定了室内的火灾温度。其中，一些研究人员认为火灾荷载是对结构内部状态的行为影响最大的因素。办公楼火灾荷载密度调查表明，其平均值在 $348MJ/m^2 \sim 1298MJ/m^2$，这种变化表明火灾荷载密度存在很大的不确定性，因此许多研究人员将其作为设计计算中的随机变量。

在确定办公楼平均火灾荷载密度时存在很大的不确定性，这是火灾荷载的变化造成的。即使对于同一类型和大小的建筑，由于每栋建筑的具体用途不同，火灾荷载也会有所不同，而且还可能由于当地文化和地理位置的不同而产生差异。因此，为了精确地进行室内火灾严重程度的概率预测，需要为每个主要区域提供一个火灾荷载分布和平均值。

控制房间火灾发展的另一个因素是通风条件。房间的通风条件用开口因子表示，$O = A_v\sqrt{h_{eq}}/A_t$，其中 A_v 为开口部位的总面积，h_{eq} 为开口部位高度的加权平均值，A_t 为房间的总内表面积。尽管基于结构本身，房间的潜在最大通风量是一个固定值，且易于计算，但火灾期间可用的通风量是不确定的，它取决于火灾期间打开窗户和玻璃窗损坏的百分比。与火灾荷载不同的是，通风面积的可用数据较少，在不同的居住区之间差异很大，而目前在概率分析中将通风条件视为随机变量的文献较少。国际结构安全性联合委员会（JCSS）在规范中提出了采用方程式 $F_v = F_{vmax}(1-\xi)$ 来解释火灾期间通风开口的变化，式中，F_v 为开口因子，ξ 为折减系数，F_{vmax} 为房间的最大开口因子。

房间布局和房间热性能也是导致火灾发展的重要参数。通过建筑物的建筑图纸有助于估计房间布局、通风条件和房间热性能的数值，因此大多数研究者将上述三个条件视为确定性的。但由于这四个因素（火灾荷载、通风条件、房间布局和房间热性能）均因建筑用途和位置而有显著差异，因此应将这些因素都视为随机变量，从而生成一组可能发生在结构物寿命期间的火灾事件。

标准温度-时间曲线最初用于熔炉试验，并不代表真实火灾中的升温条件，两者存在很大的差别（图 9-2）。为了更好地描述真实的火灾，考虑到房间的几何结构、通风条件、火灾荷载密度、材料的热特性，建立了自然火灾模型。量化设计火灾历史的各个阶段非常重要，包括点燃时间、热释放速率、最大热释放率、燃烧持续时间和衰退时间。对于结构构件的分析，通常重点是了解火灾相对于结构构件的位置、火灾增长率和暴露持续时间以及空间大小/几何结构对火灾诱发条件和火灾发展的影响。

火灾动力学的研究成为防火工程解决方案的基础，涉及材料点燃和燃烧、热量在火灾中传递、建筑物中的烟雾移动以及火灾从着火点蔓延到全室。美国国家标准技术研究院（NIST）的火灾研究部门开发了一套分析火灾行为的计算工具。这些工具包括：（1）整合式火烟传输模拟程序（CFAST），是一种计算火灾与烟雾在建筑物内蔓延的两区域火灾模拟程序；（2）火灾动态模拟器（FDS），是一种用于模拟火灾导致的热量和燃烧产物的低速传输的计算流体动力学程序；（3）烟景（Smokeview，SMV），是一种可视化程序，用于输出 CFAST 和 FDS 模拟的图形结果。同时还开展了"基于性能设计的火灾建模"的研究项目，以持续扩展这些工具的功能，提高其准确性和可靠性，并促进 FDS 与有限元结构模型之间更精确的双向耦合。

9.3　土木工程基于性能设计

基于性能设计（Performance -based Design）是解决土木结构设计中社会安全需求的最先进、最合理的方法。在传统的基于规范设计过程中，设计人员要确保满足规定的标准，而这些标准即使是基于某个预期性能水平制定，也不能保证正确评估和反映实际情况。另一方面，在基于性能设计的情况下，结构的性能与在整个结构寿命期内由自然或人为灾害导致的不同类型损失的概率直接相关。因此，使用基于性能的方法意味着必须考虑与性能评估一致的各个方面的概率性质，并且必须考虑表征问题的认知和偶然的不确定性，并对其进行恰当的建模。基于性能设计的一个基本特征是，分析结果必须能被决策者直接用来作为判断设计方案可行性的依据。只有当结果可以直接用决策过程中使用的术语表示时，才能实现这一点，例如维修成本、停用时间或总体损失。因此，采用基于性能设计理念，不仅提高了设计者对结构风险的认识，而且提高了参与设计相关决策过程的所有各方对结构风险的认识。

9.3.1 基于性能抗震设计

规范要求建筑必须满足最低安全要求。在当前的设计实践中，基于标准的设计是为了寻找一个可行的设计方案，以满足规定性的、主要是经验性的标准规范要求。然而，地震时符合规范却仍遭受灾害损失的建筑数量并未减少，反而在增加。据预测，未来每次地震都可能造成 500 亿～1000 亿美元甚至更多的损失。因此，开发商、利益相关者和居住者已经清晰地意识到地震带来的经济和社会后果，并迫切要求制定切实可行和成本效益高的方法来控制损失并进一步减少损失。

在过去的几十年里，结构工程师促进了基于性能抗震设计（Performance-based Seismic Design）概念的发展和应用。基于性能抗震设计的基本概念是为工程师提供在地震中设计具有可预测和可靠性能的建筑物的能力。基于性能抗震设计在 1994 年美国加利福尼亚州北岭地震后正式开始研究，当时美国联邦应急管理署（FEMA）发起了"2000 年愿景：基于性能的建筑抗震工程（临时建议）"，由美国加利福尼亚州结构工程师协会编制。之后，《国家地震减灾计划（NEHRP）建筑物抗震加固指南》（FEMA-273）为美国的建筑物抗震加固提供了指南。美国和加拿大率先推广和制定基于性能抗震设计的使用标准/规范。

基于性能抗震设计包括了地震风险水平的确定、性能水平和目标性能的选择、适宜场地的确定、概念设计、初步设计、最终设计、设计过程的可行性检查、设计审核以及结构施工中的质量保证和使用过程中的检测维护的细化工作等。

基于性能抗震设计主要包括三个步骤：

（1）根据结构的用途、业主和使用者的特殊要求，采用投资-效益准则，明确建筑结构的目标性能（可以是高出规范要求的"个性"化目标性能）。

（2）根据以上目标性能，采用适当的结构体系、建筑材料和设计方法等（而不仅限于规范规定的方法）进行结构设计。

（3）对设计出的建筑结构进行性能评估，如果满足性能要求，则明确给出设计结构的实际性能水平，从而使业主和使用者了解（区别于常规设计）；否则返回第一步和业主共同调整目标性能，或直接返回第二步重新设计。

在基于性能抗震设计中，目标性能是指建筑物在经历给定严重程度地震时的可接受损坏程度的规定，这就产生了一种"滑动比例（Sliding Scale）"，根据这种比例，建筑可以设计成以满足业主各种经济和安全目标的方式运行。此外，基于性能抗震设计允许业主和其他利益相关者在财务上或其他方面量化其建筑物的预期风险，并选择满足其需求的性能水平，同时保持基本的安全水平。

　　基于性能抗震设计的目标是在设计阶段引入预定的性能水平，以将震后损伤保持在一定的可接受水平，损伤程度和性能因结构类型和用途而异。FEMA 356 和 FEMA 445 的地震恢复准则为基于性能抗震设计评估不同性能/安全水平的设计方案提供了依据，建筑物的抗震性能一般用正常运行（OP）、立即使用（IO）、生命安全（LS）和防止倒塌（CP）来表示（图 9-3）。Pushover 设计是基于性能抗震设计中常用的安全水平评价方法。它首先从施加一定的荷载或基底剪力（V）开始，然后可以在结构内部找到任何薄弱环节的位移，通过迭代施加不同的荷载，可以捕捉位移（D），并将 V-D 关系绘制为 Pushover 曲线。

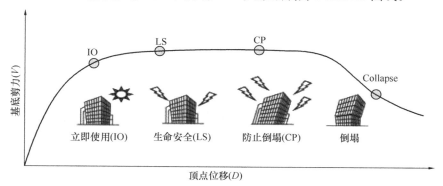

图 9-3　基于性能抗震设计的性能指标

　　2001 年，美国应用技术委员会（ATC）与美国联邦应急管理署（FEMA）签订合同，旨在为新建建筑物和现有建筑物开发下一代基于性能抗震设计的程序。这些项目被称为 ATC-58 系列项目。总体计划分为两个主要工作阶段：第一阶段——制定评估建筑物抗震性能的方法；第二阶段——制定基于性能的抗震设计程序和指南。这项工作的主要成果统称为《建筑物地震性能评估、方法和实施》（FEMA P-58）。该项目于 2006 年、2012 年和 2018 年完成阶段任务，FEMA P-58 内容已由 2012 年的 3 卷更新扩展为 2018 年的 7 卷。

9.3.2　基于性能抗风设计

　　基于性能抗风设计的目的是在不同强度水平风振作用下，能够有效地控制建筑的安全和舒适等使用性能，使建筑物实现明确的不同性能水准，从而使建筑物在整个生命周期内遭受可能发生的风振作用下，总体费用达到最小目标。基于性能抗风设计理论框架包括设计风压等级、结构抗风性能目标、结构抗风概念设计、结构风振分析与设计、结构的抗风性能安全与社会经济综合评价等方面的内容，涉及结构风工程、结构工程风振分析、结构风振控制技术、结构抗风的社会经济综合评价等。

　　基于性能抗风设计追求能控制结构在可能的所有风振作用下的性能水准，为实现这一目标，需要根据不同重现期确定所有可能发生的对应不同水准或等级的风压参数，这些具体的风压参数称为设计风压等级。它是指工程设计中根据客观的设防环境和已定设防目标，并考虑具体的经济条件来确定采用多大的风压强度作为防御的对象。设计风压等级的建立需要考虑多种因素的影响，各国由于经济、技术以及传统设计习惯等的差别，其设防水准也不尽相同。目前，我国还没有对结构设计风压等级给出明确定义，具体的划分原则和范围界定有待进一步研究。

结构风振性能水准是针对所设计的建筑物，在可能遇到的特定风振作用下所规定的最大容许舒适度或最大容许破坏。这里的建筑物既包括不同类型的整体建筑物，如医院、住宅、工业厂房等，也包括结构构件、非结构构件、室内物件和设施以及对建筑功能有影响的场地设施等。描述结构风振性能水准的办法有多种，如功能是否受到影响及影响程度、结构或构件的破坏程度、结构刚度强度的降低程度、结构构件裂缝的大小及结构构件的变形程度等。

结构抗风概念设计是对结构总体方案、设计策略和结构构造进行定性的引导，以提高结构综合抗风能力。主要包括建筑平面与立面体型选择、结构体系选择、建筑材料选择以及非结构构件选择四个方面的内容。

由于基于性能抗风设计存在多级性能目标，不同性能目标的精确实现与结构分析方法之间存在必然的联系，因而分析方法的选取及分析过程的实现对基于性能结构设计极为重要。合理、有效的结构抗风计算分析应不仅能使设计人员可以针对不同设计目标和结构体系得到合理的数值分析结果，而且还能使设计人员在初步设计阶段方便改进或完善最初的概念设计。结构计算分析首先要在分析模型中考虑结构或构件的线性与非线性恢复力特性；其次对于结构风振的动力时程分析，需要选取合理的计算方法对风场进行正确、有效的模拟；再次在分析方法中根据不同结构的性能目标选取合理、快捷的计算分析方法；最后是发展简单、实用的分析计算方法，减小计算工作量，并加强前后处理的完善的软件程序的开发和应用。

在完成抗风分析之后，必须对结构的抗风舒适性与安全性进行评价，以证实其符合所选定的性能目标，评价的范围与方法随抗风结构的性能目标与方法而异。结构抗风反应量化参数必须符合性能目标与相关规则，必须满足业主和社会所要求的强度、刚度、舒适性的设计性能要求。除此之外，社会及业主对所设计的结构还有经济指标的要求或限定，任何一种结构设计理论都是以达到最佳社会效益和经济指标为目的，基于性能抗风设计也不例外。问题的关键是确定针对以风灾损失估计、费用-效益分析、社会反应估计为内容的结构抗风性能的社会效益、经济效益的评价方法的科学性、全面程度。基于性能抗风设计的社会经济综合评价的重点在于对目前所采用的静态的、确定性的工程投资评价方法进行相应的改进，针对投资的具体特点，建立动态的以概率理论为基础的系统性评价办法，尽量准确地估算出结构所需的工程投资、维护投资、风灾害可能造成的经济损失和结构抗风投资所达到的经济效果和社会效果，从而为抗风设计的社会经济综合评价提供科学的依据。

2019年，美国土木工程师学会结构工程研究所（ASCE/SEI）发布了《基于性能的风设计（预标准）》，这是有史以来第一份可以帮助工程师实施基于性能抗风设计的规范性文件；《高层建筑抗风设计与性能》手册预计将于2020年底出版。在基于性能设计领域，这两份文件被誉为具有里程碑意义的文件。

9.3.3 基于性能防火设计

建筑防火设计以防止和减少火灾灾害，保护人身和财产安全为目标。传统的规范标准详细地规定了防火设计必须满足的各项设计指标或参数，设计人员需要按照规范条文的要求进行设计，无须考虑建筑物具体需要达到的安全水平。随着科学技术和经济的发展，建筑规模越来越大，功能越来越复杂，建筑结构的形式也不断个性化，新材料、新工艺、新技术不断涌现，这些都对建筑的防火设计提出了新的要求，出现了许多现行规范难以解决的防火设计问题。

当前指令性的设计理念无法满足新、奇、特建筑和场所防火设计的要求，在实际应用中存在的主要问题有：（1）规范标准中的技术数据与日益扩大的建筑规模不相适应；（2）单独设防，无法给出一个统一、清晰的整体安全度水准；（3）未能很好地考虑建筑物环境条件和社会因素的影响；（4）不利于新技术、新材料、新产品的发展和推广应用；（5）不利于设计人员主观创造力的发展，也不利于防火工程的发展。

基于性能防火设计（Performance-based Fire Design）的思想产生于 20 世纪 80 年代，从其诞生起就为美国、英国、日本等国家所重视，这些国家开展了该领域的相关研究。建筑基于性能防火设计，是根据建筑工程使用功能和防火安全要求，运用防火安全工程学原理，采用先进适用的计算分析工具和办法，为建筑工程防火设计提供设计参数、方案，或对建筑工程防火设计方案进行综合分析评估，完成相关技术文件的工作过程。它建立在火灾科学和防火安全工程学发展的基础上，考虑火灾本身发生、发展和蔓延的基本规律及火灾燃烧物的性质与烟气的蔓延规律，并结合实际火灾中积累的经验，对具体建筑物的功能、性质、使用人员特征及内部可燃物的燃烧特性和分布情况进行具体分析。设定火灾，并对火灾的发展特性进行综合计算和分析，用某些物理参数描述火灾的发生和发展过程，预设各种可能起火的条件和由此造成的火、烟蔓延途径，分析这种火灾对建筑物内人员、财产及建筑物本身的影响程度，以此来确定防火安全措施，并加以评估，从而核准预定的防火安全目标是否已达到，最后视具体情况对设计方案做出调整和优化。

基于性能防火设计的内容包括：防火安全目标的确定、火灾分析、烟气流动分析、人员疏散分析、建筑结构耐火安全分析、火灾风险分析与评估。火灾分析是以设计对象火灾场景为基础，选择设定可能的火灾曲线，并通过计算机模拟计算，得到建筑物可能的火灾情况。建筑结构耐火设计的总目标为在火灾条件下，建筑物中主要的受力构件能在合理的防火投入基础上，保持建筑结构的安全性和整体稳定性，包括：（1）减轻结构在火灾中的破坏，避免结构在火灾中局部倒塌影响内部人员安全疏散和造成外部灭火救援困难；（2）避免结构在火灾中很快变形、整体垮塌，造成人员伤亡和结构难以修复；（3）预防因构件破坏而加剧火灾中的热对流和热辐射，使火灾蔓延至其他防火分隔空间或相邻建筑物。建筑结构耐火设计的判定标准为：所设计的结构构件的耐火时间，必须不小于根据建筑物具体情况计算出的结构构件最小耐火时间。在结构耐火设计时，应根据建筑物的结构、平面布局与布置、功能和用途、内部火灾荷载及其分布、可燃物的燃烧特性、建筑物的设计使用寿命等具体情况，考虑以下影响建筑结构耐火设计的因素：（1）建筑物设计的耐火等级；（2）构件在结构承载力体系中的重要性；（3）构件的形式和几何特性；（4）建筑物内可能的火灾强度和火灾危险性；（5）防火分区的大小及其分隔方式；（6）建筑物内部灭火系统的设置情况及其可靠性和有效性；（7）消防队的反应时间及其救援能力等。

基于性能防火设计的基本步骤包括：

（1）确定工程的范围。了解工程信息，如建筑特性和使用功能等。工程范围可涉及各类防火系统、建筑的一小部分、整幢建筑或者几幢建筑、新建建筑或者翻新改造原有建筑以及预算等。

（2）确定总体目标。在防火设计中，防火安全总体目标是社会所期望的安全水平。防火安全达到的总体目标应该是：保护生命、保护财产、保护使用功能、保护环境不受火灾的有害影响。功能目标是设计总体目标的基础，它把总体目标提炼为能够用工程语言进行量化的数值，这项工作是通过性能要求完成的，性能要求是性能水平的表述。建筑材料、建筑构件、系统、组件以及建筑方法等必须满足性能水平要求，从而达到防火安全总体目标和功能目标。性能判定标准包括材料温度、气体温度、能见度以及辐射热通量等临界值。

（3）确定设计目标。这是为满足性能要求所采用的具体方法和手段。可采用两种方法来满足性能要求，这两种方法可以独立使用，也可以联合使用：①视为合格的规定，包括如何采用材料、构件、设计因素和设计方法的示例。一旦采用，其结果可满足性能要求。②替代方案。如果能证明某设计方案能够达到相关的性能要求，或者与视为合格的规定等效，那么对于与上述"视为合格的规定"不同的设计方案，仍可以被批准为合格。

（4）建立性能标准。为了评估具体的设计目标，就需要设置设计判据，设计判据将应用到评估试设计的过程中。判据通常是以极值、范围值、预期的性能分布状态的形式表述出来。如判据可能会是材料温度、气体温度、烟气温度、能见度及辐射热通量等。性能化判据是在设计目标和现行规范中提炼出来的，应当正确反映出设计目标的意图，且能量化火灾后果。性能化判据可以分为生命安全判据和非生命安全判据两大类。

（5）设定火灾场景。确定可能的火灾场景以及选择其中的场景作为设计火灾场景，主要包括：考虑可能的火灾场景、确定设计火灾场景、对设计火灾场景进行量化。

（6）试设计并进行评估。应提出多个防火安全设计方案，并按照规范的规定进行评估，以确定最佳的设计方案。满足性能化判据的试设计是编制建筑设计说明书的基础，试设计时可以考虑各种完成设计目标及满足性能化判据的方法。

评估试设计是使用不同的设计火灾场景对试设计进行测试，看其是否满足性能化判据。所有的试设计都测试完毕后，从通过评估测试的方案中选择最终的设计方案来编写设计说明书。如果没有一个试设计通过测试，则需要重新审查总体目标及所设置的性能化判据。试设计的评估过程可以分三步来进行：第一步是确定评估的目的及类型，即确定将完成什么样的分析，是采用随机分析的方法还是采用确定性分析的方法。第二步就是进行评估。第三步就是考虑可能会对评估结果产生影响的变量及不确定性因素。

若试设计不能满足设定的防火安全目标或低于规范规定的性能水平，则需要对其进行修改与完善，并重新进行评估，直至其满足设定的防火性能目标。

（7）编制设计说明与分析报告。说明与分析报告是性能化设计能否被批准的关键因素。该报告需要概括分析和设计过程中的全部步骤，并且报告中分析和设计结果所提出的格式和方式都要符合权威机构和客户的要求。

作为一种新的设计方法，基于性能防火设计在工程中的应用范围还不广泛，许多性能化防火设计案例尚缺乏火灾验证。目前使用的性能化方法还存在以下技术问题：①性能评判标准尚未得到一致认可；②设计火灾的选择过程确定性不够；③预测性火灾模型中存在未得到很好证明或者没有被广泛理解的局限性问题；④火灾模型的结果是点值，没有将不确定性因素考虑进去；⑤设计过程常常要求工程师超出其专业领域工作。

9.3.4　基于性能设计的优势与挑战

基于性能设计关注的是期望的目标，而不是实现这些目标的手段。因此，基于性能设计被认为是比规范方法更具成本效益的方法。基于性能设计方法有 3 个主要优点：（1）基于性能设计使期望的性能能够在已证明的置信度和可靠性下实现；（2）由于性能目标已明确定义，基于性能设计允许决策者选择满足适用标准的适当性能水平；（3）由于性能直接作为设计过程的一部分进行评估，基于性能设计可以促进研究和创新，以及使用新的设计解决方案（新材料和系统），这些优势让设计师可以自由地用更好的工具解决更困难的问题。

与基于性能设计相关的挑战是，因为它是一种新的创造性的现有规范替代方法，与传统的指令性方法有很大的不同。不同学科的挑战也略有不同。然而其共同的挑战是：

缺乏知识。在结构工程中，基于性能设计的应用包含了非线性建模和时程响应分析等全新的特性，需要向设计工程师提供适当的设计知识，以帮助他们（至少在初步设计阶段）顺利过渡到基于性能设计。而相关挑战是基础设施所有者、保险供应商和公众缺乏公共安全知识。

缺乏熟练程度。指令性方法中的规范和标准应用比较成熟。基于性能设计更为复杂，需要更广泛的技能来使用新的设计技术、新材料和新系统，而这些目前还没有一致的指导方针。

缺乏决策工具。基于性能设计需要创新的决策支持系统。决策支持系统应明确考虑需求和供应概念以及多准则分析。基于性能设计早期的研究工作使用单一的性能标准。然而，最近的研究采用了多准则优化和准则权重相结合的方法，这些准则之间往往相互冲突。当准则相互冲突时，存在许多 Pareto 最优解，而找到这些解并不容易。通过将问题分解为不同的子系统，从而解决复杂多准则优化需求的创新想法还在进行研究。

缺乏数据。可靠性设计方法需要随机变量的平均值和标准差（有些还需要概率分布的类型）以及变量之间的相关性的信息，但通常这些数据还很缺乏。有必要在土木工程的各个领域建立数据库，以促进基于性能设计的应用。

解决基于性能设计挑战的机会很多。显然，专业人员要进行基于性能设计，必须具备全面的知识和实践经验。这可以通过组织定期会议和讲习班、编写白皮书、制定最佳实践指南和开发继续教育课程来帮助专业人员提高其能力。一些专业机构定期组织关于基于性能设计的会议；一些学会正在参与推广基于性能设计，例如，美国土木工程师学会结构工程研究所（ASCE/SEI）在 2018 年制定了一份报告，建议成立一个常设委员会，推动该行业向基于性能设计发展；加拿大不列颠哥伦比亚省结构工程师协会，开始将基于性能设计纳入证书项目；关于基于性能设计的新书也已陆续出版。所有这些努力都促进了基于性能设计在土木工程各领域的实践应用。另外，北美已经建立了几个学术研究中心，例如位于加州大学伯克利分校的太平洋地震工程研究中心的愿景是"开发和传播支持基于性能地震工程的技术"。在研究生学习中，基于性能设计已成为多所大学土木工程研究生课程的核心研究方向之一。

9.4 工程结构减灾研究前沿

9.4.1 地震后功能可恢复结构

传统地震工程以工程结构抗震为主要研究对象，其目的是通过在结构和构件层次的合理设计和构造措施，实现结构抵御地震灾害的能力。工程结构抗震主要从改善结构自身抗震性能着手，开发高性能结构材料，如高强度混凝土、高强度钢筋、高强度钢材等；开发高性能结构构件，如型钢混凝土柱、钢管混凝土柱、暗埋型钢剪力墙、钢板剪力墙、暗埋桁架式剪力墙等；开发高性能结构体系，如筒中筒、框筒束结构体系等。2008年的汶川地震造成地震区大量建筑物破坏倒塌、人员伤亡和财产损失，灾后政府有关部门对中小学教学楼等重要建筑提出高于一般建筑加固标准的要求，这就给传统抗震设计带来了挑战。在此背景下，消能减震及隔震技术得到迅速发展和应用。消能减震结构利用结构抗震控制思想，把结构的某些非承重构件（如支撑、剪力墙等）设计成消能构件，或在结构的某些部位（如节点、顶层等）安装消能元件（如金属阻尼器、摩擦阻尼器、黏弹/黏滞阻尼器、调谐质量/液体阻尼器等）以增加结构阻尼，从而减少结构在地震作用下的响应。隔震技术则通过在建筑物底部和基础间（或楼层间）设置柔性隔震层，减少输入到上部结构的地震能量，从而减轻结构的地震响应和破坏。以上消能减震和隔震技术已列入我国当前抗震设计规范和相应设计规程。

我国重大工程建设规模宏大、所处环境介质复杂，面临强地震和台风灾害的威胁，使工程防灾减灾面临严峻挑战。因此，在2008～2015年，由国家自然科学基金委员会资助的"重大工程的动力灾变"重大研究计划，针对长大桥梁、大型建筑（包括超高建筑、大型空间建筑、城市大型地下建筑）和高坝3类关系国计民生和国家经济命脉的重大工程，研究在强地震动和强/台风及其动力作用下重大工程的损伤破坏演化过程，揭示重大工程的损伤机理和破坏倒塌机制，建立重大工程动力灾变模拟系统，从而提升我国在重大工程防灾减灾基础研究方面的创新能力。

尽管地震工程在我国的发展从抗震、减隔震到重大工程应用均取得长足进步，但随着社会经济的高速发展和可持续发展需要，我国地震工程界正面临新的挑战，即如何在保证生命安全的前提下，实现工程结构、城市系统乃至整个社会的震后可恢复功能性（Earthquake Resilience）。

传统抗震思想以保护生命为首要目标，通过延性设计避免结构在强震下发生倒塌。然而，这种延性设计是以允许结构主要受力构件发生塑性变形为代价。另一方面，结构在使用期间可能会遭受比抗震设防烈度更强的地震作用，这也会导致结构发生损伤和残余变形。近些年的地震灾害表明，地震中建筑倒塌和人员死亡的数量已经得到了有效控制，但是地震所造成的经济损失和社会影响仍然十分巨大，其中很大一部分的经济损失是由于地震时建筑受损严重，震后难以修复；或者修复时间过长，建筑功能中断，影响正常生产和生活。基于此，研究者提出了可恢复功能结构的概念。地震可恢复功能结构（Earthquake Resilient Structure）是指地震后不需修复或者稍加修复即可恢复使用功能的结构，其主要目的是使结构具备震后快速恢复使用功能的能力，从而减轻由于结构震后功能中断带来的影响。除建筑结构外，地震可恢复性也适用于其他工程设施、生命线系统、城市乃至整个社会，通过综合防灾减灾措施，尽可能降低其震后灾害损失和影响，保证功能不中断或尽快恢复。

　　近年来，实现地震可恢复功能结构、可恢复功能系统与可恢复功能城市一起，已经成为国际地震工程界的共识和研究热点。2009 年 1 月在 NEES/E-Defense 美、日地震工程第二阶段合作研究计划会议上，美、日学者首次提出将"可恢复功能城市"（Resilient City）作为地震工程合作的大方向；2015 年 11 月在澳大利亚召开的第 10 届太平洋地震工程会议的主题为"建设一个地震可恢复性的太平洋地区"；2016 年 1 月召开的美国太平洋地震工程研究中心（PEER）年会上，可恢复功能为大会研讨的主题，并被认为是下一代基于性能地震工程的核心；2017 年在智利召开的第 16 届世界地震工程大会将"可恢复性功能——土木工程的新挑战"作为大会主题，会议设置了有关可恢复功能的大会报告会和专题报告会，从结构、社区、城市、社会不同层次探讨了可恢复功能体系的建设与评估；2017 年在新西兰召开的第 15 届世界结构隔震减震与主动控制大会将会议主题定为"新一代低损伤和可恢复功能结构"。从以上这些国际会议的主题可见，可恢复功能结构已成为当今地震工程领域的研究焦点。

　　图 9-4 为地震可恢复功能性概念示意图。假设对象为某结构，地震发生前该结构功能为 100%，地震发生后该结构丧失部分使用功能，经过震后修复，该结构的使用功能逐步恢复。图 9-4 中阴影区面积可表征该结构的可恢复功能能力，阴影区面积越小，则该结构的功能可恢复性越强。对于传统结构 A，由于结构构件和非结构构件的损伤，其功能下降显著，震后修复难度大，功能中断时间长，由此导致的间接损失严重，且最终无法恢复到原有性能水平。与传统结构不

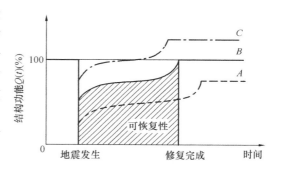

图 9-4　地震可恢复功能性概念

同，可恢复功能结构在保证生命安全前提下，将震后结构功能的恢复纳入结构设计中，以这种思想设计的结构 B 在震后依然保持一定的功能用来维持正常生产运转，通过快速修复即可完全恢复原有功能水平。如果修复方法能够克服原有结构部分缺陷，则修复后的结构将具备更高的功能水平（图 9-4 中结构 C）。从图 9-4 可以看出，提高一个结构的震后可恢复性包含两个方面：一是提高该结构的抗震能力和鲁棒性，减小地震损伤及由此造成的功能损失；二是提高该结构功能恢复的快速性，减小损伤修复及功能恢复时间。

　　目前国际上与可恢复功能结构相关的设计文件主要包括：美国混凝土协会 ACI T1.2-03 规范（用于设计后张拉预制混凝土混合框架结构）、ACI ITG-5.1 规范（基于试验验证的无黏结后张拉预制剪力墙可接受准则）、ACI ITG-5.2 规范（无黏结后张拉预制剪力墙设计方法）、新西兰混凝土协会 PRESSS 设计手册、新西兰混凝土结构设计规范（NZS 3101）以及美国预制/预应力混凝土协会 PCI 设计手册等。目前，我国相关领域的科研和设计人员也正在加紧编写《罕遇地震后可恢复功能建筑结构设计规程》。

　　按正在编写的《罕遇地震后可恢复功能建筑结构设计规程》，对可恢复功能结构从结

构体系上进行分类,主要包括设置摇摆构件的结构体系、自复位结构体系、设置可更换构件的结构体系这 3 大类。

设置摇摆构件的结构体系是指在结构中选择一定比例的结构构件或组件,放松其与基础连接处的竖向自由度约束,使其在一定范围内可以竖向抬起;或者放松转动自由度约束,使其可以发生无抬起转动,从而在地震作用下产生摇摆,并通过摇摆变形耗散地震能量,限制上部结构的变形模式。摇摆结构根据摇摆体有无竖向抬起可分为两类:一类是摇摆框架,利用框架整体刚性摇摆和附加耗能设备实现结构的无损设计;另一类摇摆体铰接于基础,形成无竖向抬起的摇摆结构。后面这种摇摆结构避免了由于摇摆体在基础界面发生抬起带来的构造上的复杂性,以及摇摆体与基础间碰撞引起的损伤。此外,这种摇摆结构利用摇摆体的刚体转动变形模式,限制结构整体变形,从而使结构的层间变形分布趋于均匀。已有研究结果表明,这种摇摆结构能有效提高结构的抗震性能,具备震后可恢复功能性。其中一种无抬起摇摆墙,称为塑性铰支墙。这种摇摆墙将墙肢的抗弯与抗剪能力分离,降低弯剪耦合,使力学需求更加明确,有利于基于性能化设计和实现预期的损伤模式。同时,将摇摆墙的塑性损伤集中于专门的消能减震设备,提高结构震后可恢复能力。除上述摇摆结构外,摇摆结构还包括摇摆预制剪力墙结构、摇摆砌体墙结构、摇摆混凝土桥墩结构等。

自复位结构体系在摇摆结构基础上,额外增加可使结构或构件恢复到初始位置的设备(如预应力筋、蝶形弹簧等),从而减小结构或构件的震后残余变形。自复位结构有多种实现形式,以自复位框架结构为例,在保证梁端剪力和轴力传递至基础的情况下,将原本梁柱节点处的刚性连接放松,通过设计使得梁端可以在界面处张开,并通过自复位设备和耗能设备共同抵抗节点弯矩;同理,通过放松柱脚约束,使得柱底在受力达到一定程度后可以抬起,以进一步降低地震作用,避免柱脚塑性变形。

自复位框架结构有针对性地解决了传统框架结构的缺点,将损伤集中于可更换的耗能设备中,提高了结构震后可恢复性。自复位钢筋混凝土框架在梁柱节点和框架柱-基础界面处断开,可以自由抬起或摇摆,试验结果表明该体系具有较好的抗震能力和自复位效果;在双向自复位基础之上,又提出了三向自复位框架,双向梁柱节点和柱与基础界面在地震作用下可以自由张开,由此形成竖向和两个水平方向的自复位结构,振动台试验结果表明该体系在地震动作用下无损伤且具备较好的自复位能力。

其他的自复位结构体系还包括:自复位预制混凝土剪力墙、自复位现浇剪力墙、自复位抗弯钢框架、自复位支撑框架和自复位框架-剪力墙结构等。

设置可更换构件的结构体系是指将损伤集中于可更换的构件上,使得主体结构的其余构件无损伤或低损伤。目前可更换构件结构体系的研究热点主要是带可更换连梁和墙脚的剪力墙结构或框架剪力墙结构。一种形式是将钢筋混凝土连梁设计为可更换耗能设备,将损伤集中于可更换耗能设备中,避免其他结构构件的损伤。另一种形式是将剪力墙墙脚设计为可更换部件,将叠层橡胶应用于剪力墙墙脚作为可更换构件,或设置带软钢屈服阻尼器的可更换墙脚组件。分析表明采用该组件的剪力墙能够将破坏引导至可更换部件,从而保护非更换区域免遭破坏。

上述几种地震可恢复功能结构在进行设计时应特别注重结构体系层面的设计,除了按传统抗震思想设计结构或构件外,也应注重与消能减震和隔震技术的结合。

美国在可恢复功能结构工程应用起步较早，表现为由可恢复功能单榀构件到空间构件、由单一构件到组合构件的工程应用过程。代表性建筑为加利福尼亚州旧金山市的 13 层公共事业委员会大楼，该建筑采用后张拉预应力核心筒结构体系，使得结构整体在地震作用下允许发生摇摆，减轻地震输入引起的破坏。设计人员对该结构的设计目标不仅是震后可以立即使用，而且主体结构应完全没有损伤，达到震后可恢复功能的要求。值得一提的是，该结构采用可恢复功能体系后的造价，相比于原先的钢结构设计方案，在造价上节约将近 1000 万美元。

新西兰作为世界上地震多发的国家之一，在可恢复功能结构研究和工程应用方面做了很多工作，代表性工程有：维多利亚大学 Alan MacDiarmid 建筑、基督城 Southern Cross 医院、基督城 Kilmore Street 建筑等。

国内在可恢复功能结构工程方面的实例还较少，目前有 3 幢建筑采用可恢复功能结构，且均为设置可更换构件的结构体系。第一幢为西安市中大国际项目的住宅建筑工程，该项目共包括 5 幢 29 层住宅建筑，采用框架剪力墙结构体系，其中底部 2～20 层布置可更换连梁，连梁中部采用剪切屈服型金属阻尼器；第二幢为华北第一高楼天津 117 大厦，在底部部分区域应用了可更换钢连梁；第三幢带可更换钢连梁的工程应用为一幢位于北京的地上 11 层办公建筑。

9.4.2　减小风振措施

在设计必须具有足够刚度和阻尼特性以确保耐久性、适用性和宜居性的可接受性能结构系统时，必须关注此类结构对风荷载的特殊敏感性。为了满足这些需求，可以采用涉及不同设计方面的多种方法。除了结构系统的修正（这是结构设计师的首要选择）外，可以采用旨在改善结构的气动弹性形状裁剪措施和引入辅助运动控制设备。

1. 气动弹性形状裁剪

气动弹性形状裁剪是一种在风荷载作用下使建筑物和桥梁获得最佳性能的有力手段，在航空航天和汽车工程等领域有着广泛的应用。建筑物的外部形状以及桥面的几何轮廓，对确定作用在结构上的风荷载起着非常重要的作用。几何结构的修正可以在横截面层次引入，目的是定义一个更符合空气动力学的轮廓，从而减少阻力或改变涡旋的分离点；或在纵剖面层次引入（即在建筑物的高度或者桥梁的长度上），主要是为了破坏涡旋之间的同步性，从而减少涡旋脱落荷载。对于建筑物，与方形横截面相比，其截面角部几何形状的修改（例如倒角或水平开槽角），可以大大降低建筑物的动力响应。随着角部逐渐变圆，改进效果变得更加明显。对于建筑物纵向修正，包含墙壁的凹处和锥角，或随高度逐渐减小角度，在某些著名建筑的结构上已应用。同样，在桥梁空气动力学方面，桥面形状对其性能起着重要作用。降低桥面板边缘高度通常是改善其空气动力学性能的最简单方法。颤振和涡旋振动的治理不仅改善了耐久性还改善了适用性，这两者对结构的高宽比非常敏感。

除了被动式的气动弹性形状裁剪之外，还可引入主动措施，例如在引流或分流区域将空气吸入到建筑表面，这样添加或减少空气的做法会引起建筑物表面轮廓虚拟修改，操控空气动力，从而使得建筑风荷载最小。

结构的空气动力学特性与由此产生的风激励强度的关系十分复杂。即使在简单的情况下（例如，在最初的方形横截面中引入倒角），也很难预测几何修改对流场的有益影响。因此，必须坚持通过专门的风洞试验或计算流体动力学（CFD）研究来指导和支持最合适和最有效（最佳）形状的选择。

尽管很多情况下可以从形状的巧妙选择中获得巨大的优势，并且通常该方法是设计师寻求解决方案的首选，但在面临一个特别具有挑战性的项目时，固有的局限性使得气动弹性形状裁剪技术并不总是能够达到所需的响应水平。在许多情况下，通过加入辅助运动控制设备来降低结构的风致响应。

2. 减少结构运动的设备

多年来，一系列用于减少结构运动的设备已应用于建筑、塔、烟囱和桥梁等。结构的动态响应取决于其质量、刚度和阻尼特性。在设计阶段，通过适当地控制这 3 种特性中的任何一种，都可以在一定的外部激励下降低响应水平。建筑物或桥梁的质量分布很容易估算得到，但很难进行显著的修改以降低结构响应。结构系统中，刚度也可以很容易地估算出来，并且可以通过适当修正方法改变，但是若为降低运动振幅而对结构进行加固，通常不利于加速度响应。此外，在材料和可施工性问题上，结构的大规模加固往往需要很高的成本。

大多数减少结构运动的装置属于辅助阻尼设备。这包括一系列通过各种物理机制耗散能量的设备，每种设备具有不同的特性，可适用于特定的问题。除了在系统中引入辅助阻尼设备外，还可以考虑其他运动控制设备。最新研究表明可以通过实时修正结构的刚度特性（如可变刚度设备），直接对建筑结构施力（分布式激励系统）或者改变几何结构从而减少荷载（可变空气动力学设备）来控制结构响应。

（1）惯性阻尼器

惯性阻尼器是利用惯性效应的减振器。向主系统提供的附加阻尼并不是由能量耗散引起，而是由建筑物的摆动修正引起，或者更具体地说，是由建筑物频率响应的修正引起。这是利用建筑物和阻尼器质量之间的动态相互作用产生的相位差，以降低响应。

惯性阻尼器的基本类型是（被动）调谐质量阻尼器（TMD），可以将系统化的主要结构简单地解释为单自由度的线性系统。TMD 包含一个附加质量，该附加质量通过弹簧和缓冲器连接到主系统上，因此整个系统可以很容易地表示为 2 个自由度系统。将与附加质量相关的频率调谐到一个特定的结构频率：当该频率被激发时，阻尼器与建筑结构在异相时共振。在频域中，TMD 的存在改变了结构传递函数，其原始共振峰值发生了转移（新传递函数呈现两个峰值，对应于 2 个自由度系统的两个模态频率，一个高于原始系统频率，一个低于原始系统频率）。针对不同的结构可设计不同的 TMD。它们可以分为平动 TMD 和振荡 TMD，前者的质量依赖于允许其横向移动的轴承支撑，后者的质量由缆绳支撑。

单 TMD 系统的局限性在于系统只能作用于单个固有频率。为克服其局限性，研究人员研究并实现了复合 TMD。复合 TMD 是在建筑结构的自然频率周围分布一系列 TMD 的自然频率，以便对结构响应进行更有效的控制。

调谐液体阻尼器（TLD）包括调谐振荡阻尼器（TSD）和调谐液体柱阻尼器（TL-CD）。这些设备基本上与 TMD 相似，其辅助系统（质量、弹簧和缓冲器）被一个充满液体（通常为水）的刚性水槽所代替。向水槽注入液体后，让液体从水槽内一侧振荡到另一侧从而实现阻尼效果，因此其作用与 TMD 系统中的附加质量类似。此外，还可以通过耗散流体边界层与波浪破碎层之间的摩擦所产生的能量来提供附加阻尼。这种耗散机制可以通过加入筛网，关闭部分水闸，或向流体中添加漂浮颗粒来增强。TLCD 是一种在 U 形管中、依赖于液体柱运动的特殊 TLD，在液体通道里通过一个孔实现了振荡液体柱的阻尼效果。

缓冲阻尼器主要应用于机械工程领域，其目的是减少涡轮叶片、灯杆、印刷电路板和机械臂等系统的振动，但当振动发生在一个平面上时，也可用于建筑物和桥梁。缓冲阻尼器的基本构件为一个能够根据结构振动方向滑动或振荡的刚性质量，其运动由结构振动触发，并被限制在一个容器内。当质量到达容器壁时，它对容器壁进行非弹性撞击，从而耗散能量。基于这个原理，需要调整系统的频率，间隙距离是允许阻尼器调谐的基本参数。悬链式阻尼器（HCD）是一种特殊的缓冲阻尼器，主要用于控制塔式结构的动力响应，如塔尖或塔顶。

（2）主动、半主动和混合质量阻尼器

1991 年，一种主动质量阻尼器（AMD）被应用于日本东京某 11 层大厦。该 AMD 其实就是一个简单的被动 TMD，只不过其运动是根据一定的控制定律由制动器引发。通过这种方式，TMD 和建筑物之间的耦合是主动控制的，随着建筑物摆动快速调谐（因此效率较高），从而产生更高的阻尼（或相同的阻尼水平但质量较小）。常规的 TMD 可以提供临界阻尼的 3%～4% 的附加阻尼，而主动系统可以增加 10% 以上。

半主动质量阻尼器（半主动 TMD）可以通过对经典 TMD 或 TLD 的特性控制来获得，以便实时对设备的频率进行调谐，并增加有效应用范围。半主动 TMD 可控制调节附加单自由度系统的刚度或阻尼。在 TLD 中研究了不同的半主动控制策略，例如通过控制水箱中一组可旋转挡板的方向来调节水箱的自然周期，或者在 TLCD 中，插入一个电动气动阀，以在大范围的结构运动振幅内提供可选择的阻尼。

（3）黏滞流体阻尼器

黏滞流体阻尼器利用高黏滞材料（如硅油）的特性，产生与主体速度成正比的阻力，从而阻止主体运动。

广泛使用的黏滞流体阻尼器由一个包含黏滞流体的气缸-活塞系统组成，当活塞头从一侧移动到另一侧时，黏滞流体通过节流孔将上游压力转换为动能。这些设备通常被称为油阻尼器（OD），在 20 世纪 90 年代初对其进行了广泛的试验，最初用于地震作用下的结构，随后其应用范围延伸到风致振动控制。

阻尼墙（DW，有时也称为黏滞阻尼墙或 VWD）是一种黏滞流体阻尼器，阻尼墙由钢箱的内外钢板（不承担任何荷载）组成，在箱内钢板间隙注入黏性流体。内钢板与上楼层连接，外钢板与下楼层连接，这样楼层的相对运动受到填充间隙的黏性流体的阻碍。

从 20 世纪 80 年代开始，到 90 年代初，研究人员更加深入地研究了电流变液和磁流变液两种半主动油阻尼器，并使其在土木工程结构领域得到了广泛的应用。电流变液和磁流变液在电场或磁场作用下可以由液态变为半固态。这种变化可以在几毫秒内发生，并且是完全可逆的。尽管半主动电流变液阻尼器和磁流变液阻尼器的结构可以有多种形式，但其主要思想是一致的，即流体黏度的变化可以改变设备的刚度，使设备某两部分产生反向运动。使用可控流体的设备可分为固定杆（阀门模式，流体包含在气缸-活塞系统中，承受拉伸/压缩和剪切）或相对可移动杆（直接剪切模式）。土木工程结构的阻尼设备采用阀门模式。在没有电场或磁场的情况下，流体的行为就像牛顿流体，活塞两侧的压降是由其黏度引起的。当施加电场或磁场时，流体产生屈服应力，从而产生额外的压降。该设备产生的总阻尼力由这两种力的分量总和得到，因此可以通过改变流体的极化程度、调节磁场的电压源来控制。

半主动可变孔油阻尼器设有通过调节阀门开度来控制油的流量的设备，以达到控制阻尼系数的目的。与其他类型的半主动设备类似，该阻尼器允许用少量外部能量调节较大反作用力。研究证明，半主动可变孔油阻尼器的耗能是普通被动阻尼器的两倍。

（4）黏弹性阻尼器

黏弹性阻尼器（VED）是建筑结构系统中最早采用的一种设备，用于降低结构在风荷载作用下的动力响应振幅和加速度水平。它们利用了聚合物材料的黏性特性，例如氯丁橡胶，这些材料在受到剪切时具有通过热损失来耗散能量的特性。VED可分为3种不同的类型：单层（黏弹性层为轴向）、约束层（在单层基础上再加一层黏弹性材料，但同时受到剪切和轴向变形）和夹层类型（由一层或多层组成，其在刚性金属板之间受约束，几乎为剪切变形）。一般来说，夹层类型的效率更高，因此应用更广泛。

（5）摩擦阻尼器

在结构的选定区域，通过摩擦机制的类塑性特性提供直接能量耗散，是另一种广泛使用的、用以降低结构振动响应的方法。摩擦阻尼器（FD）设计了固定的滑动荷载，依赖于施加的夹紧力，在该荷载作用下，它们能够提供较高的刚度。当摩擦阻尼器上的荷载达到滑动荷载时，两个表面通过相互滑动而耗散能量。摩擦阻尼器具有结构简单、维护要求低、耗能能力强、安装维护成本低等优点，是目前国内外使用较多的一种被动耗能设备。

3. 最新趋势

基于风力条件下发现的稳态风激励的本质，控制设备通常能有效地控制风振，但它们在地震特别是在强震作用下的效率有时会受到影响。因此，20世纪90年代初AMD或HMD的应用受到了限制。为了防止强震，考虑到金属耗散材料的成本和维护费用低，以及其高效率和广阔应用前景，金属耗散材料是目前日本最常用的设备。还有一些阻尼器，如VFDs和VEDs，可以用于抵御地震和风的作用。最新研究趋势是在不同的设计中联合使用多个设备。

除了上述方法，还可以将建筑外墙与结构系统分离，从而避免动态荷载转移到结构系统。按建筑高度将骨架外墙分为常规部分和隔离部分。采用这种方式，隔离部分可消除结构骨架与外墙风荷载相关性，从而降低整体荷载。

最新一项技术是，在收集风作用于高层建筑产生的振动能量的同时，降低风引起的结构响应。这是通过使用嵌入式高能量密度的电磁传感器TMD实现，该传感器可以将低频建筑摆动的能量转换为电能，即实现了绿色能源和建筑物的可持续发展。

最后值得一提的是利用智能材料，特别是形状记忆合金（SMA）来制作可变刚度设备。这些材料具有多态性的特点，即它们具有多个晶体结构，晶体结构之间的可逆变化取决于温度和外部压力。尽管这种材料早在20世纪30年代就被发现，但直到最近，研究人员才开始研究如何利用材料各个阶段不同电、热尤其是力学性能实现运动控制设备相关的应用。

9.4.3　工程结构火灾性能评估

目前常用两种方法来评估结构在火灾中的行为和响应或结构的耐火性：试验评估和分析评估。耐火性是指在标准火灾条件下，结构构件在结构完整性、稳定性和温度传递方面表现出抵抗力的持续时间。进行标准火灾试验，可通过试验确定结构组件或构件的耐火性；或利用《建筑材料及制品燃烧性能分级》GB 8624，可评估材料和结构组件的耐火性。但两种方法均具有局限性：标准火灾试验或查询标准均只评估单个结构组件或构件的耐火性，而未考虑结构其余部分的相互作用。

将分析和/或试验方法扩展到对整个结构进行综合建模和/或测试，可以改进耐火性能评估。足尺试件试验是一种理想的基于性能的方法，但由于成本非常高，其使用范围受到限制。分析方法和混合方法（试验与分析相结合）将是确定结构防火性能和耐火性能更具成本效益的选择，现有的分析工具很难对整个结构进行建模，建立火灾中材料和结构力学性能的可靠模型还缺乏足够的信息，这需要进一步的研究。

世界各地每年都会发生多起建筑火灾。仅在美国，高层建筑每年发生的火灾就超过 1 万起，主要集中在公寓、酒店、汽车旅馆、医院、护理设施和办公室。火灾发生后，最重要的步骤之一是评估结构构件和材料的损坏程度。这是确定建筑物的剩余耐火性和建筑是否足够安全的重要依据。然而，目前关于火灾事故后结构剩余耐火性评估的研究和信息有限。在火灾中，由于热膨胀等原因，远离防火分区的结构构件都可能受到损伤，这种损伤很难用现有的方法来评估。因此，应进一步研究开发可靠的基于性能火灾后结构损伤评估分析模型和方法。

根据对以往火灾下建筑结构倒塌的研究，大多数结构的失效具有相似的倒塌模式，系统结构的相互作用，特别是热膨胀效应，对结构性能有相当大的影响。为了模拟和了解建筑物在火灾中的倒塌顺序和结构性能，需要进一步的研究和调查。考虑结构的相互作用，特别是考虑楼板、柱、梁和连接件的热膨胀效应分析模型，对于新结构和现有结构的防火安全和防火改进至关重要。

结构连续性对钢结构防火性能影响的研究表明，由于结构相互作用，完整结构的耐火性能与单个构件的耐火性能完全不同。基于实际性能的评估和分析需要对整个结构进行适当的建模和分析，考虑所有边界条件、约束和大变形效应，如膜作用和 P-δ 效应。对过去建筑物火灾倒塌的研究也表明，结构在火灾中的性能和行为高度依赖于结构的三维效应和系统特性（如热膨胀机理）。因此，为了模拟真实的结构响应，应使用包含所有系统机制的可靠模型，并将结构相互作用纳入分析中。

对于建筑结构设计，环境温度引起的热膨胀并不是需要考虑的因素。但当涉及结构在火灾下的性能时，热膨胀对建筑物的热响应和抗火性能起着重要作用。根据调查和研究结果，热膨胀会引起结构构件的大变形，进而导致部分或整个结构倒塌。目前，在火灾中评估和减轻热膨胀对结构性能的影响时，设计人员仍缺乏理论依据和设计方法。

钢筋混凝土结构是一种具有良好可靠度和耐火性能的结构。但美国国家标准与技术研究所报告称，自 1970 年以来，因火灾导致倒塌的建筑多数是钢筋混凝土结构，这可能是由于混凝土材料的脆性。因此，需要制订减轻结构在火灾中的损失的措施，但目前仍缺乏钢筋混凝土结构在实际火灾荷载下的性能评估、设计信息及分析工具。

火灾下钢筋混凝土结构的破坏机制是由于混凝土保护层剥落而引起构件，甚至部分结构或整个结构破坏而导致的承载力丧失。剥落是一个非常复杂的现象，目前对此还没有很好的解释。试验表明，暴露在火灾中的混凝土保护层剥落主要是由含水量高、升温速度快和混凝土应力高引起。研究表明，剥落率取决于构件和试件的尺寸、骨料类型。与硅质骨料混凝土相比，碳酸盐骨料混凝土的剥落率通常要小得多。高强度混凝土的剥落率远远高于普通混凝土，是因为高强度混凝土水灰比低。近年来对后张拉梁、后张拉板等后张拉结构的研究表明，剥落对这些结构构件的影响显著，并可能导致结构的倒塌。建议对这一领域进行深入的研究。

楼板的热膨胀效应对钢筋混凝土柱和楼板都有重要影响。从结构构件的刚度和承载力来看，火灾中钢筋混凝土结构的倒塌可能是由于楼板大幅度下陷引起梁、柱的剪切破坏或屈曲，甚至连接件的剪切破坏。在这些破坏模式中，剪切破坏起着主要作用，并决定着钢筋混凝土结构的火灾性能。

与钢筋混凝土结构相比，暴露在火灾下的钢结构建筑往往表现较差。这主要是因为钢结构构件截面相对薄，导热系数比混凝土构件高。火灾中钢框架常见的破坏形式有压溃破坏，柱的整体屈曲、弯曲和侧扭屈曲破坏，梁的局部屈曲和弯曲破坏，以及连接件的剪切破坏和局部屈曲破坏。对钢结构在火灾中的行为研究表明，结构单元的端部约束和连续性以及楼板的膜作用将提高钢结构的火灾性能。

轴向约束对钢结构的影响小于对混凝土结构的影响。这是因为钢结构升温更快、延性更大而会导致更大的垂直挠度、楼板下垂，从而降低水平轴向约束力。换言之，与钢结构相比，钢筋混凝土结构由于结构构件的热膨胀而产生的水平变形相对较大。因此，在钢结构中，楼板下垂或梁的挠度可能大于柱的变形或位移，这实际上也符合梁先于柱破坏的基本设计原则。

对世界贸易中心7号钢框架建筑倒塌的研究表明，热膨胀可能是引起钢结构建筑渐进倒塌的主要原因之一。对周边布置抗弯框架的钢结构体系性能的分析研究结果表明，楼板热膨胀会导致周边柱产生较大的板外位移和非弹性应力。

升温速度对结构响应研究的结果表明，缓慢的升温速度可在钢结构的连接中产生更高的压力，这是由于热梯度较小，梁因热膨胀产生的曲率较小。同理，升温速度对楼板膨胀也有重要影响，升温速度越慢，楼板膨胀率越高。这也意味着冷却速度会对结构的热膨胀产生显著影响。需要进一步研究升温和冷却速度对火灾下结构性能的影响。

为了提高材料性能和结构性能，需要对结构进行改造和加固。在现有材料中，复合材料常用于混凝土和砌体结构的加固改造。碳纤维增强复合材料（CFRP）是一种常用的复合材料，已被研究用于钢筋混凝土结构的抗震加固；此外，在腐蚀环境中，纤维增强复合材料（FRP）被用于加固混凝土构件，以提高抗腐蚀性和强度。用这些材料包裹混凝土构件（如柱）不仅可以提高混凝土的抗腐蚀性能，而且可以对混凝土提供约束，从而提高构件的抗剪、抗压强度和变形能力。通常，复合材料如FRP在高温下是敏感的，当FRP暴露于火中时，聚合物基体转变为强度和刚度降低的软材料。目前已经开展了提高FRP包裹构件耐火性的研究，但大多未考虑热膨胀的影响。建议后续研究应在实际火灾荷载、热膨胀和结构系统条件下，评估由复合材料或新型材料加固的结构的性能。

9.5　结束语

灾难给全世界带来了巨大的损失。1998～2017 年，气候和地球物理灾害造成 130 万人死亡，另有 44 亿人受伤、流离失所、需要紧急援助。大多数人员伤亡是由地球物理灾害，主要是地震和海啸造成；但由洪水、风暴、干旱、热浪和其他极端天气事件造成的灾害数超过总灾害数的 90%。1998～2017 年，受灾国报告的直接经济损失总和达 29080 亿美元，这一数字高于 1978～1997 年报告的 13130 亿美元。以绝对货币计算，在过去 20 年中，美国的灾害损失最大（9450 亿美元），相比之下，我国遭受的灾害数量明显高于美国（577 次，482 次）。据世界银行计算，全球经济每年的实际损失高达 5200 亿美元，每年有 2600 万人因灾害而陷入贫困。联合国减灾署《减轻灾害风险全球评估报告》指出，灾害不仅影响了发达国家的可持续发展，更是阻碍发展中国家（或地区）发展的主要原因。

灾难不是自然事件，而是社会的内生因素，当危害与人口、社会、经济和环境的脆弱性和暴露相互作用时，就会产生灾害风险。然而许多破坏性危险源于自然，包括地震和导致水灾和旱灾的极端天气事件，这使灾害风险管理政策在很大程度上是由自然灾害事件所驱动。因此，注意力自然落在导致灾害的危害和相关物理过程上。

减轻灾害风险（DRR）研究表明，决定灾害的往往不是危害，而是人口的脆弱性、暴露程度以及人类社会预测、应对和从其影响中恢复的能力（图 9-5）。从单纯的危害应对转变为对脆弱性和风险的识别、评估和排序，这将变得至关重要。

土木工程灾害是与人类关系最密切的一种灾害。很明显，在发生灾害时，大部分物质损失都发生在灾区的建筑物、道路、桥梁、供水厂、通信电力、港口等工程设施上，因此清理、抢救、全部或部分恢复和重建工作均需要建筑部门积极参与。

土木工程灾害是我国城镇化建设过程中必须重视的问题，也是推动灾害防御科学和土木工程科学发展的积极动力。为了深化对土木工程灾害的认识

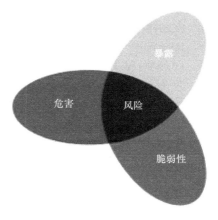

图 9-5　风险的三个来源

并有效减轻其损失，研究人员还有大量的科学、技术和工程问题需要解决。

"土木工程灾害"概念的提出强调了土木工程因失稳、失效而从承灾体演变为致灾体的属性，土木工程方法的本质就在于它能有效阻断土木工程演变为致灾体的路径，从而突显了它在防御和减轻灾害方面的决定性的作用。目前自然界中的大量致灾体具有巨大的不确定性，人们还难以预测其发生灾害的可能性。相比之下，土木工程方法可提升土木工程的抗灾能力，具有很强的可控性和可操作性，是对于以地震灾害为代表的许多自然和人为灾害最有效的标本兼治的方法。

研究土木工程灾害的最终目标包括：（1）搞清损伤机理，推动科学技术的发展；（2）搞清成灾机理，减轻灾害，保障人民的安全。实现前一个目标的标志是能够重现土木工程

灾害的破坏现象；实现后一个目标的标志是土木工程的抗灾能力得到提升。为达到这些目标，从事土木工程领域教学、研究、设计、施工和建造、使用、维护的研究人员和工程技术人员责任重大。

参 考 文 献

[1] 谢礼立，曲哲．论土木工程灾害及其防御[J]．自然灾害学报，2016，36(1)：1-10.

[2] UNDRR. Global Assessment Report on Disaster Risk Reduction 2019[R]. Geneva，Switzerland，United Nations Office for Disaster Risk Reduction（UNDRR），2019.

[3] 联合国．2015～2030 年仙台减少灾害风险框架[R/OL]．[2015-03-18]https：//www. unisdr. org/files/43291 _ chinesesendaiframeworkfordisasterri. pdf.

[4] CRED，UNISDR. Economic Losses，Poverty & Disasters 1998～2017[R]. https：//www. undrr. org/publication/economic-losses-poverty-disasters-1998～2017.

[5] 胡聿贤．地震工程学(第二版)[M]．北京：地震出版社，2006.

[6] 叶继红．土木工程防灾[M]．北京：中国建筑工业出版社，2018.

[7] 任爱珠，许镇，纪晓东，等．防灾减灾工程与技术[M]．北京：清华大学出版社，2014.

[8] 江见鲸，徐志胜，等．防灾减灾工程学[M]．北京：机械工业出版社，2005.

[9] PEDUZZI P. The disaster risk，global change，and sustainability nexus[J]. Sustainability，2019，11：957.

[10] BOSHER L，CHMUTINA K. Disaster risk reduction for the built environment[M]. New York：John Wiley & Sons Ltd，2017.

[11] HUANG M F. High-rise buildings under multi-hazard environment[M]. Beijing：Science Press，2017.

[12] FAJFAR P. Analysis in seismic provisions for buildings：past，present and future[J]. //PITILAKISK（ed.）. Recent Advances in Earthquake Engineering in Europe，Geotechnical，Geological and Earthquake Engineering，2018，46：1-49.

[13] EASA S M，YAN W Y. Performance-based analysis in civil engineering：Overview of applications[J]. Infrastructures，2019，4：28.

[14] 李刚，程耿东．基于性能的抗震设计——理论、方法与应用[M]．北京：科学出版社，2004.

[15] 周云．结构风振控制的设计方法与应用[M]．北京：科学出版社，2009.

[16] 徐彧，李耀庄．建筑防火设计[M]．北京：机械工业出版社，2015.

[17] SOLARI G. Wind Science and Engineering[M]. Springer Tracts in Civil Engineering Cham：Springer，2019.

[18] THORDAL M S，BENNESTON J C，KOSS H H H. Review for practical application of CFD for the determination of wind load on high-rise buildings[J]. Journal of Wind Engineering and Industrial Aerodynamics，2019，186：155-168.

[19] BLOCKEN B. Computational wind engineering：Theory and applications[J]. //BANIOTOPOULOS C C，BORRL C，STATHOPOULOS T(eds). Environmental Wind Engineering and Design of Wind Energy Structures. CISM Courses and Lectures，2011，531：55-93.

[20] KAREEM A，BERNARDINI E，SPENCE S M J. Control of the wind induced response of structures[J]. //TAMURA Y，KAREEM A（eds）. Advanced Structural Wind Engineering，2013：377-410.

［21］ HANGAN H，REFAN M，JUBAYER C，et al. Novel techniques in wind engineering［J］. Journal of Wind Engineering and Industrial Aerodynamics，2017，171：12-33.

［22］ SHRIVASTAVA M，ABU A K，DHAKAL R P，et al. State-of-the-art of probabilistic performance based structural fire engineering［J］. Journal of Structural Fire Engineering，2019 ，10（2）：175-192.

［23］ MCALLISTER T P，MALVA K L，GARLOCK M. ASCE/SEI 7 Appendix E Proposal：Performance-based design procedures for fire effects on structures［J］. Proceedings of the 2015 Structures Congress，2015.

［24］ LI G Q，ZHANG C，JIANG J. A review on fire safety engineering：Key issues for high-rise buildings［J］. International Journal of High-Rise Buildings，2018，7(4)：265-285.

［25］ 逢甲大学. 灾害管理与实务［M］. 台北：五南图书出版公司，2016.

［26］ TROMP J. Seismic wavefield imaging of Earth's interior across scales［J］. Nature Reviews Earth & Environment，2020，1：40-53.

［27］ 周颖，吴浩，顾安琪. 地震工程：从抗震、减隔震到可恢复性［J］. 工程力学，2019，36(6)：1-12.

［28］ （日）田村幸雄，A. 卡里姆. 高等结构风工程［M］. 祝磊，等译. 北京：机械工业出版社，2017.

［29］ KODUR V，KUMAR P，RAFI M M. Fire hazard in buildings：Review，assessment and strategies for improving fire safety［J］. PSU Research Review，2019，4(1)：1-23.

第10章 道路工程发展现状及前沿

10.1 路线

10.1.1 山区复杂地形条件路线布设

随着我国综合国力的快速提升，国家大力推进西部大开发、乡村振兴及脱贫攻坚等战略，以公路为主体的交通基础设施在中西部的广袤山区得以大规模建设。目前山区公路建设主要是以服务区域交通的高速公路和以振兴乡村的低等级公路为主。受山区地形地貌差异较大、水文地质条件复杂等多因素的影响，山区公路工程的勘察、设计、施工、维护等有其自身的特点和难点，且较平原地区难度更大。因此，选择经济、合理、可行的山区公路路线设计方案是整个山区公路项目建设的关键环节。如果山区公路路线设计方案不够合理，短期内会导致设计项目返工、设计质量下降、施工难度加大、工程造价增多、环境破坏严重，而长远来看还会造成维护成本增大、运营成本增加、交通事故频发、气象及地质灾害隐患严重等现象，从而影响山区公路的建设和服务水平。

1. 山区公路路线设计要求

山区公路的路线设计工作应当选出符合规范要求、经济适用、合理可行的最佳线路。因此，在开展山区公路路线设计之前，应对公路项目所在山区的自然环境展开充分的勘察和分析，并重点对差异较大的地形地貌、复杂的水文地质条件、气候垂直变化等因素特点进行必要的论证分析研究。此外，还要将工程造价纳入考虑的范围之内。为了提高山区公路的建设水平，应当选择地形地貌、水文地质条件、气候等建设条件较为稳定的区域，且最大程度上缩短线路长度。

2. 山区公路选线原则

山区公路选线，应结合工程项目的具体建设条件，并参考公路选线的一般原则。对于可以充分利用的原则要遵循，但是部分选线原则可能不适用于山区公路，这就要求因势利导地加以变通调整。过分强调利用山区地形地势有时会影响到整个山区公路的建设水平，但对山区地形地势过度地改造又可能会增加工程造价、破坏环境。因此，在进行山区公路路线设计之前一定要深入了解项目的工程概况，合理利用地形和地势条件。

3. 山区公路路线设计要点

（1）重视复杂的地质条件。山区公路一般地质条件和水文环境十分复杂，加大了山区公路路线的设计难度。与此同时，设计人员往往很难在较短的时间内全面了解山区复杂的岩层结构，也无法根据具体岩层结构的特点进行针对性设计和专门防护方案布置，很大程度上增加了山区公路病害的可能性。因此，布线时应当尽可能避开复杂的地质条件，遵循"惹不起，躲得起"的设计原则。对局部难以绕避的重要设施或困难工点，则可采用原址整治的方法。这样，既能减少地质条件和施工技术的限制，又可确保建设质量和安全性。例如，国道 318 线海子沟泥石流处路线原为沿溪线，在经过局部改线、提高路线设计标高、设桥跨越泥石流沟等整治方案后，根治了每年养护清除和断道堵车问题。

（2）正确处理交通量增长问题。山区公路后期改扩建难度较平原区更大，因此在进行路线设计前一定要充分收集相关资料，做好交通量预测和交通规划，在方案论证比选时要有一定的超前意识，避免短期重复建设。

（3）合理确定越岭方案。在高海拔地区，越岭方案通常有明线或隧道两种方案可选。布设明线能够使路线与环境协调良好，工程简单，但里程长，高边坡开挖难度较大，存在高边坡稳定问题，工程措施不当还会增加施工和运营期出现泥石流、坍塌、滑坡等不良地质现象的可能性。此外，高海拔明线在冬季易出现路面积雪、结冰等安全隐患，经常性养护工作量大，影响行车安全。布设隧道具有开挖土石方量小、对周围环境影响小、利于生态保护等优点，但隧道不便于路线总体方案布局，造价往往要高于布设明线。在确定设计方案时一般要根据地形地质条件、工程量大小、工程造价、建设时机等方面综合考虑。

（4）贯彻绿色设计与可持续发展方针，注重路线与周边环境协调。由于山区地形条件复杂，存在暴雨山洪等灾害频发、溪流水位易大幅变化、阳坡干燥背坡泥泞湿滑等问题，在路线规划和设计时，要全方面地考量这些因素。在进行山区公路路线设计时，往往对人文景观和自然景观的协调重视程度不够，容易忽略对山区环境的保护，导致设计的山区公路出现对自然环境较大破坏，或与周边环境不协调现象。路线设计时要小心谨慎地利用资源、维护生态。如合理绕避林区、耕地，充分利用绿化带阻隔尾气对农作物生长的影响等。

（5）经济指标与技术指标均衡。在进行山区公路路线设计时，要充分地结合山区公路建设区域的地形和地貌条件，综合考虑经济指标（工程投资、工程量等）、技术指标（沿溪线、越岭线选择等）及交通需求等要求，尽量做到协调均衡。通常在山区路线设计时，尽量采用沿溪线。

（6）坚持以人为本的设计方针，注重设计细节。山区路线布设要更加注重设计各环节中的细节问题，因为往往一个细节的忽视会引起运营时很大的麻烦，因此必须精雕细琢出精品。要特别注重路线平面线形指标选择、纵坡布置、平竖组合及其均衡、行车视距、路基高度、边坡及支挡结构布置、涵洞等排水设施布置等技术细节处理。如陕西安康境内的京昆高速公路秦岭 1 号隧道，就因设计细节考虑不周而在 2017 年 8 月 10 日发生了惨重的特大交通事故。

10.1.2　改扩建公路路线设计

为了提升公路的通行能力和服务水平，经常要对既有公路进行改扩建。路线设计会直接影响改扩建公路的工程质量及使用安全性，要予以重视。

1. 改扩建公路路线设计原则

改扩建公路工程项目受原路线限制较多，技术难度较大，应遵循以下设计原则：①改扩建公路的路线设计应遵循路线设计的一般性原则。首先，改扩建项目应符合当地生态环境要求，避免造成严重的生态破坏。其次，要合理引导车流、分散车流，以减少出现道路交通拥堵的情况。最后，要满足安全性原则，路线走向要符合驾驶人的习惯和通行车辆的特性，以降低交通事故发生的概率。②对既有线形指标能满足标准规范的路段，应尽量保留原有路线，以便减少改造工程量，节约用地，降低改造造价。③综合运用原有道路资源，应深入项目现场并开展系统性勘察，对既有构（建）筑物的质量和服务水平进行全方位分析评估，从技术、经济等角度做出评判，将符合标准的构（建）筑物完整保留，科学合理地确定改造利用或废弃重建的处治方案。此外还要尽量综合利用旧路两旁的预留土地，以减少拆迁成本，避免大规模新增占地。④对确定改造利用的构（建）筑物，应根据其高度、位置控制路线的平、纵、横设计。

2. 改扩建公路路线设计具体要求

（1）线形设计调研。线形设计是改扩建公路项目的最重要内容之一，也是保证交通运输安全的关键要素。设计人员在制定改扩建路线方案之前，必须对原建设公路及使用情况进行全面的调查分析，准确识别出旧公路在长期运营过程中暴露出来的病害、交通问题以及其他不利因素。针对安全事故频发、交通易堵塞路段和车辆通行风险较多的路段，应加强现场勘察，综合分析导致这些问题的原因。改扩建旧公路的路线设计也应提前将上述原因纳入考虑范围，积极采取各种解决方法，若无法从根本上予以妥善处理，也要尽量规避。全面而系统的线形设计调研是改扩建公路路线设计的基础，也是其首要步骤。

（2）改扩建公路路线的断面形式选择。改扩建公路路线有单侧拼接、单侧分离、两侧拼接、两侧分离、混合加宽等多种断面形式。平原微丘区高速公路一般采用"两侧拼接、局部分离"扩建方案，如沪宁高速和沈大高速扩建工程；而对于山岭重丘区高速公路，由于受高填深挖路基安全性、隧道和大跨径桥梁扩建方案、施工组织与保通措施等控制因素影响，常采用"单侧加宽"扩建方案，如连霍高速郑州至洛阳段扩建工程。对于二级及以下等级公路，在条件许可时可优先采用"单侧加宽"扩建方案，以减少工程量和新增用地面积。

（3）平面拟合设计。改扩建公路的平面拟合设计必须以原有构筑物为基础，并将其作为新路线改建设计的控制点，采用多段线拟合方法，在保持原路线设计的基础上对两侧拼接路段进行平面拟合设计。对旧公路沿线中存在大量的圆弧或曲线路段，应采用多元曲线拟合的"多元复曲线拟合法"，尽量减少拟合误差。需同步开展纵向优化，使优化后的纵断面线形与平面拟合设计相呼应。尤其是对会影响布局或已达不到现行规范要求的路线，应使用纵面优化方式，提高整体线路的运行效果。

（4）纵断面线形拟合设计。竖曲线中的坡度、坡长以及行车视距等因素均对行车安全具有重要影响，应对纵断面线形进行拟合设计。首先，将原公路各构筑物作为路线设计的控制点，使用分段拟合与分幅拟合方法进行线形拟合。其次，根据旧路的地理情况，以宁填勿挖为基本准则，优化纵坡设计。最后，按照构筑物处限高要求，保证竖曲线长必须满足 3s 行程。从提升行车舒适度角度，可局部优化既有路段的路基设计高程，控制好路面施工精度，提高司乘人员的安稳舒适感。遇较大纵坡时可对原路面结构采用加大路面结构厚度等方式降低坡度。

（5）重视改扩建公路工程的安全性。在对公路实施改扩建之前，要对整个工程的安全性进行评估，进而制定出相对应的改扩建策略，使改扩建公路工程建设能在保障安全的基础上进行。根据安全性评价建议，结合老路的平纵组合情况（如危险的曲线半径、曲线线形衔接情况等），对原路的线形指标进行相应调整。对于原路线形组合不良或事故多发路段等重点或危险路段，应提出补救措施。对于凹形竖曲线底部排水不畅路段，应对其纵断面和横坡设计进行综合调整，减小排水不畅路段长度；S 形曲线以及同向曲线（含 C 形和卵形），宜增加设置线形诱导标志；长直线下坡路段，宜增加设置警告和限速标志；长直线转弯路段，宜增加设置线形诱导标志和警告标志等。对于局部改线的新线路段，应灵活运用技术指标，保证新线与老路线形标准的连续、均衡、顺捷，并与沿线相适应。

（6）考虑改扩建公路工程对发展和环境的影响。我国现代化进程十分迅速，很多城市、乡镇、村落的现有规划已难以满足进一步的发展需求。因此，在进行改扩建公路线路规划设计时，务必对沿线城、镇、村的环境、条件进行综合分析，充分征求沿线地方政府及村民的意见建议，不片面地局限于现有规划材料，应进行全面的路线设计，以达到与沿线的长远整体发展规划相协调。

10.1.3　路线安全性评价

公路是三维空间化的带状实体，进行路线参数设计时采用将其分解为平、纵、横分别进行设计后再组合的模式，给线形设计的合理性和安全性带来很大的挑战。从行车安全的角度，系统规划、研究公路路线设计的安全性，对于保障公路运营安全非常重要。

（1）运行速度检查。运行速度检查的目的在于优化相邻路段运行速度指标，进而降低公路安全事故的发生频率。在运行速度检查过程中，设计人员应对整体的线形关系进行系统统筹，并做好不同路段的极差分析，同时通过两种以上的评价策略进行一致性评价，避免相邻路段的车速急剧变化。

（2）平纵组合评价。公路路线安全性评价过程中，平纵组合评价是需要考虑的重要内容。公路设计人员要对路线的组合方式进行系统评价，通过透视图检查的方式确保线路组合的系统性和均衡性；进而确保平面或纵面的协调发展。一旦公路路线的平面或纵面出现平衡问题，可以对其做出适当的调整，保证公路路线符合安全使用要求。

（3）空间曲率的标准评价。公路设计过程中，为保证设计的合理化，通常需要建立关系模型进行系统分析。其中，空间曲率指标与事故率的安全模型是一种常用的评价方式。

（4）视距检查。视距设计涉及障碍物、路标、平曲线及竖曲线等，是路线安全设计的重要内容。受地形、水文、驾驶员舒适度等因素的影响，不可避免地会有曲线路段，应做好曲线路段障碍物处理、视距检查，确保驾驶员具有较远且广阔的观察视野，保证行车安全。同时还需加强特殊路段路标的设计，确保驾驶员能及时地知晓前方道路状况，进而实现安全行驶。

10.1.4　生态环保路线设计

修建公路需要占用大量土地，还会对周边的绿植、水源以及地形地貌造成一定程度的改变和影响，具有一定的破坏力。此外，在公路运营时，车辆尾气、粉尘、噪声、光污染对沿线也会带来很大影响。进行合理的路线方案规划与设计，既可满足交通功能又可减少对环境的影响。

1. 公路路线设计对沿线生态环境的影响

（1）水土保持和植被。路线设计是否合理，对沿线的水土保持具有重要影响。公路建设过程中，周边的植被及地形会被破坏，造成地表结构的改变，导致土体抗蚀能力下降，从而造成水土流失。

（2）野生动物及其生存环境。公路施工及运营过程中，对附近的野生动物的影响主要体现在对其生活环境的破坏、噪声等环境污染、接近效应、阻隔作用等方面，干扰了它们正常的生存环境以及自由活动。

（3）周边景观。挖掘与填筑工程、护坡工程等都会对原始地表的植被、景观造成很大的破坏和改变，从而使景观要素也发生不同程度的变化，地域景观的结构比例也会随之改变。公路还会使原本相连的景观地域产生分割，导致原本完整的风景线以及原始地貌都会出现割裂。

（4）农田以及建筑物。公路施工要永久及临时占用大量土地，对沿线地区的生产生活也有一定的影响。

2. 公路路线生态环保设计原则及措施

（1）遵循生态设计的思想。要对周边环境做充分、全面的调查和了解，在设计过程中要考虑到各环境因素，将对周边生态环境的破坏、影响最大程度地降到最低。相关的设计人员在路线设计时务必通过边缘效应进行生物自维持体系的建设，同时要重视人类社会与生态环境的协调性与统一性，将人与自然和谐作为设计目标。

（2）设计形式要灵活。在路线设计初期就要遵循自由灵活以及形式服从功能的设计原则，防止盲目追求高指标、高标准。例如，在山区公路路线设计时，在对地形地势以及周边生态环境全面把握的基础上，合理选择断面形式，既满足交通运输需求，同时把对生态环境的不利影响降到最低。

（3）人类社会与自然的协调统一。景观建设要与自然贴合，防止过多的人为痕迹；路线与周边环境、地势保持最大程度上的统一；边坡防护尽可能利用绿化栽植方式等。

（4）合理利用土地资源。对沿线的土地资源状况进行调查和研究，结合当地发展规划合理选择路线。合理设置挡土墙、护坡、高架桥等，以节约土地资源。与饮用水源保持一定的安全避让距离，避让灌溉水源、养殖水库和鱼塘，不可避免必须通过时要将路线布置在水源下游侧，防止水源被污染。注意对自然水流的保护，避免堵塞及压缩过水断面。要避开储量较大、价值较高的优质成矿带，必须穿越时优先走贫矿带，且尽量缩短穿越距离。穿越废弃矿井及采空区时要采取有效措施防止路基沉陷以及结构物变形。

10.1.5　超级高速公路

我国已经建成世界上规模最大的高速公路系统。随着经济的发展，车流量与日俱增，高速公路的通行能力和运载能力逐步下降，因超载等问题也带来了一些安全隐患。与德国的不限速高速公路相似，超级高速公路旨在对现有高速公路系统进行革新，使其能发挥更大效应。2018年，浙江省宣布拟在杭州和宁波两地建一条全长161km的超级高速公路，设计时速150km/h，拟于2022年建成通车。

1. 超级高速公路技术方案

以杭州至宁波的超级高速公路为例，将技术方案简要介绍如下：

（1）车道布置。该路拟采用双向 8 车道：双向的左侧第一个车道均设计为大车专用道，且采用单独加固的路基路面结构，以适应荷载大、对速度要求低的载重车；其余 6 个车道作为主要考虑通畅性的小车通行道，以适应荷载较小、速度要求高的小车。

（2）小车道光伏路面。为了满足环保要求，将小车道布置为光伏路面。光伏路面可将太阳能转化成电能。但光伏路面对荷载要求比较高，荷载较大可能会压坏路面，而且当车流量比较大时光伏路面的作用就比较小。因此，如何解决好光伏路面和荷载的关系，将是方案的研究重点和难点。

（3）沿线休息区新能源车辆充电装置配备。在沿线休息区配备相应的充电装置。车辆所充电量来自太阳能转化成电能的光伏路面，更好地实现了可持续化发展的理念。

（4）引入前沿技术辅助通行。在 150km/h 时速下，驾驶员反应时间更小，危险性更大。拟采用全道路监控模式，通过道路两边的信号灯提前将前方道路信息预报给后方的车辆，以应对可能存在的突发事故、运输高峰等造成路段拥堵的安全隐患，方便车辆驾驶员及时做出反应，避免交通事故的发生。

2. 超级高速公路技术难题

（1）安全性。设计时速 150km/h，驾驶员的反应时间减小，制动距离增加，安全事故发生的概率也随之增加，如何避免安全事故很关键。此外，增加路面与车辆之间的摩擦力、保证驾驶员视距等都很重要。

（2）驾驶员的视觉感受。驾驶高速行驶的汽车使驾驶员容易因视觉变化快而高度紧张，长久紧张会带来疲倦感。在超级高速公路行车时，驾驶员在直线段不容易出现懈怠感，但在通过缓和曲线及圆曲线时可能因视野遮挡而紧张。因此，需适当增加直线段的长度，减少圆曲线和缓和曲线出现的频率，或减小曲线的转角，帮助驾驶员缓解紧张的情绪。

（3）光伏路面的设计和保养。光伏路面可在没有车辆通过时行使太阳能电池板的作用，但是还存在以下问题：路面荷载不能过大，承受较大荷载可能导致内部原件受损而失效，但大车在错车或特殊情况下不可避免会行驶到光伏路面上，如何避免光伏路面因重载而失效，是需要解决的首要技术难题。若车流量比较大，光伏路面接受光照的时间比较短，那么光伏路面的发电量会较少，不足以弥补建造成本。光伏路面需要及时清洁以保证其正常工作。光伏路面若内部元件发生损坏，无法及时更换。

（4）道路养护。从光伏路面到信息化收费系统，整个线路涉及的电路设施比较多，因此需要更频繁的养护和电路电线更换，设备更换及养护的费用较多。

10.2　路基工程

10.2.1　轻质路堤及轻质台背填筑

建造在软土地基上的高等级公路，易出现累积沉降量大、差异沉降明显等问题，严重影响道路的通行质量和养护费用，甚至会对道路的行车安全产生不利影响。高填方路堤也面临类似的工程难题。为提高软基承载能力、控制工后沉降变形量，目前工程中通常采用排水固结法或复合地基对软基路段进行处理，虽然能取得较好的效果，但还存在不少问题。

采用轻质填土材料［如气泡混凝土、EPS（聚苯乙烯泡沫）轻质土或粉煤灰等］填筑路堤，可降低路堤结构的重量，有效降低路基中的附加应力，减小路基沉降变形量。高路堤也可采取填筑轻质路堤的方式减小路基和路堤的沉降量及差异沉降量。

桥台背及涵洞底侧回填时，施工作业面较窄，大型压实机械作业困难。因此，桥台和涵洞等构筑物与台背填土在工后沉降时，很容易产生差异沉降，导致桥头跳车现象。应用轻质填料可减轻路堤自重，进而减小桥台台背处地基的沉降和不均匀沉降，是解决桥头跳车的较好的办法。因此，级配砂砾、土工泡沫 EPS、气泡混合轻质土及无砂大空隙混凝土等许多台背回填材料应运而生，一些工程在路桥过渡段中还尝试采用土工格栅加筋回填材料，以降低路桥过渡段的差异沉降。

流态粉煤灰水泥混合料是在粉煤灰中，掺入一定量的水泥及外加剂，形成一种初期流动性强、后期具有一定强度且成型速度快的混合料。该浆体具有质轻、流动性好、施工性简便（无需振捣和机械碾压）、耐久性好等优点，其自身压缩沉降非常小，刚性比一般的填土路基要好，可大大地减轻自身荷载，降低地基应力，抑制软基的沉降、侧移和破坏。通过在桥台背部填充恰当形状的楔形轻质体，可大大缩减桥台与路基连接附近的差异沉降，使沉降曲线连续、缓慢而均匀地变化，从根本上消除桥头跳车问题。

流态粉煤灰水泥混合料施工工艺简单，无需碾压和振捣，依靠混合料自身的流动性即可达到密实效果，具有较高的承载力，同时具有自重轻和减少工后地基压缩沉降的特点，施工工期短，成本低，并且能有效解决由于粉煤灰存放造成的环境污染问题，符合当前大力提倡的环境友好型交通的发展需求。适用于桥台背、基坑、房建、市政建设中不易碾压的沟槽、洞坑等部位的回填施工。

1. 流态粉煤灰水泥混合料配合比设计

（1）原材料。在流态粉煤灰水泥混合料中，粉煤灰主要评价指标包括相对密度、细度、需水量比、烧失量及化学组分。水泥在流态粉煤灰水泥混合料浆体中主要起胶结料的作用，并能提高浆体强度。水泥掺量对浆体的强度、收缩、固结沉降以及抗压回弹模量等都有一定影响。可选用强度等级为 42.5 的硅酸盐水泥或普通硅酸盐水泥。可掺加高效减水剂、早强剂及引气剂，以改善流态粉煤灰水泥混合料水泥浆体的强度、收缩、固结沉降以及抗压回弹模量等性能指标。

（2）配合比设计。稠度和强度是流态粉煤灰水泥混合料的主要技术指标，是配合比设计的主要依据。流态粉煤灰水泥混合料强度要求：路堤部分不小于 0.2MPa（7d）或 0.3MPa（28d）；路床部分不小于 0.2MPa（7d）或 0.4MPa（28d）。原则上以 28d 设计强度为准，如果工期紧，可按照 7d 强度进行设计。直接用罐车、滚筒加流槽以及泵送浇筑时，流态粉煤灰水泥混合料的稠度宜为 10～12cm。

2. 流态粉煤灰水泥混合料性能

（1）流动性。流态粉煤灰水泥混合料具有自密实的工程特性，为其在桥台背、基坑回填中的应用提供了条件。流动性大小与加水量、水泥用量等因素有关。

（2）强度。流态粉煤灰水泥混合料浆体的稠度与用水量有着密切的关系，当用水量较小时浆体较稠、流动性差，不能满足施工要求。随着用水量增大，浆体的稠度迅速下降，同时泌水变得严重。流态粉煤灰水泥混合料浆体的强度随用水量的增大而不断减小，在用水量超过 60% 以后强度明显下降。抗压强度随水泥剂量的增加而增加。适量掺加减水剂和早强剂，可提高混合料的早期强度。

（3）收缩性能。流态粉煤灰水泥混合料浆体在硬化过程中会出现干燥收缩和塑性收缩现象，容易出现裂缝，且大风、高温天气会使收缩量更大。可采用分层灌注工艺、在混合料凝固前加盖塑料布保水等方式，减少裂缝的发生。出现裂缝时可用高强度水泥粉煤灰浆灌缝，以增加混合料的整体强度。

（4）抗压回弹模量。流态粉煤灰水泥混合料的模量与 5% 的水泥土的模量值接近，抗压回弹模量值能够满足路堤、桥台背、基坑回填的要求。流态粉煤灰水泥混合料硬化浆体的抗压回弹模量随着水泥剂量的增加而增加。

（5）水稳定性。桥头台背多存在水损害问题，用流态粉煤灰水泥混合料作为桥头台背的回填材料，需要了解流态粉煤灰水泥混合料的渗透特性。渗透系数测试可参照土工渗透试验中变水头试验进行。水泥剂量为 8% 的流态粉煤灰水泥混合料的 28d 透水试验结果表明，其渗透系数非常低，即使有水的渗入，也具有良好的不透水性能。流态粉煤灰水泥混合料硬化浆体的渗透系数非常低，软化系数较高，具有良好的水稳性。

10.2.2　新旧路基衔接

在进行旧路拓宽改造时，需要在旧路基一侧或两侧拼接新路基。通常旧路基经过一定年限的运营后路基沉降已稳定，但是新填筑路基则会产生一定的工后沉降，从而产生新旧路基的沉降差。如新旧路基沉降差较大，则会导致路面结构纵向开裂，严重时还会出现错台，影响行车安全。

1. 一般地区新旧路基衔接

当路基土质较好时，可按照常规方法处理新旧路基的衔接。首先对旧路基边坡进行清坡处理，以削除长期收水浸湿、压实度较低、含植物根系坡面土层，一般不小于 30cm 厚。然后在削坡后的旧路基上分级开挖台阶，便于路基拼接填筑。在设置有挡土墙路段，如挖除挡土墙不会影响到原路基的稳定性则尽量挖除；否则应先填筑新路基至低于路床顶面 2m 左右时，凿除挡土墙上部墙身，设置一层高强土工格栅后继续填筑路基。

填筑新路基前，需彻底清表，尽量提高新路基的压实度。可根据实际情况，综合采取冲击增强补压、液压冲击补强、羊足碾补强等措施充分压实新修路基，尤其是要加强对新旧路基衔接部位周边及结构物背部不少于 1m 范围内的压实。在路基顶部和底部，可设置土工合成材料加强新旧路基的连接。

路基拼接施工期间，应对旧路路面边部、暂未施工的边坡平台、坡脚等位置设观测桩进行沉降观测。图 10-1 为某二级公路拓宽改造新旧路基拼接方案。

2. 软土地区新旧路基衔接

我国平原及沿海地区经济发达，交通量增长迅速，因此改扩建公路项目众多。然而该地区多为软土地基，由于软土固有的复杂特性，软土地基上的道路加宽工程将会面临更为复杂的技术难题。传统的经软基处理后拓宽路基的方法存在周期长、成本高、施工困难等问题，且软基处理还可能会影响原路基的稳定。采用轻质路堤修筑新路基，一定

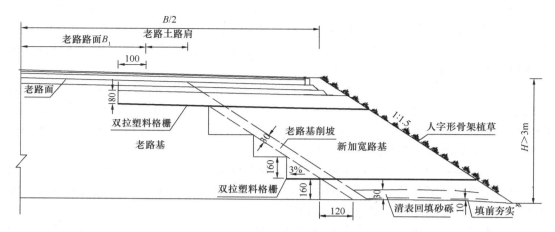

图 10-1　新旧路基衔接设计方案

程度上可缓解上述技术困难。

（1）泡沫轻质土应用于道路拓宽的优势

将软基路段旧路拓宽的处理对象由软基转移到路堤本身，降低软基的附加应力，抑制软基的沉降与侧移，从而简化甚至取消软基处理：①泡沫轻质土固化后可自立，能垂直填筑，可节省用地、减少拆迁，且对垂直临空面的侧压力几乎为零，可确保支挡结构安全；②泡沫轻质土可大幅降低填土荷载，能节省扩建路基的软基处理费用，减少软基上新老路基的差异沉降；③施工时不需振捣碾压就能保证压缩模量及抗压强度，可采用管道泵送施工，作业面小，不影响现有交通；④ 28d 龄期可达到设计抗压强度，施工工期短。

（2）工程实例

某高速公路的地基为呈流塑-软塑状态且厚度不一的淤泥质粉质黏土、粉质黏土、粉土等，其工程地质特征为含水量及孔隙比大、压缩性高、抗剪能力及承载力较低、固结慢。旧路建设时根据软土分布特征选用了排水板、深层搅拌桩及砾石垫层处理等处理方法。在建成后的长期运营过程中，路基沉降量已趋于平缓稳定，孔隙水压力仍处于消散阶段，较深处的软土层仍处于压缩、孔隙比减小的过程但也已基本稳定。

改扩建采取双侧拓宽方式，在原整体式断面两侧各拓宽一个宽为 3.75m 的车道。为减少新旧路基之间的沉降，同时降低软土地基的处理难度，采用现浇泡沫轻质土填筑。

图 10-2、图 10-3 为该公路的泡沫轻质土拓宽路基标准横断面（其中，B 为道路的拓宽宽度；b 为旧路开挖削坡的宽度；B_1 为填筑泡沫轻质土层顶平台宽度；B_0 为填筑泡沫轻质土底平台宽度；H_0、H_1、H_2、H_3、H_4 分别为所标注位置标高；L 为包边土的水平方向最小宽度，取 1.5m；M 为路基的水平开蹬平台数，M 根据轻质土顶宽及高度综合而定，并保证轻质土底宽不小于 2.0m；N 为轻质土水平开蹬平台数，取 1.0m；H_t 为路基填筑高度；s 为地面下路基轻质土处理深度；e 为底层轻质土平台高），在放坡空间不足的路段采用如图 10-3 所示的挡墙来收缩坡脚。泡沫轻质土扩建路基的路床顶部纵、横坡利用路面底基层材料进行调坡，再将旧路面结构的面层刨铣后进行面层的整体重新铺筑。

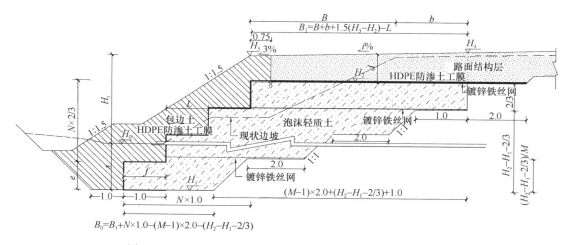

图 10-2　泡沫轻质土扩建路基区的标准横断面（无挡墙路段）

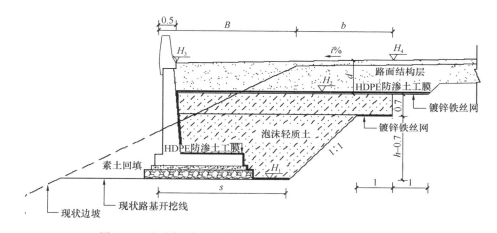

图 10-3　泡沫轻质土扩建路基区的标准断面（有挡墙路段）

10.2.3　铁矿废渣路基与基层

我国金属矿产资源丰富，如铁矿查明资源储量近 700 亿 t。然而我国金属矿以贫矿居多，每生产 1t 铁精矿，就会产生约 2t 尾矿废渣。由于金属材料需求量大，国内每年累计产生尾矿约 4 亿 t。我国铁尾矿综合利用率仅为 7% 左右，远低于国外 60% 的利用率，大量的铁尾矿只能堆放在尾矿库。

尾矿砂得不到合理处置会产生很大的危害：①我国堆存尾矿占用了近二千万亩土地，且还在逐年增长；②污染环境，尾矿中残留了选矿过程中加入的药剂，且尾矿中含大量重金属离子，会随尾矿水流入附近河流或渗入地下，严重污染水源，并会对近区的生态环境造成不良影响，自然干涸后的尾矿砂遇大风会形成扬尘，对环境造成危害；③存在安全隐患，尾矿库溃坝事故频发，造成大量人员伤亡和环境与生态破坏，如襄汾尾矿库溃坝事故，致使上百人死亡。

公路工程需要消耗大量建筑材料，特别是高填方路基工程中的土石方量更是惊人。

若把铁尾矿用在路面基层和路基回填中，可大量消耗铁尾矿，在减少尾矿危害的同时还可降低工程造价。

1. 铁尾矿砂技术指标

（1）化学成分。铁尾矿砂中主要含有二氧化硅（SiO_2）、三氧化二铁（Fe_2O_3）和三氧化二铝（Al_2O_3）等成分（部分地区含量接近 90%，但各产地有一定差异）。其中活性 SiO_2 和 Al_2O_3 可与水泥水化反应生成 $Ca(OH)_2$，可与石灰反应生成硅酸钙和铝酸钙等胶凝物质。根据铁尾矿砂的化学成分及含量，可考虑采用石灰、水泥或石灰＋水泥对铁尾矿砂进行稳定处理。

（2）颗粒组成。与天然砂相比，铁尾矿砂的级配偏细，均为细砂，细度模数基本在2.3 以下。铁尾矿砂的石粉含量高于天然砂。铁尾矿砂均属级配不良砂。

（3）表观密度。与天然砂相比，铁尾矿砂的表观密度和堆积密度都偏大，空隙率、含泥量也较高。

（4）形貌特征。天然砂颗粒多为圆形或椭圆形，较圆滑，棱角少。铁尾矿砂颗粒形状不规则，表面更粗糙，棱角多且更明显。

2. 无机结合料稳定铁尾矿砂性能

无机结合料稳定铁尾矿砂配合比的设计步骤、方法，与一般路基或基层用土相同。

（1）石灰稳定铁尾矿砂。石灰用量为 20%～30% 时，石灰稳定铁尾矿砂的干密度-含水率曲线比较平缓，干密度受含水量的变化影响不明显，说明石灰稳定铁尾矿砂对水的敏感性不高，易于现场施工控制。石灰用量为 8%～30% 时，随着石灰用量的不断增加，石灰稳定铁尾矿砂的干密度呈现出先增大后减小的趋势。随着石灰用量的增加，最佳含水量变化幅度不大，而石灰稳定铁尾矿砂混合料强度加不断增大，基本呈线性增长趋势。在石灰用量接近 30% 时，混合料强度接近低等级公路基层强度要求（大于 0.8MPa）。

（2）水泥稳定铁尾矿砂。水泥用量为 6%～14% 时，随着含水量的增加，水泥稳定铁尾矿砂干密度基本呈增大趋势，且变化幅度较大。因此，施工时要严格控制含水量。水泥用量为 3%～14% 时，随着水泥掺量的增加，干密度呈增大趋势。7d 无侧限抗压强度总体呈线性增长，水泥掺量达到 13% 左右才能满足低等级公路基层的强度值要求（大于2.5MPa）。水泥用量偏多，经济性差。

（3）石灰水泥稳定铁尾矿砂。水泥剂量为 2%、石灰剂量为 6%～14% 时，随着石灰掺量的增加，石灰水泥稳定铁尾矿砂的干密度也不断增大，在石灰用量从 8% 增加到 10%时，干密度显著增大，之后又变缓。7d 无侧限抗压强度随着石灰掺量的增加而增大，且强度曲线为凹曲线，表明其强度增长速率越来越快。当掺加 11% 石灰和 2% 水泥时可达到低等级公路基层强度要求（>0.8MPa）。与石灰稳定铁尾矿砂相比，石灰水泥稳定铁尾矿砂在加入少量水泥（2%）的条件下，石灰用量可大幅减少。

（4）石灰粉煤灰稳定铁尾矿砂。选定铁尾矿砂：粉煤灰：石灰的配合比分别为 70：22：8、70：20：10、70：18：12 进行分析。随石灰掺量增加，混合料的最大干密度不断增大（2.05～2.06g/cm^3），从 8% 增加到 10% 时增幅较大。按各组的最大干密度和最佳含水量制作试件测定 7d 无侧限抗压强度，抗压强度随石灰掺量增加呈线性增长。10% 石灰＋20% 粉煤灰＋70% 铁尾矿砂配合比方案其强度可达到 0.6MPa。

（5）各种无机结合料稳定铁尾矿砂力学性能对比。7d 和 28d 无侧限抗压强度试验显示，各种配合比铁尾矿砂的后期强度增长均比石灰稳定黏土明显。由于石灰与铁尾矿砂的反应较缓慢但持续时间较长，其前期强度较低而后期增长较多；因水泥水化速度快，水泥稳定铁尾矿砂前期强度较高，后期增长不大；石灰和水泥同时稳定铁尾矿砂的配合比能很好地发挥两者的优势，能节约石灰用量，降低成本。水泥稳定铁尾矿砂养护 90d、石灰稳定铁尾矿砂和石灰水泥稳定铁尾矿砂养护 180d 后，测定其劈裂强度和抗压回弹模量，其中水泥稳定铁尾矿砂的劈裂强度最高，石灰稳定铁尾矿砂的劈裂强度最低，石灰水泥稳定铁尾矿砂的劈裂强度介于两者之间。比较可知铁尾矿砂各种配合比的劈裂强度均大于石灰稳定黏土的劈裂强度，可见无机结合料稳定铁尾矿砂作为公路基层或底基层材料在抗拉方面要优于石灰稳定黏土。无机结合料稳定铁尾矿砂的回弹变形值仅为石灰稳定黏土的 1/6～1/3，而回弹模量值是其 3～7 倍。回弹变形值由大到小依次是石灰稳定铁尾矿砂＞石灰水泥稳定铁尾矿砂＞水泥稳定铁尾矿砂；回弹模量由大到小依次是水泥稳定铁尾矿砂＞石灰水泥稳定铁尾矿砂＞石灰稳定铁尾矿砂。

10.3　路面工程

10.3.1　保水路面

1. 保水路面特点及设计要求

保水路面以大孔隙沥青路面结构作为母体结构，通过在母体结构的孔隙中灌注保水性材料来实现其功能性的要求。在降雨或是人工洒水的情况下，保水路面可以吸收水分并将水分存储在保水性材料的微孔中；在太阳照射的情况下，水分蒸发，利用水分蒸发吸收热量来降低路面的温度。

保水路面主要依靠在大孔隙的路面结构中灌注保水性材料来满足其功能性的要求，因而保水路面的设计要求体现在以下两个方面：

（1）大孔隙路面结构要求。保水路面的母体结构对保水路面的性能起着至关重要的作用。首先，保水路面的母体结构要有足够的孔隙来填充保水材料。母体结构的空隙率太小，无法容纳足够的保水性材料；母体结构作为保水路面的主要承载体，空隙率过大，会使路面结构强度不足。其次，母体结构沥青混合料应满足路用性能的要求，如高温性能、低温性能、强度等方面的要求。通常选用 OGFC（开级配抗滑磨耗层）作为保水路面的母体结构，目标空隙率一般控制在 20％左右。对 OGFC 混合料，主要需要控制好目标空隙率、透水系数、车辙动稳定度、冻融劈裂强度比、分散质量损失等指标。在按常规方法制备成型试件后，需要对 OGFC 混合料进行马歇尔试验、水稳定性试验、车辙试验、析漏和飞散试验以及冻融劈裂试验，确定其配合比。

（2）保水性材料的要求。适用于路面结构中的保水性材料应满足强度和吸水性能等方面的要求。保水性材料应该具有一定的整体性和强度。虽然在荷载的作用下，母体结构是主要承载体，但在车轮碾压和磨耗的作用下，保水性材料强度过低容易引起飞散和扬尘等负面作用，非但起不到吸水、保水、降温的效果，还会污染环境；保水性材料还应具有吸水性。在降雨或是人工洒水的情况下，保水性材料可以迅速吸水至饱和状态；在晴天或是太阳照射的情况下，吸附在保水性材料结构内的水分蒸发，利用水分蒸发的潜热能带走路面的能量，降低路面的温度。保水性浆体材料组成设计都是围绕保水的两个目的进行的：一是材料自身的吸水性和保水性，二是材料微孔隙结构的吸水性和保水性。因此，很多多孔材料如高炉水淬炉渣、海泡石、硅砂、沸石都可以用作保水性材料。性能优良的保水性材料应满足强度、吸水、保水等多方面的要求。保水性浆体按照其主要填充材料的组成特性和作用机理不同可以分为矿物质系、聚合物系两类。性能良好的保水性材料硬化前必须具有良好的流动性，满足施工灌注要求；硬化后必须具备一定的强度，确保在车轮荷载作用下不被碾碎，抗磨耗和耐久性好；具有一定的吸水容量和较快的吸水速率，满足其保水功能要求；具有较小的干缩和温缩特性；必须能够与混合料良好地结合。因此，保水性材料对流动性、密度、强度（抗折强度、抗压强度）、吸水速率、吸水量等指标有一定要求。

2. 保水路面路用性能

（1）水稳定性。保水路面中沥青混合料与水分接触的时间长，机会多。因而，保水路面的水稳定性是其应重点考察的内容之一。可采用浸水马歇尔试验和冻融劈裂试验两种试验方法评价保水性沥青混合料的水稳定性，试验结果表明，保水性沥青混合料的水稳定性优于 OGFC 混合料。

（2）高温稳定性。从动稳定度、车辙深度试验结果分析，保水性沥青混合料的高温稳定性非常好。灌注保水性材料的 OGFC 混合料的动稳定度远远超过未灌注保水性材料的 OGFC 混合料。

（3）低温性能。与 OGFC 混合料相比，保水性沥青混合料的抗弯拉强度大、破坏弯拉应变大、劲度模量小，加入保水材料后混合料的低温性能得以改善。保水性沥青混合料的低温性能较 SMA（沥青玛碲脂碎石混合料）路面差。

（4）承载能力。对保水性沥青混合料的单轴圆柱体抗压强度以及抗压回弹模量进行测定，以评价其承载能力。抗压强度从大到小依次为：用水量 100％保水性路面＞用水量 90％保水性路面＞用水量 110％保水性路面＞普通 OGFC 路面。抗压回弹模量值从大到小为：用水量 100％保水性路面＞用水量 90％保水性路面＞用水量 110％保水性路面＞普通 OGFC 路面。

3. 保水路面施工工艺

保水路面施工涉及母体 OGFC 路面铺筑、保水性浆体灌注成型两个方面。

（1）母体结构的铺筑。保水路面母体结构一般为 OGFC 型路面结构。在母体结构的铺筑方面，施工工艺跟普通 OGFC 型路面的铺筑技术大致相同，但在空隙率以及压实度方面更应该严谨。在保证足够空隙率的同时，又要保证面层结构的整体压实度，从而保证路面的整体结构强度。采用热拌热铺碾压成型。

（2）保水性浆体灌注成型。保水性浆体的灌注过程是保水路面施工中的一个重要环节，施工质量直接影响路面功能性的发挥，也是制约该技术推广的瓶颈。一般将材料的制备、拌合、灌注等工艺分开施工。根据配合比严格控制保水材料各个组分的用量，对于小规模工程可用路拌，大面积施工时可用拌合楼进行厂拌。母体沥青混合料孔隙中填充保水性浆体的过程是沥青混合料孔隙内的空气与保水性浆体的置换过程。因此，促进孔隙中保水性浆体与空气的置换方法可以是"压入""吸引""振动"等。浆体在渗透完毕后，一部分浆体残留在路表面，容易降低路面的抗滑性能，因此在路面整平之前，需要清除路表面的残留砂浆和表面浆体。路表处理完毕后，养护 2~3d 便可以开放交通。气温低于 30℃时自然养护，气温在 30℃以上时有必要加设塑料薄膜进行养护。

10.3.2　长寿命路面

目前我国公路通车总里程居世界第二位，高速公路总里程居世界第一位，在 2035 年前还将新建近 100 万 km 普通公路及数万公里高速公路。但是我国公路路面使用寿命普遍偏短，达不到设计年限要求。高速公路路面约 60% 在使用 10~12 年、17% 在使用 6~8 年后需要进行大中修，每年约有 1 万 km 高速公路、20 万 km 普通公路需要进行大中修改造，需要巨额养护维修资金投入。

道路技术正从快速、安全、畅通的"第四代"道路，向以耐久、绿色、智能为特征的"第五代"智能道路转型发展。提升路面的使用寿命，研发长寿命路面技术，是当代路面科技发展的核心目标，也将是我国下一代路面技术发展的必然选择。

描述路面结构寿命有两个指标，一是设计基准期，即设计"期望"寿命，二是实际的使用寿命。和世界主要国家路面结构相比，我国路面的设计基准期和实际使用寿命都较短，很多地区的路面使用年限远未达到设计使用年限。我国幅员辽阔、地形地貌复杂多样、环境气候多样、交通状况复杂、重载超载严重、不同区域路面结构和材料多样，以上多种复杂因素都影响着路面的使用。

1. 长寿命路面的设计理念

长寿命路面并不是一种特定的结构，而应该将其理解为一种设计理念或目标，但目前国内外还没有一个统一的公认标准。通常认为长寿命路面需具有如下特点：①所铺筑的沥青面层厚度大，厚度超过 20cm，甚至可以达到 50cm；②服务周期长，可以达到 50 年甚至更长，如欧洲设定为不小于 40 年，美国认为不小于 50 年，我国长寿命路面的研究目标是将公路路面的使用寿命提高到 30~50 年；③维修方便且费用低，路面结构不会出现结构性的损伤，在设计使用年限内仅需进行小修即可。

为了达到长寿命的预期目标，需要按功能合理设计长寿命路面的结构层。为保证路面不出现结构性的损伤，就要设计足够厚的路面结构，以消除自下而上的疲劳开裂并抵抗车辆行驶导致的路面结构变形，而仅仅在路面表面出现轻微病害。可以认为厚沥青路面存在一个厚度上限，超过这个限值则不会出现自下而上的疲劳开裂和结构性车辙。

面层结构中，上面层设计主要考虑抗车辙能力和抗磨耗能力，中间层设计主要考虑抗车辙能力，基层设计则主要考虑抗疲劳能力。

图 10-4 是对长寿命路面进行探索而提出的一个工程设计方案，且已修建了相应的试验路。

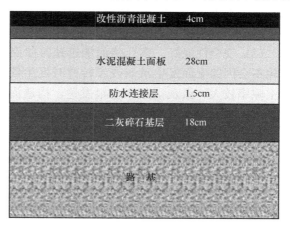

图 10-4　河南尉许高速公路复合式长寿命路面结构

2. 长寿命路面发展方向

2019 年 10 月 17 日至 18 日，香山科学会议第 S54 次学术讨论会以中国长寿命路面关键科学问题及技术前沿为主题，围绕路面足尺试验的目标与科学问题、路面工程感知与科学数据交汇、长寿命路面服役性能的智能仿真理论与模型、路面工程的复杂力学问题与新体系等议题展开讨论，提出了下述方向：①需要针对长寿命路面目标要求，进一步完善现有路面结构设计理论与方法、开发耐久性路面材料、科学养护管理方法及维修策略。②根据环境条件和材料条件，考虑在两种条件耦合下路面长期性能，确保达到预期的设计寿命要求。③基于运营的长寿命路面上采集的性能数据建立可靠的服役模型，挖掘其性能演化机理，研发出具有中国特色的长寿命路面技术体系。④充分利用现有公路基础设施，开展路面长期性能观测研究，从全寿命周期的角度对我国半刚性基层沥青路面的"强基薄面"理论进行系统、客观的总结。

10.3.3 环保型多孔路面

道路交通基础设施的建设和维护过程，面临着人与自然和谐、交通安全与效率、环境污染、人居条件等突出问题，城市密实路面铺装材料难以适应社会发展所需的增加地表渗透、降低道路交通噪声、减少热岛效应、实现部分尾气分解等要求。环保型多孔材料铺筑的路面，改变路面仅具有单一通行功能的现状，使其兼具通行与透水、降噪、低吸热、减小汽车尾气污染等环保功能。

1. 环保型多孔沥青（或水泥混凝土）路面特点

（1）良好的降低交通噪声的功能。多孔路面空隙率大，降低交通噪声效果明显。汽车在多孔混凝土路面上行驶时，由于多孔混凝土路面存在连通孔隙及良好的表面构造深度，轮胎花纹在受挤压或形变恢复时，其间空气有了对流的孔隙通道，从而减少了空气爆破和泵吸噪声，有效降低了轮胎与路面作用产生的噪声。另外，城市生活中的其他噪声在投射到多孔混凝土表面时，也会有一定程度的弱化。

（2）排水或透水功能性好。多孔路面空隙率与连通空隙率较大，具备排水或透水的功能，路表水可迅速通过上面层内部的连通空隙排到基层或土基，并最终排出道路的范围；路表水也可以通过上面层与中面层之间的防水层横坡排出路面结构范围，再通过道路纵向或竖向的排水系统排除。

（3）安全性能好。多孔路面能迅速排除路面积水、消除表面水膜、增加附着力，使车轮不会因路湿而发生滑溜或者转弯时发生侧滑，大幅提高了路面的抗滑性能。多孔路面空隙率较大，微观空隙率也很发达，构造深度大，路面不易积水，可大幅减少车轮溅水，改善雨天行车可见度，消解车灯与信号灯的反光，提高夜间的可见度，减轻视疲劳。

（4）缓解城市热岛效应。多孔混凝土内部发达的孔隙结构能够储存部分水分，在水分自然蒸发的过程中能够吸收大量的热，使地表温度降低，从而有效缓解城市热岛现象。

2. 环保型多孔沥青混合料原材料要求

（1）沥青。环保型多孔沥青路面长期暴露在自然环境中且要承受车辆荷载作用，一年四季受到日照、水和温度变化、行车荷载等因素的影响。由于其空隙率高达 20% 以上，路面结构内部与自然环境接触面积大大增加，水在空隙中形成网络流动，紫外线作用更加强烈，老化现象必然加剧。沥青混合料可以采用以下三种类型：①黏附性大的沥青，同时具有高韧度和高抗拉强度，混合料有极强的包裹与黏附等稳定性能，以提高集料的抗飞散性；②抗老化能力强的高黏度沥青，沥青膜有足够的厚度，以提高混合料耐候性；③使用软化点及 60℃黏度指标较高的沥青，沥青具备耐流动性，在重交通道路上应用时混合料应具备较高的抗塑性变形能力。

（2）粗集料。环保型多孔沥青混合料组成中粗集料占到 70％～85％，形成的是嵌挤结构，集料之间的接触面积较普通密级配沥青混凝土减少了约 25％，接触点间的应力升高。因此，石料压碎值、冲击值、磨耗值、针片状颗粒含量等对混合料性能影响很大。在西安咸阳国际机场高速公路低噪声沥青路面中，要求混合料的石料压碎值及洛杉矶磨耗值均不大于 20％，冲击值不大于 15％，针片状颗粒含量不大于 10％。

（3）细集料。环保型多孔沥青混合料中细集料的比例很小（15％～20％），细集料应该洁净、干燥、无风化、无杂质，并有适当的颗粒级配。选用机制砂对提升混合料性能有利。

（4）填料。环保型多孔沥青路面空隙率大，内部有排水或透水的通道，路面更容易受到严重的水侵蚀，对其水稳定性的要求更加严格。为了水稳定性，可以采用水泥或者石灰代替部分矿粉作填料，添加抗剥落剂，采用高黏改性沥青。

3. 环保型多孔沥青混合料设计方法

环保型多孔沥青混合料设计流程为：确定目标空隙率及相应的矿料级配；对混合料进行析漏试验和飞散试验确定最佳沥青用量；通过马歇尔试验、飞散试验、水稳性试验、车辙试验、冻融劈裂试验等对混合料的常规路用性能进行检测和验证。

10.3.4　温拌沥青路面

温拌沥青混合料技术是指施工温度介于热拌沥青混合料和常温拌合混合料之间的沥青路面施工技术。在同样原材料条件下，温拌的拌合温度和压实温度一般比热拌低 30～60℃。温拌技术的核心是采用物理或化学手段，增加沥青混合料的施工操作性，同时这些物理或化学添加剂不应对路面使用性能构成负面影响。

温拌沥青混合料技术的判断依据有两个：一是有足够的施工操作降温幅度（温降大于 30℃）；二是温拌沥青混合料路用性能达到沥青面层材料相应热拌沥青混合料的技术要求。

温拌沥青混合料技术，符合可持续发展战略以及建设节约型国家的降耗、节能减排目标要求，在全球气候变暖、能源紧缺的大背景下，得到了快速发展，工程应用步伐也逐步加快，已成功应用于城市道路、高速公路和城市快速道路薄层铺装、低温季节和高海拔地区施工、桥面超薄层、隧道路面等路面类型。

1. 温拌技术工作机理

目前进入初步应用阶段的温拌技术已经超过几十种。按照其工作机理，温拌技术均可以归入 3 大主要技术派别。

（1）沥青发泡法。在混合料拌合过程中或者沥青进入拌合锅之前导入水，诱发沥青发泡，通过发泡形成的沥青膜结构实现较低温度下对集料的裹覆，以及降低沥青混合料的操作温度。按照发泡方法的不同，又可分为拌合过程细微发泡和拌合前机械发泡两种类型。

（2）胶结料降黏型。在沥青胶结料生产或沥青混合料拌合时添加一种低熔点的有机降黏剂，以改善沥青胶结料的流变性能，从而降低沥青混合料的拌合、摊铺、压实温度。

（3）表面活性平台。少量的表面活性添加剂（沥青胶结料的 0.5%～1%）、水与热沥青在拌合过程中共同作用，借助拌合的强大分散能力实现彼此交织。表面活性添加剂富集于残留微量水和沥青的界面，三者共同作用，暂时性在胶结料内部形成较稳定的结构性水膜，由于水膜润滑作用不受温度影响，温度下降时，水膜润滑作用能够很大程度上抵消沥青黏度增大的作用，从而实现温拌效果。

2. 沥青混合料温拌技术工程应用

温拌技术是一种从操作性能及路用性能上完全不逊于热拌的技术，但其工程直接成本较热拌有一定程度的增加。如果节能减排的成本超过温拌的直接成本，且温拌所表现出的减排效益只是宏观的社会效益时，温拌技术推广将具有一定的难度。但温拌技术在以下工程领域具备较好的应用前景。

（1）超薄面层、路面性能恢复方案。超薄面层（罩面厚度在 2.5cm 以下）由于能够快速有效地恢复路面使用性能，同时成本相对较低、使用寿命优于采用表面处理等措施的路面，一直都是欧美国家最常用的大中修方案。在美国一些地区，在老沥青路上甚至经常采用 1.25cm 左右的极薄罩面。我国即将进入老路面大中修的高峰期，采用超薄罩面是大势所趋。相对于热拌混合料，采用温拌技术进行超薄罩面有如下优势：温拌层施工接缝更容易分幅摊铺，保障超薄面层的有效实施；温拌施工温度比热拌低 40℃左右，温度下降速度仅为热拌的一半以下，为压实等操作赢得了时间；温拌混合料更适合手工操作，特别适合集中应对摊铺前后发现的下承层不均匀性修补等问题。

（2）人口密集区城市道路罩面。人口密集区城市道路罩面必须回避人流的集中出行。另一方面，热拌混合料产生的烟尘会使空气条件恶化，且施工会对交通产生干扰。城市道路的罩面工程，通常在深夜开工，凌晨又必须开放交通，这一时段的施工对热拌混合料施工质量不利。在夜间施工条件下，温拌沥青混合料具有比热拌沥青更好的施工工作性、更短的开放交通间隔和更长的有效压实时间，这些特性都有利于提高城市道路罩面夜间施工质量。

（3）沥青混合料集中厂拌再生。温拌沥青技术是很有前途的厂拌再生料面层应用的技术方案。首先，温拌技术要求集料温度较低，正好是沥青的安全加热温度，不会造成老胶结料的进一步老化。其次，旧料的加热温度与热再生相同，与新集料有干拌过程，已经熔化的老胶结料，在拌合过程中与新胶结料物质交换，也能够真正达到再生目的，温拌再生与热拌再生一样，可以用于面层。最后，温拌再生要求骨料加热温度显著低于热拌再生，因此，再生料的添加比例将可以得到显著的增加，从而能够更大量地处置旧料，降低面层成本。

（4）长大隧道工程路面施工。如何排除烟尘是长大隧道沥青路面施工的技术难点，因此很多长大隧道选择水泥路面，但水泥路面又带来了噪声大和维修困难的问题。温拌沥青技术可较好地解决长大隧道路面问题。少烟尘的温拌混合料可降低施工的通风成本，可改善隧道内施工环境。温拌技术已在武汉长江隧道、港珠澳通道、上海长江隧道等项目得到了推广应用。

（5）山区或交通不便地区路面施工。在山区或交通不便地区实施高等级路面施工时，拌合楼的布设问题是一大难点：一方面，山区和交通不便地区，交通效率相对低下，单位时间内的有效运达里程较小，为保证施工质量，需要设置比平原区、交通便捷区更密的拌合楼；另一方面，山区缺乏平地、交通不便地区普遍基础设施落后，拌合站场设置成本偏高。采用温拌技术用于山区或交通不便地区高等级路面，可以减少拌合站场设置数量，从而集中资金建设大型站场，集中供料。

（6）低温季节和寒冷地区的沥青路面。在低温季节和寒冷地区，温拌技术的采用可以显著延长沥青面层年度、月度和日作业时间，从而缩短公路建设的投资回报周期，降低人力和物力成本。

10.3.5　旧沥青路面冷再生

在自然因素和行车荷载作用下（尤其是近年来的超载现象），道路沥青路面的各种病害加速呈现，大大缩短了维修养护的时间间隔，沥青路面养护、改造任务也越来越重。沥青路面传统的养护方法是在旧路面破损、基层强度不足、需补强改善时，将沥青路面和结构层全部挖除，再重新做基层和面层。这样不仅工程造价高、施工工期长、污染环境，而且需要长时间中断交通，给车辆的通行带来极大的不便。

沥青路面再生技术是指将旧沥青路面经过铣刨、翻挖、回收、破碎和筛分后，加入一定比例的沥青、再生稳定剂、新集料（如需要）和水，并经过拌合、摊铺和碾压等工艺，形成满足性能要求的路面结构层的整套技术。该技术适用于各种沥青路面，可节约绝大部分集料和部分沥青，减少材料费用，降低工程成本，且使用效果优良。冷再生可在常温下充分利用原有道路材料对道路进行大修改造，减少了对筑路材料的需求和能源消耗，节约投资；现场冷再生可半幅施工，半幅开放交通，对交通影响小，社会效益显著，是一种新型环保型筑路技术。

1. 沥青路面再生技术

我国习惯将沥青路面再生技术分为 4 大类：厂拌热再生、现场热再生、厂拌冷再生和现场冷再生。

厂拌冷再生是指在工厂采用专门的设备将回收的废弃沥青路面材料进行破碎筛分，并与一定比例的新集料（如需要）、再生稳定剂、活性填料和水在常温下进行拌合、摊铺和碾压，形成路面结构层的一项技术。与热再生相比，厂拌冷再生技术具有如下优点：①可用于处治多种路面病害类型；②可大大减少路面中反射裂缝的出现；③可减少路面施工过程中对能源、集料、沥青等的需求，降低工程成本；④可减少环境污染，节约自然资源，解决废物堆置问题等。

现场冷再生是指在施工现场采用专门的再生列车将原路面铣刨破碎至预定深度，然后根据实际情况加入适量的新集料（如需要）、稳定剂和水，并在常温下经拌合、摊铺和碾压形成路面结构层的一项技术。该技术施工速度快，对交通影响较小，且能减少材料的运输费用，降低工程成本。一般现场冷再生技术的处理深度为 75～100mm。

以上几种沥青路面再生方法都优于传统的加铺沥青混凝土层或重修等维修养护方法，但各种再生方法各有其优缺点。因此，对需要采用再生技术进行维修养护的具体路面工程，需首先调查其路面损坏类型、损坏程度以及相关的配套工程条件，再确定合理的再生方法和再生方案。

2. 沥青路面冷再生稳定剂

沥青路面冷再生稳定剂的作用主要是提高待稳定材料的强度和稳定性，从而提高再生结构层的承载力。目前，沥青路面冷再生技术中使用的稳定剂主要分为物理稳定剂、化学稳定剂和沥青类稳定剂。

物理稳定是指在回收的路面材料中添加一定量的碎砾石，以改善再生材料的整体强度和稳定性。其特点为成本低，但再生混合料强度小，耐久性较差。

化学稳定剂主要包括水泥、粉煤灰和石灰等。水泥再生混合料价格低廉，可提高再生混合料的早期强度和抗水损害性能，但易产生干缩裂缝。因此，再生混合料中水泥的添加量一般应小于 6%。石灰作为一种再生剂，可有效降低混合料塑性，改善再生混合料的强度和稳定性。

沥青类稳定剂主要有乳化沥青和泡沫沥青两种。经沥青类稳定剂再生处理的混合料不仅具有较高的强度和较好的水稳定性，而且更具柔性，可获得较好的抗疲劳性能。

选择不同类型的冷再生稳定剂时，回收材料的性能是重要的考虑因素。此外，还需考虑一些其他因素，如当回收材料塑性较大时，选用石灰再生处理可将其塑性降至合理水平；对温度较低的地区，采用水泥再生易出现收缩开裂问题，则适宜选用沥青类稳定剂。

3. 泡沫沥青冷再生

泡沫沥青冷再生混合料以泡沫沥青作为稳定剂，通过添加少量水泥等改善其力学性能。沥青发泡以后，其黏度显著降低，形成的泡沫沥青体积急剧增加，表面张力减小，可以在常温下方便地与不加热的集料拌合均匀。在泡沫沥青拌合过程中，当泡沫沥青与集料接触时，沥青泡沫瞬间化为数以百万计的"沥青微粒"黏附于细料（特别是粒径小于 0.075mm）的表面，形成黏有大量沥青的细料填缝料，经过拌合压实，这些细料能填充于湿冷的粗料之间的空隙并具有类似砂浆的作用，使混合料达到稳定。泡沫沥青冷再生混合料（RAP）的最终强度由三部分组成：RAP 中集料之间的嵌挤力与内摩阻力、RAP 中原沥青与集料之间的黏聚力、泡沫沥青与细料形成的沥青胶浆和粗料之间的黏聚力。

泡沫沥青冷再生混合料性能的影响因素主要有沥青发泡特性、含水量、矿料级配组成、矿料温度、泡沫沥青含量、混合料拌合工艺、水泥用量、养生条件。

泡沫沥青冷再生具有多种优点：①可用于处治回收的路面材料，经泡沫沥青稳定处理后材料的强度、稳定性及耐久性增强；②处理旧路面材料可实现资源的再生利用；③泡沫沥青冷再生过程中，仅需加热沥青，集料等不需加热和烘干，可节约能源；④可节省沥青混合料的使用量，降低成本；⑤施工期间无挥发物产生，利于环保，且施工受季节和气候影响较小；⑥泡沫沥青结构层早期强度增长较快，施工后可立即开放交通。

4. 乳化沥青冷再生

乳化沥青冷再生是利用专用机械设备先将原沥青路面铣刨、翻挖、破碎，再加入适量的乳化沥青、新集料（如需要）、稳定剂和水等，按一定比例拌合成混合料，然后经摊铺和碾压工艺形成路面结构层的一种技术。可用于沥青路面车辙、荷载类裂缝和非荷载类裂缝等病害的处治及路面大修工程。

乳化沥青冷再生混合料性能的影响因素有乳化沥青品种、最佳乳化沥青用量、水泥用量、养生条件、集料级配组成、拌合用水量。

乳化沥青冷再生技术具有以下优点：①可以有效地解决半刚性基层反射裂缝问题，延长沥青面层使用寿命；②能够节约沥青、砂石等原材料，有利于废料处理、保护环境，具有显著的经济效益和社会效益；③拌合、施工工艺简单，在路面压实后可立刻开放交通，极大地缩短了施工时间；④施工期间无挥发物产生，利于环保；⑤施工受季节和气候影响较小。

10.3.6　橡胶沥青路面

1. 橡胶沥青及其路面

通常将湿法改性的高黏度橡胶粉沥青称为橡胶沥青，它是用废弃橡胶轮胎（或其他原料）生产废旧胶粉，通过搅拌使废旧胶粉颗粒在沥青体系中达到均匀分布，并对沥青进行改性。

橡胶沥青路面有以下优点：①用废旧轮胎生产的橡胶沥青混合料修筑路面，实现了再生利用，且节约了资源，具有良好的社会效益。②橡胶沥青路面可降低交通噪声（主要是轮胎噪声）。③橡胶沥青路面性能优异。a）耐久性好：橡胶沥青路面在抗裂和抗老化方面性能好。b）养护减少：当合理设计和施工时，可减少橡胶沥青路面的养护。c）可循环性：橡胶沥青路面可以完全再利用，不仅集料可再利用，橡胶结合料也可保持较强黏结效果。d）安全性：橡胶沥青路面具有良好的抗滑性能，路面安全性高。

2. 工程应用实例

实例一：AR－ACFC＋AC 路面结构（美国 8 号州际公路）

8 号州际公路是第一个在老化沥青面层上加铺橡胶沥青混凝土磨耗层的工程，该项目位于 GilaBend 和 Yuma 之间，海拔约 870m，最高温度为 48.8℃，是美国夏季最炎热的地区之一，属于极端沙漠气候。加铺改造前原有路面严重开裂，平整度为 70cm/km，车辙深度为 9.14mm，每千米单车道的养护费用高达 1143 美元。

改造方案为在原有路面结构上加铺一层 10.2cm 厚的 AC（沥青混凝土）罩面和一层 1.3cm 厚的 AR－ACFC（橡胶沥青混凝土磨耗层）。加铺改造 10 年后各项性能指标均较好：路面开裂约 3％，平整度为 73cm/km，车辙深度为 1.27mm，每千米单车道的养护费用为 78.2 美元，没有出现泛油现象，具体如表 10-1 所示。

美国 8 号州际公路改造前后性能指标对比　　　　　表 10-1

性能指标	加铺前	加铺 10 年后
平整度（cm/km）	110	73
车辙（mm）	9.14	1.3
开裂（％）	3	3
养护费（单车道每公里·年）	$1143	$78.2

实例二：九景高速技改项目

九景高速技改项目中铺筑了 10km 橡胶沥青混凝土路面试验段。该方案针对已出现的较多路面反射裂缝，把原沥青路面铣刨 10cm 冷再生后作为上基层，在上面铺筑 1cm 的橡胶沥青应力吸收层，再加铺 6cm 的橡胶沥青混合料（粗粒）中面层（AR－AC－25），最后加铺 4cm 的橡胶沥青混合料（细粒）上面层（AR－AC－25）。该方案能有效遏制和延缓基层反射裂缝进一步蔓延，同时还能增强表面层的抗滑性和排水性，提高行车安全性。在九景高速雁列山隧道实施"白＋黑"项目中还使用了 1cm 橡胶沥青应力吸收层。

3. 橡胶沥青混合料路面结构设计

根据交通运输部公路科学研究院研究结果：在常温或者统一荷载级位下，橡胶沥青混合料模量与 SBS 改性沥青混合料非常接近。故采用橡胶沥青混合料铺筑沥青路面，在结构层厚度计算上仍与一般路面结构设计计算一样，不受任何影响。

根据国内外研究结果及多年的工程实践经验，无论普通 AC 混合料还是 SBS 改性沥青混合料，均可以用同等厚度的橡胶沥青混合料代替。

10.3.7 旧路面改造

1. 旧水泥混凝土路面再生利用和原路利用

如何对旧水泥混凝土路面进行经济、迅速、有效的维修或改建，是目前必须解决的问题。当水泥混凝土路面病害比较严重、修补无效时，传统方法是将旧水泥混凝土路面挖除，重新设计和修建新的路面。挖除的旧水泥混凝土板废弃后，会造成资源浪费和环境污染，成本也较高。随着新型设备和技术的发展，旧水泥混凝土路面利用技术发展迅速。旧水泥混凝土路面原路利用方法分为再生利用和原路利用。

再生利用可分为现场再生和回收再生。现场再生的方法有水泥混凝土路面碎石化技术、水泥混凝土路面冲击压实技术和水泥混凝土路面打裂压稳技术。水泥混凝土路面碎石化技术是指利用专用设备将旧水泥混凝土路面原路破碎成粒径较小的碎石而进行利用的一种技术。专用设备主要是多锤头破碎机和共振破碎机。水泥混凝土路面冲击压实技术是指利用冲击压路机将旧水泥混凝土路面冲压发裂成块度较大（一般 40～60cm）粒料，并予以利用的一种技术。专用设备主要是五边形冲击压路机。水泥混凝土路面打裂压稳技术是指利用专用设备将旧水泥混凝土路面每隔 30～60cm 横向打裂，经压实后直接作为新路面结构的基层或底基层，其专用设备主要是门板式打裂机。部分国家水泥混凝土路面再生利用情况如表 10-2 所示。

部分国家水泥混凝土路面再生利用情况　　　　　　　　　表 10-2

国家	美国	日本	丹麦	荷兰	德国	俄罗斯
利用率（%）	80	70	67	90	80	70
碎石化工艺利用情况	普遍采用	普遍采用	普遍采用	普遍采用	普遍采用	普遍采用
打裂压稳工艺利用情况	普遍采用	部分采用	普遍采用	普遍采用	普遍采用	普遍采用

回收再生利用主要是指将旧水泥混凝土块填入专用破碎机（如颚式破碎机）破碎成一定粒径的碎石，作为水泥稳定碎石材料进行利用，或作为片石、浆砌石利用。

原路利用主要是指利用旧水泥混凝土路面作为基层，在上面加铺其他结构层的方法。在旧水泥混凝土路面上直接加铺沥青混凝土，俗称"白＋黑"；在旧水泥混凝土路面上直接加铺新的水泥混凝土路面，俗称"白＋白"。旧水泥混凝土路面原路利用方法的选择应考虑多方面的因素，主要根据原路技术状况，同时应考虑地理位置和环境因素的影响。

原路直接加铺利用技术中主要的问题是反射裂缝，尤其是加铺沥青混凝土时，尽管采用新方法和新工艺以减少或延缓反射裂缝的产生，但不能从根本上消除或控制裂缝产生。

2. 旧水泥混凝土路面碎石化技术

（1）碎石化设备。实施碎石化的设备主要有多锤头破碎机（图 10-5）、共振式破碎机（图 10-6）和 Z 型压路机（图 10-7）。多锤头破碎机是对设在自走式底盘后部的两排不同质量的锤头，通过分别控制其落锤高度快速冲击破碎旧水泥混凝土路面。共振式破碎机采用共振技术，调节振动锤头的振动频率，使其接近水泥路面的固有频率，激发锤头下水泥路面局部范围产生共振，使路面内部颗粒间的内摩擦阻力迅速减小而崩溃，从而将水泥路面击碎，具有动力强劲，工作可靠等优点。Z 型压路机为单钢轮压路机，钢轮外包 Z 型钢箍并通过螺栓固定在压实轮表面，对表面有较好的压实效果，有利于表面平整，还可以保证轮下颗粒不向外挤出。

图 10-5　多锤头破碎机　　　　图 10-6　共振式破碎机　　　　图 10-7　Z 型压路机

（2）碎石化原理。碎石化技术是将旧水泥混凝土路面破碎成粒径不同的上、中、下三层，其中下层粒径小于 37.5cm，中层粒径小于 22.5cm，上层粒径小于 7.5cm，其顶面和侧面破碎效果如图 10-8 所示，使旧水泥混凝土板成为相互咬合嵌挤、紧密结合的新的柔性结构层，其效果类似级配碎石。

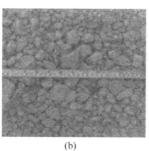
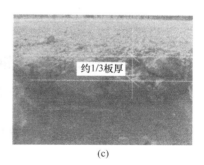

(a)　　　　　　　　　　　　(b)　　　　　　　　　　　　(c)

图 10-8　破碎效果

一般情况下，在碎石化完成后，在其顶面喷洒 3kg/m² 左右 50% 的慢裂乳化沥青透层油，使表面松散的粒料有一定结合力，上面直接加铺沥青混凝土面层或水泥混凝土面层，加上原有结构的路面基层和底基层，整体形成了一个类似长寿命路面的结构层。

3. 旧水泥混凝土路面打裂压稳技术

打裂压稳主要设备是门板式打裂机（图 10-9）和压稳设备——25t 胶轮压路机。该技术具有破碎颗粒大、生产效率高、施工速度快、节约路面改造费用及环境保护的特点。同时也可通过调试门板式破碎机落锤的高度，进一步破碎水泥混凝土路面，满足彻底清除路面的要求。

门板式重锤通过自行式设备提升，然后自由下落，与路面接触，将旧水泥混凝土路面打裂成表面具有规则裂缝的整体，且不损坏基层。接着用胶轮压路机碾压使破裂的板块稳定，打裂后的旧水泥混凝土块相互嵌挤在一起，既提升了强度，又消除了原路脱空的影响，恢复了基层对水泥混凝土板块的支承作用。在减少反射裂缝的同时，更加有利于基层或底基层承载能力的提高。

4. 旧水泥混凝土路面冲击压实技术

利用五边形冲击压路机，将旧水泥混凝土路面压裂成 40～60cm 块度，并进一步压实水泥混凝土下面的基层，使混凝土块与原路基层紧密结合。主要设备如图 10-10 所示。旧水泥混凝土路面被冲击压实后，主要用于新路面结构的底基层。

图 10-9　门板式打裂机　　　　　　图 10-10　五边形冲击压路机

5. 再生集料利用技术

将旧水泥混凝土路面打碎后，利用颚式破碎机或反击式破碎机将其进一步破碎至预定尺寸的颗粒，并将其全部或部分替换为天然粗、细集料，浇筑成再生混凝土。

10.3.8　浇筑式沥青混凝土钢桥面铺装

由于钢桥面铺装所处环境（高温、大变形）的特殊性，在满足一般铺面材料使用性能要求的基础上，钢桥面铺装材料还要满足：防水性能优良、与钢桥面板间黏结力优良、与钢桥面板变形协调性良好、优异的抗疲劳性及高温稳定性、优异的低温抗裂性。钢桥面铺装是大跨径钢箱梁桥梁建设的关键技术之一，此前也出现过不少失败案例（如武汉白沙洲长江大桥），受到工程界甚至社会各界的高度重视和关注。采用浇筑式沥青混凝土是目前解决该项工程难题的有效技术方法。

目前国内常用的钢桥面铺装结构主要有双层浇筑式沥青混凝土、单层浇筑式沥青混凝土、SMA 改性沥青混凝土及单层浇筑＋SMA 改性沥青混凝土等方案，但任何桥面铺装方案都有其适用性，应该综合考虑当地的气候条件、施工条件、荷载条件等因素。

1. 港珠澳大桥浇筑式沥青混合料 GMA 钢桥面铺装

港珠澳大桥钢桥面采用了 38mm 厚 SMA＋改性乳化沥青黏层＋30mm 厚浇筑式沥青

混凝土＋甲基丙烯酸甲酯防水黏结层的钢桥面组合铺装结构体系方案。浇筑式沥青混合料 GA（Guss Asphalt）和 MA（Mastioc Asphalt）具有优异的抗变形、抗疲劳、抗老化、防水性能。GMA 技术（用 GA 生产工艺拌合 MA 浇筑式沥青混合料的施工方案）同时具备 MA 和 GA 两种浇筑式沥青混合料的优势。

（1）原材料。胶结料采用质量比为 3∶7 的 AH-70 基质沥青与 TLA 湖沥青组成的沥青混合料。GMA-10 沥青混合料所采用的粗集料规格为 5～10mm 的玄武岩，细集料采用 A（0.6～2.36mm）、B（0.212～0.6mm）、C（0.075～0.212mm）三档的石灰石。填料采用石灰石矿粉。

（2）配合比设计。GMA-10 配合比设计分为两步。第一步以 25℃的硬度为评价指标、以可溶沥青含量为控制因素进行沥青胶砂（ME）设计；第二步以马歇尔稳定度、流值、流动性、硬度为评价指标，以沥青含量为控制指标进行 GMA-10 配合比设计。综合考虑各因素后选定可溶沥青含量为 15.2%，硬度值为 20.2（0.1mm）。GMA-10 中粗骨料含量为 47%。随着拌合时间的增加，马歇尔稳定度逐渐增大，流动度增大，硬度减小，均满足要求；温度降低到 220℃时，流动度较差，不利于施工，因此拌合温度采用 220～240℃较为合适。

（3）GMA-10 浇筑式沥青混合料性能。①协同变形能力。沥青混合料需要具有较好的低温性能。在（-10±0.5）℃的温度条件下，进行小梁试件的弯曲试验，结果表明浇筑式沥青混合料的抗弯拉强度达到 10.23MPa，分别是 70 号基质沥青、SBS 改性沥青混合料的 2.9 倍、1.6 倍；最大弯拉应变是 8365.4με，分别是 70 号基质沥青、SBS 改性沥青混合料的 3.75 倍、1.56 倍；浇筑式沥青混合料低温抗裂性能优异，具有较好的柔韧性，在低温与荷载作用下能够和桥面具有良好的协同变形作用。②抗水损害能力。采用浸水马歇尔试验评价残留稳定度指标，冻融劈裂试验评价残留强度比指标，肯塔堡飞散试验评价浸水飞散损失指标。实测 GMA-10 浇筑式沥青混合料的残留稳定度为 95.6%、残留强度比为 97.3%、浸水飞散损失为 95.5%，均大幅优于 SMA-13 和 AC-13 沥青混合料。浇筑式沥青混合料沥青玛蹄脂含量高达 50%，空隙率小于 1%，具有优异的抗水损害性能，对桥面板具有较好的保护作用。

2. 南京四桥复合浇筑式沥青混合料钢桥面铺装

针对大跨径斜拉桥、悬索桥这种飘浮结构，需要综合考虑铺装的性能，保证铺装使用的耐久性。而复合浇筑式沥青混合料由于其良好的变形适应能力和密水性以及相对经济性，越来越受到国内外重视。

复合浇筑式沥青混合料通过下层浇筑混合料层达到铺装层的抗塑性变形、开裂防水、抗老化效果，通过上层高弹改性混合料层达到抗松散、抗裂、抗滑、耐久、抗永久变形（抗车辙）的能力，这种结构类型对下层和上层的沥青混合料取长补短，具有优良的高温稳定性、低温抗裂性、抗腐蚀性和对钢板的适应性，适用于大跨径钢桥的桥面铺装，特别是对于大跨径悬索桥的钢桥面铺装具有很大优势。

南京四桥是全长为 14.2km 的悬索桥，主桥钢桥面铺装总长度为 2189.60 m，铺装宽度为 32.00m，钢桥面铺装结构采用"4.0cm 厚下层浇筑式沥青混合料＋3.5cm 厚改性Ⅰ型沥青混合料"，总铺装面积为 70067.20m²。采用的复合浇筑式沥青钢桥面铺装典型结构如图 10-11 所示。

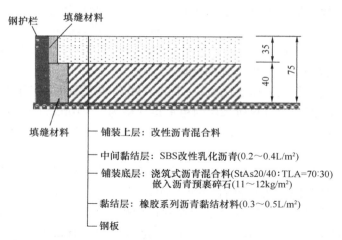

图 10-11　复合浇筑式沥青钢桥面铺装典型结构（尺寸单位：mm）

　　主桥钢桥面铺装层各项技术指标均达到设计和规范要求。实践证明，复合浇筑式沥青混合料钢桥面铺装施工技术既能提高工程质量，又能缩短工期、降低工程成本。

参　考　文　献

[1]　裴建中．道路工程学科前沿进展与道路交通系统的代际转换[J]．中国公路学报，2018，31（11）：1-10.

[2]　徐志刚，李金龙，赵祥模，等．智能公路发展现状与关键技术[J]．中国公路学报，2019，32（8）：1-24.

[3]　张模林．山区公路路线设计要点与实例分析[J]．工程建设与设计，2019，11：174-176.

[4]　唐远辉．改扩建公路路线设计要点探讨[J]．建筑技术开发，2017，44（7）：27-28.

[5]　刘志涛．公路路线设计安全性评价方法与标准研究[J]．工程建设与设计，2019，5：102-104.

[6]　蔡素军，李华．生态环境在公路路线设计中的影响因素分析[J]．公路交通科技（应用技术版），2018，14（12）：288-290.

[7]　王大为，王宠惠，STEINAUER B，等．德国不限速高速公路路面平整度评价方法综述[J]．中国公路学报，2019，32（4）：105-113.

[8]　刘展行．超级高速公路设计初探[J]．公路交通科技（应用技术版），2018，14（11）：260-262.

[9]　李洋洋，谢立炳，胡力群．保水路面研究综述[J]．中外公路，2017，37（1）：53-57.

[10]　李伟治．港珠澳大桥桥面铺装浇筑式沥青混凝土性能评价[J]．广东建材，2018，34（3）：19-23.

[11]　沙爱民，蒋玮．环保型多孔路面材料设计理念与架构[J]．中国公路学报，2018，31（9）：1-6.

[12]　肖飞鹏，王涛，王嘉宇，等．橡胶沥青路面降噪技术原理与研究进展[J]．中国公路学报，2019，32（4）：73-91.

[13]　崔爽．专家呼吁：用五大创新让中国路面更"长寿"[N]．科技日报，2019-11-05.

第11章 桥梁工程发展现状及前沿

桥梁是道路的重要组成部分，是交通工程中的关键性枢纽。桥梁也是国家经济和社会发展的重要基础设施，是一个国家或地区经济实力、科学技术、生产力发展等综合国力的体现。桥梁既是一种功能性的结构物，又是工程技术与人文艺术相结合的产物。桥梁工程是指桥梁全寿命环节的规划、设计、施工、运行和拆除等的工作过程，是研究这一过程的工程科学和技术。随着全世界桥梁的发展，桥梁工程已经发展成融理论分析、设计、施工控制及管理于一体的系统性学科，属于土木工程的一个重要分支。

11.1 桥梁发展的基本历程与建设成就

11.1.1 桥梁发展的基本历程

在人类的发展史上，我们的祖先修建了大量的桥梁。早在古罗马时代，欧洲的石拱桥艺术已在世界桥梁史上谱写了光辉的篇章。18世纪的工业革命促使生产力大幅度提高，推动了工业的发展，19世纪中叶出现了钢材，促进了桥梁建筑技术方面的空前发展。20世纪30年代预应力混凝土技术的出现，推动桥梁发展产生又一次飞跃。20世纪50年代以后，计算机和有限元技术的迅速发展，使得桥梁设计工程师能进行复杂结构的计算，桥梁工程的发展又获得了再次的飞跃。

我国是文明古国，在桥梁建设史上也写下了不少光辉灿烂的篇章。据史料记载，在3000年前，我国就有了木梁桥和浮桥，稍后有了石梁桥。世界公认悬索桥最早出现在中国，公元前3世纪四川已有竹索桥，公元前2世纪陕西已有铁链桥，而欧洲直至16世纪才开始建造铁链吊桥。举世闻名的河北省赵县的赵州桥（又称安济桥），是由石匠李春于591～599年所建造（图11-1），它净跨37.02m，桥面净宽9m，拱矢高7.23m，是世界上第一座敞肩石拱桥，欧洲到19世纪才出现这样的敞肩石拱桥。建于1053～1059年的福建泉州万安桥（也称洛阳桥）是世界上现有的最长、工程最艰巨的古代梁桥（图11-2），原桥全长834m，1996年修缮后长731.29m，共47孔，每孔用7根跨度11.8m的石梁组成，宽约4.9m。该桥在基础工程上首创筏形基础，采用蛎（蚝）种在潮水涨前的抛石基底和石砌墩身上，使之胶结成整体。1170～1192年建成的广东潮州湘子桥（又称广济桥），全长517.95m，东西浅滩部分各建一段石桥，中间深水部分以浮桥衔接。浮桥可开可合，是世界上活动桥的先导。

1934～1937年由茅以升先生主持修建的钱塘江大桥（双层公路铁路两用钢桁梁桥，正桥16孔，全长1400m）是中华人民共和国成立前由我国技术人员完成的为数不多的近代桥梁的杰出代表。

图 11-1　河北赵县赵州桥

图 11-2　福建泉州万安桥

1949 年后，我国交通事业得到了迅速发展，特别是 20 世纪 80 年代初，改革开放前沿的珠江三角洲开始了公路交通基础设施建设，为经济腾飞铺就跑道。在政府的支持下，1981 年实现了"贷款建桥"的政策性突破，拉开了全国大规模桥梁建设的帷幕。20 世纪 90 年代，"以浦东开发开放为龙头，带动长江三角洲和整个长江流域经济的新飞跃"的战略决策，极大地促进了长江流域跨江大桥的建设。21 世纪初，我国开始了跨越海湾、海峡的造桥新时代，一批特大跨径桥梁的建成使我国跻身于世界先进行列。

11.1.2　桥梁建设的成就

桥梁建设是伴随着建筑材料、生产力水平和计算能力的发展而不断发展的。下面分别介绍几种主要桥梁体系在国内外桥梁建设中取得的成就。

1. 混凝土梁桥

桥梁建设中，中小跨径的桥梁占了大多数，中小跨径桥梁一般采用简支体系。在我国，跨径 30m 以下的梁桥多采用标准跨径。大跨度混凝土梁桥的主要桥型有预应力混凝土连续梁桥和预应力混凝土连续刚构桥。近年来，各国修建了许多大跨度混凝土梁桥（表 11-1）。

世界大跨度混凝土梁桥（跨度 240m 以上）　　　　　　表 11-1

序号	桥名	主跨（m）	结构形式	桥址	年份
1	石板坡长江大桥	330	连续刚构*	中国重庆	2006
2	斯托尔马桥（Stolma）	301	连续刚构*	挪威	1998
3	拉脱圣德桥（Raftsunder）	298	连续刚构	挪威	1998
4	星期日桥（Sunday Bridge）	298	连续刚构	挪威	2003
5	水盘高速公路北盘江特大桥	290	连续刚构	中国贵州	2013
6	Sandsfjord Bridge	290	连续刚构	挪威	2015
7	亚松森桥（Asuncion）	270	三跨 T 构	巴拉圭	1979
8	广州虎门大桥辅航道桥	270	连续刚构	中国广东	1997
9	Ujina Bridge	270	连续刚构	日本	1999
10	苏通长江大桥专用航道桥	268	连续刚构	中国江苏	2008
11	红河大桥	265	连续刚构	中国云南	2003
12	门道桥（Gateway）	260	连续刚构	澳大利亚	1985

续表

序号	桥名	主跨（m）	结构形式	桥址	年份
13	伐罗德 2 号桥（Varodd-2）	260	连续梁	挪威	1994
14	宁德下白石大桥	260	连续刚构	中国福建	2004
15	重庆鱼洞长江大桥	260	连续刚构	中国重庆	2011
16	汉源大树大渡河大桥	255	连续刚构	中国四川	2009
17	泸州长江二桥	252	连续刚构	中国四川	2001
18	斯考顿桥（Schottwien）	250	连续刚构	奥地利	1989
19	道特桥（Doutor）	250	连续刚构	葡萄牙	1991
20	斯克夏桥（Skye）	250	连续刚构	英国	1995
21	联邦大桥（Confederation）	250	带挂梁 T 构	加拿大	1997
22	重庆黄花园大桥	250	连续刚构	中国重庆	1999
23	重庆马鞍石嘉陵大桥	250	连续刚构	中国重庆	2002
24	广州海心沙大桥	250	连续刚构	中国广东	2004
25	黄石长江大桥	245	连续刚构	中国湖北	1995
26	科罗巴 1-图瓦普桥（Koror-Babelthuap）	241	有铰 T 构	美国太平洋托管区	1977
27	滨名大桥（Hamana）	240	有铰 T 构	日本	1976
28	江津长江大桥	240	连续刚构	中国重庆	1997
29	高家花园嘉陵大桥	240	连续刚构	中国重庆	1997
30	六广河大桥	240	连续刚构	中国贵州	2000
31	龙溪河大桥	240	连续刚构	中国重庆	2001

注：* 重庆石板坡长江大桥主跨中间段 108m 为钢箱梁，挪威斯托尔马桥主跨中间段 182m 为 C60 轻质陶粒混凝土箱梁。

1994 年挪威建成了当时世界上最大跨度的预应力混凝土连续梁桥——伐罗德 2 号桥（主跨 260m）。1998 年挪威建成了斯托尔马桥（主跨 301m）和拉脱圣德桥（主跨 298m）两座大跨度连续刚构桥。我国于 1988 年建成的广东洛溪大桥（主跨 180m），开创了我国修建大跨径预应力混凝土连续刚构桥的先例。1997 年建成的虎门大桥辅航道桥（主跨 270m）成为当时预应力混凝土连续刚构桥世界第一大跨。2003 年建成的云南红河大桥（连续刚构），主跨 265m，2 号墩高 102.8m，3 号墩高 121.5m，成为当时同类型桥中世界第一高桥，后被 2011 年建成的四川雅泸高速腊八斤大桥（连续刚构，主跨 200m，10 号桥墩高 182.5m）超越。2006 年建成的重庆石板坡长江大桥（连续刚构，主跨 330m，跨中 108m 为钢箱梁）成为当时同类型桥梁中世界第一大跨。近年来，波形钢腹板预应力混凝土组合箱梁桥作为一种新型桥梁结构形式，在世界各国得到推广应用，我国修建了几十座该类型桥，其中山东鄄城黄河公路大桥规模最大，共 13 跨（70 m＋11×120m＋70m）。

2. 拱桥

在古代欧洲和我国，均建造了许多石拱桥，其中以我国的赵州桥最为著名。1946 年瑞典建成的绥依纳松特桥（跨径 155m）是当时世界上跨径最大的石拱桥。2000 年 7 月建成的山西晋城丹河大桥（主跨 146m）是当时我国最大跨径的石拱桥。

由于拱桥造型优美，跨越能力强，长期以来一直是大跨桥梁的主要形式之一。1980
年位于克罗地亚的克尔克 1 号桥（主跨 390m，边跨 244m）为混凝土箱形拱桥，该桥是首
次采用无支架悬臂施工法的拱桥，其跨径保持了 18 年世界纪录。目前，无支架悬臂施工
法在大跨度拱桥施工中得到广泛应用。

20 世纪 90 年代以后，我国在拱桥施工方法上发展了劲性骨架法，它是将钢拱架
分段吊装合龙，做成劲性骨架，再在其上挂模板和浇筑混凝土，使得大跨径拱桥的建
造能力得到提高。1990 年我国首次采用劲性骨架法施工建成了宜宾南门的金沙江大桥
（主跨 240m），1997 年通车的重庆万州长江大桥（主跨 420m）为采用劲性骨架法建成
的世界最大跨径钢筋混凝土拱桥。1995 年，我国用悬臂施工法建成了贵州江界河大
桥，以主跨 330m 跨越乌江，桥下净空高达 270m，是目前世界上最大跨径的混凝土桁
架拱桥。

钢管混凝土拱桥近年来在我国发展很快。2000 年采用转体施工法建成的广州丫髻沙
大桥（主跨 360m）为当时世界最大跨度钢管混凝土拱桥。2013 年建成的四川泸州波司登
长江大桥（主跨 530m）是当时世界第一大跨径钢管混凝土拱桥，如图 11-3 所示。目前在
建世界最大跨径的中承式钢管混凝土拱桥——广西荔浦至玉林公路平南三桥（主跨
575m）将会再次刷新拱桥世界纪录。

2003 年建成的上海卢浦大桥（主跨 550m）是一座中承式系杆拱桥，拱肋为全焊钢箱
结构，是当时世界上跨径最大的拱桥。2009 年建成的重庆朝天门长江大桥是一座钢桁架
拱桥（主跨 552m），为当时世界跨径最大的拱桥，如图 11-4 所示。可以说，我国的拱桥
建造水平已跃居世界先进行列（表 11-2）。

图 11-3　波司登长江大桥

图 11-4　重庆朝天门长江大桥

世界大跨度拱桥（跨度 330m 以上）　　　　　　　　　　　　　表 11-2

序号	桥名	主跨（m）	主拱圈形式	桥址	年份
1	平南三桥	575	钢管混凝土拱	中国广西	在建
2	朝天门长江大桥	552	钢桁架拱	中国重庆	2009
3	卢浦大桥	550	钢箱拱	中国上海	2003
4	傍花大桥（Banghwa Bridge）	540	钢桁架拱	韩国	2000
5	秭归长江大桥	531.2	钢桁架拱	中国湖北	2019

序号	桥名	主跨（m）	主拱圈形式	桥址	年份
6	波司登长江大桥	530	钢管混凝土拱	中国四川	2013
7	新河峡桥（New River Gorge）	518	钢桁架拱	美国	1976
8	贝永桥（Bayonne）	504	钢桁架拱	美国	1931
9	悉尼港湾桥（Sydney Harbour）	503	钢桁架拱	澳大利亚	1932
10	巫山长江大桥	492	钢管混凝土拱	中国重庆	2005
11	中缅国际铁路怒江大桥	490	钢桁架拱	中国云南	在建
12	杰纳布河大桥（Chenab Bridge）	480	钢箱拱	印度	2010
13	宁波明州大桥	450	钢箱拱	中国浙江	2011
14	南广铁路肇庆西江大桥	450	钢箱拱	中国广东	2014
15	平罗高速大小井大桥	450	钢管混凝土拱	中国贵州	2019
16	沪昆高铁北盘江特大桥	445	劲性骨架钢筋混凝土拱	中国贵州	2015
17	支井河大桥	430	钢管混凝土拱	中国湖北	2009
18	广州新光大桥	428	钢桁架拱	中国广东	2007
19	万州长江大桥	420	劲性骨架钢筋混凝土拱	中国重庆	1997
20	菜园坝长江大桥	420	钢箱拱	中国重庆	2007
21	南盘江特大桥	416	钢管混凝土拱	中国云南	2016
22	大宁河大桥	400	钢桁架拱	中国重庆	2010
23	莲城大桥	400	钢管混凝土拱	中国湖南	2007
24	克尔克 1 号桥（KRK-1）	390	混凝土箱拱	克罗地亚	1980
25	弗里蒙特桥（Frement）	383	钢箱拱	美国	1973
26	广岛空港大桥	380	钢桁架拱	日本	2011
27	益阳茅草街大桥	368	钢管混凝土拱	中国湖南	2006
28	曼港桥（Port Mann）	366	钢箱拱	加拿大	1964
29	昭化嘉陵江大桥	364	混凝土箱肋拱	中国四川	2012
30	广州丫髻沙大桥	360	钢管混凝土拱	中国广东	2000
31	美洲大桥	344	钢桁架拱	巴拿马	1962
32	南宁永和大桥	338	钢管混凝土拱	中国广西	2005
33	小河大桥	338	钢管混凝土拱	中国湖北	2010
34	太平湖大桥	336	钢管混凝土拱	中国安徽	2007
35	大胜关长江大桥	336	钢桁架拱	中国江苏	2011
36	拉比奥莱特桥	335	钢桁架拱	加拿大	1967
37	郎克恩桥	330	钢桁架拱	英国	1961
38	兹达可夫桥	330	双铰钢箱拱	捷克	1967
39	贵州江界河大桥	330	混凝土桁架拱	中国贵州	1995

3. 悬索桥

悬索桥造型优美，规模宏大，是特大跨径桥梁的主要形式之一。当跨径大于 800m 时，悬索桥具有很大的竞争力。目前已建成的跨径超过 1000m 的桥梁，大多数均为悬索桥（表 11-3）。

现代悬索桥从 1883 年美国建成的布鲁克林桥（主跨 486m）开始，至今已有 130 多年的历史。20 世纪 30 年代，相继建成的美国乔治·华盛顿大桥（主跨 1067m）和旧金山金门大桥（主跨 1280m），使悬索桥的跨径超过了 1000m。从 20 世纪 80 年代起，世界各国修建悬索桥达到了鼎盛时期，在此期间建成的著名悬索桥，有英国的亨伯桥（主跨 1410m）、丹麦的大贝尔特东桥（主跨 1624m）、瑞典的滨海高大桥（主跨 1210m）、日本的南备赞濑户大桥（主跨 1100m）及目前世界上最大跨度的日本明石海峡大桥（主跨 1991m）。

我国修建现代大跨度悬索桥的起步较晚，然而从 20 世纪 90 年代中期开始得到了飞速发展。1995 年建成的广东汕头海湾大桥为采用跨径 452m 的预应力混凝土箱梁作为加劲梁的悬索桥，开创了我国公路悬索桥之先河；之后建成了西陵长江大桥（主跨 900m，1996 年）、广州虎门大桥（主跨 888m，1997 年）、香港青马大桥（主跨 1377m，1997 年）、江阴长江大桥（主跨 1385m，1999 年）、润扬长江公路大桥南汊桥（主跨 1490m，2005 年）、浙江舟山连岛工程西堠门大桥（主跨 1650m，2009 年）。2019 年建成的武汉杨泗港长江大桥（主跨 1700m，图 11-5），是世界第一跨度双层悬索桥。

图 11-5 武汉杨泗港长江大桥

世界大跨度悬索桥（跨度 1000m 以上） 表 11-3

序号	桥名	主跨（m）	加劲梁	桥址	年份
1	Canakkale 1915 Bridge	2023	钢箱梁	土耳其	在建
2	明石海峡大桥	1991	钢桁梁	日本	1998
3	杨泗港长江大桥	1700	钢桁梁	中国湖北	2019
4	南沙大桥坭洲水道桥	1688	钢箱梁	中国广东	2019
5	舟山西堠门大桥	1650	钢箱梁	中国浙江	2009
6	大贝尔特东桥（Great Belt East）	1624	钢桁梁	丹麦	1998
7	奥斯曼加齐桥（Osman Gazi Bridge）	1550	钢箱梁	土耳其	2016
8	李舜臣大桥	1545	钢箱梁	韩国	2013
9	邦尼河桥（Bonny River Bridge）	1500	钢箱梁	尼日利亚	2013
10	润扬长江公路大桥南汊桥	1490	钢箱梁	中国江苏	2005
11	杭瑞高速洞庭湖大桥	1480	钢桁梁	中国湖南	2018

续表

序号	桥名	主跨（m）	加劲梁	桥址	年份
12	南京长江四桥	1418	钢箱梁	中国江苏	2012
13	亨伯尔桥（Humber）	1410	钢箱梁	英国	1981
14	亚武兹苏丹塞利姆大桥（又名第三博斯普鲁斯大桥）	1408	钢箱梁	土耳其	2016
15	金安金沙江大桥	1386	钢桁梁	中国云南	在建
16	江阴长江大桥	1385	钢箱梁	中国江苏	1999
17	香港青马大桥	1377	异型钢桁梁	中国香港	1997
18	哈当厄尔大桥（Hardanger）	1310	钢箱梁	挪威	2013
19	韦拉札诺海峡大桥	1298	钢桁梁	美国	1964
20	金门大桥（Gold Gate）	1280	钢桁梁	美国	1937
21	武汉阳逻长江大桥	1280	钢箱梁	中国湖北	2007
22	滨海高大桥	1210	钢箱梁	瑞典	1997
23	赤水河大桥	1200	钢桁梁	中国贵州	在建
24	龙江特大桥	1196	钢箱梁	中国云南	2016
25	矮寨大桥	1176	钢桁梁	中国湖南	2012
26	伍家岗长江大桥	1160	钢箱梁	中国湖北	在建
27	麦金内克桥	1158	钢桁梁	美国	1957
28	蔚山大桥	1150	钢箱梁	韩国	2015
29	广州黄埔大桥	1108	钢箱梁	中国广东	2008
30	南备赞濑户大桥	1100	钢桁梁	日本	1989
31	五峰山长江大桥	1092	钢桁梁	中国江苏	在建
32	穆罕默德二世大桥（又名第二博斯普鲁斯大桥）	1090	钢箱梁	土耳其	1988
33	坝陵河大桥	1088	钢桁梁	中国贵州	2009
34	泰州长江大桥	1080	钢箱梁	中国江苏	2012
35	马鞍山长江公路大桥	1080	钢箱梁	中国安徽	2013
36	博斯普鲁斯大桥	1074	钢箱梁	土耳其	1973
37	乔治·华盛顿大桥（George Washington）	1067	钢桁梁	美国	1931
38	万州驸马长江大桥	1050	钢箱梁	中国重庆	2017
39	来岛三桥（Kurushima-3）	1030	钢箱梁	日本	1999
40	来岛二桥（Kurushima-2）	1020	钢箱梁	日本	1999
41	4 月 25 日大桥（Ponte 25 de Abril）	1013	钢桁梁	葡萄牙	1966
42	福斯公路大桥（Forth Road）	1006	钢桁梁	英国	1964

4. 斜拉桥

斜拉桥是一种拉索体系，它具有优美的外形、良好的力学性能和经济指标，比梁桥有更大的跨越能力，是大跨度桥梁中最主要的桥型之一。

世界上第一座现代斜拉桥，是 1955 年瑞典建成的主跨为 183m 的斯特罗姆海峡桥。世界上第一座密索体系的预应力混凝土斜拉桥，是 1978 年美国建成的跨径为 299m 的 P-K 桥。我国的第一座斜拉桥是 1975 年建成的跨径为 76m 的四川云阳桥。

斜拉桥建造技术不断发展，桥梁跨径从 300m 发展到 500m，经历了 30 多年（1959～1991 年），而跨径从 500m 发展到 900m 只用了不到 10 年时间（1991～1999 年），实现千米级的跨越也用了不到 10 年时间（1999～2008 年）。在 20 世纪 90 年代以后，特别是在中国，斜拉桥得到了快速的发展，修建了一系列特大跨径的斜拉桥，数量和跨径均居世界首位。著名的斜拉桥有法国诺曼底大桥（主跨 856m）、南京长江二桥南汊桥（主跨 628m）、日本多多罗大桥（主跨 890m）和昂船洲大桥（主跨 1018m）等。2008 年建成的江苏苏通长江大桥（主跨 1088m）是世界上首次跨径超千米的斜拉桥，也是斜拉桥建设史上的一个里程碑。位于俄罗斯海参崴的俄罗斯岛大桥以其 1104m 的主跨长度，于 2012 年 7 月超越了苏通长江大桥，成为当时世界上跨径最大的斜拉桥。跨度 600m 以上大跨度斜拉桥如表 11-4 所示。

世界大跨度斜拉桥（跨度 600m 以上）

表 11-4

序号	桥名	主跨（m）	主梁	桥址	年份
1	常泰过江通道主航道桥	1176	钢箱梁	中国江苏	在建
2	俄罗斯岛大桥	1104	钢箱梁	俄罗斯	2012
3	沪通长江大桥	1092	钢桁梁	中国江苏	2020
4	苏通长江大桥	1088	钢箱梁	中国江苏	2008
5	昂船洲大桥	1018	混合梁	中国香港	2009
6	武汉青山长江大桥	938	钢箱梁	中国湖北	2020
7	鄂东长江大桥	926	混合梁	中国湖北	2010
8	嘉鱼长江大桥	920	钢箱梁	中国湖北	2019
9	多多罗大桥	890	混合梁	日本	1999
10	诺曼底大桥	856	混合梁	法国	1995
11	池州长江公路大桥	828	钢箱梁	中国安徽	2019
12	石首长江公路大桥	820	钢箱梁	中国湖北	2019
13	九江长江公路大桥	818	混合梁	中国江西	2013
14	荆岳长江大桥	816	混合梁	中国湖北	2010
15	芜湖长江公路二桥	806	钢箱梁	中国安徽	2017
16	仁川大桥	800	钢箱梁	韩国	2009
17	鸭池河大桥	800	钢桁梁	中国贵州	2016
18	厦漳大桥北汊桥	780	钢箱梁	中国福建	2013
19	武汉沌口长江大桥	760	混合梁	中国湖北	2017
20	金角湾大桥	737	钢箱梁	俄罗斯	2012
21	万州长江三桥	730	混合梁	中国重庆	2019
22	上海长江大桥	730	钢箱梁	中国上海	2009

续表

序号	桥名	主跨（m）	主梁	桥址	年份
23	北盘江大桥	720	钢桁梁	中国贵州、云南交界处	2016
24	闵浦大桥	708	钢桁梁	中国上海	2009
25	西江江顺大桥	700	钢箱梁	中国广东	2015
26	象山港大桥	688	钢箱梁	中国浙江	2012
27	油溪长江大桥	680	钢箱梁	中国重庆	在建
28	琅岐闽江大桥	680	钢箱梁	中国福建	2014
29	丰都长江二桥	680	钢箱梁	中国重庆	2017
30	白居寺长江大桥	660	钢桁梁	中国重庆	在建
31	杨梅洲大桥	658	混合梁	中国湖南	在建
32	昆斯费里大桥	650	钢箱梁	英国	2017
33	南京长江三桥	648	钢箱梁	中国江苏	2005
34	望东长江公路大桥	638	组合梁	中国安徽	2018
35	中朝鸭绿江界河公路大桥	636	钢箱梁	中国辽宁	2014
36	铜陵公铁两用长江大桥	630	钢桁梁	中国安徽	2015
37	南京长江二桥南汊桥	628	钢箱梁	中国江苏	2001
38	舟山金塘大桥	620	钢箱梁	中国浙江	2009
39	武汉白沙洲长江大桥	618	混合梁	中国湖北	2000
40	武汉二七长江大桥	616	混合梁	中国湖北	2011
41	永川长江大桥	608	混合梁	中国重庆	2014
42	青州闽江大桥	605	组合梁	中国福建	2000
43	杨浦大桥	602	组合梁	中国上海	1993

11.2 现代桥梁工程的发展

11.2.1 桥梁材料

材料是桥梁工程的基础，材料性能的提高是桥梁工程不断进步的重要原动力。现代桥梁工程仍以钢材和混凝土为主要建筑材料。经过几十年的发展，钢材从 S343 发展到 S1100（欧盟钢材标准），混凝土从 C30 发展到 C150，有了长足的进步。C50 和 C60 在中国桥梁中应用广泛，各种轻质高强复合材料和智能材料已在桥梁工程中得到应用。纳米技术和生物技术不断进入桥梁工程的应用领域，也将成为新一代建筑材料的载体。

1. 混凝土

近几十年来国内外建成了数量巨大的混凝土桥梁，仅中国就已建84万座桥梁，近90%为混凝土桥梁。混凝土桥梁结构类型向多样化方向发展，在中小跨径桥梁装配化、梁桥、拱桥等桥型跨径增大，桥墩、桥塔高度不断被突破的大趋势下，对减轻桥梁结构自重、提高混凝土强度和耐久性提出了更高的要求，促进了混凝土向轻质、高强、高耐久性方向发展。

（1）高强混凝土

一般把C60～C90强度等级的混凝土称为高强混凝土，C100及以上强度等级的混凝土称为超高强混凝土。高强混凝土不仅可以减小混凝土结构尺寸，减轻结构自重和地基荷载，节约用地，减少材料用量，节省资源，降低施工能耗，而且能够提高混凝土结构的耐久性能，延长建筑物的使用寿命，减少结构维护和修补费用。高强混凝土能够消耗大量工业废渣，节省水泥，符合节能、减排、环保和可持续发展的战略要求。高强混凝土是现代混凝土技术水平的代表和未来的发展方向之一。

高强混凝土在现代桥梁结构中得到较广泛的应用，如早期挪威的斯托尔马桥（Stol-ma）、Deutzer桥、Poaneuf桥等桥梁使用普通重度混凝土和轻骨料混凝土的强度达到60～75MPa，美国得克萨斯休斯敦的Louetta Road Overpass工程使用的U形混凝土梁的设计强度为69～90MPa，日本的Kaminoshima公路桥、Fukaimitsu公路桥、Akgawa铁路桥等均采用69～78.6MPa高强混凝土，中国的红水河铁路斜拉桥、万州长江大桥、大佛寺长江大桥、巴东长江大桥等桥梁主体结构使用了C60高强混凝土。近年来建设的东海大桥、杭州湾大桥、宜昌长江铁路大桥、港珠澳大桥、沪通长江大桥等工程均采用了高强混凝土以提高混凝土耐久性能。超高强混凝土在桥梁结构中使用较少。

高强和超高强混凝土的耐火性不如普通混凝土，高温时可能发生爆裂。高强混凝土的脆性较大，如何改善其韧性，提高混凝土的抗震性能是需要解决的问题。

（2）高性能混凝土

高性能混凝土（High Performance Concrete，简称HPC）是一种体积稳定性好，具有高耐久性、高强度与高工作性能的混凝土，是在高强混凝土基础上的发展和提高，或是高强混凝土的进一步完善。高性能混凝土耐久性、流动性和体积稳定性是保证混凝土高性能的重要因素。根据适用条件和环境的不同，各种桥梁结构已大量使用各具特色的高性能混凝土。2004年建成的西班牙Los Tilos桥，主拱圈与拱上立柱均采用了C75的高强混凝土。2010年建成的美国的科罗拉多河桥，采用了C70混凝土。青岛海湾大桥处于冰冻和高海盐量海域，使用了海工高性能耐久混凝土。沪通长江大桥主航道桥为双塔公铁两用钢桁梁斜拉桥，桥塔采用钻石形钢筋混凝土结构，承台至塔顶高330 m，塔身采用C60自密实高性能混凝土，其中上塔柱部位采用降黏混凝土，在中塔柱下部区域采用抗裂混凝土。

超高性能混凝土（Ultra-high Performance Concrete，简称UHPC）是指抗压强度在150MPa以上，具有超高韧性、超长耐久性的纤维增强水泥基复合材料的统称。其中，最具代表性的超高性能混凝土材料为活性粉末混凝土（Reactive Powder Concrete，简称RPC），最早由法国学者于1993年提出。其主要由硅灰、水泥、细骨料及钢纤维等材料组成，依照最大密实度原理构建，从而使材料内部的缺陷（孔隙与微裂缝）减至最少。

UHPC 材料组分内不包含粗骨料，颗粒粒径一般小于 1mm。UHPC 中分散的钢纤维可大大减缓材料内部微裂缝的扩展，从而使材料表现出超高的韧性和延性。UHPC 具有致密的微观结构，几乎是不渗透性的，具有很强的抗渗透、抗碳化、抗腐蚀和抗冻融循环能力，研究表明，UHPC 材料的耐久性可达 200 年以上，可大幅度提高混凝土结构的使用寿命。表 11-5 给出了 UHPC 与普通混凝土的主要力学和耐久性能指标对比，可以看出，UHPC 的抗压强度约是普通混凝土的 3 倍，表征弯拉韧性的抗折强度约是普通混凝土的 10 倍，徐变系数仅是普通混凝土的 15％左右，表征耐久性的氯离子扩散系数和电阻率也远远优于普通混凝土。

UHPC 与普通混凝土的主要力学和耐久性能指标对比　　　　　　　　　　表 11-5

混凝土类型 性能指标	UHPC	普通混凝土	UHPC/普通混凝土
抗压强度（MPa）	150～230	30～60	约 3 倍
抗折强度（MPa）	25～60	2～5	约 10 倍
弹性模量（GPa）	40～60	30～40	约 1.2 倍
徐变系数	0.2～0.3	1.4～2.5	约 15％
氯离子扩散系数（m²/s）	$<0.01×10^{-11}$	$>1×10^{-11}$	1/100
电阻率（kΩ·cm）	1133	96（C80）	约 12 倍

在桥梁工程追求轻质高强、快速架设、经久耐用的背景下，具有优异力学和耐久性能的 UHPC 引起了桥梁界的极大兴趣和高度重视。目前 UHPC 已逐渐开始用于桥梁工程中，包括主梁、拱圈、华夫板、桥梁接缝、旧桥加固等多方面。据不完全统计，到 2016 年底，世界各国应用 UHPC 材料的桥梁已超过 400 座（其中超过 150 座桥梁采用 UHPC 作为主体结构材料），主要分布在亚洲、欧洲、北美洲和大洋洲，包括马来西亚、中国、日本、韩国、越南、缅甸、法国、德国、瑞士、荷兰、奥地利、捷克、意大利、斯洛文尼亚、西班牙、加拿大、美国、澳大利亚、新西兰等国家。其中马来西亚、美国、加拿大、中国、日本等国家应用 UHPC 材料的桥梁均在 20 座以上。

自 1997 年加拿大建成第一座 UHPC 人行桥（Sherbrooke 人行桥，预应力 UHPC 空间桁架结构，跨径 60m，采用 3cm 厚 UHPC 桥面板，如图 11-6 所示）之后，UHPC 被广泛应用于桥梁工程中。

法国是第一个将 UHPC 成功商业化的国家，2001 年建成了世界上最早的 UHPC 公路桥（Bourg-lès-Valence OA4 和 OA6 跨线桥，桥宽 12m，由 5 片先张法预应力 UHPC π 形梁组成，梁间现浇 UHPC 湿接缝连接），并编制了国际上第一部 UHPC 暂行设计指南。

2002 年日本建成第一座 UHPC 人行桥（Sakata-Mirai 桥，跨径 49.2m，主梁形式为

图 11-6　加拿大 Sherbrooke 人行桥

箱梁，预制拼装法施工），2004 年发布超高强纤维增强混凝土（UFC）结构设计施工指南（草案）。2002 年韩国建设了世界上第一座 UHPC 人行拱桥（Peace Footbridge，主拱跨径 120m）。

2005 年美国建成第一座 UHPC 桥梁（Mars Hill 桥，采用 I 形 UHPC 主梁，梁内未设置抗剪钢筋，利用 UHPC 自身的高抗拉性能抗剪），2013 年出版了 UHPC 华夫板的设计指南，2014 年出版了关于 UHPC 现浇接缝技术的指南。

2007 年德国建成了世界第一座 UHPC-钢组合桥梁（Gärtnerplatz 桥为人行和自行车两用桥梁，共 6 跨，最大跨径 36m，UHPC 桥面板）。奥地利在 2010 年建成了世界首座 UHPC 公路拱桥（Wild 桥，主拱跨径 70m，拱轴线采用多边形折线）。

马来西亚自 2010 年建成第一座 UHPC 桥（Kampung Linsum 桥）以后，UHPC 桥梁得到迅速推广，至今已建成 100 余座，是世界上主体结构采用 UHPC 材料最多的国家。这些 UHPC 桥梁主要包括全 UHPC T 形梁、UHPC-RC 组合梁、全 UHPC 箱梁、全 UHPC 下承式槽形梁 4 类 UHPC 主梁结构。

中国 UHPC 研究相对较晚，但学者们对 UHPC 的良好性能表现出极大的研究兴趣，进行了跟踪和研究，取得了一系列研究成果，颁布了 UHPC 材料的国家标准《活性粉末混凝土》GB/T 31387—2015 和多个地方标准，在编的或尚未发布的团体、行业标准有 10 余项，为其工程应用及推广奠定了坚实的基础。目前国内已有超过 5 座桥梁的主体结构（主梁、拱肋）采用 UHPC 材料，60 余座桥梁主要将 UHPC 材料用于钢-UHPC 轻型组合桥面结构、维修加固、现浇接缝等方面。2006 年在迁曹铁路工程中修建了国内第一座 UHPC 桥梁（滦柏干渠大桥，跨径 20m，UHPC T 形梁），2014 年在河北修建了一座 4×30m 先简支后连续的 UHPC 小箱梁跨线桥，2015 年在福州修建了一座跨径 10m 的 UHPC 人行拱桥，2016 年建成世界首座全预制拼装 UHPC 混凝土桥（湖南长沙北辰三角洲 UHPC 人行天桥，上部结构采用鱼腹式节段预制拼装预应力 UHPC 连续箱梁，下部结构采用 UHPC 双向曲线花瓶式整体预制桥墩）。2018 年中路杜拉公司建造中国首座无筋预应力体系 UHPC 梁桥——广州北环高速扩建 F 匝道桥，跨径 16m，采用 I 形后张预应力预制梁，梁体内未配置纵向钢筋及箍筋（只有后张预应力筋）。

近几年，钢-UHPC 组合梁在中国桥梁结构创新与应用方面取得了重大进展。2018 年建造的南通中央森林公园钢管拱桥（宽 6m，跨径 32m），采用了预制和现浇 80mm 厚 UHPC 桥面板；正在施工建设的两座大型桥梁工程——南京长江五桥和湖南益阳青龙洲大桥，均采用了预制 UHPC 桥面板，然后与钢箱梁组成钢-UHPC 组合梁。

经历二十年的研究应用，中国 UHPC 在钢桥面铺装、钢-UHPC 组合桥梁的应用规模已经走在了世界前列；UHPC 在装配式桥梁和建筑构件的结构连接已经开始应用，且桥梁结构连接在 UHPC 应用体量的占比较大，预计待技术体系建立完善后，会进入可持续规模化应用。

2. 钢材

（1）普通钢

国外桥梁工程用钢屈服强度为 245～700MPa 不等。国内普通桥梁用钢的发展自 20 世纪五六十年代起步，与国外相比发展速度缓慢。20 世纪 90 年代上海南浦大桥、杨浦大桥、徐浦大桥等桥梁采用的都是进口或国产的 StE355 钢。随后，我国研制开发了桥梁钢

14MnNbq，先后用于芜湖长江大桥、南京长江大桥、黄河长东二桥等位于长江、黄河上的近 20 座桥梁。2007 年，WNQ570（Q420qE）桥梁钢用于南京大胜关长江大桥。2019 年，Q500qE 高性能桥梁钢首次应用到在建的沪通长江大桥。

（2）耐腐蚀钢

耐腐蚀钢是不锈钢的一种。美国和日本的耐腐蚀钢在桥梁中已有成熟的应用，分别有约 50％和 20％的桥梁使用耐腐蚀钢。此外，加拿大新建的钢桥中有 90％使用耐腐蚀钢，韩国目前有 10 余座耐腐蚀钢桥。目前国际主流的耐腐蚀钢主要有 Cu-P-Cr-Ni 系的美国 Corten 钢及日本的 SMA 钢等。

国内除仿制上述两种产品外，还考虑 Ni、Cr 资源的稀有性及我国富含稀土资源，逐渐开发出 Cu-P-RE 系。1984 年，我国制定了高耐候性结构钢标准及焊接结构用耐腐蚀钢的相关标准，并于 2008 年重新修订。近年来，国内桥梁建设中耐腐蚀桥梁钢的应用逐渐增加。国内桥梁大量使用耐腐蚀钢的工程主要有：咸阳渭河公路桥、沈阳后丁香大桥、大连 16 号路跨海桥、跨官厅水库大桥、川藏线拉林铁路雅鲁藏布江大桥、河北路桥工程。目前，国内具备耐腐蚀性能的桥梁用钢，如 Q355NH、Q345qNH、Q420qNH、Q460qNH、Q420qE、Q500qE 等钢，已经开展室内加速腐蚀试验研究，并在不同环境条件下进行了长期暴晒试验。据相关资料显示，上述钢种的耐腐蚀性能是普通 Q235 钢的 2～8 倍，甚至更优。国外高性能耐腐蚀桥梁钢已经开始实桥应用，选材规范已经建立，涂装使用、裸露使用和表面处理使用都有章可循，而国内在这方面还有很大的差距。

（3）耐候钢

耐候钢是介于普通钢和不锈钢之间的低合金钢系列。耐候钢依靠自身产生的致密锈层防止基体被外界环境进一步侵蚀，从而达到免涂装的目的，是一种环境友好、经济、耐久的防腐方式。

日本开发出系列适应恶劣海洋环境的耐候桥梁钢，如 355MPa 级和 455MPa 级耐候桥梁钢。截至目前，上述日本桥梁用钢在海洋桥梁工程的应用比较普遍，大幅降低了全寿命成本。其中 S490A/B/C、SMA490AW/BW/CW、SMA490AP/BP/CP 等钢种已经普遍应用，且应用技术及维护技术相当成熟，但我国耐候钢的应用仍处于初级阶段。近几年，随着钢铁冶炼技术的进步和对外交流的增多，耐候钢在桥梁的应用方面取得了一定的成果，并且国内推广耐候钢桥的认识逐渐提高。表 11-6 详细列出我国耐候钢的应用及耐候钢桥的发展情况。

我国耐候钢的应用及耐候钢桥的发展情况

表 11-6

年份	发展历程
1965	中国试制出 09MnCuPTi 耐候钢，并制造了我国第一辆耐候钢铁路货车。经过"六五""七五"攻关研制出以 09CuPTiRE、09CuPCrNi 为代表的耐候钢，且已大规模生产，仍然应用于铁路车辆
1989	中国武钢钢研所成功研制出了桥梁用耐候钢 NH35q
1990	我国第一座耐候钢桥——武汉京广线巡司河桥建成
2005	中国鞍钢试制成功 420 级别高性能耐候桥梁钢
2008	中国鞍钢试制成功 500 级别高性能耐候桥梁钢

年份	发展历程
2011	中铁山桥集团有限公司中标美国阿拉斯加铁路桥,开启了中国企业制造耐候钢桥的新篇章,同时也为中国耐候钢发展奠定基础
2012	中信金属设立"耐候桥梁钢的研制及应用"项目,致力于推广含 Nb 耐候钢
2013	中国制造第一座耐候公路桥(沈阳后丁香大桥,重 5427t,采用 Q345qENH 钢,半涂装使用)
2014	中国首座免涂装耐候钢桥——陕西眉县常兴二号桥开工建设
2015	陕西眉县常兴二号桥建成通车,西延高速免涂装耐候钢跨线桥建成通车,拉林铁路雅鲁藏布江免涂装耐候钢管混凝土拱桥(430m)开工建设,免涂装耐候钢波折腹板矮塔斜拉桥——运宝黄河桥开工建设
2016	首座免涂装耐候钢-混组合悬索桥——怀来县城市道路工程跨官厅水库大桥(720m)开工建设,采用高韧性高耐候 Q420qFNH 钢的中俄黑龙江公路大桥开工建设
2017	福州洪塘大桥引桥钢-混组合梁耐候钢桥开工建设,西藏墨脱公路(达国大桥和西莫河大桥)钢主梁更换为耐候钢,《公路桥梁用耐候钢技术标准》由公路学会评审通过立项
2018	拉林铁路雅鲁藏布江免涂装钢管混凝土拱桥主拱圈合龙,怀来县城市道路工程跨官厅水库大桥主桥合龙,国内各大设计院持续开展耐候钢桥设计、研究工作,大量耐候钢桥开工建设
2019	中铁山桥集团有限公司承建的中俄跨黑龙江公路桥——黑河—布拉戈维申斯克黑龙江(阿穆尔河)大桥主桥合龙,主桥采用 Q420qF 级耐候钢结构和 10.9S 级耐候钢高强度螺栓

全寿命周期的经济性是耐候钢桥被推广的主要原因,但我国耐候钢桥发展时间较短,尚无足够的样本定量说明耐候钢桥在建设初期及全寿命周期内的经济效益,另外无相关耐候钢设计指南,耐候钢基础性研究不强,这些因素制约着我国耐候钢在桥梁上的使用。

(4)缆索

缆索是悬索桥、斜拉桥等缆索承重桥梁的主要受力构件。随着建设地点的自然环境日趋复杂,为了保障大跨径桥梁的安全性,作为桥梁"生命线"的缆索,对其强度和疲劳寿命提出了更高的要求。同时根据等承载能力换算,缆索的强度每提高 10%,不但截面积可下降 10% 以上,而且还能为缆索的安装、维护和后期的维修带来便利,因此世界各国争相研发高强度桥梁缆索及制造缆索用超高强钢。

世界上第一座采用钢丝的现代化悬索桥为美国的布鲁克林桥,建于 1883 年,主跨为486m,主缆材料强度约为 1200MPa。20 世纪 80 年代前,国内外使用的桥梁缆索用热镀钢丝强度级别主要为 1570MPa。

到了 20 世纪末期,国际上大跨径悬索桥的主缆强度基本都达到了 1670MPa,个别桥梁开始采用 1770MPa 的主缆。如 1998 年建成的全球最大跨度悬索桥——日本明石海峡大桥(主跨 1991m)首次采用 1770MPa 级主缆索股。近年来,1770MPa 主缆索股也已广泛应用在一些国内大型悬索桥上,如国内舟山西堠门大桥、南京长江四桥、马鞍山长江公路大桥、武汉鹦鹉洲大桥等,而 1860MPa 和 1960MPa 级的缆索钢丝也已研发成功,即将用于洞庭湖大桥和虎门二桥。与此同时,韩国也开始了桥梁用超高强度钢丝的推广应用,其中 1860MPa 强度的钢丝索股已经应用于光阳大桥,而 1960MPa 的钢丝索股已经应用于蔚山大桥。从图 11-7 和图 11-8 可以看出,100 多年来国内外缆索钢丝强度在不断增加,

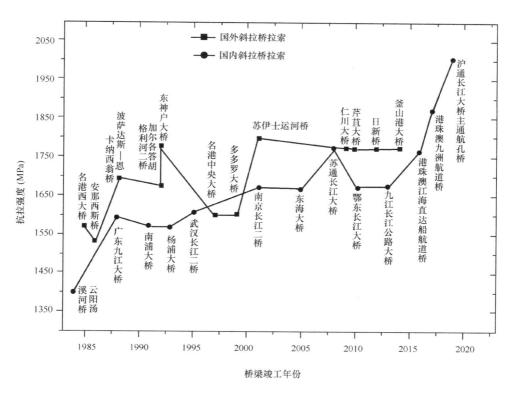

图 11-7　国内外斜拉桥拉索钢丝强度发展趋势

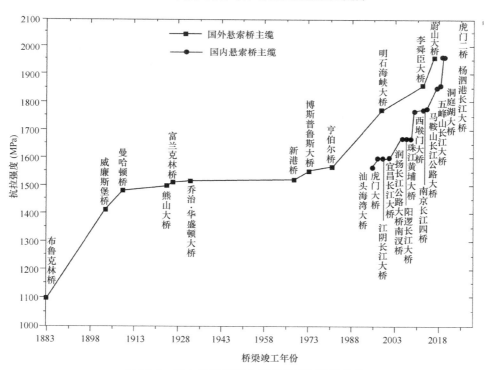

图 11-8　国内外悬索桥主缆钢丝强度发展趋势

国外有近 50 多年钢丝强度维持在 1670MPa 级别。而国内近 20 年发展较快，已达到国际水平，沪通长江大桥、商合杭芜湖公铁长江大桥钢丝强度要求达到 2000MPa 以上，扭转 8 次以上，超强钢丝应用将填补国际工程应用空白。

材料强度的提高能增强主缆的跨越能力，在跨越距离一定时则还能减小缆索体系的材料用量或者提高主缆的安全系数。规划中的意大利墨西拿海峡大桥为主跨 3300m 的双塔悬索桥，采用 1860MPa 镀锌钢丝主缆后，主缆总重约 166500t，相比 1770MPa 镀锌钢丝主缆，降低近 10000t。因此，随着桥梁跨度增加、环境变化以及桥梁轻量化要求，开发更高强度的缆索成为未来发展方向。

CFRP（碳纤维增强复合材料）轻质高强，缆索选用 CFRP 在一定程度上可缓解超大跨径悬索桥主缆和斜拉桥拉索自重问题。尽管 CFRP 索在国内外个别桥梁中得到应用，但配套的锚具及锚固体系、结构设计理论和施工关键技术尚待研发。

桥梁材料发展存在的不足包括以下几个方面：（1）在先进材料的研发和应用方面，中国仍然在追赶西方国家。高性能混凝土材料的研究仍处于初级阶段（即模仿国外的产品），基于高性能、大型 FRP（纤维增强复合材料）和形状记忆合金（SMA）的产品仍需要进口。（2）高性能钢材的力学性能指标也低于国外水平。与西方国家相比，钢材的焊接性、强度、板材厚度和耐候性方面都存在较大差距。

11.2.2 桥梁设计

地质和地形条件的多种多样促进了桥梁类型的多样化发展，也促进了桥梁勘察技术、设计理论与方法、桥型与结构体系、关键结构、防灾减灾技术和桥梁信息技术方面的进步。

（1）桥梁设计理论

桥梁设计理论正在从容许应力设计法向基于性能的设计方法发展。从基于经验的判断方式转变为基于概率和经验相结合的决策方法也变得更加可靠。设计概念已逐渐完善，已从可靠性设计向寿命周期设计转变。而且，以可持续发展理论为基础的可持续设计目前正处于发展初期。设计理论与方法的进步极大地提高了中国桥梁技术的国际认可度。

（2）桥梁结构体系

桥梁结构体系是桥梁结构功能、外形及其受力形态的统一。结构功能是结构体系的第一层次，主要表现为跨越结构；结构形式是结构体系的第二层次，根据结构形式，桥梁结构体系可以分为：梁式体系、拱式体系、斜拉桥体系、悬索桥体系以及协作体系等基本桥型体系；结构受力形态是结构体系的第三层次，受力形态包括结构内部荷载的传递方式及其平衡时的内力状态，它是结构体系的内核。

现代桥梁创新在设计层面上讲无非是体系创新与材料创新。桥梁结构体系创新是为满足特定建桥条件而对基本桥梁结构体系进行改变、组合或对其受力形态进行变化而做的创新工作。正是由于体系创新，才能出现丰富多样的桥梁结构。结构体系的改变能从根本上改变结构的力学性能，从而突破结构自身的瓶颈。比如具有静力限位和动力阻尼的斜拉桥结构体系（图 11-9）、分体式钢箱梁悬索桥（图 11-10）、空心连续刚构桥（图 11-11）、钢管混凝土拱桥、矮塔斜拉桥、斜拉拱桥和斜拉悬索组合桥等新桥型。这些成就一起构成了以梁桥、拱桥、斜拉桥和悬索桥为主体的现代桥型和结构体系。下面以工程

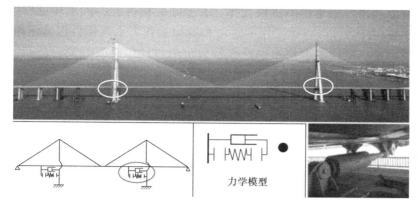

图 11-9　静力限位与动力阻尼斜拉桥结构体系（苏通长江大桥）

(a)　　　　　　　　　　　　　　　　(b)

图 11-10　分体式钢箱梁悬索桥（西堠门大桥）

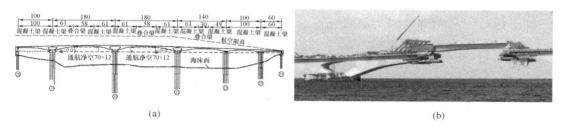

(a)　　　　　　　　　　　　　　　　(b)

图 11-11　空心连续刚构桥

（a）中国-马尔代夫友谊桥主桥总体布置（尺寸单位：m）；（b）中国-马尔代夫友谊桥跨中钢箱叠合梁安装

实例的形式介绍桥梁结构体系的创新发展。

广东省肇庆金马大桥主桥采用（60m＋2×283m＋60m）跨径布置，是大型混凝土斜拉桥与 T 形刚构桥的组合协作体系。斜拉索与主梁的夹角是设计的控制参数，夹角过小，将影响索的支撑效率。当塔高受到限制时斜拉桥的跨径就被限制。但是，如果能将引桥端伸出的刚构桥与之相连就能避免斜拉索倾角过小并增大桥梁跨径，从而形成斜拉桥与 T 形刚构桥的组合体系。引桥上部结构为混凝土 T 形梁和箱梁，采用后穿长束先简支后连续技术，预应力钢筋节省 21%，锚具节省 50%。

湘潭莲城大桥主桥采用了（120m＋400m＋120m）斜拉飞燕式系杆钢管混凝土拱桥，以拱结构受力为主，辅以斜拉索受力的组合结构体系，在国内为首创。由于拱桥的施工常需要临时索塔和斜拉索对拱圈提供支撑,省去临时构件的拆除工序能缩短施工周期,并能充分利用各构件,可以将施工用的索塔和斜拉索作为永久构件保留下来。该桥型集拱梁索于一体,在一定程度上使得拱桥和斜拉桥两种桥型相互补充,斜拉索协助受力,可起到调节拱肋轴线、改善结构刚度、减少拱肋推力的作用。

重庆菜园坝长江大桥主桥采用(88m+102m+420m+102m+88m)跨径布置,为拱桥、刚构桥和梁桥的组合协作体系。若采用全钢结构的大跨度中承式拱桥,其造价昂贵,且拱脚靠近水面,易发生腐蚀,影响结构耐久性。菜园坝长江大桥采用组合式的系杆拱和三角刚构体系,三角形的刚构混凝土拱脚充分利用混凝土材料的抗压性能;将复杂的结构形式分为简单的三个独立结构,受力、设计和施工都得到很好的优化。

陕西汉中龙岗大桥如图 11-12 所示,主桥包括斜拉段和两个自锚式悬索段,悬索段采用 V 形斜吊杆,集斜拉桥、悬索桥、钢混叠合梁桥、混凝土连续梁桥四种桥型于一身,为亚洲首座三塔斜拉-自锚式悬索组合体系桥,呈现"鱼跃龙门"的生动造型。亚武兹苏丹塞利姆大桥(Yavuz Sultan Selim Bridge),如图 11-13 所示,连接土耳其伊斯坦布尔欧洲区 Saryer 和亚洲区贝伊科兹,主跨 1408m,2016 年开通,是 21 世纪建成的最大规模斜拉-悬索协作体系桥。斜拉-悬索协作体系桥梁融合了斜拉桥和悬索桥的优点,在广东伶仃洋大桥、广东琼州海峡桥、浙江西堠门大桥、上海市崇明越江通道桥、湖北鄂东长江大桥等 1000~2300m 跨径的方案比选中均有良好的表现,代表着该体系未来向大跨度发展的趋势和方向。

图 11-12　陕西汉中龙岗大桥　　　　　图 11-13　亚武兹苏丹塞利姆大桥

宜万铁路宜昌长江大桥主桥采用(130m+2×275m+130m)连续刚构柔性拱组合结构,是该桥型在铁路桥梁中首次采用。这种梁拱组合体系桥的主梁自重主要由连续刚构(梁)承受,二期恒载及活载由拱肋与主梁共同承受,具有整体刚度性能优越,竖向刚度大的优点,满足高速列车运行对桥梁性能的要求,在交通建设中发挥了巨大的作用。

(3)桥梁结构

除了结构体系上的创新外,使用新型材料、施工方法实现结构构造上的创新也有长足的进步。

桥塔、主梁、缆索、拱肋和基础等桥梁关键结构构件正在被不断地研发和创新。研究人员掌握了高度在 300m 以上的混凝土桥塔、钢塔和钢-混凝土组合桥塔等结构的设计技术,并提出了内置式钢锚箱和同向回转拉索等新型锚固结构。主梁的结构形式已实现创新与突破：分体式钢箱梁首次被成功应用于悬索桥，同时三主桁钢桁梁（图 11-14）、钢-混凝土组合梁和混合梁的设计技术也越来越成熟。缆索和锚固系统的强度、寿命和智能化水平已稳步提高，研究人员已研发出设计寿命为 50 年的高强度耐久型的平行钢丝拉索体系、分布传力锚固系统和悬索桥主缆"即时监测无黏结可更换式"预应力锚固系统。混凝土拱肋、钢箱拱肋、钢桁拱肋和劲性骨架钢管拱肋均得到广泛应用，使得各类型拱桥跨度突破了世界纪录。在基础结构方面，研究人员已研发出了异形变截面超大哑铃型承台群桩基础、超大直径钻孔灌注桩基础、大型钢-混凝土组合沉井基础、大型圆形地下连续墙围护结构锚碇基础、沉井加管柱的复合基础以及"∞"字形地下连续墙基础等新型基础形式的关键设计技术。

图 11-14　武汉天兴洲长江大桥
（a）三索面；（b）三主桁钢桁梁横截面（单位：m）；（c）建成桥梁

为了减轻自重，大跨径桥梁往往采用钢箱梁主梁（跨径在世界前十的悬索桥和斜拉桥绝大部分采用钢箱梁），但实践表明钢桥面易疲劳破坏、维修困难且成本高、存在断裂风险等病害。针对病害发生原因，提出了钢-超韧混凝土 STC（Super Toughness Concrete）轻型组合桥面结构和钢-UHPC 轻型组合梁结构，大幅度提高桥面板局部刚度，减轻箱梁自重（比如南京长江五桥轻型钢混组合梁自重 27.5t/m，传统钢混组合梁自重 37～40t/m），达到解决箱梁病害的目的，目前已应用于沪通长江大桥等 100 余座实桥（竣工 38 座），桥面面积突破 100 万 m²。另外，节段预制拼装桥梁在越江跨海通道和城市桥梁中广泛应用，体现了良好的综合效益，符合现代桥梁工厂化、大型化、机械化、标准化的发展趋势。

高性能轻型组合结构目前仍处于起步阶段，还有众多的问题需要研究：①正截面设计计算方法：开裂前刚度、开裂后刚度、钢混界面裂缝宽度计算、混凝土桥面板裂缝宽度计算，正、负弯矩作用下的承载力计算；②斜截面结构行为及计算方法；③桥面板的工厂化、智能化预制技术；④工程验证。

（4）防灾减灾

防灾减灾的理论方法、试验和控制技术均已得到发展。研究人员所提出的方法包括桥梁 3D 颤振分析的状态空间法和全模态分析法、斜风作用下抖振分析法、风振概率性评价方法、基于桥梁寿命周期和性能的抗震设计理论、多点平稳/非平稳随机地震响应分析的虚拟激励法以及基于性能的船撞桥设计方法。研究人员还研发了波流数值水池模拟技术和具有自主知识产权的桥梁分析软件。利用这些方法，研究人员初步制定了涵盖风、地震、船舶碰撞、波浪流、车辆等作用的桥梁防灾减灾技术体系，保障了桥梁的功能实现和安全。目前，中国桥梁防灾减灾技术研究正在从单因素灾变向多灾害耦合灾变方向发展。

（5）桥梁信息技术

在桥梁信息技术领域，与桥梁分析软件相关的研发和应用取得了重大进展。建筑信息模型（BIM）技术作为提高桥梁信息化水平的有效手段，已得到各个层面的高度重视，并且在试点工程中已被应用于桥梁的正向设计、碰撞检查、施工过程模拟和施工进度管理。

我国桥梁设计目前还存在以下不足：①在基础理论、前瞻性研究、智能化技术以及具有自主知识产权的软件等方面的研究和应用落后于西方国家。②结构全寿命周期设计理论、混凝土耐久性设计方法及钢结构疲劳荷载验算等基础性研究不够，技术储备不足；对传统材料的组合结构研究、新型材料组合结构的探索和积累与西方国家相比有明显差距。③主要设计规范中原始创新内容与建设规模不相匹配。

11.2.3 桥梁施工

在超高桥塔施工技术及装备方面，混凝土桥塔液压爬模技术、混凝土超高泵送技术、预制构件吊装施工技术与钢桥塔高精度拼装施工技术日趋成熟。混凝土桥塔浇筑最大节段长度（每节长 6m、高 6m）、爬模施工效率（每节 12d）、塔顶倾斜度误差（小于等于 1/42000）、钢桥塔最大吊重提升速度（7.5m/min）已达到了国际领先水平。中国自主研制的 5200t 塔式起重机已在实际工程中得到应用。

在主梁施工技术及装备方面，研究人员研发了钢箱梁数字化制造生产线、混凝土箱梁整孔预制与架设技术、梁上运梁与架设技术、短线匹配法预制拼装施工技术、钢箱梁整体吊装施工技术以及与缆载吊机、桥面吊机、顶推法和滑模法相结合的主梁架设与施工技术。我国自主研发了浮式起重机、架桥机、桥面吊机、缆载吊机、大型龙门式起重机、滑模设备等关键装备，其中缆载吊机的吊装能力（900t）和转体施工技术（河北保定乐凯大街南延工程跨保定南站斜拉桥转体长度为 263.6m，转体重量为 46000t）均达到了国际领先水平。

在缆索制造与架设技术及装备方面，斜拉桥热挤聚乙烯防护拉索技术和热挤缆索护套成型技术取得突破；软-硬组合与三级牵引的超长斜拉索架设技术已广泛应用于斜拉桥和拱桥；预制平行钢丝索股（PPWS）法的主缆架设技术在悬索桥中得到应用。

在拱肋施工技术及装备方面，斜拉扣挂悬拼悬浇、劲性骨架、钢筋混凝土拱桥转体及钢拱桥大节段提升等施工技术得到创新式发展。其中采用劲性骨架施工法建设的沪昆高铁北盘江特大桥主跨跨径达到了 445m，桥梁跨度远超国外水平（210m）。劲性骨架拱肋外包混凝土浇筑技术采用了真空辅助三级连续泵送工艺，使输送效率提升到 30.8m³/h。采用斜拉扣挂悬拼架设法建设的朝天门长江大桥主跨跨径达到了 552m。在拱肋转体施工法方面，平转法的最大吨位被提升至 17300t。大节段吊装法的最大吊重达到了 2800t，大吨位缆索起重机的最大吊重达到了 420t，最大高度达到了 202m。

在桥梁基础施工技术与装备方面，我国研发成功的技术包括大直径钻孔桩、大直径钢管桩、预应力高强混凝土（PHC）管桩、钢管复合桩、大型群桩基础、大型沉井基础、超深地下连续墙基础等施工技术。自主研发的装备包括打桩船、液压打桩锤、钻机、混凝土搅拌船、双轮铣槽机等桥梁施工装备。其中打桩船能力（直径为 7m，桩长 100m 以上、重 600t）已经超过了国外水平（直径为 2.5m，桩长 80m、重 100t）。

在桥梁架设技术方面，工业化施工技术在快速发展，自动化水平也在不断提高。在结构构件安装方面，预制桩基整体打桩、承台和墩体预拼装、预制钢桥塔整体吊装已实现。对于主梁，所有作业均采用了大规模预制和安装技术，包括混凝土箱梁小节段预制和拼装、桁架梁大节段预制和吊装、水道上钢箱梁超大节段整体架设以及采用架桥机进行预制混凝土主梁架设。从上部结构到下部结构都采用了自动化安装。此外，大型桥梁节段快速修理和更换的技术在改造和升级老桥梁中得到应用，减少施工对繁忙交通的干扰。

在施工控制技术方面，在传统的"变形-内力"双控基础上，结合无应力状态控制理念提出了几何控制法，同时研发了一种用于解决桥梁分段施工的理论控制方法——分阶段成形无应力状态法。目前基于网络的桥梁智能化、信息化施工控制技术（集计算、分析、数据收集、指令发出、误差判断等功能为一体）正成为研究热点。

我国桥梁施工目前存在的不足包括：施工技术产业化程度不高且施工设备的性能和可靠性亟待提高。智能化施工技术和设备也有待开发。施工质量的稳定性也亟待提高。深海基础、抗震基础和装配式基础工厂预制化、整体化、大型化，以及现场施工大型、先进机械成套装备水平与西方国家相比还有差距。钢构件下料、焊接、机械加工等各工序的精度控制系统，混凝土构件模板以及相应的控制系统精度还不够高。

11.2.4　桥梁养护与管理

伴随着桥梁建设的迅猛发展，桥梁管养、监测、检测与评估、加固技术方面也取得了很大进步。

在监测技术领域，厘米级实时动态差分式全球定位系统、全系列光纤光栅测量仪等一系列传感器和监测产品得到广泛应用。研究人员还研发了微秒级时钟同步振动信号调理器、百赫兹级高速扫描光纤解调仪等一系列信号采集设备，制定了基于双环冗余光纤环网和工业以太网的监测技术，系统集成技术日臻成熟。数百座桥梁已安装了结构安全监测系统。

在检测技术方面，研究人员研发了桥梁混凝土无损检测、钢结构桥梁疲劳裂纹探测、水下桩基础检测、高清摄像损伤识别、桥梁静动载试验等检测技术以及缆索检测机器人、桥梁检测车等一系列检测装备。检测装备越来越专业化和智能化，检测技术的重心已从破坏性检测向无损检测方向转移。

在评估技术方面，研究人员提出了采用分层综合评定与五类单项控制指标相结合的桥梁技术状况评定方法，评定指标得到进一步细化；提出了以桥梁试验结果和结构验算得出的承载力结果为基础的评定方法；提出了基于桥梁承载力评估、耐久性评估及适用性评估的综合评估方法。评估结果的可靠性和全面性进一步提高。

在加固技术方面，碳纤维复合材料和体外预应力加固等新方法和新工艺已被应用于桥梁维修加固工作中。缆（吊）索更换技术、主梁更换和加固技术均得到快速发展。同时，研究人员还自主研发了新型涂层和阴极保护联合防护技术。较为完善的桥梁养护、维修与加固技术体系的建立，使得对桥梁的保护由被动保护转变为主动保护。

在信息管养方面，建立了信息化决策支持系统，以便于桥梁资产的养护和管理。目前，桥梁施工人员仅使用一个识别码，便可对各种施工文件、监测设备、监测数据、养护数据和桥梁施工与管理过程中的其他信息进行管理，同时可以将其用于协助决策，从而确保信息管理的独特性、可视化、自动化和可控性。

我国桥梁养护与管理目前还存在以下不足：从养护与管理的角度看，监测和检测技术与装备、结构状态评估理论与方法、养护与维修加固技术、加固机具的标准化和专业化、应急抢修装备的轻型化、小型化和系列化、智能化技术发展等方面仍然相对不发达。

11.3 桥梁工程发展方向

工程科学中的科学研究是以科学发现为目的，能够发现自然规律当然重要，但是，发现工程问题、防患于未然也非常重要，有时甚至更加重要。为了做出科学发现甚至重大发现，必须开展具有前瞻性、先导性和探索性的科学研究工作，这就是工程前沿，对工程科技未来发展有重大影响和引领作用，是培育工程学科创新能力的重要指南。工程前沿一般指正在兴起的工程科学研究主题或者研究领域，其来源于新的科学发现或研究进展，并在短时间内能迅速引起领域内科学家的高度关注，代表了科学发展的难点、热点与发展趋势。

中国工程院将工程前沿分为工程研究前沿和工程开发前沿，前者以学术论文数据为依托、后者以技术专利数据为支撑，通过专家研判，每年确定 9 个学部各 10 个工程研究前沿和工程开发前沿。

根据中国工程院土木、水利与建筑工程学部 2017～2019 年发布的累计各 30 个工程研究前沿和开发前沿，从中选出与桥梁工程相关的研究前沿和开发前沿各 5 个，如表 11-7 所示。

桥梁工程相关研究前沿和开发前沿　　　　　　　　　　　　　　表 11-7

前沿	序号	名称	关键词	年份
工程研究前沿	1	高性能土木工程结构	钢筋混凝土框架；纤维增强混凝土；钢管混凝土；反转间隙接头	2017
	2	复杂结构分析方法	等几何分析法；剪切变形模型；Kirch-hoff-love 空间杆法	2017
	3	土木工程结构全寿命可靠性	概率分析；可靠度评估；神经网络；基于性能抗震；风险决策	2018
	4	结构长期性能演化机理与控制	结构；耐久性；疲劳；腐蚀；加固	2019
	5	大跨桥梁运营智能监测与检测	风-车-人桥相互作用；压电阻抗；GPS；智能监测；机理分析	2019
工程开发前沿	1	抗震及振动控制	阻尼器；减震器；隔振装置；自复位技术	2017
	2	桥梁及钢结构工业化制造	大跨柔性结构；组合结构；桥面铺装；全预制施工；BIM 技术	2017
	3	新型深水基础及缆索承重桥梁抗风	桥梁结构；桩基础；沉井基础；深水基础；沉井加桩基础	2018
	4	可恢复功能桥梁及构件	桥梁及构件；自复位；组合节点；组合墩柱；隔震耗能	2019
	5	高性能装配式组合桥梁结构及连接	组合梁；波形钢腹板；高性能混凝土；装配式；剪力连接件	2019

目前，国内外桥梁技术发展主要面临的需求和挑战是：保证和延长结构寿命、完善和拓展桥梁体系、验证和提高抗灾能力、识别和集成结构信息、规范和倡导绿色环保。面向未来的桥梁工程科学发现、技术创新和工程创造的发展方向应当围绕以下方面：长寿命（全寿命桥梁结构材料和性能设计技术改进）、特大跨（特大跨桥梁结构体系技术发明）、超深水（超深水桥梁基础形式技术发明）、多灾害（多灾害桥梁服役性能灾变控制技术改进）、全信息（桥梁设计-施工-管养信息化技术集成，即智能桥梁建设平台）、可持续（桥梁工程可持续指标体系集成）。

参 考 文 献

[1]　中国工程院土木、水利与建筑工程学部 . 土木学科发展现状及前沿发展方向研究[M]. 北京：人民交通出版社，2012.

[2]　《中国公路学报》编辑部 . 中国桥梁工程学术研究综述·2014[J]. 中国公路学报，2014，27(5)：1-96.

[3]　葛耀君 . 桥梁工程：科学、技术和工程[J]. 土木工程学报，2019，52(8)：1-5.

[4]　喻季欣 . 跨山越海：新中国 70 年桥梁成就纪实[M]. 广州：广东教育出版社，2019.

［5］ 周润翔．用超高性能混凝土造桥［J］. 中国公路，2019，541(9)：63-65.

［6］ 李军堂．沪通长江大桥主航道桥桥塔施工关键技术［J］. 桥梁建设，2019，49(6)：1-6.

［7］ 吴智深，刘加平，邹德辉，等．海洋桥梁工程轻质、高强、耐久性结构材料现状及发展趋势研究［J］. 中国工程科学，2019，21(3)：31-40.

［8］ 邵旭东，邱明红，晏班夫，等．超高性能混凝土在国内外桥梁工程中的研究与应用进展［J］. 材料导报，2017，31(23)：33-43.

［9］ 翟晓亮，袁远．我国耐候钢桥发展及展望［J］. 钢结构(中英文)，2019，34(11)：69-74，80.

［10］ 任安超，鲁修宇，张帆，等．大跨度桥梁缆索用钢的发展及制造技术［J］. 天津冶金，2017，(5)：32-34.

［11］ 肖汝诚，陈红，魏乐永．桥梁结构体系的研究、优化与创新［J］. 土木工程学报，2008，41(6)：69-74.

［12］ 中国政府网图片报道．http：//www. gov. cn/xinwen/tuku/index. htm.

［13］ 邵旭东．大跨径钢-UHPC组合桥梁新结构［R］. 上海：桥梁工程科技发展与创新同济论坛——组合结构桥梁，2019.

［14］ 周绪红，张喜刚．关于中国桥梁技术发展的思考［J］. Engineering，2019，5(6)：1120-1130，1245-1256.

［15］ 秦顺全，高宗余．中国大跨度高速铁路桥梁技术的发展与前景［J］. Engineering，2017，3(6)：23-38.

［16］ 谭国宏，肖海珠，李华云，等．援马尔代夫中马友谊大桥总体设计［J］. 桥梁建设，2019，49(2)：92-96.

第 12 章　隧道及地下工程发展现状及前沿

12.1　概述

12.1.1　隧道及地下工程的内涵

隧道及地下工程是我国基础设施建设的一个重要领域，也是土木工程学科中最具有发展前景的领域之一，对国民经济和社会发展、提高人民生活质量水平都具有重要作用。

隧道及地下工程广义上有两方面的含义：（1）指从事研究和建造各种隧道及地下工程的规划、勘测、设计、施工和养护的一门应用科学和工程技术，是土木工程的一个分支；（2）指在岩体或土层中修建的通道和各种类型的地下建筑物，如交通运输方面的山岭隧道、水底隧道和城市地铁，市政、水利、采矿、储存等用途的地下工程，以及军事国防工程中的大量地下建筑设施等。

隧道和地下工程由于其所处地理位置和建筑结构形式的特殊性，其不仅能满足全天候交通物流，具有可靠的存储空间等基本使用功能，还具有安全隐蔽、路径便捷、环保节地、低碳节能等突出的优势。随着时代的进步及社会的发展，隧道和地下工程越来越多地得到人们的重视，被广泛运用于交通物流、市政设施、水利水电、矿产开发、国防建设等多个领域。

近年来我国基建事业迅速发展，投资规模空前，工程项目不断兴建，给隧道技术的崛起和发展带来了难得机遇。一大批新技术、新工艺、新设备、新材料乃至新的工程理论和理念层出不穷，呈现出百花齐放、万象更新的繁荣局面。某些已建或在建的隧道和地下工程项目的技术水平已跨入世界先进或领先行列。从隧道和地下工程的建设规模和速度来看，我国已成为世界上隧道数量最多、建设规模最大、发展速度最快的隧道大国。

12.1.2　隧道及地下工程发展的国家需要

我国正处于社会经济发展的重要时期，而基础设施建设在国民经济中一直占有举足轻重的地位。近年来，由于我国经济的迅速发展、城市人口的急剧增长以及复杂的国际局势，为解决人口流动与就业点相对集中给交通、环境等带来的压力，满足国家环境和局势变化需求，修建各种各样的隧道及地下工程（如城市地铁、公路隧道、铁路隧道、水下隧道、市政管道、地下能源洞库等）成为必然趋势，这给隧道及地下工程的发展建设带来了机遇。隧道及地下工程事业的发展有利于国土资源的充分开发利用，具有环保和节能优势，特别是在改变我国水资源条件及油气能源储备等方面具有重要的作用，但是同样面临着诸多严峻挑战。

（1）西部交通建设。2020～2030 年，将是我国西部大开发的加速发展期，交通基础设施建设也将得到快速发展，在铁路、公路的建设过程中，必将出现大量的隧道工程。

（2）调水工程建设。目前南水北调东线、中线工程已经通水，即将开工建设的南水北调西线工程还有大量的特长隧洞，如131km长的雅砻江引水隧洞，289km长的通天河引水隧洞，这些隧洞无论规模还是技术难度都是空前的。

（3）跨江越海交通工程。随着国家基础设施建设的发展，铁路网、公路网结构的进一步完善，越来越多的水下隧道出现，如汕头苏埃通道、武汉三阳路长江隧道等。根据我国交通和经济发展需要，中长期规划在琼州海峡、渤海海峡以及台湾海峡修建3座海峡通道，采用隧道形式修建的长度分别达到28km、126km和147km左右。海峡环境水深、地质复杂，海峡通道的长度前所未有，对工程勘察、设备性能、隧道运维等诸多方面提出了挑战。

（4）战略能源储备库建设。石油和天然气是重要的战备储存能源，我国是世界第二大炼油国和石油消费国，第三大天然气消费国，原油和天然气对外依存度较高，建设大型地下储油、储气洞库成为必然，未来将会在沿海地区建设大量地下储能洞库。

（5）城市轨道交通建设。目前，全国新近批复的城市轨道交通建设方案已达40余个，包括4个直辖市、5个计划单列市（深圳、厦门、宁波、青岛、大连）和大部分的省会城市。随着我国城镇化水平的不断提高与城市人口规模上升，轨道交通建设仍有较大的发展空间。

（6）城市地下综合管廊建设。国家积极推进城市地下综合管廊建设，城市地下空间开发利用进入新的高潮，目前在建或已规划的地下综合管廊总长超过1000km。

（7）海绵城市建设。为加快推进海绵城市建设，增强城市防涝能力、改善水生态，大量用于净化及排、蓄水的城市深埋隧洞工程将会出现。

12.2 隧道与地下工程发展现状

我国隧道及地下工程自20世纪80年代以来，特别是进入21世纪以来，得到了快速发展。随着经济的持续发展、综合国力的不断提升及高新技术的广泛应用，我国隧道及地下工程得到了前所未有的迅速发展。

12.2.1 发展规模和速度

（1）铁路隧道。截至2019年底，我国铁路营业里程达13.9万km。其中，投入运营的铁路隧道16084座，总长18041km。2019年新增开通运营线路铁路隧道967座，总长1710km。其中，长度10km以上的特长隧道27座，总长369km。在建铁路隧道2950座，总长6419km。规划铁路隧道6395座，总长16326km。西宁格尔木铁路复线工程中的关角隧道，全长32.645km，是国内已运营的最长铁路隧道，于2014年底建成通车。大理—瑞丽铁路上的高黎贡山隧道长34.54km，是国内最长的在建铁路隧道。

（2）公路隧道。截至2019年底，我国等级运营公路隧道有19067座，总长18966.6km，其中特长隧道1175座、总长5217.5km，长隧道4784座、总长8263.1km。2019年新增公路运营隧道1329座，总长1730.5km，近5年每年新增公路运营隧道均在1000km以上。目前运营中最长公路隧道是位于陕西的秦岭终南山公路隧道，长

18.02km；港珠澳大桥沉管隧道，长达 5.66km，最大覆水深度 44m，是迄今世界上最长的海底沉管隧道。

（3）地下铁道。截至 2019 年底，我国已有 40 多个城市开通城轨交通运营，运营线路达到 6730.27km，同比增长 16.8%。其中，地铁运营线路长度占比达到 77%，占主导地位。2019 年新增城轨交通运营线路 26 条，累计达到 211 条，新增 5 个城轨运营城市（温州、济南、常州、徐州以及呼和浩特）。2019 年我国城轨在建线路长度达 6902.5km，其中地铁在建线路长度为 5943km，占城轨在建线路里程的 86.1%。

（4）引水隧洞。当前已建成的引水工程首推辽宁大伙房水库输水工程，单座隧洞穿越长白山，长达 85.32km。近年来，新建水工隧洞大幅增加，相继开工，如陕西省引汉工程穿越秦岭的隧洞长达 98.30km；兰州市水源地引水隧洞长约 31.57km；吉林省引松供水工程隧洞长约 133.99km；新疆北部引水工程中隧洞长达 283.27km，堪称世界同类之最；辽宁省新的西北部引水工程，隧洞总长约 230.20km。

（5）地下油气库。我国首座地下原油洞库始建于 1977 年，容量为 15 万 m^3，后停用。2000 年建成的汕头 LPG（液化石油气）工程是我国第一个采用水封技术在地下储存液化石油气的工程，总库容量达 20 万 m^3，最大隧洞断面面积 304m^2。此后在黄岛、珠海、宁波等地修建了多座大型水封液化石油气库工程，库容量总计达 400 多万 m^3。烟台地下水封 LPG 洞库，总库容为 100 万 m^3，于 2014 年建成。还有惠州地下水封油库、湛江地下水封油库，库容均为 500 万 m^3。

（6）城市地下工程。充分开发利用地下空间是城市持续发展的必然趋势，目前城市地下工程建设已进入新的发展时期。如珠海横琴综合管廊工程总投资 20 亿元，全长 33.4km，沿环岛北路、港澳大道、横琴大道等地形成"日"字形环状管廊系统，是目前我国已建成的里程最长、规模最大、体系最完善的地下综合管廊工程。

12.2.2　技术发展与创新

近年来，随着我国隧道及地下工程建设的快速发展，隧道修建技术水平有了明显的提高，表现在勘测预报、设计方法、施工建造和运营管理等多个方面。

1. 勘测与地质预报

近年来，随着高分航遥等先进勘测手段的逐步应用，以及无人机勘测技术水平的快速提升，在隧道工程勘测技术方面，通过应用空基系统（GPS 卫星、北斗卫星、遥感卫星等）、天基系统（临近空间的浮空器和近地无人机搭载的高清摄像机、雷达、激光扫描仪等）、地基系统（轨旁灾害监测、综合视频监控等），建立了"空、天、地"三位一体的新型勘测体系，解决了复杂艰险山区传统勘测方式难以实现"上山到顶，下沟到底"的难题。

在地质预报方面，地质素描、物探与钻探相结合，长短距离预报相结合，预报资料与地质分析相结合，使预报的准确度大为提高。主要物探技术有 TSP（地震波反射法）、HSP（声波反射法）、陆地声呐、直流电法、地质雷达等，钻探技术有中长距离钻探、超长炮孔等。固源阵列式三维瞬变电磁探测方法可实现隧道前方 80m 含水构造的三维电阻率成像，能够探测含水构造的规模和空间展布；孔中雷达与跨孔电阻率 CT 成像使钻孔周围 15m 范围含水构造的探测更为准确。

2. 设计理论与方法

在隧道及地下工程设计中，针对复合衬砌支护在高地应力大变形隧道中存在的问题，研究人员提出了采用设限位器的新型支护控制理论和方法，并在蒙华铁路老黄土隧道、中老铁路老挝段隧道等工程中进行了实践应用。此外，在围岩荷载、水压力取值和岩体微观力学行为等方面开展了大量的研究工作。在设计图方面引入了三维图，特别是近几年应用 BIM 技术，将空间结构、材料特性、工艺设计、全生命周期管理融于一体，进行了探索和试点性应用，隧道及地下工程的设计效率及质量实现了较大跨越。

在技术进步的基础上，新的设计理念、新的建筑形式和新的结构类型不断涌现。建立了地下立体互通理念，在隧道扁平度、隧道埋深方面都有很大突破。公路方面已建成多座双向八车道隧道，立体交叉隧道在公路、铁路、地铁方面广泛应用。

3. 施工建造技术

近年来，我国隧道掘进机技术迅猛发展，由设备引进、消化、自制到创新，进步显著。在盾构及 TBM 隧道掘进机再制造方面，国产盾构主轴承取得突破，装配国产主轴承的盾构圆满完成了合肥地铁的开挖任务，首台再制造 TBM 已经应用到高黎贡山隧道的施工中，并通过了多个不良地质段。在盾构国产化方面，我国自主制造的盾构已达到 15m 级，应用到汕头苏埃通道的泥水平衡盾构直径达 15.03m，应用到深圳春风隧道的泥水平衡盾构直径达 15.80m。目前，国内工厂独家生产或与境外合作生产 TBM 和盾构机的能力估计在 300 台(套)/年以上。除一些特殊隧道项目需要进口机外，国产机已基本能够满足国内工程建设需要，我国盾构、TBM 制造水平已迈入国际前列。

采用钻爆法等进行隧道施工的机械化水平也有一定程度的提高，主要体现在生产机具和设备的合理配置方面。大量新技术的研发和应用使得隧道和地下工程建设的地层适应能力和施工效率明显提高。在水下、软土及特殊地层中修建隧道成为可能，而且施工速度超乎想象；在硬岩中掘进隧洞的速率不断提高，单个工作面独头施工能力已有较大改善，通风、排水、运输、供电等制约因素都有新的突破；随着现代化建设的需要，几十公里乃至上百公里的特长隧道、数百平方米的大断面隧道已屡见不鲜，且数量和规模越来越大。

我国在特长山岭隧道建设技术、水下沉管隧道技术、大断面顶管技术等方面已经成为世界领先者；在软岩大变形控制技术、瓦斯隧道施工通风技术、大断面盾构施工技术、TBM 施工技术等方面也已达到世界先进水平。注浆、超前管棚、超前小导管、水平旋喷、冻结、降水法、降水回灌等辅助工法的进一步发展，拓宽了浅埋暗挖法的使用范围。目前，我国隧道浅埋暗挖法施工技术处于世界领先水平。

此外，在地下油气库建设方面，依托汕头、黄岛、烟台、锦州、惠州等多座大型地下储油、储气洞库建设，研发了地下水封洞库群减震爆破控制技术，解决了裸岩洞库储存高压液态油气的保压、控渗等难题，在大型地下洞库修建技术方面达到国际先进水平。

4. 防灾救灾与通风照明

长大隧道的运营安全与隧道的通风照明关系非常密切，公路隧道发生火灾的风险较高，其危害也大。在这方面，秦岭终南山公路隧道进行了创新，其针对通风与防灾，采取竖井送排式纵向通风方式，设置 3 座换风竖井及地下机房，竖井直径为 11.5m，井深

661m；为了缓解长时间驾驶疲劳，每座隧道洞内共设 3 处特殊照明带，每处特殊照明区段长 150m，宽 20.9m。

此外，针对反光材料在隧道节能照明中的应用，研究人员开展了相关基础理论和辅助功能的系统研究，解决了反光材料与常用光源的匹配问题，提出等效节能照明理念，为隧道照明节能开辟了新途径。

5. 风险控制与运营管理

针对隧道风险控制，研究人员提出了施工失效引发人员、设备、工期损失的动态风险评估方法，基于监测数据提出了隧道施工对邻近构筑物影响的动态风险评估方法。研发了隧道快速检测评估车，通过无线智慧感知及可视化预警，进行隧道结构健康评估和风险监测。

同时，现代信息技术的积累与快速发展，为隧道行业构建大数据平台奠定了技术基础。研究人员开发了多个基于多维海量信息的隧道大数据平台，利用平台深挖掘与自学习能力，提高工程决策、风险管控和运营管理水平，促进了隧道智能化建设的发展。

6. 隧道机械与智能化

近年来，我国隧道施工机械化水平迅速提升，智能化的发展方向更加明确，一系列隧道专业设备得到了研发与应用，如三臂液压凿岩台车、三臂拱架安装机、湿喷机械手、全液压自行式仰拱栈桥、新型隧道衬砌台车、衬砌自动养护台车等。

在钻爆法的机械化作业线方面我国做了很多创新和尝试。在开挖方面，自行研制了液压凿岩台车，开发了挖装机，对改善洞内作业环境、提高隧道机械化水平和施工进度作用显著。在支护方面，开发了自动机械化的喷射混凝土设备，同时在拱架安装机、锚杆钻机等方面也进行了有益的尝试，并在工程中得到了应用。在仰拱施工方面，重点研究了自动化或简易的移动栈桥，可适合各种断面、各种地质情况，针对仰拱铺底，进行了模板台车等方面的研究。在衬砌和防水方面，为了减少风阻，研究了无骨架模板台车；另外，针对防水板铺装断面和质量较大的问题，开发了防水板自动铺设设备，减少了工人劳动强度。

12.3　隧道与地下工程研究前沿

12.3.1　特长隧道施工技术

特长隧道面临的主要技术挑战是地质勘察的准确性、快速施工以及运营防灾等问题。

特长隧道通常埋深较大，这给地质勘察工作带来了挑战，前期勘察的精度往往不能完全满足隧道安全施工的要求，为此开展了各种预报技术方法的理论研究与工程实践，如地震波法、激发极化法、地温温度法等。特别是近几年在 TBM 配套的自动化地质预报系统的研究和应用方面取得突破，如激发极化法，HSP-TBM 等系统。

特长隧道的快速施工目前主要有两种方法，一是钻爆法施工情况下通过增加辅助导坑多开工作面加快施工，二是 TBM 和钻爆法发挥各自优势，在地质复杂地段采用钻爆法施工，在地质相对较好地段采用 TBM 施工。同时，为加快施工进度，开发了与敞开式 TBM 开挖同步的衬砌技术。但是，对于多开工作面加快施工，由于辅助坑道的长度往往

占到主洞长度的 $50\%\sim70\%$，大幅增加了工程数量和工程成本。而我国西部铁路、公路、水利和电力建设中长大隧道很多，且西部地区生态环境十分脆弱，生态保护非常重要，对特长隧道开展独头长距离施工技术的研究意义重大。

在特长隧道的运营防灾方面，铁路隧道主要在中部设置排烟和救援疏散设施，永临结合，节省投资，公路特长隧道的防灾主要设置中间竖井，以解决运营及火灾通风问题。

12.3.2 大断面隧道施工技术

大断面隧道施工始终面临着地层应力和结构应力的转换，从力的平衡到不平衡，再到新的平衡的建立，是一个复杂而隐蔽的过程。尤其是特大断面的施工，工序多、转换快、流程长，由于地层围岩和支护结构受力变化幅度较大，其构筑方法和工艺对施工安全和工程质量有着直接的影响，其技术难度相当突出，进行特大断面的隧道及地下工程构筑技术研究十分紧迫。如京张高铁新八达岭隧道，是采用钻爆法修建的大断面隧道工程的典型案例，这座长 12km 的隧道内设置了世界上最大的高铁车站，洞室交叉节点密集，是国内最复杂的暗挖洞群车站，施工技术难度大，施工组织复杂。采用机械化施工、信息化管理以及精准爆破等新技术，确保了工期和施工质量。

对于四车道等超大断面公路隧道，支护工艺研究主要有两个方面：一是稳定支护和提高施工效率的辅助施工措施；二是对于支护结构薄弱部位采取的应对措施。对围岩的研究不应只是静态的，而需从动态角度考虑，荷载释放规律、渐进性破坏过程以及围岩荷载的计算成为重点研究方向。在确保隧道净空的基础上，确定更合理的超大断面隧道扁平率还需进一步研究。

12.3.3 水下隧道施工技术

我国已成功修筑多处江河湖海下隧道，所用施工技术有沉埋法、盾构法、钻爆法等。目前已建成的水下隧道大多位于江河下游地带，主要分布在我国东南和中南部，而适用于不同地质条件的水下隧道施工技术仍需大量研究。如在广深港铁路狮子洋水下盾构隧道施工中，首次采用了"相向掘进、地中对接、洞内解体"的特长水下隧道施工理念与方法，实现了安全、精确、高效的对接目标。

沉管隧道近年来发展较快，其横断面和结构形式也发生了较大变化，从早期的圆形横断面逐步发展到八角形、方形、矩形和多边形的断面形式，从钢壳结构逐步发展到钢壳与钢筋混凝土复合结构、双层钢壳/钢结构三明治式复合结构、钢筋混凝土结构、预应力钢筋混凝土结构形式等。其建设规模不断增大，环境适应性越来越强，施工装备水平不断提升，最终接头技术不断进步。随着新工程的不断建设，未来或将迎来更大的挑战。

12.3.4 盾构隧道施工技术

国家科学技术部批准成立了盾构及掘进技术国家重点实验室，可开展刀盘刀具技术、系统集成技术、施工控制技术研究，大大推动了我国盾构隧道施工技术水平。

盾构施工技术在大粒径砂卵石地层、高度软硬不均地层、极软土地层中取得了突破；地层沉降能控制在毫米级水平。在台山核电引水隧洞工程中，开发了基岩突起与孤石海底精确探测技术，创立了"海底地层定层位、定长度的碎裂爆破技术"。在北京地下直径线工程中自主研发了带压刀盘动火修复与刀具更换技术。在吐库二线中天山隧道和兰渝铁路西秦岭隧道施工中，开发了衬砌同步施工工法，实现了 TBM 掘进与衬砌同步施工，大大提高了敞开式 TBM 的成洞速度。敞开式 TBM 主要应用于地铁区间隧道施工，由于地铁车站的节点控制，对于地质条件以岩石为主的、地层相对单一的城市，如何利用 TBM 施工是一项新的课题。

王梦恕院士为盾构隧道的研究提出若干新思路，包括：（1）无刀盘的开敞式网格盾构；（2）压缩混凝土衬砌，以现浇混凝土作为衬砌来代替传统的管片衬砌；（3）TBM 导洞超前再钻爆法扩挖；（4）利用风井始发盾构。

12.3.5　高海拔隧道施工技术

近年来，我国在高海拔隧道的建设方面取得了突破，先后修建了一批高海拔铁路和公路隧道，如青藏铁路的风火山隧道（海拔 4905m）、昆仑山隧道（海拔 4665m），西藏的米拉山公路隧道（海拔 4700m），青海的长拉山公路隧道（海拔 4500m），四川的雀儿山公路隧道（海拔 4378m）等，大大改善了交通条件。

高海拔隧道面临的主要挑战是冻融问题和高原缺氧问题。冻融问题采取的主要对策是抗冻融设防，特别是对隧道的支护结构和防排水系统进行专门设计，防止冻融产生的破坏。高原缺氧主要影响施工人员和机械设备的效率，主要采用供养站改善现场施工人员工作环境，采用大功率设备，提高施工能力。

12.3.6　特殊地层隧道施工技术

特殊地层和不良地质包括岩溶、岩爆、膨胀性围岩、湿陷性黄土、高地应力、蠕变地层、软弱地层、断层破碎带、涌水、突泥、瓦斯、毒气、可燃气、放射性等地质情况。工程现场因地质原因致使施工受阻，甚至发生安全质量事故的情形并不少见。加强特殊地质情况下隧道及地下工程技术研究是要长期坚持进行的重要课题，尤其是灾害性事故的预防和治理。

辅助工法的出现和运用是隧道及地下工程施工的重要特点之一。辅助工法多用于围岩所处地层的加固及物理力学性质的改善，包括基坑和坑道周边及底部的维护，施工阶段的疏水、排水、降水和堵水等，如注浆、冷冻、桩墙、管棚、锚固、喷护等工法均为隧道和地下工程施工中的辅助工法。辅助工法十分重要，甚至关系到主体工程施工的成败，加强辅助工法的研究开发是隧道和地下工程施工的重要方向之一。

12.4　隧道与地下工程发展趋势与研究方向

12.4.1　隧道与地下工程发展趋势

1. 特长隧道是新常态

埋深大、隧道长、修建难度大是目前及今后较长时期隧道及地下工程建设普遍面临的问题。随着我国铁路、公路进一步向西部地区延伸，不仅隧道数量与总长度会不断提升，而且长度大于 10km 的公路隧道、大于 20km 的铁路隧道将会越来越多。如还在建设的川藏铁路隧道，总长 789km，隧线比约为 82%，将会有 16 座长度 20km 以上的隧道，其中 5 座隧道长度在 30km 以上，1 座隧道长度将达到 42.5km，隧道修建面临着高地震烈度、高地应力、高落差、高地温、强活动断层等技术挑战。

2. 地铁工程将持续建设

我国现已规划发展城市轨道交通的城市总数已经超过 57 个，规划线路超过 400 条，总里程超过 15000km。城市地铁建设作为一项民生工程，已经从一线城市延伸至二三线城市，我国地铁工程在未来很长一段时间内将处于建设高峰。

3. 城市公路和铁路地下化

随着城市发展建设的人性化，为适合人居环境的要求，要构建居住、工作、商业、休闲为一体的生态型城市功能区，同时减少地面交通负荷和环境污染，城市地下公路建设必将有广阔的发展前景。

目前，高速铁路远离城市中心，给人民出行带来了不便，但城际铁路正在兴起，城市铁路地下化将给隧道及地下工程带来机遇与挑战。

4. 城市排蓄水工程亟待完善

城市规模快速扩张，致使原有的排水和净化能力不能满足要求，城市内涝频发，老城区溢流污染严重。现代城市排水系统建设，必须尽量避免占道、拆迁等问题。推动海绵城市建设，排蓄水深埋隧洞工程亟待完善。

5. 城市地下空间综合开发

我国城市的各种管线"各自为政、冲突不断"，地下空间开发受到制约。在城市总体规划中，地下空间的开发利用已经从"单点建设、单一功能、单独运转"，转化为"统一规划、多功能集成、规模化建设"的新模式。城市地下空间是一个十分巨大而丰富的"空间资源"，如北京地下空间资源量为 1193 亿 m^3，可提供 64 亿 m^2 的建筑面积，将大大超过北京市现有的建筑面积。

随着我国长江经济带、粤港澳大湾区等集群式发展战略的提出和落实，现有城市基础设施的服务能力远远无法满足发展要求。近年来繁华城区的大型、超大型地下综合体越来越多，如深圳前海综合交通枢纽工程和武汉光谷地下综合体工程，这些体量空前、功能多样综合体的大规模修建，迫切需要开展系统性研究。

6. 地下油气库工程建设迫在眉睫

国际能源署（IEA）2014 年发布的《世界能源展望》报告指出，未来 20 年全球能源或供不应求，而我国的能源风险更大。我国石油对外依存度将达 70%，天然气对外依存度将达 50%，建设大型地下储油、储气洞库成为必然。

7. 国际互联与海峡通道值得期待

助推亚太地区发展，全面开启"互联互通"时代也成为当下最受关注的话题之一。根据国家区域发展和"一带一路"建设，大量国际通道工程开始谋划和建设，其中包括很多隧道工程，会遇到很多挑战。而国内三大海峡通道工程——渤海海峡通道、琼州海峡通道和台湾海峡通道，需要进行规划论证，其建设也值得期待。

12. 4. 2　隧道与地下工程主要研究方向

1. 勘察方面

采用高精度地面物探、水平定向钻结合孔中物探以及综合分析各种地质数据等措施，同时利用新型信息技术，引入先进勘察手段，提高隧道地质勘察的准确性和有效性。

2. 设计方面

由于隧道工程的投入较大，在隧道工程设计中应转变单一功能设计的思路，尽量考虑从单一功能设计发展到综合功能设计，提高隧道工程的效益。进一步研究隧道稳定及支护的本质，完善隧道支护理论，提高支护的有效性。此外，由于隧道工程的服务年限长，隧道设计不仅要考虑环境友好，还应考虑节能减排。

3. 施工方面

施工技术方面，近期我国主要形成包括地质预报、施工作业、监控量测在内的智能化隧道机械施工综合技术，远期应进行颠覆性隧道施工新技术的研究和应用。

目前，钻爆法和浅埋暗挖法仍是我国隧道施工的主要方法，但需进一步提升其机械化水平。盾构与 TBM 施工应用的领域将不断扩展，要大力发展机械化施工设备，不仅要推进 TBM 机械化施工，还应考虑钻爆法各个施工工序的机械化，灵活地将 TBM 法与钻爆法结合起来，在各种地质问题面前保证安全和效率。

由于隧道施工中不确定性因素较多，如何对隧道工程进行风险管理，控制风险发生的概率和规模，也是值得密切关注和研究的问题之一。

4. 运营方面

智能运营和维护将是今后的发展方向。将现代信息技术与隧道建设全过程有机融合起来，是今后相当长时期的工作任务。需要借助智能化装备、数字化信息采集技术、新一代通信网络（如 5G 网络、物联网、移动通信等）、大数据 AI 分析方法、云/物计算方法等现代信息手段，开展隧道建造和运维的智能化乃至智慧化服务。

智能化的前提是数字化和信息化，要能够精细化快速监测隧道全寿命周期的信息，进行动态信息化设计施工，突出建养一体化管理，并建立开放共享的信息服务平台，对建造与运维的各环节实现智能化，如智能地质预报、智能设计、智能施工和智能运维等，并结合智能化设备和新材料的研发，最终实现完全智慧化的隧道建设与运维。

5. 超前地质预报

隧道施工超前地质预报技术发展的需求、压力和形势都十分紧迫，一方面是由于目前超前探测技术本身存在很多难题亟待突破；另一方面是隧道施工给超前探测提出了更高更多的要求。

中国工程院主办的中国工程科技论坛"岩爆、突水突泥灾害预测预报预警与防治控制技术"提出，未来地下工程超前地质预报发展的方向是：定量化探水技术、精细化成像技术和 TBM 搭载的专用预报技术装备。李术才院士团队指出超前地质预报的主要发展趋势有：（1）隧道施工定量化超前预报理论与技术；（2）TBM 施工隧道超前地质预报技术与装备；（3）随钻或钻孔精细超前探测理论与技术；（4）实时超前地质预报与施工灾害监测技术。

6. 隧道防灾救灾

无论是在建设期还是已投入运营，隧道和地下工程的防灾、抗灾和救灾工作都应该放在首位，其灾害主要是火灾、爆炸或洪水。在建设期的隧道内，有可能会出现坍塌、岩溶、岩爆、放射物质或毒气泄露的危害。在已投入运营的隧道内，由于信号失灵、设备故障、交通事故等可能会引发大的事故。

在以"预防为主"的指导原则下，隧道和地下工程设计标准要切实体现"安全第一"的方针，必须有灾害救治的预案，要有足够的抗灾能力和可靠的逃生通道，其通风设备能力必须考虑灾害发生时的工况条件。隧道及大规模地下工程发生火灾时，人员疏散救援困难，如何设置工程设施，发展信息化及数字化方法，实现火灾防护及疏散救援的智慧化，是未来的重大发展方向，相关技术问题有待研究解决。

7. 隧道检测与维护

基于激光扫描技术的快速检测装备受限于检测速度，主要应用于铁路或者地铁隧道；而基于摄像拍照技术的快速检测车，可以实现无交通管制状态下的自动化检测，更适用于交通流量较大的高等级公路隧道。在病害识别与分析方面，目前仍以软件自动识别结合人工复核的方式为主。随着硬件设备和图像识别技术的不断发展，实现病害检测高精度化和病害识别自动化将是今后隧道快速检测技术的主要发展方向之一。

已投入运营的隧道和地下工程由于外围环境、周边介质与荷载的变化等影响，其结构状态和力学性能会发生变化。要保证运营安全，就必须对设施现状进行准确的检测和科学的评判。目前，对隧道及地下工程设施进行实地检测的手段和状态评判的体系及标准等方面都需要做大量的、基础性的研究工作。而我国各领域运营隧道已进入建设和维护并重时期，隧道老龄化问题日渐凸显，迫切需要开发隧道病害智能诊断、快速修复与自修复技术。

8. 隧道节能环保

隧道建设在国土利用、环境保护、节能减耗等方面已有成功运用的案例，其前景非常广阔，如利用地下空间储存油气、货物、粮食和饮水；将城市闹市区汽车交通改入地下，以减少交通障碍，降低汽车尾气和噪声，改善城市的环境条件；利用地下空间赋予的气温潜能改善地面建筑内的控温设施性能，较大限度地节约能耗。在安全高效建设隧道的基础上，应加强绿色隧道的建设理念，充分体现"四节一环保"的思想，注重环境保护的重要性，在相关应用领域，进一步深入开展研究。

此外，我国穿越脆弱生态区的隧道越来越多，动物与植物资源保护、水土资源保护等问题日益突出，考虑隧道施工阶段和全寿命运营周期内的隧道区域环境保护问题已经成为迫切需求，相关技术问题有待研究解决。

9. 新材料的研发

目前隧道结构的建筑材料仍以混凝土和钢材为主，随着隧道跨度的增大，支护结构的尺寸必然会增大，由此引发的突出问题就是支护结构自重很大，给隧道结构的设计带来困难。因此，在隧道结构设计中，开发轻型建筑材料，采用轻型高性能隧道结构也是一个重要的发展方向。

不同环境条件下的隧道及地下工程对建筑材料的性能要求各不相同，目前能用于隧道和地下工程的建筑材料品种较少，质量不高，各种性能的注浆材料、防水材料和混凝土添加剂及拌合物等亟待研发。

隧道及地下工程开挖施工所使用的爆破器材和爆破工艺也需改进和创新，其与施工安全、环境保护、工作效率、工程成本密切相关，主要是低毒害、低烟尘、高性能炸药的研制开发，数码延时雷管的推广使用和用于隧道的自动化装药设备的研制。

随着我国在极端环境条件下施工的隧道及地下工程日益增多，传统建筑材料难以满足要求，研发适应高寒环境、长距离运输的新材料，保障隧道结构质量安全，提高服役年限，也是未来的一大需求。

参 考 文 献

[1] 中国工程院土木、水利与建筑工程学部. 土木学科发展现状及前沿发展方向研究[M]. 北京：人民交通出版社. 2012.

[2] 郭陕云. 我国隧道和地下工程技术的发展与展望[J]. 现代隧道技术，2018，55(S2)：1-14.

[3] 洪开荣. 我国隧道及地下工程发展现状与展望[J]. 隧道建设，2015，35(2)：95-107.

[4] 严金秀. 中国隧道工程技术发展40年[J]. 隧道建设(中英文)，2019，39(04)：537-544.

[5] 蒋树屏，林志，王少飞. 2018年中国公路隧道发展[J]. 隧道建设(中英文)，2019，39(07)：1217-1220.

[6] 田四明，巩江峰. 截至2019年底中国铁路隧道情况统计[J]. 隧道建设(中英文)，2020，40(2)：292-297.

[7] 洪开荣. 我国隧道及地下工程近两年的发展与展望[J]. 隧道建设，2017，037(02)：123-134.

[8] 洪开荣. 近2年我国隧道及地下工程发展与思考(2017—2018年)[J]. 隧道建设(中英文)，2019，39(05)：710-723.

[9] 李术才，刘斌，孙怀凤，等. 隧道施工超前地质预报研究现状及发展趋势[J]. 岩石力学与工程学报，2014，33(06)：1090-1113.

[10] 钱七虎. 隧道工程建设地质预报及信息化技术的主要进展及发展方向[J]. 隧道建设，2017(03)：251-263.

[11] 王梦恕. 中国盾构和掘进机隧道技术现状、存在的问题及发展思路[J]. 隧道建设，2014，34(03)：179-187.

[12] 杨延栋，陈馈. 中国隧道技术的创新与发展[J]. 施工技术，2017，(S1)：673-676.

[13] 陈越. 沉管隧道技术应用及发展趋势[J]. 隧道建设，2017，37(04)：387-393.

[14] 孙钧. 论跨江越海建设隧道的技术优势与问题[J]. 隧道建设，13(05)：332，337-342.

[15] 冯夏庭，肖亚勋，丰光亮，等. 岩爆孕育过程研究[J]. 岩石力学与工程学报，2019，38(04)：649-673.

[16] 王明年，李琦，于丽，等. 高海拔隧道通风、供氧、防灾与节能技术的发展[J]. 隧道建设，2017，(10)：1209-1216.

[17] 汪波，郭新新，何川，等. 当前我国高地应力隧道支护技术特点及发展趋势浅析[J]. 现代隧道技术，2018，55(05)：1-10.

[18] 张俊儒，吴洁，严丛文，等. 中国四车道及以上超大断面公路隧道修建技术的发展[J]. 中国公路学报，2020，33(1)：14-31.

[19] 孙钧. 国内外城市地下空间资源开发利用的发展和问题[J]. 隧道建设(中英文)，2019，39(05)：699-709.

[20] 朱合华，骆晓，彭芳乐，等. 我国城市地下空间规划发展战略研究[J]. 中国工程科学，2017，19(6)：12-17.

[21] 洪开荣. 超长隧道面临的挑战与思考[J]. 科技导报，2018，36(10)：93-100.

[22] 严金秀. 大埋深特长山岭隧道技术挑战及对策[J]. 现代隧道技术，2018，55(03)：1-5.

[23] 孙钧. 对兴建渤海海峡跨海通道有关问题的思考[J]. 隧道建设(中英文)，2018，38(11)：1753-1764.

[24] 李涛，仇文革，程云建，等. 基于全息变形监测的隧道支护评估体系研究[J]. 地下空间与工程学报，2020，16(02)：583-590.

第13章 土木工程材料发展现状及前沿

13.1 土木工程材料发展现状

土木工程材料是土木工程建设领域所用材料的统称。由于土木工程涵盖建筑工程、道路与桥梁工程等诸多领域，土木工程材料也涵盖了建筑材料、道路与桥梁工程材料等。通常来说，应用最为广泛的土木工程材料主要是水泥、混凝土、钢材和沥青等。其中，混凝土与钢材是最常用的结构材料。

13.1.1 水泥行业发展现状

水泥是土木建筑工程领域的重要原材料，也是我国国民经济建设中不可缺少的主要工业产品。自 1985 年起，我国水泥产量一直位居世界第一位。2019 年，我国水泥产量达到 23.5 亿 t，占世界水泥产量的 50％以上。图 13-1 为近 20 年我国水泥产量的变化情况。从 2000～2014 年，我国水泥产量基本保持高速增长。其间，2008 年因受国际金融危机影响，水泥产量增速跌至低谷。随后，在"四万亿"计划的带动下，水泥产量迅速攀升。值得关注的是，2015 年我国水泥产量比上年下降 5.3％，这是 25 年来我国水泥产量首次减少。这个现象被认为是一个重要信号，反映我国水泥行业发展进入平台期，进而表明我国土木工程建设告别大规模增长时代。

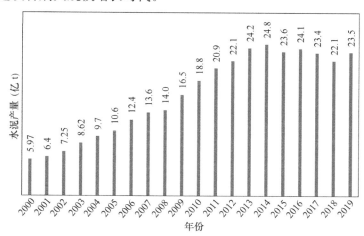

图13-1 2000～2019 年中国水泥产量变化情况（数据来源：国家统计局）

专家预测，到 2030 年我国水泥产量将会减少到 15 亿 t，到 2050 年将会降至 7.5 亿 t，比 2019 年分别减少 36％和 68％。届时，世界水泥产量将分别为 42.5 亿 t 和 46.9 亿 t，分别比 2018 年的 39.5 亿 t 增长 7.6％和 18.7％。由此可见，国际市场对水泥的需求仍处于缓慢上升阶段，反映国际土木工程建设领域仍将有较大发展空间。

我国虽然是世界上水泥产量最高的国家，但我国水泥产品结构仍需大力提升。据工业和信息化部统计，2011 年我国强度等级为 42.5 及以上的水泥产量为 5.41 亿 t，占水泥总产量的 25.9%，2012 年增加到 27.1%，2014 年为 26.84%。强度等级为 42.5 及以上的水泥产品比例基本稳定在较低水平，而强度等级为 32.5 的水泥为主要产品。2015 年 12 月 1 日，国家标准《通用硅酸盐水泥》GB 175—2007 第 2 号修改单开始实施，取消了强度等级为 32.5 的复合硅酸盐水泥，旨在削减其比例，提高我国水泥产品的质量。2016 年 5 月，国务院办公厅发布《关于促进建材工业稳增长调结构增效益的指导意见》（国办发〔2016〕34 号），文件提出"停止生产 32.5 等级复合硅酸盐水泥，重点生产 42.5 及以上等级产品"。到 2017 年，我国强度等级为 32.5 的水泥用量占比仍然高达 65%，而国际水平仅为 16.3%。2019 年 10 月 1 日，《通用硅酸盐水泥》GB 175—2007 第 3 号修改单开始实施，取消了强度等级为 32.5R 的复合硅酸盐水泥。GB 175—2007 的连续修订将会快速提升我国水泥产品结构。据预测，2020 年我国强度等级为 32.5 的水泥用量占比将会降至 55%，2030 年降至 40%，2050 年降至 30%，届时国际水平将会升至 27%，我国基本接近国际先进水平。

13.1.2 混凝土行业发展现状

混凝土是当今世界上使用量最大的土木工程材料，其产量超过地球上其他任何一种合成材料，每年用于工程建设的混凝土与砂浆约有 350 亿 t，超过木材、钢材、塑料和铝材等其他全部工业建筑材料之和。以我国为例，2019 年商品混凝土（或称预拌混凝土）产量高达 25.5 亿 m³，约合 61.2 亿 t，其使用量不可谓不大。1949 年以来，我国混凝土行业经历了预制混凝土兴起、预拌混凝土异军突起、预制和预拌混凝土协调发展三个阶段。特别是自 20 世纪 80 年代江苏常州建成我国第一个预拌混凝土厂以来，预拌混凝土技术经历了 30 余年的发展，取得了长足进步。

图 13-2 列出了 1995 年以来我国商品混凝土产量的发展趋势。从规模上看，2019 年

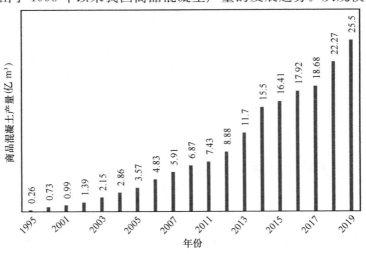

图 13-2　1995～2019 年中国商品混凝土产量变化情况

（数据来源：工业和信息化部、国家发展和改革委员会）

我国商品混凝土产量是 1995 年的 98 倍，远远超过我国同期 GDP 增长 16 倍的增速。可以看出，我国混凝土行业仍处于快速发展阶段。随着我国大力发展装配式建筑、建设海绵城市、推进新农村建设和基础设施建设补短板等各项政策的落地，我国国民经济建设对混凝土的需求量仍将保持高位状态。

混凝土技术方面的发展也是今非昔比，在工作性调控技术、裂缝控制技术、力学性能和耐久性提升技术等方面均有显著进步。20 世纪 80 年代以前，由于材料和技术的限制，一般混凝土施工多数以干硬性和塑性为主，施工规模小、效率低、速度慢、质量难以保证，甚至使用强度等级为 52.5 的水泥也难以制备 C50 混凝土。如今，我国已可使用强度等级为 42.5 的普通硅酸盐水泥制备 C100 高强混凝土，大体积混凝土、自密实混凝土、海工混凝土、防辐射混凝土、清水混凝土、装饰混凝土等代表着世界先进水平的特种混凝土制备技术日趋成熟。

在混凝土结构中，通常每消耗 1t 水泥需要消耗 6～7t 砂石骨料。建设用砂石是构筑混凝土骨架的关键原料，是消耗自然资源众多的大宗建材产品。随着基础设施建设持续快速发展，我国已成为世界上最大的砂石生产国和消费国。2018 年，我国砂石产量达 200 亿 t，占世界总量的 50%。随着天然砂石资源逐渐枯竭、生态环境保护要求日益提高和土木工程需求量持续增加，机制砂石逐渐成为我国建设用砂石的主要来源，目前机制砂石已占建设用砂石近 70%。

混凝土外加剂也从第一代的木质素磺酸盐减水剂和第二代的萘系、脂肪族类高效减水剂，发展到如今第三代的聚羧酸系高性能减水剂。聚羧酸系高性能减水剂具有掺量低、减水率高、保塑性好、环保等特点，成为发展高性能混凝土必不可少的重要材料之一。最新统计数据显示，2017 年我国聚羧酸系高性能减水剂占合成减水剂产量的比例达到 77.6%，远远高于 2007 年的 14.6%，这反映出随着我国混凝土技术的发展，减水剂产品的更新换代速度非常之快。目前，聚羧酸系高性能减水剂的作用机理及其与原材料的适应性仍有待深入研究，功能型聚羧酸系高性能减水剂（如早强型、促凝型或减缩型聚羧酸系高性能减水剂）的研发也需深入探索。

矿物掺合料也从常用的粉煤灰、矿渣、硅灰扩展到石灰石粉、沸石粉、磷渣、稻壳灰和钢渣、锰渣等冶炼渣以及复合矿物掺合料。掺用目的也从单一的取代水泥、降低成本扩展到调控混凝土性能、实现大宗工业固废的资源化利用等。矿物掺合料的大量使用是制备绿色混凝土的主要技术途径之一。2010 年，绿色混凝土入选美国《麻省理工技术评论》十大突破性技术之一。在实际工程中，我国北京首都机场扩建工程中的 2、3 号航站楼、停车楼等主体工程采用的混凝土共使用粉煤灰 20 万 t、矿渣粉 3 万 t、复合掺合料 55 万 t，合计节约水泥 75 万 t。

总体而言，随着绿色发展理念的深入实施和我国土木工程建设向深海、深空、深地等复杂环境不断拓展，我国混凝土材料领域需要向资源节约、环境友好方向发展，对低碳混凝土、高（超高）性能混凝土、多功能混凝土、高强混凝土和长寿命混凝土的大量需求将成为推动混凝土技术进步的重要驱动力。

13.1.3　钢材行业发展现状

19 世纪中叶，钢材开始在土木工程建设领域得到应用。1849 年，法国人 Joseph

Monier 发明了钢筋混凝土，并于 1867 年取得了包括钢筋混凝土花盆以及紧随其后应用于公路护栏的钢筋混凝土梁柱的专利。1872 年，世界第一座钢筋混凝土结构建筑在美国纽约落成。1889 年，法国埃菲尔铁塔建成，使用了 7000t 钢材，高达 324m，是当时世界上最高的钢结构建筑物。1928 年，法国工程师 Eugène Freyssinet 发明了预应力钢筋混凝土，可有效解决钢筋混凝土的开裂问题。1931 年竣工的美国纽约帝国大厦使用了 5.7 万 t 钢材，楼高 381m，长期保持世界最高建筑纪录。1937 年建成的美国旧金山金门大桥使用了超过 10 万 t 钢材，全长 2737m，是世界著名的桥梁之一。1989 年建成的北京长富宫中心，高 90.9m，是中国最早的高层钢结构建筑。目前世界第一高楼是阿联酋迪拜的哈利法塔，其建成于 2010 年，高达 828m，使用了 33 万 m³ 混凝土和 6.2 万 t 强化钢筋。由此可见，钢材在土木工程中的应用使得高层建筑与大跨度桥梁的建造成为现实。

中华人民共和国成立后，受钢产量限制，我国钢结构建筑产业发展比较缓慢。1996年，我国钢产量突破 1 亿 t，产量达到世界第一位。此后，我国钢产量一直位居世界首位。图 13-3 和图 13-4 分别列出了近 20 年我国粗钢和钢材的产量变化情况。从图 13-3 可以看出，自 2000 年以来，我国钢产量基本保持稳定增长态势。从图 13-4 可以看出，从 2000～2014 年这 15 年期间，我国钢材产量一直保持快速增长。近 5 年来，钢材产量出现较大波动，发展进入平台期。2004 年，我国钢结构建筑用钢量约为钢产量的 4%，2018年增长到 7.4%。国外发达国家的钢结构建筑用钢量在钢产量中的比例一般在 10% 以上，美国、日本等国家甚至达到 30% 左右。我国与世界先进水平仍然存在较大差距。目前我国钢结构建筑占整个建筑业的比例不到 3%。2016 年 9 月 27 日，国务院办公厅发布《关于大力发展装配式建筑的指导意见》，提出大力发展装配式混凝土建筑和钢结构建筑。该政策发布后，装配式混凝土建筑和钢结构建筑领域迎来重大发展机遇，我国钢材产量和钢筋产量走出疲软态势，实现稳步增长（图 13-4、图 13-5）。2019 年 12 月 23 日，全国住房和城乡建设工作会议提出大力推进钢结构装配式住宅建设试点。自 2019 年以来，湖南、山东、河南和四川等省份已开展钢结构装配式住宅建设试点工作。

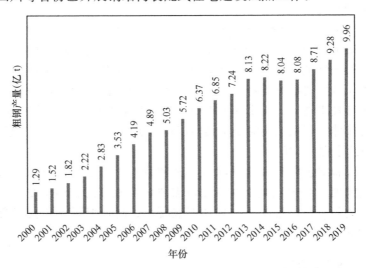

图 13-3　2000～2019 年中国粗钢产量变化情况（数据来源：国家统计局）

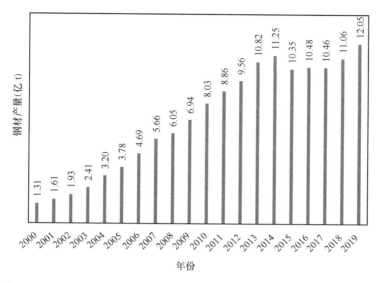

图 13-4 2000~2019 年中国钢材产量变化情况（数据来源：国家统计局）

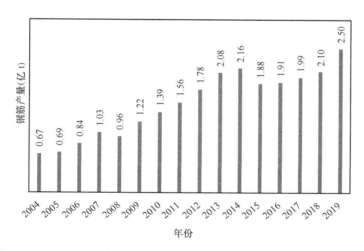

图 13-5 2004~2019 年中国钢筋产量变化情况（数据来源：国家统计局）

13.1.4 科学研究

以土木工程材料领域使用量最大的混凝土材料为例，我国设立了众多国家项目资助水泥与混凝土材料研究。从国家自然科学基金资助来看，面上项目、青年科学基金项目、优秀青年科学基金项目、杰出青年科学基金项目、重点项目等对水泥与混凝土材料研究领域均有布局。国家重点基础研究发展计划（973 计划）、国家科技支撑计划、国家重点研发计划也对水泥与混凝土材料研究进行了立项资助。表 13-1 列出了 21 世纪我国水泥与混凝土材料研究领域的部分重大项目立项情况。从表 13-1 可见，国家对水泥与混凝土材料研究的支持力度仍然较大。

21 世纪我国水泥与混凝土材料研究领域重大项目立项情况 表 13-1

序号	项目类型	项目名称	立项时间
1	973 计划	高性能水泥制备和应用的基础研究	2002
2	国家科技支撑计划	高性能水泥绿色制造工艺与装备	2006
3	973 计划	环境友好现代混凝土的基础研究	2009
4	973 计划	水泥低能耗制备与高效应用的基础研究	2009
5	国家科技支撑计划	重大工程水泥与混凝土关键技术研究和应用	2012
6	国家科技支撑计划	新型功能材料在岛礁工程中的应用研究	2014
7	973 计划	严酷环境下混凝土材料与结构长寿命的基础研究	2015
8	国家重点研发计划	地域性天然原料制备建筑材料的关键技术研究与应用	2016
9	国家重点研发计划	海洋工程高抗蚀水泥基材料关键技术	2016
10	国家重点研发计划	长寿命混凝土制品关键材料及制备技术	2017
11	国家重点研发计划	极端环境下长寿命混凝土制备及应用技术	2017
12	国家重点研发计划	水泥基高性能结构材料关键技术研究与应用	2018
13	国家重点研发计划	大宗铝硅酸盐无机固废物相重构与转化利用科学基础	2019

13.1.5 人才培养

从我国高校人才培养角度来看，教育部在 1998 年、2012 年、2020 年分别发布的《普通高等学校本科专业目录》均未设置"土木工程材料"本科专业。土木工程材料领域人才培养的本科专业背景主要是材料科学与工程、无机非金属材料工程和土木工程等相关专业。比如，同济大学设有材料科学与工程本科专业，该专业允许学生根据专业兴趣自主选择学习功能材料、高分子及复合材料、土木工程材料方向的课程，在硕士、博士培养阶段，则在材料学专业开设"先进土木工程材料"研究方向。

从高校院系机构设置来看，我国只有少数高校设有土木工程材料系。同济大学、东南大学均在材料科学与工程学院下设土木工程材料系。同济大学材料科学与工程学院的前身为建筑材料工程系，是全国最早成立的建筑材料系科之一。重庆大学则在材料科学与工程学院下设建筑材料工程系。清华大学、浙江大学、大连理工大学等高校设有建筑材料研究所，这些机构的研究领域均包括土木工程材料。

13.2 土木工程材料研究前沿

13.2.1 先进胶凝材料

胶凝材料是制备混凝土必不可少的重要原材料，其典型代表为水泥。2019 年，我国水泥产量达到 23.5 亿 t，占世界水泥产量的 50% 以上。在我国生产的水泥中，绝大部分为通用硅酸盐水泥，特种水泥仅占 1% 左右。特种水泥的品种较为丰富，我国目前已研究开发了 60 余个品种，但其产量占我国水泥总产量的比例较低。1995 年，我国特种水泥产量为 1100 万 t，在水泥总产量中所占比例为 2.2%。2015 年，特种水泥产量不足 2000 万 t，所占比例仅为 1%，这与国外先进国家的 5%～10% 有较大差距。由于水泥的生产会消耗大量的能源和资源，并且排放大量的二氧化碳，因此，国内外学者对具有能耗低、碳排放少等优点的先进胶凝材料进行了大量探索和研究。其中，碱激发胶凝材料、硫铝酸盐水泥、镁质胶凝材料、碳酸盐胶凝材料、微生物水泥基材料等受到广泛关注。

1. 碱激发胶凝材料

1940 年，Purdon 提出碱激发理论。他在研究中发现，少量的 NaOH 能与水泥中的铝硅酸盐反应生成硅酸钠和偏铝酸钠，这些物质随后与水泥的水化产物 $Ca(OH)_2$ 反应生成水化硅（铝）酸钙和 NaOH。由此可见，NaOH 在水泥的水化过程中起到类似催化剂的作用，能够促进水泥的水化反应。1957 年，苏联专家 Glukhovsky（现乌克兰）发明碱激发胶凝材料（Alkali-Activated Binders）。此后，欧美各国也开始研究这种新型胶凝材料。1976 年，法国专家 Davidovits 开发出地聚合物水泥（Geopolymeric Cement），其实质是一种碱激发胶凝材料。我国则从 20 世纪 80 年代开始进行大量研究，特别是在工业经济快速发展和建设资源节约型、环境友好型社会的大背景下，工业化建设产生的大量铝硅酸盐工业固废（如粉煤灰、冶金渣、煤系高岭土、赤泥等）的再生利用需求极大地促进了碱激发胶凝材料研究的蓬勃发展。目前，碱激发胶凝材料已成为国内外的研究热点之一。2011 年、2015 年和 2019 年召开的连续三届国际水泥化学大会均对碱激发胶凝材料的研究进展作了专门评述。

碱激发胶凝材料的原材料主要由激发剂（Activators）和前驱体（Precursors）两部分组成。激发剂一般采用碱性物质，比如：苛性碱、水玻璃、硫酸盐、亚硫酸盐、碳酸盐、磷酸盐、铝酸盐和硅铝酸盐等，见诸文献报道的有 NaOH、KOH、$Ca(OH)_2$、$Na_2O \cdot nSiO_2$、Na_2SO_4、K_2SO_4、$CaSO_4 \cdot 2H_2O$、Na_2CO_3 和 K_2CO_3 等。这些激发剂大多较为昂贵，通常是制备碱激发胶凝材料时成本最高的组分，这大大地限制了碱激发胶凝材料在实际工程中的应用。为此，国内外学者对其他类型的激发剂进行了大量研究和探索。比如，采用橄榄石或废弃玻璃生产硅酸盐激发剂，将生物质灰作为碱性激发剂，类中性盐、煅烧后的水滑石、$Ca(OH)_2$ 与 K_2CO_3 的复合物等均被发现对特定的前驱体具有良好的激发作用。降低碱激发剂的生产成本和开发新型激发剂是今后研究的重点方向。

前驱体一般是铝硅酸盐矿物或工业废渣，比如：偏高岭土、粉煤灰、矿渣、钢渣、磷渣、有色金属冶炼渣、火山灰、沸石粉和硅灰等。其中，以偏高岭土为主要原料制备的碱激发胶凝材料一般称为地聚合物（Geopolymer），这个概念是法国专家 Davidovits 在 20 世纪 70 年代提出的。偏高岭土在碱激发作用下，经历解聚、再聚合过程，形成高聚合度类沸石凝胶。而水化硅酸钙（C-S-H）凝胶作为硅酸盐水泥的主要水化产物，通常是由二聚体和少量低聚体组成。因此，地聚合物具有很多硅酸盐水泥难以比拟的优异性能，如：凝结硬化快、强度高、耐久性好、收缩小、耐高温等。目前，地聚合物的研究和应用也是国内外的热点方向。

从广义上讲，碱激发胶凝材料也可称为碱激发材料（Alkali-Activated Materials）。从狭义上讲，碱激发胶凝材料也可称为碱激发水泥（Alkali-Activated Cements）。史才军等根据胶凝材料的成分将碱激发水泥分为 5 种类型，分别是：碱激发矿渣水泥、碱激发硅酸盐复合水泥、碱激发火山灰水泥、碱激发石灰-矿渣/火山灰水泥和碱激发铝酸盐复合水泥。从已有的研究结果来看，碱激发胶凝材料在某些性能方面确实优于传统的水泥与混凝土，但其表现出的流变性与凝结时间难以调控，干燥收缩大，存在碱集料反应破坏风险，以及外加剂与前驱体的相容性和混凝土的质量控制等问题仍有待深入研究和解决。

2. 硫铝酸盐水泥

20 世纪 70 年代，中国建筑材料科学研究院发明了硫铝酸盐水泥（Calcium Sulfoaluminate Cement），这项成果获得了国家技术发明奖二等奖。硫铝酸盐水泥的主要熟料矿物为无水硫铝酸钙（$C_4A_3\bar{S}$）和 β 型硅酸二钙（β-C_2S），熟料煅烧温度为 1350℃，均不同于硅酸盐水泥。硫铝酸盐水泥具有快硬、高强、低碱、抗渗、抗冻、耐腐蚀和具有自应力等优异性能。此外，与硅酸盐水泥相比，硫铝酸盐水泥还具有生产能耗低、CO_2 排放量少等优点，因此被认为是一种低碳胶凝材料，吸引了来自英国、瑞士、意大利和美国等发达国家研究人员的高度关注。我国工业和信息化部将硫铝酸盐水泥列入《建材工业鼓励推广应用的技术和产品目录（2018～2019 年本）》，这对于硫铝酸盐水泥的研发和生产具有重要推动作用。

中国的硫铝酸盐水泥年产量基本稳定在 130 万 t 左右，产品已出口至 20 余个国家，被广泛应用于 GRC（玻璃纤维增强混凝土）制品及水泥与混凝土制品生产、冬季施工工程、抢修抢建工程、海洋工程和特种工程材料制造等领域。但在实际应用中发现，硫铝酸盐水泥存在一些缺点和不足，主要表现为后期强度不高甚至倒缩，水化热集中释放，凝结时间不易调节以及膨胀不稳定等。此外，硫铝酸盐水泥产品价格偏高以及研发工作尚未做到列入相关工程的设计和施工规范的程度。这些原因均阻碍了硫铝酸盐水泥的推广和应用。

由于生产硫铝酸盐水泥的原材料铝矾土资源较为稀缺，该水泥的生产成本较高。为降低生产成本，消纳工业固废，石灰石粉、粉煤灰、硅灰、矿渣、钢渣、锰渣、赤泥和磷石膏等已被应用于硫铝酸盐水泥的生产和改性研究。已有研究普遍认为，在硫铝酸盐水泥体系中，工业固废除发生一定程度的化学反应外，还具有较为显著的结晶成核效应和微集料效应，能够有效改善硫铝酸盐水泥体系的不足。目前，快硬硫铝酸盐水泥、低碱度硫铝酸盐水泥、自应力硫铝酸盐水泥（参见《硫铝酸盐水泥》GB/T 20472—2006）、硫铝酸钙改性硅酸盐水泥（参见《硫铝酸钙改性硅酸盐水泥》JC/T 1099—2009）、复合硫铝酸盐水泥（参见《复合硫铝酸盐水泥》JC/T 2152—2012）、快凝快硬硫铝酸盐水泥（参见《快凝快硬硫铝酸盐水泥》JC/T 2282—2014）、轻质硫铝酸盐水泥与混凝土（参见《轻质硫铝酸盐水泥混凝土》GB/T 37989—2019）等产品标准已经出台，快速施工用海洋硫铝酸盐水泥、白色硫铝酸盐水泥的产品标准则正在制定之中，硫硅酸钙硫铝酸盐水泥的制备方法已申请中国专利保护。由此可见，硫铝酸盐水泥系列的产品开发和工程应用范围正在逐渐扩大。

此外，我国济南大学程新教授团队在无水硫铝酸钙矿物的基础上设计开发出了硫铝酸钡钙、硫铝酸锶钙等新矿物，研发出了具有节能降耗、早强耐蚀特性的硫铝酸钡钙水泥、硫铝酸锶钙水泥，以及具有高胶凝性的阿利特-硫铝酸钡钙水泥，初步建立了拥有我国自主知识产权的含钡硫铝酸盐水泥科学技术体系。这项成果获得了 2010 年度国家技术发明奖二等奖。

3. 镁质胶凝材料

镁质胶凝材料最早被称为菱苦土（Magnesia）。菱苦土又称苛性苦土、苦土粉，主要成分是氧化镁。菱苦土是一种以天然菱镁矿为原料，在 $800 \sim 850℃$ 温度下煅烧而成的气硬性胶凝材料。后来，由于其主要原料是由菱镁矿煅烧而成，于是改称菱镁材料。近几十年来，人们对菱镁材料的认识和理解不断深化，于是逐渐将菱镁材料改称镁质胶凝材料或镁水泥。

镁质胶凝材料是以氧化镁、氯化镁（或硫酸镁）为主要成分的胶凝材料，主要包括氯氧镁水泥、硫氧镁水泥和磷酸镁水泥。

氯氧镁水泥，也称氯镁水泥、镁水泥，因由瑞典学者索瑞尔（S. Sorel）于 1867 年发明，故又称索瑞尔水泥。氯氧镁水泥是以氧化镁为主要成分，用煅烧菱镁矿所得的轻烧粉或低温煅烧白云石所得的灰粉为胶结剂，以六水氯化镁（$MgCl_2 \cdot 6H_2O$）等水溶性镁盐为调和剂组成的粉状胶凝材料。氯氧镁水泥加水拌合后能够硬化，可制成人造大理石、苦土瓦、装饰板等。

氯氧镁水泥的水化反应是放热反应。$20℃$ 时，MgO、$MgCl_2$ 和 H_2O 的摩尔比为 $5:1:13$ 的氯氧镁水泥的水化放热速率曲线有两个放热峰，第一个放热峰在加水拌合之后立即出现，第二个放热峰在 8h 左右出现。其水化阶段与硅酸盐水泥相似，但诱导期显著缩短。

氯氧镁水泥的水化产物有 $3Mg(OH)_2 \cdot MgCl_2 \cdot 8H_2O$（简称 $3 \cdot 1 \cdot 8$ 相或相 3），$5Mg(OH)_2 \cdot MgCl_2 \cdot 8H_2O$（简称 $5 \cdot 1 \cdot 8$ 相或相 5）和 $Mg(OH)_2$。其中，相 3 和相 5 是两种主要的晶体相。硬化后的氯氧镁水泥浆体在空气中放置后，会形成氯碳酸镁盐 [$2MgCO_3 \cdot Mg(OH)_2 \cdot MgCl_2 \cdot 6H_2O$，简称 $2 \cdot 1 \cdot 1 \cdot 6$]，该物质长期与水作用后，可浸出氯化镁并转变为水菱镁矿 [$4MgCO_3 \cdot Mg(OH)_2 \cdot 4H_2O$，简称 $4 \cdot 1 \cdot 4$]。因此，氯氧镁水泥的水化产物在空气中不能稳定存在。氯氧镁水泥制品耐水性和耐久性差的根本原因也在于相 3 和相 5 是不稳定的，所以提高氯氧镁水泥耐水性和耐久性的关键是增强相 3 和相 5 的稳定性。硬化后的氯氧镁水泥浆体是多相多孔结构，结构特征取决于水化产物的类型、数量及相互作用。在干燥条件下，氯氧镁水泥具有硬化快、强度高等特点，1d 抗拉强度可达 1.5MPa。

硫氧镁水泥是由活性 MgO 与一定浓度的 $MgSO_4$ 溶液组成的 $MgO\text{-}MgSO_4\text{-}H_2O$ 三元胶凝体系。硫氧镁水泥是继氯氧镁水泥之后发展起来的另一种镁质水泥。与氯氧镁水泥相比，硫氧镁水泥的优点主要有：对高温不敏感，特别适用于要求抗高温的预制构件；由于硫氧镁水泥不含有氯离子，因此对钢筋的锈蚀程度较氯氧镁水泥低；硫氧镁水泥的抗水性能比氯氧镁水泥好；硫氧镁水泥吸潮返卤性比氯氧镁水泥低。但是，硫氧镁水泥的缺点是强度比氯氧镁水泥低，这也是限制硫氧镁水泥应用的主要原因。

磷酸镁水泥是一种新型的气硬性胶凝材料，是由重烧氧化镁、磷酸盐和缓凝剂按照一定比例混合后磨细制成的具有凝结硬化性能的胶凝材料。磷酸镁水泥具有快硬、早强、黏结力强、耐久性好等优点，属于通过酸碱反应和物理作用而形成强度的无机胶凝材料。国内外学者将其归类为化学结合陶瓷材料，既不同于陶瓷制品，又与水泥有所区别，是介于两者之间的一种新型材料。磷酸镁水泥在常温下发生化学反应，随后凝结硬化，其形成过程类似于普通硅酸盐水泥，操作简单方便，而最终的水化产物又具有陶瓷制品的特性，具有较高的力学性能，良好的致密性和耐酸碱腐蚀性能。

磷酸镁水泥具有以下特点：①凝结时间短。在温度为 $20℃$ 以上时，磷酸镁水泥在几分钟内迅速凝结硬化，其凝结时间可通过加入缓凝剂、改变细度等措施进行控制。②早期强度高。磷酸镁水泥的1h抗压强度可达20MPa以上，3h可达35MPa以上。③环境温度适应性强。磷酸镁水泥既能在常温下保持快硬高强的特性，又能在低温（$-20 \sim -5℃$）环境下迅速凝结硬化，并保证一定的早期强度，同时该材料还具有耐高温和耐急热急冷的性能。④与旧混凝土的黏结强度高。磷酸镁水泥净浆和砂浆的1d黏结强度可分别达到6MPa和4MPa以上，具有良好黏结性的原因是磷酸镁水泥中的磷酸盐能与混凝土中的水化产物或未水化的水泥熟料颗粒发生反应，生成同样具有胶凝性能的磷酸钙类产物。因此，在黏结界面附近除了物理黏结作用以外，还有很强的化学结合作用。⑤变形小。磷酸镁水泥砂浆和混凝土的收缩率分别为0.34×10^{-4}和0.25×10^{-4}，远小于普通混凝土。磷酸镁水泥的热膨胀系数与普通混凝土很相近，因此与普通混凝土之间的变形性能匹配很好。⑥耐磨性、抗冻性、抗盐冻性能和防钢筋锈蚀等耐久性能较好。磷酸镁水泥中大量未水化的MgO颗粒可起到耐磨集料的作用，使磷酸镁水泥具有较好的耐磨性。磷酸镁水泥硬化后的浆体结构致密，同时由于磷酸盐与MgO反应时生成氨气（NH_3），能获得较高的含气量和良好的气泡结构参数，能起到与普通混凝土的物理引气作用一样的抗冻和抗盐冻效果。当磷酸镁水泥包裹在钢筋表面时，在钢筋表面形成一层致密的磷酸铁类化合物保护层，提高钢筋的防锈能力。

磷酸镁水泥可用作工程结构的快速修补材料，也可用于固化有害及放射性核废料，制造人造板材，生产废渣建筑材料，用于冻土、深层油井固化处理及喷涂材料等。

13.2.2 高（超高）性能混凝土

1. 高性能混凝土

1990年，在美国国家标准技术研究所（NIST）和美国混凝土学会（ACI）主办的会议上，高性能混凝土（High Performance Concrete）这个概念被首次提出，并被定义为具有所要求的性能和匀质性的混凝土。随后，高性能混凝土在世界范围内受到广泛关注。由于"高性能"一词涉及面太广，而混凝土具有工作性能、力学性能和耐久性能等多种性能，部分性能之间具有难以调和的"矛盾"，实际上高性能混凝土很难实现各项性能都高。因此，关于高性能混凝土的定义一直争论不断，甚至有专家反对使用这个概念。

1999年，我国吴中伟院士与廉慧珍教授合作出版著作《高性能混凝土》，这是我国首部汇集高性能混凝土研究成果的专著。

2006年，中国工程建设标准化协会发布标准《高性能混凝土应用技术规程》CECS 207：2006，将高性能混凝土定义为"采用常规材料和工艺生产，具有混凝土结构所要求的各项力学性能，且具有高耐久性、高工作性和高体积稳定性的混凝土"。

2014年，我国住房和城乡建设部、工业和信息化部联合发布了《关于推广应用高性能混凝土的若干意见》（建标〔2014〕117号），该文件规定：高性能混凝土是满足建设工程特定要求，采用优质常规原材料和优化配合比，通过绿色生产方式以及严格的施工措施制成的，具有优异的拌合物性能、力学性能、耐久性能和长期性能的混凝土。文件强调了推广应用高性能混凝土的重要性。作为重要的绿色建材，高性能混凝土的推广应用对提高工程质量，降低工程全寿命周期的综合成本，发展循环经济，促进技术进步，推进混凝土行业结构调整具有重大意义。文件提出，到"十三五"末期，C35及以上强度等级的混凝土占预拌混凝土总量 50% 以上。在超高层建筑和大跨度结构以及预制混凝土构件、预应力混凝土、钢管混凝土中推广应用 C60 及以上强度等级的混凝土。在基础底板等采用大体积混凝土的部位中，推广大掺量掺合料混凝土，提高资源综合利用水平。

2015 年，我国住房和城乡建设部标准定额司、工业和信息化部原材料工业司组织有关单位和专家编写出版了《高性能混凝土应用技术指南》。该指南对高性能混凝土的定义如下：以建设工程设计、施工和使用对混凝土性能特定要求为总体目标，选用优质常规原材料，合理掺加外加剂和矿物掺合料，采用较低水胶比并优化配合比，通过预拌和绿色生产方式以及严格的施工措施，制成具有优异的拌合物性能、力学性能、耐久性能和长期性能的混凝土。该指南总结了我国高性能混凝土应用的实践经验，可以起到技术导向和指导实践的作用。

一般认为，高性能混凝土不一定是高强混凝土，强度较低的混凝土也能实现高性能混凝土的要求。高性能混凝土也可以是满足某些特殊性能要求的匀质性混凝土。制备高性能混凝土的主要技术途径一般是从提高原材料品质，优化配合比和加强混凝土生产质量管理等方面入手。为达到混凝土拌合物流动性要求，必须在混凝土拌合物中掺用减水剂。减水剂的选择及掺入技术是决定高性能混凝土各项性能的关键因素之一，需经试验研究确定。总体而言，高性能混凝土宜采用以聚羧酸系减水剂为代表的高性能减水剂。

高性能混凝土是混凝土材料的重要发展方向之一，目前已在桥梁工程、高层建筑、工业厂房结构、港口及海洋工程、水工结构等工程中广泛应用。

2. 超高性能混凝土

1994 年，法国学者 F. de Larrard 和 T. Sedran 首次提出超高性能混凝土（Ultra-High Performance Concrete，UHPC）这个概念。随后，法国拉法基公司成功开发出一种添加有机纤维、金属纤维、不锈钢纤维或玻璃纤维的 UHPC 产品，并将其命名为 Ductal，申请了专利保护。与普通混凝土不同的是，UHPC 具有高流动性、超高强度、超高韧性和高耐久性等显著特征，实现了混凝土材料性能的大跨越，成为推动结构体系创新与发展的有效载体，被认为是近 30 年来最具创新性的水泥基工程材料。

制备 UHPC 的主要技术途径通常是减小孔隙率、优化孔结构、提高密实度和纤维增强等。从国内外研究来看，制备 UHPC 的原材料主要有：水泥、辅助胶凝材料（如硅灰、粉煤灰、矿渣、钢渣、石灰石粉等）、集料（如石英砂、铁矿砂等）、纤维（如钢纤维、合成纤维等）和减水剂等。其中，水泥的用量往往高达 $800\sim1000$ kg/m³，因此必须设法控制水泥水化热的释放速率，以免产生收缩裂缝。得益于减水剂技术的发展，UHPC 的水胶比可低至 0.18，甚至 0.15，混凝土强度可达到 150MPa 以上。由于水胶比很小、水泥用量很大，UHPC 中通常存在大量未水化的水泥颗粒，这些水泥颗粒可能会在混凝土结构正常使用过程中继续水化，进而影响混凝土结构的体积稳定性。此外，生产 UHPC 通常采用蒸汽养护或高压成型与养护，这在实际工程中难以推广。UHPC 的水胶比很小、超细颗粒用量大、减水剂掺量高，使得混凝土拌合物的稠度和坍落度损失增大，泵送施工难，不利于现场浇筑。在大多数实际工程中，普通混凝土的性能可满足结构设计要求，而 UHPC 的生产成本昂贵，难以取而代之。尽管如此，UHPC 作为现在和未来的重要水泥基工程材料，仍然具有普通混凝土无法比拟的优势，在国内外得到了广泛关注。2018 年 11 月，资助经费为 1479 万元的国家重点研发计划项目"水泥基高性能结构材料关键技术研究与应用"正式启动，这是我国第一个关于超高性能混凝土研究与应用的国家重点研发计划项目。

当前，欧洲的 UHPC 技术相对成熟，日本、韩国、马来西亚、美国、加拿大等国紧随其后。国外已将 UHPC 成功应用于桥梁、地铁、大坝、楼梯、阳台等工程。目前，在我国 UHPC 已经广泛应用于高铁、地铁、桥梁、挂檐板、电缆槽盖板和人行道盖板等领域。沈阳市在 2005 年使用 UHPC（C140）预制了工业厂房的梁板，这是 UHPC 在我国的首次应用。华新水泥公司采用 UHPC 预制了预应力屋面梁。中交第二航务工程局在福厦高铁泉州湾大桥海上栈桥和孝感 107 国道改扩建工程中采用了预应力 UHPC 简支梁。大庆油田公司预制 UHPC 节段拼装跨越管线桥架。株洲枫溪大桥、襄阳庞公大桥等工程在钢桥面铺装、索塔钢混结合段等结构部位现浇施工使用了 UHPC。这些成功的工程案例为 UHPC 基本理论和制备技术创造了实践检验的机会。

随着近年 UHPC 产品的不断推出，为促进我国 UHPC 的制备与工程应用，提升该领域的整体技术水平，保证行业有序发展，中国混凝土与水泥制品协会（CCPA）率先组织编制了协会标准《超高性能混凝土结构设计技术规程》。中国建筑材料联合会（CBMF）和 CCPA 联合编制了《超高性能混凝土基本性能与试验方法》T/CBMF 37—2018（亦即 T/CCPA 7—2018），主要规定了 UHPC 的基本性能与分级以及相应的试验方法。将来还需制定 UHPC 现浇施工和预制生产等方面的技术规范，这将有利于 UHPC 在实际工程中的推广应用。

13.2.3　纤维增强水泥基复合材料

纤维增强水泥基复合材料（Fiber Reinforced Cement-based Composites，FRCCs）是通过在混凝土、砂浆或水泥浆等基体中掺入纤维而制成的一种水泥基复合材料。含粗骨料时，一般称为纤维混凝土。不含粗骨料时，通常称为纤维增强水泥基复合材料，最具代表性的是 ECC（Engineered Cementitious Composites）。

1. 纤维混凝土

纤维混凝土（Fiber Reinforced Concrete，FRC）是纤维和水泥基料（水泥石、砂浆或混凝土）组成的复合材料的统称。1902 年，在混凝土中掺用石棉纤维的技术取得了专利；1923 年前后，钢纤维被用于混凝土；玻璃纤维约在 1950 年得到应用；此后，合成纤维也迅速得到应用。掺入纤维是增强混凝土韧性的一种有效方式。纤维可以限制混凝土裂缝的扩展和衍生，可有效减少超长结构的裂缝，并能有效抵御有害离子的侵蚀，从而提升混凝土的抗弯性能和耐久性能。纤维混凝土在实际工程中已被广泛应用，常用的纤维品种主要是钢纤维与合成纤维。其中，钢纤维按材料组成可分为碳钢型、低合金钢型和不锈钢型，合成纤维按材料组成可分为聚丙烯（PP）纤维、聚丙烯腈（PAN）纤维、聚酰胺（PA）纤维和聚乙烯醇（PVA）纤维等。

研究表明，掺入钢纤维能够显著提高混凝土的抗拉强度、抗弯强度、抗疲劳特性及耐久性，掺入合成纤维则有助于抑制混凝土早期塑性裂缝的发展。除钢纤维与合成纤维外，针对天然植物纤维的研究也较多。剑麻纤维、黄麻纤维、苎麻纤维、油棕纤维等均被用于制备纤维增强水泥基复合材料。从建筑材料领域来讲，植物纤维与钢纤维、合成纤维相比，具有价格低廉、节能环保等显著优势，具有广阔的应用前景。此外，混杂纤维也是当前的研究热点之一，最常见的是钢纤维与合成纤维组成的混杂纤维。FRC 是由多组分材料复合并经过水化硬化后形成的固体材料，因而存在众多结合面，不同材料成分之间的界面处存在着大量的微裂缝，内部存在大量缺陷，这些缺陷不仅对材料的力学性能不利，而且会严重降低其耐久性。FRCCs 失效主要是纤维与水泥基材料摩擦黏结力的破坏，胶凝材料的比例决定了水泥基材料的孔隙大小和缺陷分布、缺陷尺寸的大小、纤维与水泥基材料的黏结性能。混杂纤维的运用进一步提高了 FRC 的性能，钢-聚丙烯纤维的组合可以利用两种纤维的材料特性，减少硬化过程中水泥基材料的收缩，减少原始微裂缝的萌发，有效改善水泥与骨料之间的界面状况，"正混杂效应"使材料的抗拉强度和韧性增加，并增强其耐久性。

2. ECC

20 世纪 90 年代初，美国密西根大学 Victor C. Li 教授发明了 ECC，并申请了发明专利。ECC 是基于微观力学方法设计的在拉伸和剪切荷载作用下具有高延性的纤维增强水泥基复合材料。其中文名称尚无定论，直译为工程水泥基复合材料，也可称为高延性纤维增强水泥基复合材料或超高韧性水泥基材料。图 13-6 为典型的 ECC 的应力-应变曲线，试件不含钢筋。在图 13-6 中，ECC 的极限拉应变高达 3.8%，最大裂缝宽度在 0.06mm以下，当受力超出弹性极限时，ECC 表现出应变硬化行为，即 ECC 的承载力在试件受到单轴拉伸破坏时仍不断提高，这种特性是普通混凝土所不具备的。此外，ECC 通常还被称为可弯曲的混凝土（Bendable Concrete）。顾名思义，ECC 具有良好的塑性变形能力，而普通混凝土则不能弯曲，该名称常见于媒体报道。ECC 具有优异的安全性、耐久性和可持续性，已被应用于交通、建筑和水利基础设施等领域。

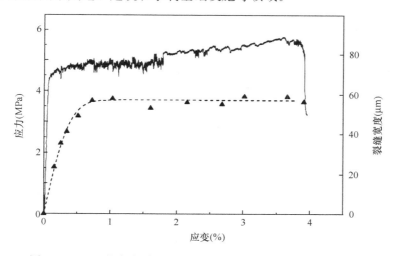

图 13-6　ECC 的应力-应变曲线（实线）和裂缝扩展曲线（虚线）

制备 ECC 的原材料主要包括胶凝材料、外加剂、聚乙烯醇（PVA）纤维和集料等。其中，PVA 纤维的品质对 ECC 性能的影响至关重要。掺入适量的 PVA 纤维后，混凝土的韧性大幅提高，拉伸率最大可达 5%，相较于钢筋的拉伸率要高出几十倍，比传统混凝土则高出几百倍。而我国适用于制备 ECC 的优质 PVA 纤维产量并不高，因此 ECC 的造价较为昂贵。此外，ECC 的绿色环保性也受到了人们的广泛关注。辅助胶凝材料（如大掺量粉煤灰或粒化高炉矿渣）、填料（如铁尾矿粉）或不含硅酸盐水泥的胶凝材料（如粉煤灰基地质聚合物）可部分或全部取代水泥基胶凝材料。ECC中常用的机制硅质砂可用石灰石粉或工业固废（如铁尾矿等）替代，PVA纤维可用低能耗的聚丙烯（PP）纤维或可再生的植物纤维（如乌拉草纤维）来替代。

ECC的发明引发了世界各国对纤维增强水泥基复合材料的研究热潮。据媒体报道，新加坡、中国、澳大利亚等不同国家的科研工作者均研制成功可弯曲的混凝土。

我国浙江大学徐世烺教授团队研发出了一种具有高韧、控裂、耐久特性，并且拉伸变形能力高出普通混凝土 800 倍的高韧性纤维混凝土材料，已在浙江新岭隧道、常山港特大桥等重大基础设施项目上得到应用，该材料的极限拉应变最高可达 8.4%，最大裂缝宽度远小于 0.1mm，满足严酷环境条件下的耐久性要求，变形能力和强度综合性指标比国际上最好的数据分别超出 70% 和 60%。这项成果获得了 2018 年度国家技术发明奖二等奖。据了解，徐世烺团队已经开始对高韧性纤维混凝土材料及其复合结构的冲击动力性能开展探索研究，以期为重大工程结构的安全服役提供新的科技成果支撑。

综合国内外学者对纤维增强水泥基复合材料的研究现状，对于纤维增强水泥基复合材料力学性能的研究，皆是通过优化水泥基材料、纤维、纤维与基体界面的基本性能以及三者之间的相互作用，来制备出具有良好抗拉及弯曲韧性的纤维增强水泥基复合材料，主要集中于单因素变量，如纤维种类、纤维掺量、矿物掺合料的掺量，而对不同水泥基材料与不同搭配方式的纤维由于协同效应不同而体现出的性能差异研究较少。而且关于纤维增强水泥基复合材料耐久性的研究主要集中于常规条件下抗疲劳性能、抗冻性及抗氯盐侵蚀方面，对在海水环境下不同纤维组成的纤维增强水泥基复合材料力学性能与弯曲韧性研究有限。

因此，通过研究性能优异的纤维或者混杂纤维与不同胶凝体系组成的水泥基材料，选出具有良好力学性能及弯曲韧性的纤维增强水泥基复合材料的制备方案，并以海水环境为依托开展研究，进行纤维增强水泥基复合材料的力学性能及弯曲韧性的试验研究，有利于纤维增强水泥基复合材料以后在海洋工程中的应用，有利于保持基础设施建设的可持续发展。

13.2.4　3D 打印混凝土

3D 打印又称增材制造（Additive Manufacturing），这是因为传统制造是以多余材料去除和切削加工为主的减材制造，而 3D 打印是一种"自下而上"材料累加的制造方法。1892 年问世的 3D 打印技术因受材料和打印方法的限制一直发展缓慢。自 20 世纪 90 年代以来，3D 打印技术在航空航天、医疗卫生、土木工程、食品和军事等多个领域取得了快速发展。3D 打印混凝土技术属于目前正在兴起的数字建造技术。2018 年 9 月 10 日～12日，国际材料与结构研究实验联合会（RILEM）在瑞士组织召开了首届混凝土与数字建造国际会议，参会人员普遍认为土木建筑施工领域的数字化进程是不可避免的。3D 打印混凝土技术是一种无模板的快速建造过程，可以在没有模板支撑的前提下，自由灵活地快速建造异型混凝土结构和建筑，逐渐成为智能建造应用和研究的新方向之一。

目前，3D 打印混凝土技术在建筑和桥梁等领域已有诸多应用。2014 年 4 月，10 幢3D 混凝土打印的房子在上海建成，耗时仅 24h，其中最大的一幢两层建筑长 10m、宽

6m、高 4m。2016 年 5 月，全球首座使用 3D 打印技术建造的办公室在迪拜落成，这是一座单层建筑，其楼板面积约为 250m²。2018 年，美国陆军工程师研发中心操作当时世界上最大的混凝土 3D 打印机，在 40h 内打印出了一个面积为 46.45m² 的军营小屋。2019 年 1 月 12 日，当时世界最大规模 3D 打印混凝土步行桥在上海智慧湾科创园落成。该步行桥全长 26.3m，宽 3.6m，桥梁结构借取了中国古代赵州桥的结构方式，采用单拱结构承受荷载，拱脚间距 14.4m。在该桥梁进入实际打印施工之前，进行了 1∶4 缩尺实材桥梁破坏试验，其强度可满足站满行人的荷载要求。2019 年 10 月 13 日，中国第一座装配式混凝土 3D 打印的桥梁在河北工业大学建成，桥梁全长 28.1m，跨度 18.04m，桥栏杆整体形态设计迎合了赵州桥孔洞曲线。这是当时国内桥梁全长最长、跨度最大的 3D 打印桥梁。2020 年 2 月，世界上最大的 3D 打印建筑落户迪拜，该建筑共 2 层，高约 9.5m，面积 640m²，用作迪拜市政府办公楼。目前，迪拜正大力发展 3D 打印建筑，迪拜市政府计划到 2025 年将 3D 打印建筑占新建建筑的比例从 2019 年的 2% 提高到 25%。从全球来看，3D 打印混凝土建筑、桥梁及构件的发展势头方兴未艾。

3D 打印混凝土材料性能是 3D 打印技术在土木工程领域应用的关键。然而，3D 打印混凝土对材料性能的要求与普通混凝土大不相同。从国内外研究来看，3D 打印混凝土的性能评价主要分拌合物阶段和硬化混凝土阶段。在拌合物阶段，主要指标包括流动性或可泵性（Pumpability）、可挤出性（Extrudability）、可打印性（Printability）、可建造性（Buildability）和凝结时间等；在硬化阶段，3D 打印混凝土强度的各向异性特征、层间界面性质和耐久性等是主要评价因素。值得注意的是，3D 打印混凝土采用逐层叠加成型，从整体上看混凝土强度不再具有各向同性特征，而且每层混凝土之间的界面黏结性能不容忽视，整体性明显逊于采用模板支护进行浇筑施工的普通混凝土。因此，如何增强 3D 打印混凝土的整体性是一个有待解决的重要课题。由于在 3D 打印混凝土中难以配置钢筋，目前已有采用纤维增强混凝土整体性的研究报道。3D 打印混凝土结构的承载能力、抗火性能、抗震性能等也需深入研究。

2019 年 7 月 26 日，中国混凝土与水泥制品协会正式牵头制定 3D 打印混凝土标准，首批两部协会标准《3D 打印混凝土材料性能试验方法》《3D 打印混凝土基本力学性能试验方法》进入编制阶段。《3D 打印混凝土材料性能试验方法》将针对 3D 打印挤出成型工艺，制定相适应的混凝土拌合物的黏塑性、挤出性、成型性、可打印时间等关键性能试验方法，以便于检测 3D 打印混凝土拌合物的可打印性能。《3D 打印混凝土基本力学性能试验方法》则将重点针对 3D 打印混凝土硬化后的基本力学性能，制定抗压强度、抗折强度、劈拉强度、抗剪强度、静力受压弹性模量等试验方法。该两项标准的制定与发布，将使检测和评估 3D 打印混凝土新拌及硬化后的性能更加科学合理，对于促进 3D 打印技术建造混凝土结构构件具有重要意义。

13.2.5　高性能钢材

1. 高强钢筋

高强钢筋是指抗拉屈服强度为 400MPa 及以上的钢筋。1996 年，《混凝土结构设计规范》GB 50010 在修订时引入了 400MPa 级钢筋（当时称为"新Ⅲ级钢"），随后建设部颁布《1996～2010 中国建筑技术政策》，明确要求推广应用 400MPa 级钢筋，这标志着高强钢筋开始在我国土木工程建设领域得到推广应用。然而，高强钢筋的推广应用过程并不十分顺利。据统计，2007 年我国高强钢筋的应用比例不超过 20%，2011 年增加到 35%。2012 年 1 月，住房和城乡建设部、工业和信息化部联合出台的《关于加快应用高强钢筋的指导意见》要求，在建筑工程中加速淘汰 335MPa 级钢筋，优先使用 400MPa 级钢筋，积极推广 500MPa 级钢筋。此后，高强钢筋的推广应用大幅加速。2013 年，高强钢筋的使用量达到建筑用钢筋总量的 65%。在美国、加拿大、韩国、伊朗、日本等国家，400MPa 级钢筋的用量已达到 70% 以上，500MPa 级钢筋的用量已达到 25%；德国、法国、英国等国家 500MPa 级钢筋的比例已达到 70% 以上，并已部分使用 600MPa 级钢筋。

2018 年 11 月 1 日实施的《钢筋混凝土用钢第 2 部分：热轧带肋钢筋》GB/T 1499.2—2018 淘汰了 335MPa 级钢筋，增加了 600MPa 级钢筋，其中规定的屈服强度特征值为 400MPa、500MPa 和 600MPa 的普通热轧带肋钢筋（HRB400、HRB500、HRB600）以及细晶粒热轧带肋钢筋（HRBF400、HRBF500）均属于高强钢筋。为提高钢筋强度，通常采用微合金化、细晶粒化和余热处理 3 种技术。普通热轧带肋钢筋通过加入钒、铌等合金元素微合金化，细晶粒热轧带肋钢筋通过控轧和控冷工艺使钢筋金相组织的晶粒细化，还有通过余热淬水处理的余热处理带肋钢筋。这三种高强钢筋在材料力学性能、施工适应性以及可焊性方面，以微合金化钢筋（HRB）为最可靠；细晶粒钢筋（HRBF）其强度指标与延性都能满足要求，可焊性一般；而余热处理钢筋其延性较差，可焊性差，加工适应性也较差。当钢筋混凝土结构需要符合抗震性能要求时，可采用 HRB400E、HRB500E 或 HRBF400E、HRBF500E 钢筋。

高强钢筋的应用可以明显提高结构构件的配筋效率。在大型公共建筑中，普遍采用大柱网与大跨度框架梁，若对这些大跨度梁采用 400MPa、500MPa 级高强钢筋，可有效减少配筋数量，有效提高配筋效率，并方便施工。目前，400MPa 级钢筋在我国高层建筑、大型公共建筑中得到了大量应用，多项工程使用了 500MPa 级钢筋。

在梁柱构件设计中，有时由于受配置钢筋数量的影响，为保证钢筋间的合适间距，不得不加大构件的截面宽度，导致梁柱截面混凝土用量增加。若采用高强钢筋，可显著减少配筋根数，使梁柱截面尺寸得到合理优化。

实际工程中应优先使用 400MPa 级高强钢筋，将其作为混凝土结构的主力配筋，并主要应用于梁与柱的纵向受力钢筋、高层剪力墙或大开间楼板的配筋。充分发挥 400MPa 级钢筋高强度、延性好的特性。对于 500MPa 级高强钢筋应积极推广，并主要应用于高层建筑柱、大柱网或重荷载梁的纵向钢筋，也可用于超高层建筑的结构转换层与大型基础筏板等构件，以取得更好的减少钢筋用量效果。

对于生产工艺简单、价格便宜的余热处理工艺的高强钢筋，如 RRB400 钢筋，因其延性、可焊性、机械连接的加工性能都较差，《混凝土结构设计规范》GB 50010 建议其用于对钢筋延性要求较低的结构构件与部位，如大体积混凝土的基础底板、楼板及次要的结构构件中，做到物尽其用。

近年来，我国在传统的 CRB550 冷轧带肋钢筋的基础上开发出了 CRB600H 这种新型的高强冷轧带肋钢筋（简称"CRB600H 高强钢筋"）。CRB600H 高强钢筋具有高强、高延性等特点，其最大优势是以普通 Q235 盘条为原材，在不添加任何合金元素的情况下，通过冷轧、在线热处理、在线性能控制等工艺生产，生产线实现了自动化、连续化、高速化作业。

CRB600H 高强钢筋与 HRB400 钢筋售价相当，但其强度更高，应用后可节约钢材达 10%。主要适用于工业与民用房屋和一般构筑物，具体范围为：板类构件中的受力钢筋（强度设计值取 415MPa）；剪力墙竖向、横向分布钢筋及边缘构件中的箍筋，不包括边缘构件的纵向钢筋；梁柱箍筋。由于 CRB600H 钢筋的直径范围为 5～12mm，且强度设计值较高，其在各类板、墙类构件中应用具有较好的经济效益。目前，CRB600H 高强钢筋主要应用于各类公共建筑、住宅及高铁项目中。

2. 高强度钢材

选用高强度钢材（屈服强度 $R_{eL} \geqslant 390$MPa），可减少钢材用量及加工量，节约资源，降低成本。为了提高结构的抗震性，要求钢材具有高塑性变形能力，需选用低屈服点钢材（屈服强度 $R_{eL}=100～225$MPa）。《低合金高强度结构钢》GB/T 1591—2018、《桥梁用结构钢》GB/T 714—2015、《建筑结构用钢板》GB/T 19879—2015 和《耐候结构钢》GB/T 4171—2008 等国家标准均对高强度钢材的性能要求作了规定。

建筑结构用高强钢一般具有低碳、微合金、纯净化、细晶粒四个特点。使用高强度钢材时必须注意新钢种焊接性试验、焊接工艺评定、确定匹配的焊接材料和焊接工艺，编制焊接工艺规程。建筑用低屈服强度钢中残余元素铜、铬、镍的含量应各不大于 0.30%。

高强度钢材主要适用于高层建筑、大型公共建筑、大型桥梁等结构用钢，以及其他承受较大荷载的钢结构工程和屈曲约束支撑产品等。已使用高强度钢材的实际工程有：国家体育场、国家游泳中心、昆明新机场、北京首都国际机场 T3 航站楼等大跨度钢结构工程，中央电视台新总部大楼、新保利大厦、广州新电视塔、深圳平安金融中心等超高层建筑工程，重庆朝天门大桥、港珠澳大桥等桥梁钢结构工程。其中，国家体育场钢结构工程结构用钢总量约 4.2 万 t，该工程使用的约 700t 的 Q460E-Z35 高强度钢材在国内建筑钢结构工程中首次应用。

参 考 文 献

[1] 王燕谋，刘作毅，孙钤. 中国水泥发展史(第 2 版)[M]. 北京：中国建材工业出版社，2017.
[2] 高长明. 2050 年世界及中国水泥工业发展预测与展望[J]. 新世纪水泥导报，2019，25(02)：1-3.
[3] VAN DAMME H. Concrete material science：Past，present，and future innovations [J]. Cement and Concrete Research，2018，112：5-24.
[4] 韩素芳，路来军，王安玲，等. 中国混凝土为我国经济发展快车提供新动力——新中国 70 年混凝土行业成就综述[J]. 混凝土世界，2019，(11)：14-21.
[5] 缪昌文，穆松. 混凝土技术的发展与展望[J]. 硅酸盐通报，2020，39(1)：1-11.
[6] 王玲，赵霞，高瑞军. 我国混凝土外加剂行业最新研发进展和市场动态[J]. 混凝土与水泥制品，2018，(7)：1-5.
[7] 孙振平. 聚羧酸系减水剂研究亟待解决的 6 大难题[J]. 建筑材料学报，2020，23(1)：128-129.
[8] 沈祖炎，李元齐. 促进我国建筑钢结构产业发展的几点思考[J]. 建筑钢结构进展，2009，11(4)：15-21.
[9] 蒲心诚. 碱矿渣水泥与混凝土[M]. 北京：科学出版社，2010.

[10] SHI C J, QU B, PROVIS J L. Recent progress in low-carbon binders [J]. Cement and Concrete Research, 2019, 122: 227-250.

[11] 史才军，何富强，FERNÁNDEZ-JIMÉNEZ A，等. 碱激发水泥的类型与特点[J]. 硅酸盐学报, 2012, 40(1): 69-75.

[12] 工信部产业技术基础公共服务平台，建筑材料工业技术情报研究所，尧柏特种水泥研究院. 中国硫(铁)铝酸盐水泥发展蓝皮书[M]. 北京：中国建材工业出版社, 2018.

[13] 程新. 硫铝酸钡(锶)钙水泥[M]. 北京：科学出版社, 2013.

[14] 汪宏涛，钱觉时，王建国. 磷酸镁水泥的研究进展[J]. 材料导报, 2005, 19(12): 46-47, 51.

[15] 中国菱镁行业协会. 镁质胶凝材料及制品技术[M]. 北京：中国建材工业出版社, 2016.

[16] 阎培渝. 高性能混凝土的现状与发展[J]. 混凝土世界, 2014, (12): 42-47.

[17] 冯乃谦. 高性能与超高性能混凝土技术[M]. 北京：中国建筑工业出版社, 2015.

[18] 刘加平，田倩. 现代混凝土早期变形与收缩裂缝控制[M]. 北京：科学出版社, 2020.

[19] 住房和城乡建设部标准定额司，工业和信息化部原材料工业司. 高性能混凝土应用技术指南[M]. 北京：中国建筑工业出版社, 2015.

[20] 本书编委会. 建筑业10项新技术(2017版)应用指南[M]. 北京：中国建筑工业出版社, 2018.

[21] DE LARRARD F, SEDRAN T. Optimization of ultra-high-performance concrete by the use of a packing model [J]. Cement and Concrete Research, 1994, 24(6): 997-1009.

[22] 王德辉，史才军，吴林妹. 超高性能混凝土在中国的研究和应用[J]. 硅酸盐通报, 2016, 35(1): 141-149.

[23] 赵筠，师海霞，路新瀛. 超高性能混凝土基本性能与试验方法[M]. 北京：中国建材工业出版社, 2019.

[24] YUN H D, ROKUGO K. Freeze-thaw influence on the flexural properties of ductile fiber-reinforced cementitious composites (DFRCCs) for durable infrastructures [J]. Cold Regions Science and Technology, 2012, 78(4): 82-88.

[25] LI V C. Engineered Cementitious Composites (ECC): Bendable Concrete for Sustainable and Resilient Infrastructure [M]. Berlin: Springer, 2019.

[26] LI V C. High-performance and multifunctional cement-based composite material [J]. Engineering, 2019, 5: 250-260.

[27] 朱涵. 中国科学家研发高韧性混凝土可弯曲拉伸[EB/OL]. [2019-01-09]. www.xinhuanet.com/politics/2019-01/09/c_1210033640.htm.

[28] WANGLER T, ROUSSEl N, BOS F P, et al. Digital concrete: A review[J]. Cement and Concrete Research, 2019, 123.

第 14 章　建筑施工技术发展现状及前沿

14.1　土木工程施工特点与要求

14.1.1　土木工程施工的含义

土木工程施工是指建造并实现各类工程设施的技术生产活动，是将人们需求及设计转化为土建实体的过程，是土木工程学科的重要组成部分。经过多年的发展，目前土木工程施工技术的实践和研究已取得显著成就，但展望未来，随着人类技术进步推动，土木工程施工领域中仍然有许多课题需要我们进一步去探索。

14.1.2　土木工程施工技术经历的三次飞跃

（1）砖和瓦的应用。砖和瓦这种人工建筑材料的出现，使人类第一次冲破了天然建筑材料的束缚，开始广泛地、大量地修建房屋和城防工程等。直至 18～19 世纪，在长达两千多年时间里，砖和瓦作为土木工程的重要建筑材料，为人类文明做出了伟大的贡献，至今仍被广泛采用。

（2）钢材的应用。人类在 17 世纪 70 年代开始使用生铁、19 世纪初开始使用熟铁建造桥梁和房屋。从 19 世纪中叶开始，随着冶金技术发展，冶炼并轧制出抗拉和抗压强度高、延性好、质量均匀的建筑钢材，随后出现高强度钢丝、钢索，适应发展需要的钢结构技术得到蓬勃发展。

（3）混凝土的应用。19 世纪 20 年代，混凝土问世。19 世纪中叶，钢筋和混凝土发挥各自的优势，出现了钢筋混凝土这种新型的复合建筑材料，广泛应用于土木工程的各个领域。20 世纪 30 年代开始，出现了预应力混凝土。预应力混凝土结构的抗裂性能、刚度和承载能力大大高于钢筋混凝土结构。土木工程进入了钢筋混凝土和预应力混凝土占统治地位的历史时期，使土木工程产生了新的施工技术和工程结构设计理论。

14.1.3　现代土木工程施工的特点及创新必要性

土木工程施工是一个相对复杂的过程，往往有着固定性、流动性、多样性以及协助性等特点。一般情况下，施工技术的好坏将会对工程成本、施工质量有着较为直接的影响。在设计过程中，设计者需要根据具体的土木工程施工技术来选择合理安排工程中所需要的一切，例如其施工所需要的设备、工程材料以及现场的施工方式等。同时，土木工程施工技术还受到其他方面的影响，如气候条件，施工现场所处的地理位置、环境、资源等因素的制约。目前伴随着绿色施工技术、工业化施工技术、设计施工一体化技术及先进的信息化技术的发展，逐步形成了涉及多工种、多专业、多学科的复杂系统。现今复杂的土木工程施工需求已经远远高于我国现有的技术领域成就，所以加强当代相关资源的整合和利用是十分重要的。

随着制造业技术和计算机技术的进步，以及社会经济水平的发展，需要建造大规模大跨度、超高、轻型的建筑物，既要求高质量和快速施工，又要求高经济效益。施工技术正是在这种需求推动下进行发展创新，拥有了更完善的体系。其不但形成了大型基础设施、高层建筑的成套施工技术，而且在地基处理和深基础工程方面使用推广了大直径灌注桩、超长灌注桩、超深止水帷幕，以及在建筑信息模型、虚拟仿真技术、计算机控制技术及绿色施工技术等方面得到长足的发展和应用。

14.2 土木工程施工技术发展现状

住房和城乡建设部《建筑业发展"十三五"规划》中提出，进一步巩固建筑业在国民经济中的支柱地位，大力发展专业化施工，推进以特定产品、技术、工艺、工种、设备为基础的专业承包企业快速发展，巩固保持超高层房屋建筑、高速铁路、高速公路、大体量坝体、超长距离海上大桥、核电站等领域的国际技术领先地位。随着城市的发展，一大批标志性重大建筑工程在我国建成：上海金茂大厦（420m）、上海环球金融中心（492m）、广州塔（600m）、上海中心（632m）、中国尊（528m）等，更有被称为"城市中的剧院、剧院中的城市"的国家大剧院，被评为 2007 年世界十大建筑奇迹的央视大悬挑高层建筑，2019 年投入运营的北京大兴机场的全球最大的单体航站楼，以及因超大建筑规模、空前的施工难度及顶尖的建筑施工技术而闻名于世的港珠澳大桥。

新建建筑的高度和复杂程度不断被刷新，新型结构体系不断涌现，土木工程学科从材料、结构体系、结构设计与施工技术等诸多方面为这些重大工程的建设提供了重要的科技支撑。我国对大跨度空间结构、钢结构和钢筋混凝土结构以及预应力混凝土结构等各类建筑的需求量仍在快速增长，建筑行业的巨大市场需求和人类对大型复杂结构的追求为土木工程学科的发展提供了机遇和挑战。

14.2.1 深基础工程施工技术

地基基础是建筑工程的一个重要组成部分，基础工程具有隐蔽性、潜在的安全隐患、地基处理的困难性、施工工期的紧迫性等特点，加之各地区地质条件千差万别，直接导致基础工程施工技术成为工程建设成败的关键。

1. 桩基础工程

桩基础具有承载力高、稳定性好、沉降量小等优点，并能以不同的桩型和施工方法适应不同的地质条件和上部结构特征。

上海中心大厦作为中国第一高楼，在上海软土地基条件下，采用桩筏基础，主楼底板厚 6m，裙房底板厚 1.6m，采用钻孔灌注桩，试桩单桩承载力极限值达 26000kN。具有设计桩径、桩深较大，垂直度要求高（达到 1/400 以上），成孔难度大，桩端注浆控制难等施工技术特点和难点。而项目超深钻孔，需要穿越密实沙性土层、上海典型承压水层，成孔难度大，同时由于沙性土层厚度大，清渣困难，单桩承载力设计值为 10560kN，沉降控制要求高。

天津 117 大厦主塔楼采用桩径为 1m、长 100m 的超长桩，试桩达到 120.6m，为国内最长的民用建筑桩，长细比为 120：1。施工桩机为 GZ200、QS/300、BZP-2.5/100 回转钻机，采用泵吸反循环的施工工艺，运用新型双护圈式三翼钻头，保证桩的垂直度。

港珠澳大桥 CB04 合同段共计 442 根嵌岩桩，通航孔桥桩基础均为 $D2.5m/D2.15m$ 钢管复合桩，桩底均嵌入中风化岩的深度不小于 1.5 倍桩径（3.225m），其中 3 个主墩各有 20 根嵌岩桩，桩底标高为 $-119.5\sim-81.5m$，平均桩长 100m；2 个辅助墩各有 13 根，桩底标高为 $-116\sim-76.5m$，平均桩长 96m；2 个过渡墩各有 13 根，桩底标高为 $-116\sim-89.5m$，平均桩长 103m。这些工程的实施对超深、超大直径基础桩做了大量探索实践工作。

2. 深基坑支护工程

地下空间开发的规模越来越大，基坑不断向"深、大、近"方向发展已成为必然趋势。武汉绿地中心项目距长江防洪堤约 250m，基坑工程长约 304m，宽约 121m，占地面积约为 36000m²，最大开挖深度超过 30m，属超大超深基坑工程。项目结合武汉地区岩土体的工程特性，在设计阶段提出了一种"分区顺作＋中间缓冲区后作"的开挖方式，将地下空间达 100 万 m³ 的临江超大超深基坑分为 3 块完全独立的较小基坑。各基坑设置独立的支护体系，两侧基坑优先开挖，待两侧地下室主体结构施工完毕后，再进行中间留置区域的土方开挖及基坑支护工作，有效减小了超大超深基坑的空间效应，避免了因基坑纵向过长导致的基坑不利变形。

根据不同的工程地质条件、水文地质条件及场地环境条件等，目前在深基坑支护工程中使用的技术主要有以下几类：

（1）复合土钉墙支护技术

复合土钉墙支护技术是将土钉墙与一种或几种单项支护技术或止水技术有机组合而形成的复合支护体系。主要由土钉、预应力锚杆、微型桩、止水帷幕、挂网喷射混凝土面层、原位土体等要素构成，适用于黏土、粉质黏土、粉土、砂土、碎石土、全风化及强风化岩，地层中局部夹有淤泥质土也可采用。复合土钉墙支护能力强，可作超前支护，同时兼备支护、止水等效果，具有安全、经济、方便等优越性。在实际工程中主要有 7 种组合类型，如图 14-1 所示。

（2）超深地下连续墙技术

地下连续墙以其墙体刚度大、整体性能高、防渗效果好、施工速度快、噪声小等优点，是目前深大基坑工程的主要围护体系。随着地下工程施工工艺装备的发展与提升，地下连续墙的成槽工艺已从传统的抓土成槽发展为抓铣结合和套铣成槽工艺，目前超深地下连续墙实际工程应用深度已达 106m。在上海中心大厦工程中，针对墙厚 1.2m、槽深 50m 的地下连续墙，首次在建筑工程砂质地层中采用了套铣成槽工艺。

目前，新材料、新工艺、新技术越来越多地用在地下连续墙结构中，新型地下连续墙主要包括"两墙合一"地下连续墙、渠式切割深层搅拌水泥土地下连续墙（TRD）、双轮铣深层搅拌水泥土地下连续墙（CSM）、加筋水泥土地下连续墙（SMW）、钢管桩连续墙（WSP）、挖掘土再利用地下连续墙（CRM）、超薄型防水地下连续墙（TRUST）、预制地下连续墙、预应力钢管混凝土桁架围护桩墙等。

武汉绿地中心工程超深基坑采用"两墙合一"地下连续墙作为基坑围护体，如

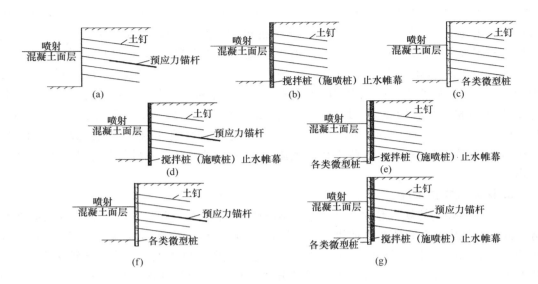

图 14-1　复合土钉墙组合类型

（a）土钉墙＋顶应力锚杆；（b）土钉墙＋止水帷幕；（c）土钉墙＋微型桩；（d）土钉墙＋预应力锚杆＋止水帷幕；（e）土钉墙＋微型桩＋止水帷幕；（f）土钉墙＋预应力锚杆＋微型桩；（g）土钉墙＋预应力锚杆＋微型桩＋止水帷幕

图 14-2 所示。基坑Ⅰ区厚度为 1200mm，Ⅱ区和Ⅲ区厚度为 1000mm；地下连续墙墙顶标高－2.350m，深度 47.35～55.45m，各槽段间设置工字钢接头。

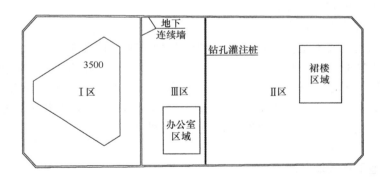

图 14-2　地下连续墙实例

　　TRD 工法是一种由主机带动插入地基中的链锯式切割箱横向移动、切割及灌注水泥浆，在槽内进行搅拌、混合、固结原位岩土体，形成等厚水泥土地下连续墙的工艺，如图 14-3 所示。TRD 工法水泥土墙既可用作基坑外侧的防渗止水帷幕，也可在墙内插入型钢形成等厚度的型钢水泥土连续挡墙。

　　CSM 工法是通过配置在钻具底端的两组铣轮水平轴向旋转下沉掘削原位土体至设计深度后，提升喷浆（注入固化剂）强制性旋转搅拌已松化的土体形成矩形水泥土槽段，并通过对已施工槽段的接力铣削作业将一幅幅水泥土槽段连接构筑成等厚度水泥土连续墙。其既可以作为防渗墙，也可以在其内插入型材，形成集挡土和止水于一体的墙体。

　　SMW 工法是基于深层搅拌桩工法和地下连续墙工法发展起来的一种新型深基坑围护

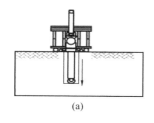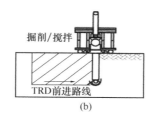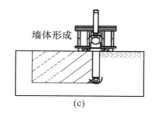

图 14-3　TRD 施工示意图

（a）下钻至设计标高；（b）向施工路线前进；（c）待前段施工完毕后再继续向前 50cm 保证连续性

技术。该法是利用特制的搅拌机械，以水泥浆作为固化剂，在土层中与软土强行拌合，将软土与固化剂拌合形成致密的水泥土地下连续墙，并按一定形式在墙体内插入受力型材，从而形成一种劲性复合围护结构。其具有卓越的止水性、经济性、施工工期短等优点，因此在软土等松软地层的深基坑中应用效果较好。

WSP 工法是利用大直径钢管桩承担水土压力的新型深基坑围护技术，其施工工艺是将相邻钢管桩套接用以阻挡桩间土，在接缝部位设置止水空腔，通过在止水空腔内安装弹性袋并充水来密封邻桩接缝，实现"以水堵漏"的目的。围护的形式有"半放坡""钢墙斜桩""钢墙斜锚""钢墙排桩""钢墙内支撑"等。该技术采用的"以水止水""土塞补偿"等新型理念，为深基坑围护技术的发展提供了一个全新的方向。

CRM 工法是利用挖掘机械挖掘沟槽，以挖掘出的大部分土砂为主要材料，在施工场地制成水泥与土的混合浆体，使用导管在水下浇筑地下连续墙体的施工方法。主要特点是施工精度高，墙体均匀性好，止水抗渗效果强，可以满足场地狭窄、邻近施工等需求，适用于市区地下工程施工、各种土层条件（以砂砾、粗砂为主及含有大量有机质的地基土层）以及大深度施工。

（3）排桩支护

排桩支护指用钻孔灌注桩等作为基坑侧壁围护，顶部锚筋锚入压顶梁，结合水平支撑体系，达到基坑稳定效果的基坑支护方式。可根据施工情况分为悬臂式支护结构、拉锚式支护结构、内撑式支护结构和锚杆式支护结构等。因其安全经济、施工便利、适用性强等优势，被广泛地应用于深基坑支护工程中，成为深基坑常用的支护形式之一。

（4）逆作法技术

逆作法技术的原理是将高层建筑地下结构自上往下逐层施工，即沿建筑物地下室四周施工连续墙或密排桩，作为地下室外墙或基坑的围护结构，同时在建筑物内部相关位置，或施工楼层中间设支撑桩，组成逆作的竖向承重体系，随之从上向下挖一层土方，同时利用土模浇筑一层地下室梁板结构，当达到一定强度后，即可作为围护结构的内水平支撑，以满足继续往下施工的安全要求。与此同时，地下室顶面结构的完成，也为上部结构施工创造了条件，所以也可以同时逐层向上进行地上结构的施工。

大多数逆作法工程外围护结构采用地下连续墙"二墙合一""桩墙合一"的形式，既降低了工程量，节约了资源，又增加了地下空间的利用率。通过工艺技术的创新提高了竖向支撑立柱的垂直精度、施工速度，解决了地下连续墙与内衬墙之间渗漏水、单桩承载力不足等问题。

（5）超深防渗墙

超深防渗墙是利用各种挖槽机械，借助泥浆的护壁作用，在地下挖出窄而深的沟槽，并在其内浇筑适当的材料而形成的一道具有防渗功能的地下连续墙体。最为著名的防渗墙工程当属小浪底斜心墙土石坝基础处理工程，其采用混凝土防渗墙全封闭结构方式，墙厚 1.2m，最大墙深 82m。此外，国内已建成一批 100m 级防渗墙工程，如冶勒沥青混凝土心墙堆石坝防渗墙最大深度达到 120m；瀑布沟水电站心墙坝混凝土防渗墙沿坝轴长度 170m；泸定黏土心墙堆石坝帷幕最大深度 135m。

3. 特殊应用施工技术

（1）人工冻结法技术

人工冻结法是利用人工制冷技术，使地层中的水结冰，把天然岩土变成冻土，增加其强度和稳定性，隔绝地下水与地下工程的联系，以便在冻结壁的保护下进行井筒或地下工程掘砌施工的特殊施工技术。当对高含水、不稳定的软弱地层，控制环境影响的要求高时，人工冻结法可使开挖空间周围一定范围内的高含水软弱地层变成高强度的人工冻土冻结壁，从而构筑起稳固可靠的临时支护和隔水帷幕。对于深基坑支护来说，人工冻结法具有适应性强、绿色环保、保护地下水资源等优势，基坑越深、开挖体积越大，冻结法施工越具有较强的适用性。

（2）"零占位"基坑支护技术

"零占位"基坑支护技术是在紧邻既有建筑物基坑一侧地面处，采用工程机械按特定顺序钻斜孔，斜孔钻至紧邻建筑物基础下方土层中的设计深度时，再将水泥浆液高压旋喷射入切割孔周土体，通过一系列有序的旋转、喷射、提升使水泥浆液和切割下的土体搅拌形成圆柱状水泥土体，经固化后得到排列有序的圆柱状水泥土组合体，在紧邻建筑物基础下方形成基坑支护结构体的一种新型基坑支护方法。此方法结构简单，施作方便，支护可靠，受力合理，其最大优点是支护结构本身不占据基坑的空间位置，同时集基坑支护、挡土、止水、承载和保护紧邻建筑物为一体，使城市密集地区紧邻建筑物的新建基坑侧土地面积达到 100% 的充分利用，且在整个基坑施工期间不影响紧邻建筑物的正常使用。

（3）地下障碍物处理技术

城市中心地带的建设工程很多为拆除重建项目，原有建（构）筑物的基础（大多为桩基）成了新建项目的地下障碍物，此类地下障碍物处理难度大、成本高。国大•雷迪森城市广场项目改造工程为地下障碍物处理提供了新的思路。该项目拆除的老建筑为杭州国际大厦，原基础采用 400mm×400mm 的预制方桩，桩长 23m；场地南侧的雷迪森酒店地下室施工时采用了 55 根 900mm 直径钻孔灌注桩排桩作围护结构，桩长 17~20m，新建 5 层地下室南侧地下连续墙刚好布置在原围护桩的位置。为此，新建项目的地下连续墙和工程桩施工前，需拔除场地内的大量老桩，采用 $\phi1000$mm 的钢套管，利用振动锤振动下沉钢套管至方桩桩底标高以下 50~100cm 处，在下沉过程中控制好垂直度，并开启空压机和高压离心式水泵，对套管内的桩侧土进行冲刷直至桩身被剥离，下沉就位后移除固定在钢套管顶部的振动锤，再单开高压将套管内的泥浆水随气流全部排出管外，最后用钢丝绳和履带吊将套管内的方桩拔出清除。对于混凝土钻孔灌注桩进行分段拔桩：先将直径 1500mm 的钢套管置于灌注桩的正上方，然后回旋下压套管至一定深度，再在套管内壁与桩之间插入倒三角锤，回转套管并切断桩的最上一段。当桩段跟钢套管同步旋转时，表示桩段已被彻底切断，此时可卸除倒三角锤，用抓斗取出被切断的桩段。重复上述步骤，直至将整根钻孔灌注桩全部取出为止，最后，灌填砂石料的同时拔出钢套管。

（4）深层承压水处理技术

随着基坑深度的逐渐增加，影响基坑安全和稳定的地下水从潜水、微承压水逐渐发展至深层承压水。以武汉市为例，长江两岸的承压含水层具有埋藏深、水量大、补给充沛的特点，对挖深超过 $18\sim20m$ 的深基坑，大多采用坑底设置水平止水帷幕法，如武汉长江航运中心、绿地中心项目等，均采用三轴水泥搅拌桩或高压旋喷桩对坑底地基土进行加固，形成止水帷幕。

14.2.2　超高层建筑施工技术

超高层建筑施工技术的实施主要由超高层建筑的基本特点决定的：主要是有"高""深""藏""密"4 个特点。大量标志性土木工程项目的建设为施工技术创新提供了广阔的舞台，同时也使得施工行业的核心技术能力实现了跨越式提升。

超高层建筑施工中关键技术，主要包括施工垂直运输体系的构成及设备、后浇带施工技术、柱施工技术、混凝土工程施工技术、高层建筑的混凝土泵送技术等。

1. 施工垂直运输体系的构成及设备

超高层建筑施工难度大，集中体现在垂直运输环节。超高层建筑规模庞大，所需建筑材料数十万吨，如上海金茂大厦塔楼自重约30万 t，上海环球金融中心塔楼自重达 40 余万吨，将建筑材料及时运至所需部位是一项非常繁重的任务。

超限高层建筑施工垂直运输对象，按重量和体量可以分为以下 5 类：①大型建筑材料设备：包括钢材、预制构件、钢筋、机电设备、幕墙构件以及模板等大型施工机具。②中小型建筑材料设备：包括机电安装材料、建筑装饰材料和中小型施工机具等。③混凝土：这类建筑材料使用量大，但对运输工具的适应性强。④施工人员：施工人员数量大，上下时间相对集中，垂直运输强度大。⑤建筑垃圾：施工产生的垃圾数量并不是特别大，但必须及时运出。

为解决超限高层运输效率问题，中建三局针对武汉绿地中心研发了单塔多笼循环施工电梯技术，如图 14-4 所示。设计为适应建筑物外形的微曲线，地下部分为 25m，地上运输高度 575m，共 600m，共投入 8 个梯笼，地下室作为梯笼存放的库房及检修室。同时创新应用塔吊模架一体化技术，在顶模平台上安装 1 台 ZSL380 动臂塔式起重机；大的塔式起重机主要负责吊装重构件，小的塔式起重机负责钢筋及小构件的吊装，如图 14-5 所示。

2. 后浇带施工技术

工程施工最为常用的一种施工处理方法即为预留后浇带，即待主体结构完成后，将后浇带混凝土补齐。这样在整个结构施工中不仅解决了控制工程裂缝问题，而且又达到了不设永久变形缝的目的。

首先，在施工建设中一定要确保后浇带两端混凝土浇筑质量，严禁发生漏浆和混凝土松懈情况。在后浇带两端应通过钢筋支架钢丝网将其隔断，要求结构设计工作者完成

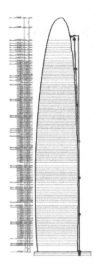

图 14-4　单塔多笼循环施工电梯

图 14-5　塔吊模架一体化技术

两端断面的形式设计。

其次，由于混凝土浇筑两个月以后，才能确定已经有 60％以下实现了收缩变形，而后才能进行封闭式浇筑后浇带施工。针对高层建筑主体与底层裙楼间容易出现沉降差的情况，就需要在主体结构封顶以后再进行封闭式后浇带混凝土浇筑工作。

再者，在底板后浇带施工中，应为其铺设三层钢丝网，让钢丝网充当侧模支护结构，将钢筋当作混凝土楼板骨架。也有些建筑施工中利用快易收口网充当侧模支护体系，以此取代钢丝网。在浇筑混凝土时一定要防止出现漏浆情况，确保混凝土浇筑质量不受影响。

最后，在混凝土浇筑成型以后，还要对混凝土进行一定时间的湿润养护。为降低沉降差，应在底板后浇带中安装钢筋混凝土抗压板，并做外防水设置，以此来减少水渗透对建筑质量的影响。

3. 型钢混凝土柱施工技术

型钢混凝土柱施工技术是以型钢作为受力核心，与钢筋混凝土相结合的新型结构类型（图 14-6、图 14-7）。它对荷载和硬性破坏方面有更好的协调作用，更能够在构件浇筑的过程中实现大范围的组合需求，以确保相应刚度满足整体建筑功能。由于型钢具备预制性，在实际施工中，针对型钢混凝土柱构件的塑造有一定效率优势，但在垂直控制和施工技术方面的要求较高，针对相应混凝土浇筑强度和超高层浇筑节点控制也有硬性质量要求。型钢体系搭接过程中，因其结构的特殊性，应当采取有效的焊接手段确保整体框架具备完整导力条件。

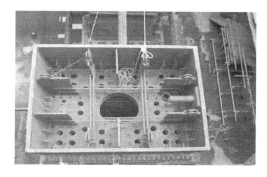 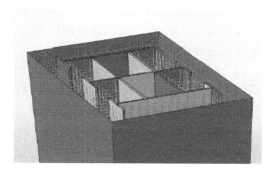

图 14-6　上海中心大厦钢管混凝土巨柱构造　　　　图 14-7　巨型柱断面示意图

型钢混凝土柱的应用为整体施工技术中的困难提供了良好的解决方法，并在后续建筑结构的搭建过程中，提供了完善且稳妥的构筑条件，也规避了各方面的施工质量问题。

4. 超高层建筑的混凝土泵送技术

超高泵送混凝土作为超高层建筑关键施工技术之一，也是制约超高层建筑发展的难题。1994 年，东方明珠电视塔工程将 C40 混凝土泵送到 350m 的实体高度；1997 年，上海金茂大厦混凝土工程施工将 C40 混凝土泵送到 382.5m 的实体高度；2000 年，上海环球金融中心工程将 C60 混凝土一次泵送至 290m 的实体高度，将 C40 混凝土一次泵送到 492m 的实体高度；2014 年，上海中心大厦用超高压拖泵将超高压混凝土送上 620m 的高度，这一纪录也打破了迪拜哈利法塔保持 7 年之久的 606m 混凝土泵送纪录；2015 年，天津 117 大厦混凝土泵送高度为 621m，刷新了混凝土实际泵送高度的吉尼斯世界纪录。

（1）相关难点及使用价值

1）满足强度要求和泵送要求的混凝土配合比。混凝土配合比是影响混凝土质量的关键因素之一，采用不同的配合比或者是调整材料占比就会形成不同强度、不同质量的混凝土。在超高层建筑施工过程中需要在混凝土泵送强度、和易性和耐久性要求的基础之上开展混凝土的配合比工作，保证其能够满足强度和泵送要求，为超高层混凝土施工做好相应的保障工作。

2）保证泵送设备的动力。在整个泵送施工过程中需要保证泵送设备能够满足输送量和出口压力，可利用双泵合流技术采用两台发动机分别驱动两套泵组的方式设置泵送机系统。当泵送设备中一套泵组出现故障时可以立即切换另外一套泵组进行工作，使其至少维持 50% 的排量，避免造成施工中断，在影响施工进度质量的同时带来成本损失。

3）保证泵送管道能够承受高压并保持良好的密封条件。为避免管道经常受到磨损而影响管道寿命，在选择泵送管道时优先选用耐磨性能较高的管道材料，同时还需要保证管道本身的抗爆能力和耐磨损能力能够满足施工要求。

（2）泵送混凝土的制备及性能要求

1）混凝土黏度。混凝土黏度直接影响混凝土强度，而黏度越高则混凝土强度等级越高。对于一些强度等级相对较高的混凝土来说，等级越高流动性就会越差，这会给泵送施工技术提出一些新的要求，需要在泵送过程中通过增加压力强度的方式保证管道摩擦阻力能够得到合理的控制，改变高强度混凝土自身可泵性的限制。

2）合理控制混凝土配合比。需要将混凝土的坍落度控制在 200mm 左右，其扩展度可以大于等于 600mm。而倒筒时间控制在 10～20s 范围内，高强度混凝土倒筒时间要远小于普通混凝土倒筒时间。

3）混凝土泵送压力值。高性能混凝土的强度等级和阻力呈现正比例关系，强度等级越高的混凝土阻力就会越大，这也是高性能混凝土和常规混凝土的一个主要区别。而为了保证泵送压力能够尽可能地符合混凝土泵送需求，可以预留出 25% 的泵送富余压力值。

4）混凝土配制过程中的指标检测。高层建筑施工通常采用高性能混凝土，并且对于混凝土材料的配合比、运输、泵送等过程中的压力控制有非常高的要求，如果泵送压力过大，超出 30MPa 就会出现严重的渗水情况，非常容易导致混凝土离析现象的出现，影响混凝土质量和整体工程施工成本。而为了保证混凝土泵送的和易性，控制混凝土不产生离析现象，需要在混凝土配制过程中适当地将关注重点放在压力泌水上，合理地控制混凝土凝结时间、坍落度、和易性等关键参数。

5）输送管道质量。整体泵送需要承受较大的压力和摩擦力，这些都会对管道造成一定的磨损，影响泵送管道的使用寿命，并且在混凝土泵送过程中泵送管道所承受的内压力会相对较大，这就需要泵送高性能混凝土的管道材料具备较高的耐压性、耐磨性。

（3）泵送混凝土的过程控制

①必须对泵加以固定；②不得随意调整液压系统压力；③泵机转动时，严禁将手或铁锹伸入料斗或用手抓握分配阀；④泵送作业中，料斗中的混凝土平面应保持在搅拌轴轴线以上；⑤防止管道堵塞；⑥水箱内应贮满清水，当水质混浊并有较多砂粒时，应及时检查处理；⑦在炎热季节施工时，宜用湿草袋、湿罩布等物覆盖混凝土输送管以避免阳光直接照射，可防止混凝土因坍落度损失过快而造成堵管。在严寒地区的冬季进行混凝土泵送施工时，应采取适当的保温措施，宜用保温材料包裹混凝土输送管，防止管内混凝土受冻；⑧泵送混凝土应连续作业；⑨管道应进行合理布局并清洗。

（4）超高层建筑混凝土施工应注意的问题

超高层建筑混凝土施工过程应重视质量控制与管理以及成本控制等问题。

超高层建筑具有施工工期长、季节跨度大的特点，随季节和气候的变化，除需对混凝土配合比调整外，还需特别注意夏期施工和冬期施工的差异和应对措施。夏日高温需重点关注混凝土坍落度经时损失和入模温度的问题，需保证混凝土具有良好的保坍性以及混凝土中心温度不超过 70℃，保证混凝土良好的体积稳定性。施工策略方面可尽量优先选在晚上或凌晨气温较低、交通畅通的时段进行混凝土浇筑施工。冬期施工时，应重点关注混凝土缓释以及入泵和入模温度、泵管和混凝土保温措施，保证混凝土早期的正常水化。

随着绿色生产与建造理念的提升，在超高层建筑施工过程中混凝土主体结构高度越高，混凝土泵管内剩余的混凝土将越多，为了节约混凝土，应采用水洗和气洗相结合的方式进行余料回收。还应统计泵送现场泵管总长，估算泵管中余料量，合理地控制收盘混凝土量，优先采用水洗技术将泵管内混凝土泵送利用，达到最优最省泵送的目的。

14.2.3 模板技术

在超高层建筑结构施工中，模板工程技术的选择是关键。采用科学合理的模板工程技术，不但事关建筑结构的质量、安全和施工进度，而且对工程造价也有很大影响。

目前高层及超高层建筑主体结构施工主要采用大模板施工、滑升模板施工、爬模施工、集成平台等方法。

1. 大模板施工技术

大模板是一种工具式大型模板，其尺寸常以建筑物的开间、进深、层高为标准，与整个房间的楼地面及墙面相吻合，主要用于超高层结构中剪力墙和楼板的施工。

大模板工程大体分为三类：内外墙全现浇、内墙现浇外墙预制、内墙现浇外墙砌砖。大模板的主要形式有平模、隧道模和筒模三种，其中平模的自重较轻，施工灵活性较大，因此在施工中被应用得最多。在使用大模板施工时，要和建筑工程的实际情况进行有效地结合，并对其施工环节进行全方位考虑和认识，从而设定与之相对应的良好的施工方案，这样则能够在保证建筑施工安全性的同时，提升其施工质量。

2. 滑升模板施工技术

滑升模板是一种工业化模板，用于现场浇筑高耸构筑物等的竖向结构，如筒仓、电视塔、竖井、沉井和高层建筑等。其特点是在构筑物或建筑物底部，沿其墙、柱、梁等构件的周边组装滑升模板，随着向模板内不断地分层浇筑混凝土，用液压提升设备使模板不断地沿埋在混凝土中的支撑杆向上滑升，直到到达需要浇筑的高度为止。

1983 年我国使用自主研发的内外筒整体液压滑升模板建造了 158m 高的深圳国际贸易中心主楼；1989 年我国将新加坡林麦公司的滑模系统成功地应用于 123m 高的上海花园饭店；近年来，我国的滑模技术不断地更新发展，在多次的实践中逐渐形成了多种形式的滑模施工工艺，如典型的滑框倒模工艺，将传统的模板在混凝土表面滑动改为模框滑动，使滑模工艺不受时间、操作和管理水平的约束，更好地保证了混凝土的质量。

3. 爬模施工技术

爬升模板是综合大模板与滑动模板工艺和特点的一种模板工艺，具有大模板和滑动模板共同的优点，结构简单，不需要装拆即可整体自行爬升，一次可浇筑一个楼层的混凝土，爬升平稳，工作安全。在我国超高层建筑中采用爬模施工技术的代表性建筑有：深圳平安大厦（660m）、上海中心大厦（632m）、广州财富中心大厦（309m）等。

爬模施工技术经过不断的完善发展，逐渐发展形成了"模板与爬架互爬"和"模板与模板互爬"等工艺。在爬模装置方面有多种构造形式，爬模技术已从单纯的外爬发展到内外模同时爬、内爬外吊、外爬内吊等多种爬模方式。爬模设备也从以前的液压千斤顶发展为现在的以液压油缸作为爬升动力。通过多项现场实际工程的比较，爬模施工技术比其他模板技术具有较为明显的优势。

4. 集成平台技术

集成平台全称为"超高层建筑施工装备集成平台",是一种针对超高层建筑施工的新型综合性施工装备。该装备可集成塔式起重机、施工电梯、模板、操作架、混凝土布料机、水箱、电柜、焊机房、材料堆场、小型机具等施工设备设施,以及办公室、卫生间、休息室等办公和生活设施,而形成以集成平台为载体的类工厂式超高层建造技术。

集成平台施工工艺流程:集成平台整体设计—结构施工至集成平台安装条件具备—集成平台总体框架安装—大型机械设备集成安装—模板体系安装—配套及附属设施安装—随核心筒结构向上攀爬—集成平台改造和拆除。

图 14-8 天津 117 大厦

集成平台技术在国内的发展从低位顶升钢平台模架(代表项目:广州西塔)、模块化低位顶升钢平台模架(代表项目:天津 117 大厦,如图 14-8 所示)、微凸支点智能顶升模架(代表项目:武汉中心)到中建三局创新研发的塔式起重机与集成平台技术(代表项目:武汉绿地中心、北京中国尊)以及当前在超高层建筑施工领域中,由中建三局最新自主研发的"空中造楼机-回转式多吊机集成运行平台",可达到 4 天建完一层楼的效率。集成平台技术的发展和使用已成为当前高技术应用与建筑施工领域的一项新的突破,为超高层工程的建设带来了巨大的便利。

14.2.4 大跨度钢结构施工技术

大跨度钢结构是近 40 年来发展最活跃的结构体系,可以分为刚性结构体系和柔性结构体系。我国的大跨度钢网格结构技术为世界瞩目,创造了多项空间结构世界之最。如采用 297.3m×332.3m 椭圆平面的网架结构的国家体育场(鸟巢)为跨度最大的空间结构,还有采用 142m×212m 的空腹双层椭球面网壳的国家大剧院、采用跨度 122m 的弦支穹顶的全运会济南体育馆等,跨度均位于世界前列。

1. 常用大跨度钢结构的应用类型

(1) 网架结构

网架结构是一种空间杆系结构,属于高次超静定结构,受力杆件通过节点按一定规律连接起来。节点一般设计成铰接,杆件主要承受轴力作用,杆件截面尺寸相对较小。这些空间汇交的杆件又互为支承,将受力杆件与支承系统有机地结合起来,因而用料经济,便于工厂化生产和工地安装。

(2) 网壳结构

网壳结构是一种与平板网架类似的空间杆系结构,是以杆件为基础,按一定规律组成网格,按壳体结构布置的空间构架,它兼具杆系和壳体的性质。其传力特点主要是通过壳内两个方向的拉力、压力或剪力逐点传力。

(3) 悬索结构

悬索结构是由柔性受拉索及其边缘构件所形成的承重结构,能充分利用高强材料的抗拉性能，可以做到跨度大、自重小、材料省、易施工。主要应用于建筑工程和桥梁工程。其索的材料可以采用钢丝束、钢丝绳、钢绞线、链条、圆钢，以及其他抗拉性能良好的线材。

（4）张弦梁结构

张弦梁结构是一种区别于传统结构的新型杂交屋盖体系，由刚性构件上弦、柔性拉索、中间连以撑杆形成大跨度预应力空间结构体系，是一种自平衡体系，也是混合结构体系发展中一个比较成功的创新。按受力特点可以分为平面张弦梁结构和空间张弦梁结构。

（5）弦支穹顶

弦支穹顶结构体系由上部单层网壳、下部竖向撑杆、径向拉杆或拉索和环向拉索组成，其中各环的撑杆上端与单层网壳对应的各环节点铰接，撑杆下端由径向拉索与单层网壳的下一环节点连接，同一环的撑杆下端由环向拉索连接在一起，使整个结构形成一个完整体系，结构的传力路径也比较明确。

（6）张力膜结构

张力膜结构是通过在结构初始几何形态的基础上施加预应力张力，从而使结构具备一定的刚度，以承受各种荷载的柔性结构。在加载过程中，结构始终处于全张拉状态，依靠其变形能力和调整张力分布来获得新的平衡状态。

2. 大跨度钢结构施工技术

（1）高空散装法

将结构的全部杆件和节点（或小拼单元）直接在高空设计位置总拼成整体的安装方法称为高空散装法。该施工方法不需大型起重设备，但现场及高空作业量大，同时需要大量的支架材料和设备。

高空散装法分为全支架法（即满堂脚手架）和悬挑法两种。全支架法多用于散件拼装，而悬挑法则多用于小拼单元在高空总拼。高空散装法适用于非焊接连接的各种类型的网架、网壳或桁架，拼装的关键技术问题之一是各节点的坐标控制。美国新奥尔良体育馆屋盖球面网壳直径 207m，网壳厚度 2.24m，屋面层采用压型钢板，拼装时采用部分悬挑的少支架拼装法。

（2）分条（分块）安装法

分条（分块）安装法又称小片安装法，是指结构从平面分割成若干条状或块状单元，分别用起重机械吊装至高空设计位置总拼成整体的安装方法。该方法适用于分割成条（块）单元后其刚度和受力改变较小的结构。分条或分块的大小应根据起重机的负荷能力而定。由于条（块）状单元大部分在地面焊接、拼装，高空作业少，有利于控制质量，并可省去大量的拼装支架。南京国际展览中心钢结构屋盖的安装就是采用了分条（分块）安装法(图 14-9)。

图 14-9　南京国际展览中心钢屋盖安装

（3）高空滑移法

将结构按条状单元分割，然后把这些条状单元在建筑物预先铺设的滑移轨道上由一端滑移到另一端，就位后总拼成整体的方法称为高空滑移法。高空滑移法可分下列两种方法：①单条滑移法：将条状单元一条一条地分别从一端滑移到另一端就位安装，各条单元之间分别在高空再连接，即逐条滑移，逐条连成整体。②逐条累积滑移法：先将条状单元滑移一段距离后（能连接上第二条单元的宽度即可），连接上第二条单元，两条单元一起再滑移一段距离（宽度同上），再接第三条，三条又一起滑移一段距离……如此循环操作直至接上最后一条单元。

高空滑移法的主要优点是：钢结构的滑移可与其他土建工程平行作业，而使总工期缩短；端部拼装支架可以利用已建的建筑物，以便空出更多的空间给其他工程平行作业，如果没有现成的支架，可以在一端设置宽度约大于两个节间的拼装平台，条状单元在地面拼装后用起重机吊装到拼装平台，然后进行滑移；设备简单、成本低，不需大型起重设备，特别在场地狭小或跨越其他结构而使起重机等无法进入的情况下更为合适。

（4）整体吊装法

整体吊装法是指将结构在地面总拼成整体，用起重设备将其吊装至设计标高并固定的方法。用整体吊装法安装空间钢结构时，可以就地与柱错位总拼或在场外总拼，此法一般适用于焊接连接网架，因此地面总拼易于保证焊接质量和几何尺寸的准确性。其缺点是需要大型的起重设备，且对停机点的地耐力要求较高，同时会影响土建的施工作业。秦山二期核电站钢结构穹顶就是采用整体吊装法进行安装（图 14-10）。

（5）整体提升法

整体提升法是将结构在地面整体拼装后，将起重设备设于结构上方，通过吊杆将结构提升至设计位置的施工方法。这种施工方法利用小机群（如升板机、液压滑模千斤顶等）安装大型钢结构，使吊装成本降低。其次是提升设备能力较大，提升时可将屋面板、防水层、采暖通风及电气设备等全部在地面施工后，再提升到设计标高，从而大大节省施工费用。如上海大剧院屋盖工程采用整体提升的施工方法，提升质量达 6000t（图 14-11）。

图 14-10　秦山二期核电站钢结构穹顶的安装

图 14-11　上海大剧院钢屋盖整体提升

（6）整体顶升法

整体顶升法是利用柱作为爬升轨道，将千斤顶安装在结构各支点的下面，逐步把结构顶升到设计位置，其顶升力大而稳定，适用于大跨度网架的重型屋盖系统及支点较少的点支承网架的安装。但受千斤顶行程的限制，整体顶升高度不宜过高，否则顶升效率不高。整体顶升法的工艺流程为：施工准备→安装结构柱→结构柱校正→网架原位就地拼装→验收→安装千斤顶，进行空载调试→带载调试→顶升→就位后安装牛腿或横梁→网架降落就位→固定→验收。其施工工艺与整体提升法有一定的差异但两者的工作原理是一致的，均属于新兴的整体提升施工技术，与传统的桁架/网架结构施工技术相比，安装更精确，工程质量更好，施工效率更高，具有很高的推广价值。

（7）折叠展开安装法

折叠展开安装法是将网壳结构拆除少许杆件，使结构变成整体机构，将球面网壳在地面折叠起来，大部分构件安装都在地面进行，随后将折叠的网壳逐步提升到设计位置，补齐未安装的杆件，网壳就安装完成了。机构在竖向和跨度水平方向有两个自由度，需增加缆风绳及临时支撑胎架确保结构稳定，其适用于大跨度、大矢高的网壳结构。优点是该方法将大部分网壳弯折，近地拼装，既安全又减少大量的脚手架，同时分段提升，每段的跨度也较小，不需要大型的吊装设备。缺点是转动铰的位置比较难确定，补缺杆件的安装精度较难控制，以及提升时需要注意结构侧移。

3. 大跨度钢结构施工中应注意的问题

大跨度空间钢结构建造中的施工技术至关重要，施工方案在施工中的科学合理分析是结构的经济、安全目标得以实现的重要保证。

（1）CAD 与 CAM 技术

钢结构 CAD 设计与 CAM 技术属于结构施工建设中的辅助技术范畴，能够使建筑本身的立体感和三维感完全展现出来，并可以轻松地进行图文转换，可较大程度地提升工作效率，降低误差出现的概率。

（2）安装施工仿真技术

钢结构施工阶段的仿真技术主要包括：施工阶段各工况的仿真模拟、大型构件的吊装过程仿真、结构安装的预变形技术、结构构件的预拼装模拟、卸载过程模拟。仿真计算分析技术可以使施工过程中的薄弱环节和需要重点控制的部位预先被发现，可以直观地对结构的整个施工过程进行控制，并最终使形状和尺寸得到保证。

（3）选择合理的安装方法

所谓合理的安装方法，就是在经济、安全、适用中找到最佳的平衡点。大跨度空间钢结构技术比较复杂，没有固定的安装模式，而且使用了较多的新技术、新材料，科学合理的施工方式对建筑施工的安全及确保工程施工质量具有非常重大的意义。

14.2.5　施工控制技术

在工程建设过程中，信息的交流变得更加频繁，工程建设的信息化管理也就受到了政府和各界企业单位的高度重视。

1. 信息化施工技术现状

信息化是指充分利用现代信息技术，对信息资源进行开发和利用，逐渐实现信息的交流和共享，并促进我国的经济发展，最后实现推动社会转型的一个历史进程。工程建设信息化管理最早出现在我国 2006 年的国家信息化发展战略当中。工程建设信息化管理主要是指人们利用现代信息和互联网作为工程项目中实现信息交流的一个载体，并以此为基础，加快信息交流速度，减轻在项目管理过程中人们的管理负担，提高信息反馈的速度和信息系统的反应速度，对工程项目中的问题做到及时决断，提高工作效率。

信息化施工技术是当代建筑业技术进步的核心，在业务范围方面涵盖了建筑管理、工程设计、工程施工 3 方面的信息化任务。

目前工程建设已可以利用信息网络作为项目施工信息交流的载体，加快项目信息采集速度和反馈速度，为项目参与者提供完整、准确的施工信息，减轻项目参与者日常管理工作负担，提高工作效率及管理水平。特别是建立公共的信息管理平台，项目各参建方利用平台进行信息共享和协同工作，可提升业主、监理方和建设方的协调性，保证信息传递快捷、及时和通畅，加快施工进度，降低工程施工成本。

在施工中，亦同步推广以信息技术为基础的人员管理模式，如在隧道施工中采用人员安全帽芯片定位系统、劳务人员自动识别系统，实时、准确、快速地监控施工人员的即时状况，可实现对工程施工人员信息的高效、动态管理，提高施工人员规范化管理水平。特别是基于信息化技术管理模式对劳动人员进行实时分析与管理，合理配置劳动力资源，达到人力资源配置最优化，可大大提高工程施工速度，降低工程人工费用。

2. BIM 技术

BIM 是 Building Information Modeling 的缩写，直译为建筑信息模型。随着信息技术的不断发展，计算机技术的不断进步，BIM 技术相关的研究主要集中在 BIM 技术于建筑设计、信息化、项目管理、应用、全生命周期、信息模型、绿色建筑、IFC 标准、成本控制等方面。

（1）实现建筑施工全过程管理

BIM 以三维模型为基础，集成了建筑项目规划、设计、施工和运营维护各阶段工程信息的数据模型，是对建筑产品及其过程的数字化表达。BIM 技术让施工方、业主、设计方、分包方的沟通交流从对着平面图纸"纸上谈兵"转变为对着 BIM 模型"指点江山"。通过直观的表现、准确的数据和精细的方案虚拟展现施工全过程。

同时，BIM 模型中加入时间与成本的元素，可以实现对项目进度、资源、安全、成本的完全精细化掌控，通过 4D 虚拟建造功能实现了对施工进度和过程控制的动态管理；通过漫游仿真应用实现了对项目安全管理的模拟，有效避免了安全隐患；通过现场无纸化查询应用实现了在现场查看模型、图纸和规范，填写报表；通过 BIM 辅助技术交底，让工人"看着电影"就能轻松掌握组合楼板、高支模等复杂工艺。

（2）BIM 技术与其他先进技术集成

将遥感技术、地理信息系统、倾斜摄影技术、3D 打印技术、点云技术、3D 激光扫描技术、物联网技术、VR 技术等与 BIM 技术的结合，可引领施工行业信息化走向更高层次。

BIM 集成技术提升了项目复杂技术集成化能力，提高了施工企业项目管理水平和生产效率，解决了实施过程中的难点，进行整体规划、分步实施，实现工程项目资源信息共享、多方协同工作的精细化管理。BIM 技术的发展和市场的成熟，会进一步促进建筑业施工技术升级和生产方式的改变。

14.3　现代土木工程施工技术的发展方向

14.3.1　土木工程施工发展过程中存在的问题

（1）缺乏相关方面的理论研究与应用。土木工程的施工控制涉及诸多领域和内容，如非线性控制、系统识别、反馈分析等。尽管土木工程在一般基础理论研究和应用研究方面已经取得了一定的成绩，但在系统集成和应用方面仍然缺乏系统的、有价值的研究与开发。土木工程的实际建设随着经济的发展和人们的需求而处在不断的求新求异过程中，而用原有的理论已较难指导现行的实践施工作业，不仅难以满足现行建设需要，同时也制约了其进一步发展。

（2）施工缺乏系统的管理体制做引导。土木工程建设是一项复杂的高难度作业施工，它涉及诸多市政管理机关，同时与社会、经济、环境等因素密切相连，并且，土木工程施工建设耗费时间长，资金投入量大，人员和设备的利用规模大。基于此，如果没有完善的管理体制必然会导致工程施工陷入无序的状态之中，严重阻碍其进一步发展。

（3）尚未形成一套科学合理的工程施工技术检测标准。土木工程的部分施工技术只有一般性的验收标准，缺乏更加深入和细致的科学研究与成果，容易造成施工控制缺少深度的理论指导，不利于施工工作的顺利开展和运行。另外，施工技术检测标准不仅涉及理论研究与开发的问题，还存在实施和应用的问题。

14.3.2　土木工程施工技术发展方向

（1）指导土木工程理论的持续发展。土木工程技术理论的核心部分是力学，新的分析方法和新的数值处理方法将是土木工程中力学的突破方向。在对复杂结构、流体介质等情况下的受力分析和近似处理上，现有的方法仍然具有很大的局限性。针对实际工程建设，借助电子计算机对复杂的情况进行更接近现实的模拟，使虚拟现实等技术在力学的影响加深，进而指导土木工程施工技术的发展。另一方面，土木工程学科与相关学科进一步交叉、融合，互相支持，互相服务，土木工程内的二级学科也同时会在现实需要的推动下产生出新的学科，如对城市地下空间的大规模利用就促进新的地下规划学科产生和发展。不同学科的理论也会相互渗透，比如现在就有一些大型体育场馆采用了类似桥梁的悬索结构技术。

（2）信息监测监控与信息化施工技术。全过程信息化将更深地渗透到未来的土木工程施工中，包含对工程进度、质量及成本的管理，对运行中数据资料的收集和分析整理，对建筑物结构、强度、可靠性的分析和决策等，这些是自动化控制和智能化实现的基础。通过基于信息化施工远程监控预警平台自动监测和人工监测相结合的方法对监测数据进行采集并进行自动整理和分析，对出现的风险进行自动预警，为有效地采取施工措施提供及时的信息基础和技术支撑；信息化施工远程监控预警平台的设立，可以有效掌握工程周边环境、围护结构和主体结构系统性相互作用体系的稳定状态、动态监测和控制复杂的荷载效应和外延性扩张，保证了施工的顺利进行；建立的信息化施工远程监控预警平台，制定完整的监测方案，实时同步监测数据，根据监测数据分析调整施工参数，实施信息化施工，使施工的信息化水平及工程措施决策的先进性和科学性有很大程度的提升。

（3）可持续发展和绿色施工技术。《绿色施工导则》作为绿色施工的指导性原则，明确提出绿色施工的总体框架由施工管理、环境保护、节材与材料资源利用、节水与水资源利用、节能与能源利用、节地与施工用地保护6个方面组成。绿色施工是统筹规划施工全过程，改革传统施工工艺，改进传统管理思路，在保证质量和安全的前提下，努力实现施工过程中降耗、增效和环保效果的最大化。其中绿色施工技术是绿色施工目标实现的技术保障，其需要将"四节一环保"（节能、节地、节水、节材和环境保护）及相关的绿色施工技术要求，融入分部、分项工程施工工艺标准中，增加节材、节能、节水和节地的基本要求和具体措施。

绿色施工技术发展主题包括：装配式建造技术；信息化建造技术；地下资源保护及地下空间开发利用技术；楼宇设备及系统智能化控制技术；建材、楼宇与施工机具绿色性能评价及选用技术；高强钢与预应力结构等新型结构开发应用技术；多功能高性能混凝土技术；新型模架开发应用技术；现场废弃物减排及回收再利用技术；人力资源保护及高效利用技术。

绿色施工内涵主要体现在以下几个方面：绿色施工管理；绿色施工环境保护；节材与材料资源利用；节水与水资源利用；节能与能源利用；"四新"技术：新技术、新工艺、新材料、新设备。根据以上几个具体的施工领域，绿色施工所面临的巨大挑战，对于施工前沿来说也是巨大的机遇。

参 考 文 献

[1] 孙超，郭浩天．深基坑支护新技术现状及展望[J]．建筑科学与工程学报，2018，35(3)：104-117．

[2] 王卫东，徐中华．基坑工程技术新发展与展望[J]．施工技术，2018，47(6)：53-65．

[3] 张琨．超高层建筑施工技术发展和展望[J]．施工技术，2018，47(6)：13-18．

[4] 孙文，王志龙，蒋国华，等．集成模块化工厂拼装液压爬模快速安拆施工技术[J]．施工技术，2019，48(20)：43-46．

[5] 崔其杰．超高层建筑核心筒爬模施工技术及工效分析[D]．北京：清华大学，2015．

[6] 吴华，胡京，唐永讯，等．超高层核心筒液压爬模施工技术[J]．建筑技术，2015，46(2)：146-148．

[7] 岑晓倩，张亚庆．关于BIM技术研究热点和发展趋势的分析[J]．科学技术创新，2018，(32)：144-145．

[8] 晏平宇．施工企业BIM技术发展及探索[J]．施工技术，2015，44(06)：4-8．

[9] 刘晓宁．建筑工程项目绿色施工管理模式研究[J]．武汉理工大学学报，2010，32(22)：196-199．

[10] 肖绪文，冯大阔．建筑工程绿色建造技术发展方向探讨[J]．施工技术，2013，42(11)：8-10．

[11] 张希黔，林琳，王军．绿色建筑与绿色施工现状及展望[J]．施工技术，2011，40(08)：1-7．

[12] 工程科学和技术综合专题组．2020年中国工程科学和技术发展研究[C]．2020年中国科学和技术发展研究(上)．2004：485-569．

[13] 杨潇．基坑群深层承压水降水及地层沉降的数值模拟[J]．沈阳建筑大学学报(自然科学版)，2015，31(03)：385-392．

［14］李晓军，李世民，徐宝 . 岩土锚杆、锚索的新发展及展望［J］. 施工技术，2015，44(07)：37-43.

［15］龚剑，崔维久，房霆宸 . 上海中心大厦 600m 级超高泵送混凝土技术［J］. 施工技术，2018，47 (18)：5-9.

［16］杨学林 . 浙江沿海软土地基深基坑支护新技术应用和发展［J］. 岩土工程学报，2012，34(S1)：33-39.

［17］兰聪，刘东，陈景，等 . 超高层泵送混凝土技术发展趋势［J］. 商品混凝土 .2019，(04)：27-29，38.

［18］景瑞虹 . 论超高层滑框倒模施工［J］. 中国住宅设施，2015，(11)：60-63.

［19］吴贤国 . 土木工程施工［M］. 北京：中国建筑工业出版社，2010.

［20］潘春龙，全文宝，张万实，等 . 超高层建筑施工装备集成平台技术［J］. 施工技术，2017，46 (16)：1-4，17.

［21］蔡文 . 电动挖掘机发展展望［J］. 装备制造技术，2019，(03)：132-134，150.

［22］陈爽 . 建筑施工设备自动化技术的分析与研究［J］. 科技创新与应用，2019，(17)：145-146.

［23］刘行 . 论信息化施工技术［J］. 施工技术，2001，(12)：1-4.

［24］金向向 . 浅谈建筑施工中后浇带施工技术的应用［J］. 赤峰学院学报（自然科学版），2016，32 (06)：125-126.

［25］方鑫 . 超高层建筑混凝土泵送施工要点分析［J］. 建材与装饰，2018，538(29)：40.

第15章　土木工程结构耐久性发展现状及前沿

15.1　概述

国内外土木工程在建设规模和技术水平上均取得了长足的发展，如高度超 1300m 的 Dubai Creek Tower（迪拜云溪塔），集岛桥隧一体的长 55km 港珠澳跨海大桥。土木工程正向超大规模和在极端环境中发展，超大体量、超大跨度、超高、超深的工程建筑和水下、海洋、盐碱地以及其他严酷环境条件，对土木工程结构性能提出了更高的要求。大量的土木工程结构提前失效大多源于结构耐久性的不足，在恶劣环境中重大混凝土结构与其他部分结构的耐久性问题在理论上尚未完全解决，工程寿命能否达到设计要求，仍是相当严峻的问题，同时也给土木工程的发展带来了更多机遇。

结构耐久性是指在设计确定的环境作用和维护、使用条件下，结构及其构件在设计使用年限内保持其安全性和适用性的能力。在过去，土木工程行业受各种需求和经济利益驱动，越来越多地采用高强度、高刚度、早强水泥和混凝土拌合物等，而使用结果表明许多现代土木工程结构易发生脆性破坏、损伤、开裂，当暴露于侵蚀性环境中时，其寿命要远远短于预期的服务寿命。为建造可持久的工程结构，未来的土木工程结构必须依靠耐久性，而不是强度来驱动，必须考虑充分发挥材料的性能和结构的使用性能和安全性。随着土木工程领域相关研究的不断深入，新结构、新工艺、新材料等不断涌现，新技术应用水平和研究水平达到了新的广度和深度，这也有利于提升结构性能和耐久性。国内外针对耐久性的认识、设计理念和做法各不相同，设计方法、设计荷载、构造和维护等，随着设计结构的耐久性而变化，结构形式和组成材料多样性决定了土木工程结构耐久性的复杂性和研究难度。本章以常见的混凝土结构、钢结构桥梁和 FRP 材料在耐久性方面的发展现状与研究前沿进行介绍。

15.2　混凝土及其结构耐久性

15.2.1　混凝土及其结构应用现状与前景

混凝土是 21 世纪土木工程建设中最主要的结构材料。据统计，我国在 2011～2013 年水泥消耗量比美国在整个 20 世纪消耗的还多。当前，我国国民经济发展已进入新常态，国家大规模的基础设施建设也进入了新常态。随着科学技术水平不断提高，各种新型混凝土持续不断地出现，比如再生混凝土、高性能混凝土、自密实混凝土、纤维混凝土等高性能的混凝土。提高混凝土性能，首先应该选取优质的材料，除了基本的水泥、水、集料等基础材料外，还应该适当添加活性细掺料和高效外加剂等新型材料，这样可以使普通混凝土变成高性能混凝土。因此，从一定意义上来讲，高性能混凝土（HPC）可看成普通混凝土的高性能化。挪威、美国、日本、德国、加拿大等是世界上高性能混凝土应用程度较高的国家，德国现在的混凝土强度已经达到了 C110 的等级。高性能混凝土和绿色环保应用最普及的国家是挪威。除此之外，超高性能混凝土（UHPC）的应用也越来越常见，UHPC 突破了水泥基材料性能和其应用领域的很多极限。无论是结构材料组分的复合，水泥基材料本身的性能。与纤维增强材料的复合，还是与其他结构材料的"组合"，均为新结构新体系提供了许多发展空间。目前 UHPC 在各个工程的应用刚刚起步。总体来看，普通混凝土与 HPC、UHPC 在性能上有较大差异，在耐久性方面也有明显不同。

　　在许多国家，混凝土结构是国家基础设施的重要组成部分，混凝土基础设施的恶化已成为建筑业面临的最严峻和最苛刻的挑战之一。尽管预埋钢筋的腐蚀是主要的劣化类型，但冻融和碱-集料反应也对许多混凝土结构的耐久性和长期性能提出了很大的挑战，与钢腐蚀相比，此类耐久性问题相对容易控制。对于恶劣环境中的混凝土结构，其状况和性能不仅对社会生产力有着重要的影响，还会引发资源、环境和人身安全等方面问题。随着我国基础设施建设的大规模发展以及"一带一路"倡议的持续推进，混凝土越来越广泛地应用于大体积、大跨度、高层、超高层等多种结构形式中，并且混凝土结构的服役环境趋于多样，因此对混凝土工程耐久性的关注逐渐增强。到目前为止，混凝土结构耐久性的研究已经形成包括环境、材料、构件、结构的框架体系。为了提高和控制重要混凝土基础设施的耐久性和使用寿命，基于概率的耐久性设计和基于性能的混凝土质量控制在国际上得到了迅速发展。加强对混凝土耐久性研究，建立准确的寿命预测模型，有利于设计理念、设计方法和在役性能评估体系的形成，有助于混凝土结构的发展。

15.2.2　混凝土性能退化机理与理论模型

1. 氯盐侵蚀

　　氯离子（Cl^-）侵蚀是造成钢筋锈蚀的主要原因之一。海洋环境、盐湖地区、盐渍土地区以及除冰盐的氯盐均会引入 Cl^-，Cl^- 通过复杂的渗透、扩散、传输、物理及化学吸附等过程侵蚀并破坏混凝土，如造成钝化膜破坏、引起钢筋锈蚀等，进而降低混凝土的使用寿命。研究表明钢筋表面 Cl^- 达到临界浓度时，锈蚀破坏现象才开始发生，导致钢筋锈蚀的 Cl^- 并不会伴随钝化膜的破坏而被消耗掉，反而会加快钝化膜的破坏速度，Cl^- 在钢筋锈蚀电化学反应过程中起到为中间反应产物搬运 Fe^{2+} 的作用。由于混凝土中影响 Cl^- 传输的因素很多，众多学者从材料因素、环境因素、施工因素等方面开展了大量研究，初步揭示了各因素作用下 Cl^- 的作用机理。而在面临极端恶劣环境作用时，如海洋环境下的结构物，混凝土中 Cl^- 传输规律和作用机理还有待深入研究。

　　大量的检测结果表明 Cl^- 的浓度可以认为是一个线性的扩散过程，一般引用菲克第二定律可以很方便地将 Cl^- 的扩散浓度、扩散系数与扩散时间联系起来，可以直观地体现结构的耐久性。由于菲克第二定律的简洁性及与准确性，现在它已经成为预测 Cl^- 在混凝土中扩散的经典方法。考虑到混凝土水化过程的影响，科研工作者提出有效扩散系数，建立扩散系数的时变参数。东南大学孙伟等基于菲克第二定律，推导出综合考虑混凝土的 Cl^- 结合能力、Cl^- 扩散系数的时间依赖性和混凝土结构微缺陷影响的新扩散方程，建立了考虑多种因素作用的混凝土 Cl⁻ 扩散理论模型。试验表明，即使环境中 Cl⁻ 浓度（混凝土表面 Cl⁻ 浓度）变化不大，Cl⁻ 的扩散系数仍表现出依时性（随时间而减小）。应用菲克第二定律预测钢筋锈蚀已被证明是十分保守的。

2. 硫酸盐侵蚀

混凝土服役环境中常见的硫酸盐有 $MgSO_4$、Na_2SO_4、K_2SO_4 和（NH_4）$_2SO_4$ 等，这些物质均可导致混凝土的物理结晶破坏。在对混凝土造成物理结晶破坏的同时，通常还伴随着一定的化学侵蚀。这一观点被国外学者 Young 所证实，同时他还指出，当服役环境的湿度和温度发生变化时，由于毛细孔吸附作用引起的表面水分蒸发、盐结晶破坏，其实就是硫酸盐化学侵蚀不断积累的结果。另外，一些学者通过微观数据分析发现，在一些破坏的混凝土中并没有发现硫酸盐晶体，但是可以监测到大量的化学侵蚀产物，如钙矾石（AFt）、碳硫硅钙石（TSA）和石膏等。因此，混凝土的硫酸盐侵蚀是化学侵蚀与结晶破坏协同作用的结果，侵蚀一旦发生，势必会对混凝土工程耐久性带来严重影响。

硫酸盐侵蚀主要包括 SO_4^{2-} 的扩散、$Ca(OH)_2$ 的溶出、AFt 的形成、石膏的形成、$Ca(OH)_2$ 的消耗、凝胶的脱钙以及碳硫硅钙石的形成等。同时 SO_4^{2-} 的侵蚀破坏过程还会影响水泥水化产物的数量、分布以及稳定性等，使混凝土的碱储备降低，从而造成混凝土耐久性下降，有研究表明大多数情况下硫酸盐的干湿循环作用产生的破坏作用更显著。C_3A 含量高，且 C_3S 含量亦高时则混凝土的抗硫酸盐侵蚀性更差，致密性好、孔隙含量少且连通孔少的混凝土可以较好地抵抗硫酸盐侵蚀。荷载及冻融循环、流水冲刷等其他因素也可以通过影响混凝土的孔隙结构从而间接地影响混凝土的硫酸盐侵蚀行为。SO_4^{2-} 浓度越大则侵蚀速率越大，Mg^{2+} 的存在会加重 SO_4^{2-} 对混凝土的侵蚀作用，这是因为二者相互叠加，构成严重的复合侵蚀，将水泥石的主要强度组分 C-S-H 分解为没有胶结性能的硅胶或进一步转化为硅酸镁，导致混凝土强度损失，黏结性下降。Cl^- 的存在将显著地缓解硫酸盐侵蚀破坏的程度和速度，这是由于 Cl^- 的渗透速度大于 SO_4^{2-}，可先行渗入较深层的混凝土中，在 CH 作用下与水化铝酸钙反应生成单氯铝酸钙和三氯铝酸钙，从而减少了硫铝酸钙的生成。

硫酸盐侵蚀劣化模型主要有经验模型、现象学模型、力学损伤理论模型等。

Kurtis 等通过对大量混凝土试块进行长时间的硫酸盐自然浸泡实验，提出了材料膨胀率与腐蚀时间，C_3A 含量及水灰比之间的经验关系式。然而，公式中的参数需要通过试验结果来标定，且仅能预测混凝土试块的膨胀劣化，还无法应用于实际工程的混凝土结构中。Clifton 等基于现象学理论提出了混凝土受硫酸盐侵蚀模型，该模型中的一些基本概念也为近年来一些基于力学推导建立的硫酸盐侵蚀理论模型的研究提供了基础。该模型假设当侵蚀产物的体积大于混凝土内毛细孔的体积时混凝土试块产生膨胀应变。

国内部分学者对 Clifton 模型进行了改进，即假设只有 AFt 造成材料的膨胀应变，基于化学反应原理定量计算材料的膨胀应变，但是，这一类模型对于材料宏观应变的计算缺乏严格的力学推导，由于生成的膨胀性产物与材料本身的力学性质有着明显差异，采用简单的叠加原理计算材料整体的应变仍然无法准确揭示材料宏观力学性能的劣化。Krajcinovic 等最早运用微观损伤力学等知识建立混凝土受硫酸盐侵蚀的力-化耦合模型。该模型假设 AFt 是造成材料膨胀应变的唯一产物，建立了微观结构变化与混凝土材料宏观力学性能退化的规律，其计算结果也与试验数据吻合较好。Krajcinovic 模型采用经典的扩散反应方程，引入裂缝体的等效扩散系数并进行修正，考虑材料微观裂缝对离子扩散的影响。由于 AFt 晶体与砂浆的力学性质不同，不能采用简单的叠加原理计算材料的整体应变。模型中从微观力学的角度进行分析，将 AFt 看作基体内的杂质进行相关的力学推导。

近年来，Basista 等通过对力-化耦合模型中的扩散系数、体积应变等参数修正进一步完善了该模型，有效地描述了由离子扩散反应而造成的材料微观损伤及力学演化，并且利用该模型还可以对硫酸盐侵蚀的一些争议性问题进行研究。但是，这一类模型都只假设 AFt 膨胀引起的损伤累积是造成混凝土材料宏观力学性能退化的唯一原因，没有考虑反应产物石膏对材料宏观力学性能的影响。虽然石膏的膨胀效应至今还存在很多争议，但是石膏的生成将会使水泥石中的钙离子析出，同时破坏水泥石中 C-S-H 结构，这使得材料的强度发生损失。对于钙离子析出造成的材料宏观强度退化的研究已有很多成果，相关的数学模型也很多。目前，Sarkar 等对钙离子析出与 AFt 膨胀损伤耦合作用而导致的混凝土材料劣化进行研究，并取得了一定的进展，这也使得混凝土硫酸盐侵蚀的理论模型更为合理。

3. 冻融

混凝土的冻融破坏常常会引起混凝土的表层脱落，加速混凝土的碳化、裂缝发展和钢筋的锈蚀，最终引起混凝土承载能力降低，冻融破坏过程是比较复杂的物理变化过程。一般认为，当混凝土所处环境温度较低时，混凝土中水结冰产生体积膨胀，过冷水发生迁移，引起各种压力，当压力超过混凝土能承受的应力时，混凝土内部孔隙及微裂缝逐渐增大，扩展并互相连通，强度逐渐降低；当温度上升时，混凝土中冰解冻，混凝土中的微小孔隙和新增孔隙会吸水饱满。当冻融过程反复发生时，孔隙会逐渐增加并扩大，造成混凝土破坏。

目前提出的冻融破坏理论有许多，但目前公认程度较高的，是由美国学者 Powers 提出的膨胀压理论和渗透压理论。混凝土在潮湿寒冷条件下，孔隙中的水结冰，体积增大，使混凝土中未冻结的水从结冰区向外迁移，为克服黏滞阻力，就产生了静水压力。渗透压理论认为混凝土孔隙中含有阳离子，在较大的孔隙中部分溶液先发生了冻结，剩余溶液浓度升高，与之相连的小孔溶液浓度较低，两者之间的浓度差会使小孔中的水向大孔迁移，这就产生了渗透压。

结合冻融破坏的机理，冻融破坏的影响因素可以概括为以下 3 个方面：

（1）孔结构。孔结构与冻融破坏联系密切。一般来说，混凝土孔隙率越大所含水量越多，则可冻水量也就越多。水灰比直接影响混凝土的孔隙率及孔结构。水灰比越大，混凝土中含水孔隙也就越多，因而混凝土的抗冻性必然降低。

硬化混凝土孔结构参数包括孔隙率、孔径大小、孔径分布、气泡尺寸和气泡间距系数。孔径大小决定了混凝土孔中水的冰点，孔径小则冰点低，不易结冰则提高了混凝土的抗冻性。小孔、低的孔隙率和闭合孔会提高混凝土的抗冻性能。气泡参数中最主要的指标是气泡间距系数 L，一般 L 越小，混凝土抗冻性越好。在严寒地区的混凝土工程一般要求使用引气剂，可改善混凝土内部结构，增强其抗冻性。经研究发现引气剂提高混凝土抗冻性的效果取决于混凝土气泡参数，即气泡尺寸、数量及分布等。

（2）饱水度。自由水广泛存在于混凝土的孔隙中，其数量与混凝土所处环境和其内部孔隙大小和数量有关，这部分水在毛细孔中是可迁移的，在常压下，随温度升高可蒸发；当温度在0℃以下时，这部分水会冻结，体积膨胀，会破坏混凝土内部结构，混凝土受冻害程度与孔隙中饱水度有关。

（3）含气量以及环境条件。含气量也是影响混凝土抗冻性的主要因素。引气剂会引入大量微小、均匀、封闭的气孔，可有效改善混凝土的抗冻性。这些独立的微细气孔在混凝土受冻初期能使毛细孔中的静水压力减少，起到减压作用。在混凝土冻结过程中这些孔隙可阻止或抑制水泥浆中微小冰体的生成。每一种混凝土拌合物都对应一个可防止其受冻的最小含气量。环境条件主要是指混凝土所处环境的最低冻结温度、降温速率、冻结龄期等条件。冻结温度越低，破坏越严重。降温速率对混凝土的冻融破坏也有一定的影响，且随着冻融速率的提高，冻融破坏力加大，混凝土更容易破坏。

由于混凝土冻融破坏的复杂性，建立冻融破坏预测模型的工作一直进展缓慢，目前尚处于起步阶段。目前冻融破坏预测模型最接近实际的为随机损伤预测模型。随机损伤预测模型中损伤计算模型采用面模型，截面四周均受到外界条件相同的冻融作用，可得到混凝土损伤演化方程。对于混凝土的冻融损伤，由其冻融破坏机理（静水压假说）可知，混凝土是在内部水压力作用下而处于受拉状态，在循环过程中产生损伤并积累。由于混凝土的内部孔结构是随机分布的，且混凝土处于饱水状态，通过现场监测或室内快速冻融试验，得到混凝土应变随冻融循环次数的系列数据，便可求解混凝土的冻融损伤演化方程。对于混凝土冻融损伤，可直接通过冻融试验来确定。混凝土在冻融疲劳破坏作用下，随着内部缺陷的增多，其一些基本物理性质就会发生相应的变化，动弹性模量就包括在这些特征中。因此，可以通过测定材料的动弹性模量来推测混凝土内部的劣化程度。

目前诸多混凝土损伤模型大多是基于理论假设来推导的，并不完全符合实际工程；现有研究成果大多是针对非预应力结构开展的，针对大尺寸预应力构件的研究较少，考虑到预应力结构在实际工程应用的广泛性，在以后的研究中应针对大尺寸预应力构件开展冻融环境下的耐久性研究。

4. 碳化作用

混凝土的碳化是指介质中的CO_2与混凝土中碱性物质发生化学反应生成$CaCO_3$和H_2O并降低其内部碱度的过程。混凝土的碳化能使钢筋保护层脱落、剥蚀而最终导致钢筋的锈蚀，进而引起混凝土结构耐久性问题。从碳化的过程可知，影响碳化的最根本原因是混凝土自身的密实度以及内部碱性物质的含量。孔隙率越大，内部游离水越多，碳化越容易。粉煤灰等掺合料会与$Ca(OH)_2$反应而降低混凝土的碱度，进而减弱其抗碳化能力。减水剂会减小用水量，减小孔隙率，提高抗碳化能力，引气剂使混凝土内有大量微细气泡，早期会抑制碳化，后期反而因为在混凝土内留下的孔道有利于CO_2扩散而加速碳化。相对湿度、环境温度、应力、裂缝等均影响CO_2扩散速率和碳化反应速率。

混凝土碳化深度的预测模型一直是混凝土材料和结构界研究的热点问题，国内外的学者纷纷提出了各种碳化预测模型。这些模型基本上可以归为3种类型。

（1）基于扩散理论建立的理论模型。包括：阿列克谢耶夫模型，模型根据菲克第一定律以及CO_2在多孔介质中的扩散和吸收特点建立；Papadakis碳化模型，根据CO_2及各可碳化物质[Ca(OH)$_2$、C-S-H、C$_2$S 和 C$_3$S 等都是可碳化物质]在碳化过程中的质量平衡条件，建立了偏微分方程组。

（2）基于碳化试验建立的经验模型。包括基于水灰比的经验模型、基于水灰比和水泥用量的经验公式和基于混凝土强度的经验模型。国内外学者根据碳化试验和自然暴露试验，在考虑不同的影响因素条件下提出了众多的模型公式。

（3）基于碳化理论与试验结果的碳化模型。同济大学张誉等人在 Papadakis 碳化模型的基础上，推导出碳化深度预测的实用数学模型，然后通过试验验证与修正，得到将扩散理论和试验数据结合的预测公式。

（4）随机模型。统计研究表明，混凝土的碳化速率系数的概率模型服从正态分布。在此基础上，获得了碳化深度的随机过程模型，为碳化深度的预测提供了一条可靠路径。

5. 多因素耦合作用

在早期材料耐久性研究工作的基础上，考虑构件或结构的实际工况，逐步开展了荷载与环境因素共同作用下混凝土结构的耐久性研究，研究内容涵盖了从普通混凝土、高强混凝土到高性能混凝土，从单因素、双因素到多因素耦合作用，从材料、构件到结构的研究，取得了诸多有意义的成果，并形成一些较为成熟的评定标准和设计规范，为工程结构的长期运营提供了有力保障。在多因素共同作用下混凝土耐久性的研究中，影响因素的种类和影响强度、因素间的定量组合、试验方法的确定、原材料的选择、混凝土配合比的设计以及各种工况下的破坏标准等，还需要大量试验与现场数据积累，通过统计分析确定。目前，各研究机构所采取的试验还没有统一标准。

在多因素耦合作用模型方面，建立双因素或多因素耦合作用下的损伤模型和寿命预测模型才能提高模型的可靠度和适用范围。东南大学慕儒以质量损失和相对动弹性模量为性能指标得到混凝土在应力-盐溶液-冻融循环 3 种因素耦合作用下的损伤模型。中国建筑材料科学研究院的杜鹏建立了基于残余应变的冻融循环-氯盐侵蚀共同作用下的混凝土冻融损伤数值模型和基于应变的冻融循环-盐溶液侵蚀-弯曲应力 3 因素耦合作用下的混凝土损伤力学模型。现有研究所建立的考虑双因素或多因素耦合作用下的混凝土损伤模型和寿命预测模型受材料因素和环境条件的限制，不具有普遍适用性。如何提高混凝土损伤模型和寿命预测模型的可靠度及适用范围也是混凝土耐久性研究中待解决的关键问题之一。

15.2.3　混凝土性能评估与对策

1. 混凝土性能检测与评估

抗氯离子渗透测试方法主要包括电通量法、ACMT（氯化物加速迁移试验）法、氯化物快速迁移法、氯离子扩散系数法、Permit 试验方法、自然扩散法等，各个方法发展较早，也相对成熟。硫酸盐侵蚀测试方法包括我国的快速法和长龄期检测方法、日本工业标准 JIS 方法、美国 ASTM C1012 标准中的抗硫酸盐侵蚀试验方法等，单一的方法都存在局限性，可多种方法结合。抗冻性试验方法主要包括我国的快冻法、慢冻法和单面冻融法，美国 ASTM 标准中混凝土抗冻性试验方法，欧洲 RILEMTO176-DC2002 中的 CF 法和 Slab（平板）法等。抗碳化测试方法主要包括自然碳化法，快速碳化法，RILEM-CEMBUREAU 法，其中，混凝土快速碳化试验方法仍没有统一的标准。

对于混凝土结构来说，其耐久性失效过程应该包括结构的建造、使用和老化的全寿命周期，其耐久性能研究也应涉及结构全寿命周期的每个环节。尽管目前国内外关于混凝土的浇筑、养护、硬化等各个早龄期环节对其后期耐久性影响规律的研究有了一定进展，但却比较零碎，混凝土结构耐久性的不足很大程度上与早龄期混凝土性能相关。目前，针对混凝土长期耐久性能的检测都基于"加速模拟实验"的单项试验推测，忽略了混凝土结构在使用过程中的长期理化反应、微观结构及受力状态的变化，同时，单种环境要素（冻融循环、氯离子侵蚀或盐侵蚀等）作用下的耐久性能或损伤度虽具有一定的参考价值，但与实际的损伤度相比势必会存在一定的误差。考虑多因素相互作用建立的损伤模型和寿命预测模型更加接近结构实际情况。

目前，针对多因素耦合的理论模型还有待深入研究，还缺乏长期跟踪调查数据和实验室加速试验的数据对比分析。有研究表明现场长期暴露试验耐久性测试结果与实验室加速试验测试结果存在差异，建议在现有加速试验标准基础上增加考虑加速参数、碳化等因素的测试方法。现场测试能够获得较长期的混凝土耐久性结果，这可以用来校准和验证混凝土耐久性和寿命预测模型，并引导继续对多因素共同作用下混凝土的耐久性进行更全面深入的研究。今后应加强这方面的工作。

2. 增强混凝土结构耐久性对策

（1）合理应用外加剂。添加矿物掺合料可以改善混凝土性能，比如粉煤灰、矿渣微粉可以改善水泥的反应环境，提高混凝土结构的密实度及强度。由于矿物掺合料表面积较大、吸水性更强，因此可以使混凝土结构内部维持一个稳定的含水量，从而改变混凝土孔隙的渗透性，降低混凝土内部氯离子的扩散，可起到保护钢筋结构的作用。应用引气剂来提高混凝土的抗冻融性能。混凝土中添加引气剂会使结构中的微气泡有所增加，这些微气泡可以阻断混凝土内部的毛细孔，提高混凝土的抗渗性能，从而抵消冻融作用引起的混凝土结构内部膨胀。引气剂用量过大会降低混凝土的整体强度，因此要根据工程的实际情况合理添加引气剂。此外，还要尽量避免采用活性集料、限制混凝土碱含量、掺用混合材料等措施来减少碱骨料反应。

（2）预防钢筋锈蚀。针对钢筋锈蚀问题，可以采用环氧涂层钢筋。采用静电喷涂环氧树脂粉末的工艺，可以使钢筋表面形成一层环氧树脂防腐涂层，可有效防止有害介质的侵入，从而提高钢筋的耐腐蚀性能。此外，还可以在混凝土表面应用耐碱、耐老化且可良好附着于钢筋表面的材料，以起到保护混凝土表面的作用。

（3）HPC、UHPC应用。选用优质常规原材料，合理掺加外加剂和矿物掺合料，采用较低水胶比并优化配合比，通过预拌和绿色生产方式以及严格的施工措施，制成具有优异的拌合物性能、力学性能、耐久性能和长期性能的高性能混凝土。工业和信息化部、住房和城乡建设部关于印发《促进绿色建材生产和应用行动方案》的通知文件要求"推广应用高性能混凝土……研究开发高性能混凝土耐久性设计和评价技术，延长工程寿命"，住房和城乡建设部发布了《高性能混凝土评价标准》JGJ/T 385—2015。行业内对HPC、UHPC提高混凝土工程耐久性和服役寿命具有普遍的认同。我国第一个UHPC-混凝土复合结构的海洋漂浮平台，利用UHPC材料的抗腐蚀性与抗冲击性能，良好地解决了漂浮平台的服役寿命与安全性。矿物掺合料和减水剂等的使用使HPC内部结构更加密实，能够阻止有害离子的侵入和扩散，从而提高混凝土的抗氯离子渗透性能，改善HPC

的抗盐侵蚀能力。在混凝土中掺入矿物掺合料和引气剂等外加剂，减少有害孔的数量，可优化混凝土内部的孔结构，进而提高 HPC 的抗冻融性能。HPC 的抗碳化性能受水胶比、矿物掺合料种类、掺量养护环境及龄期、自然环境或试验环境等多种因素的影响，考虑的因素不同会使试验结果产生一定的差异。

（4）加强混凝土结构的施工管理。在混凝土结构施工过程中，首先要注意混凝土配合比设计的科学性。配合比设计不能片面强调水泥的高强、早强，还要充分考虑混凝土结构的耐久性。现在一些大体积混凝土结构通常会采用低水胶比的碾压混凝土，既能够保证结构整体的强度，又能兼顾其耐久性。此外，还要保证混凝土组分中骨料的均质性、稳定性；使用高效减水剂时要提前做好与水泥的相容性实验。加强混凝土结构的后期养护，控制早期裂缝。结构裂缝与混凝土收缩具有直接相关性，由于现在硅酸盐水泥发热量大、细度细，混凝土早期强度较高，极易发生早期裂缝。根据混凝土内外温差决定拆模时间，并在拆模后及时养护，不得在拆模后才开始浇水养护，以免混凝土由于解除束缚而使内外温差更大，出现裂缝。

15.3　钢结构桥梁耐久性

15.3.1　钢结构桥梁应用现状与前景

钢结构具有强度高、自重轻、抗震性能好、工业化程度高、施工周期短等特点，成熟配套的钢结构技术和产品推动了钢结构行业的发展，成为国内外土木工程建设中广泛使用的结构之一，包括工业厂房、高层及超高层建筑、民用住宅、公路和铁路桥梁、地铁、海洋石油平台等诸多领域。美国钢结构发展早，技术成熟，世界上较早的钢结构超高层建筑都在美国，桥梁工程也大量使用钢结构。1900～2015 年，美国桥梁从 0.18 万座增加到了 47.47 万座，钢桥合计占比 34.7%，其中产生结构缺陷的桥梁中钢桥占比超过一半。在欧洲、日本、韩国等地，建筑钢结构用量已占到建筑用钢量的 40% 左右，大多数桥梁结构采用钢结构。在日本，截至 2008 年，其公路桥梁总长 9500km，其中，钢桥、预应力混凝土桥和钢筋混凝土桥分别占 47.9%、33.3% 和 12.5%。日本桥梁总数为153529 座，其中，钢桥、预应力混凝土桥和钢筋混凝土桥分别占 38.3%，41.3% 和16.9%。在我国，钢结构的应用相对滞后，现主要应用于工业建筑、民用建筑、公共建筑和桥梁等，不同类型钢结构应用占比如图 15-1 所示。我国公路桥梁上部结构材料组成比例中，钢筋混凝土和预应力钢筋混凝土桥梁占 85%，钢结构桥占总量不到 2%。

2016 年，《中共中央　国务院关于进一步加强城市规划建设管理工作的若干意见》《国务院关于钢铁行业化解过剩产能实现脱困发展的意见》明确提出发展钢结构建筑，我国钢结构建筑将迎来在充足材料供给和较好技术

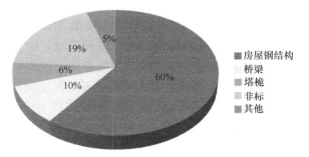

图 15-1　不同类型钢结构应用比例

基础上新的发展。2016 年 7 月 1 日，交通运输部印发了《关于推进公路钢结构桥梁建设的指导意见》，决定推进钢箱梁、钢桁梁、钢混组合梁等公路钢结构桥梁建设，提升公路桥梁品质，发挥钢结构桥梁性能优势，助推公路建设转型升级。在我国进行钢结构桥梁推广过程中，桥型选择应充分考虑环境类别对桥型的影响；提倡全寿命周期成本设计；研制和推广耐候钢等新型耐腐蚀钢材；运营阶段应加强养护，减少钢材锈蚀、结构损伤、疲劳破坏等一系列病害。钢桥结构用量及建设占比将在未来相当长时间内保持快速增长，特别是新型钢结构得到重视并不断拓展了发展空间。

钢材的锈蚀一直是结构工程师面临的最难解决的问题。全世界每 90s 就有 1t 钢铁变成铁锈，腐蚀悄无声息地进行着，不仅会缩短钢桥的使用寿命，增加维修和维护成本，甚至还会引起桥梁结构坍塌。欧美在 20 世纪建造的钢结构桥梁，由于耐久性考虑不周，缺少有效的保护措施，钢桥在运营中产生严重的腐蚀，而付出了巨大经济代价。我国虽然钢结构桥梁建造相对较晚，但是仍然缺乏对钢腐蚀的足够认识，也导致了大量的钢结构桥腐蚀破坏。腐蚀是一种电化学反应，由于钢铁在热力学上都是不稳定的，倾向于恢复到它们的最低能量状态，除非其反应被某些物理、化学或电化学方法阻止。钢结构所处的环境不同，其涉及的腐蚀机理是不同的。避免钢材的腐蚀，需要深入研究腐蚀发生机理，探究控制措施，以便能提供不同的工程解决办法。

15.3.2 钢结构桥梁腐蚀机理

钢结构桥梁所处的环境导致了钢材腐蚀，进而导致钢结构性能和整体桥梁性能退化，甚至破坏、倒塌。通常环境分为自然环境条件和工业环境条件，不同环境条件下腐蚀的机理和产物有所差别，腐蚀程度也有较大差异，这给研究带来了困难。

钢结构桥梁腐蚀病害类型主要包括均匀腐蚀和局部腐蚀。均匀腐蚀特征是锈蚀均匀地分布在整个金属表面，无明显的腐蚀深度，但会逐渐减小截面尺寸和降低金属性能。局部腐蚀可分为点蚀、缝隙腐蚀、电偶腐蚀、应力腐蚀、冲刷腐蚀、选择性腐蚀、晶间腐蚀和丝状腐蚀。在大气环境中，均匀腐蚀和点蚀是建筑结构用钢最常见的腐蚀类型，而且往往同时发生，均匀腐蚀速率均匀，易于预测和防护，点蚀常发生在自钝化金属表面或合金表面，且在含有氯离子的介质中更容易发生。点蚀具有隐蔽性、破坏性强和发生突然等特征，是危害最大的局部腐蚀。除此之外，在桥梁有缝隙的地方常常容易发生缝隙腐蚀，水和腐蚀性介质均会引起金属缝隙腐蚀。在海洋环境、潮湿工业大气环境中，钢结构承受荷载作用，常发生应力与腐蚀环境介质共同作用下的腐蚀，其会导致钢结构桥梁构件的突然断裂，这些也是常见的、相对敏感和危险的腐蚀类型。

由于钢材表面的毛细管作用、吸附作用或凝聚作用，空气中的水分在钢材表面形成薄液膜，钢材本身含有铁、碳等多种成分，由于这些成分的电极电位不同，形成许多微电池。可溶性的腐蚀介质溶于薄液膜中，使得钢材发生电化学腐蚀，在阳极区，铁被氧化成为 Fe^{2+} 进入水膜，基体铁单质不断发生阳极溶解；在阴极区，溶于水膜中的氧被还原为 OH^-。随后两者结合生成不溶于水的 $Fe(OH)_2$，并进一步氧化成为疏松易剥落的红棕色铁锈 $Fe(OH)_3$，电化学腐蚀是钢材锈蚀的最主要形式。

影响钢材大气腐蚀的环境因素比较复杂，其中的主要因素包括大气的湿度、温度、腐蚀性组分等。大气相对湿度主要是通过影响薄液膜的形成而影响钢材腐蚀速率，较高的大气相对湿度是钢材大气腐蚀的基本条件，一般情况下，钢材腐蚀临界湿度为 $50\%\sim$ 70%，小于临界湿度，腐蚀速率很慢，可认为几乎不被腐蚀。钢材的腐蚀速率随着温度的升高而增大，湿热试验环境下温度和湿度耦合作用会加速钢材腐蚀。在腐蚀性组分中，Cl^- 含量对钢材腐蚀性较强，典型代表是海洋大气，大量的 Cl^- 溶解在钢材表面的薄液膜中，大大增强了溶液的导电性，极化反应加剧，在一定的 Cl^- 浓度范围，浓度越高，腐蚀速率越快。

工业大气中的主要腐蚀性成分为 SO_2，我国城市大气中 SO_2 浓度 2 级标准含量为 0.023%，3 级标准为 0.096%。在 3 级标准大气中碳钢腐蚀速率为 2 级标准大气的 4 倍。钢材表面的薄液膜会吸附大气中的 SO_2，生成 H_2SO_3，并进一步氧化为 H_2SO_4，呈酸性，同时，钢材表面薄液膜中的阳极溶解反应生成了 $Fe(OH)_2$，因此进一步产生酸碱反应，最终生成 $\alpha\text{-}FeOOH$ 和 $\gamma\text{-}FeOOH$，同时会生成 H_2SO_4，形成了特有的酸循环反应机制。大气中 SO_2 污染越严重，钢材在潮湿空气中的腐蚀也越严重，成几十倍甚至几百倍增长。当 SO_4^{2-} 和 Cl^- 同时存在时也会产生增强作用，针对 $NaHCO_3$ 溶液中 X80 钢的腐蚀性行为开展研究，结果表明点蚀行为倾向会由于 $NaHCO_3$ 溶液中 Cl^- 的存在而增强，而且当溶液中同时含有 SO_4^{2-} 和 Cl^- 时，X80 钢钝化膜内的缺陷数量会因为 SO_4^{2-} 的存在而增加，其点蚀倾向也因此而增强。

15.3.3　钢结构桥梁性能评估与对策

试验上通常对钢材的耐腐蚀性采用失重、表面分析等手段评价。根据钢材腐蚀情况建立失重曲线，判定腐蚀随时间的变化。失重法简单方便，易于识别，能较好适用于腐蚀观测。有更多学者进而提出了钢材腐蚀的时变模型，包括线性模型、幂模型、对数模型、指数模型、双峰模型等。表面分析常用 SEM（扫描电子显微镜）、XRD（X 射线衍射）等观测细观和微观结构变化，探究腐蚀生成物、结构组成变化等，结合宏观测试数据，分析腐蚀发生机制和变化过程。蚀坑深度是人们最关注的蚀坑参数，其时变规律的趋势往往与失重规律类似，常用幂模型来描述；最大蚀坑深度的随机分布规律往往通过极值分析，一般情况下服从广义极值分布（Gumbel 分布或 Frechet 分布）。腐蚀产物的体积直接影响混凝土损伤的比例，因而在结构性能建模和使用寿命预测中起着重要作用。不同的钢腐蚀产物占据不同的体积，目前为止发现的膨胀性最大的腐蚀产物是 $\beta\text{-}FeOOH$，约为原始钢材体积的 3.5 倍。确定腐蚀产物类型和钢材腐蚀产品的体积存在一定的困难，因为钢的腐蚀产物在空气中不稳定，在暴露于大气中进行实验室分析后几乎立即发生变化。对腐蚀产物进行原位研究（例如利用拉曼光谱和扫描电化学显微镜）将能提供有关腐蚀产物体积和分布的更精确信息。

对于钢结构桥梁结构锈蚀检测识别以及在受到腐蚀之后的性能评估是较重要的问题。钢结构锈层是否致密、稳定，关系到桥梁长期使用的耐久性能以及确定钢结构桥梁的维护策略。目前对钢结构的锈层检测的方法主要有目测检查法、胶带黏附试验法、氯化物测试、超声波测试等。由于构件发生腐蚀的位置、被腐蚀面积的大小与深度不同，较准确评价承载能力存在困难，目前对钢结构桥进行详细评价时，通常是采用荷载试验。

常用的钢结构桥梁的处理措施有以下两方面。

1. 涂装

工程上采用喷涂涂装等技术在钢材表面形成保护，防止钢结构表面失效，进而确保钢结构桥梁的安全耐久，涂装是应用最广泛的防腐蚀方案。国内外对新型防腐涂料以及新型涂漆工艺开展了大量研究，取得了一些进展。在涂层材料方面，目前采用既具有隔离功能又具有电化学牺牲阳极保护功能的富锌涂料和喷涂金属涂层作为底涂层，即钢结构防腐蚀可分为两类，一类是以富锌涂料为底涂，中间漆多为环氧云铁涂料，面漆有醇酸树脂漆、氯化橡胶漆和聚氨酯（含脂肪族）漆，以聚氨酯面漆居多；另一类是以喷涂金属为底涂，面涂多采用氟碳涂料的长效防腐蚀体系。研究表明不同环境下的涂层性能存在较大差异，如水分侵入、干湿循环、低温冻融、冷热交替会产生不同的腐蚀机制，需要考察桥梁使用环境，以选用合适的涂层。目前，涂层制备的类型较多，如纳米级无机物-石墨烯复合不锈钢防腐涂层、镍-镉-锰涂层、锆转化膜涂层、玻璃涂料涂层等，较为先进的表面稳定化处理技术包括耐候性涂膜处理、氧化物涂膜处理、带锈涂层处理、锈层稳定化表面处理、钛合金表面处理等。采用上述表面处理技术进行一次涂覆使用后，免维护时间长。然而，目前国内该技术在钢构件中的应用还处于空白，也未开发出较成熟的可广泛应用于稳定耐候钢构件表面锈层的处理技术。

图 15-2　港珠澳大桥的青州航道桥

港珠澳大桥仅主梁钢板用量就达到 42 万 t，相当于 10 座鸟巢或 60 座埃菲尔铁塔的质量。钢结构涂装面积约 580 万 m^2，涂料用量约 390 万 L，采用与 C5-M 海洋环境配套的环氧富锌底漆＋环氧云铁中间漆＋氟碳面漆重防腐复合涂层体系作为钢结构外表面涂装，总膜厚 380μm。钢箱梁内部采用较低膜厚涂层和除湿系统，保证钢箱梁内部空气相对湿度小于 50%。图 15-2 为港珠澳大桥的青州航道桥。

为维持桥梁的使用功能，往往需要在全寿命周期内对其进行反复涂装，然而涂装成本较高并且会释放挥发性有机物，污染环境，因此为满足桥梁结构全寿命周期内的耐久性要求，国内外开始关注其他更有效的改善钢材腐蚀的方向。

2. 耐候钢

耐候钢依靠自身产生的致密锈层防止基体被外界环境进一步侵蚀，从而达到免涂装的目的，是一种环境友好、经济耐久的防腐方式。中国工程院院士柯伟指出耐候钢应用是桥梁建设必然趋势。美国、日本等发达国家经过多年在耐候钢桥梁建造方面的探索总结和积累，形成了完善的标准体系，1989 年美国联邦公路局（FHWA）发布了 UWS（免涂装耐候钢）桥指导性规范（Technical Advisory 5140.22），随后发布了一系列规范和指南。美国在公路桥梁上大规模采用了耐候钢，2014 年调研 52 个州、9492 座耐候钢桥，最长服役 50 年，结果表明桥梁运行可靠，设计和维护对耐候钢结构桥的运行状况影响更大，截至目前，美国的耐候钢桥数量已超过 10000 座。日本耐候钢桥的比例也达到20% 左右，加拿大有约 90% 左右的钢桥采用耐候钢。我国耐候钢桥建设时间还很短，已建成通车的耐候钢桥较少，设计规范的空缺，阻碍了耐候钢在桥梁建造的应用，而规范的制定陷入了"没有规范不敢用，没有用过不敢编制规范"的局面。鞍山钢铁集团有限公司、中铁宝桥集团有限公司、中铁山桥集团有限公司、中国铁道科学研究院等单位已开展耐候钢桥生产和关键技术研究。2017 年，中国公路学会开展《公路桥梁用耐候钢技术指南》研究，国内各大设计院也开始开展耐候钢桥设计研究工作，《桥梁用结构钢》GB/T 714—2015 标准中包含桥梁结构用耐候钢 Q345qNH～Q550qNH 共 6 个等级。表 15-1 为我国耐候钢及耐候钢桥的建设情况。我国已是耐候钢生产和出口大国，开发耐候钢种的主要特点是：钢中不含镍、铬，结合我国富有的稀土金属资源，以添加铜或磷或铜加磷为主。我国的耐候钢桥梁的推广使用面临较大的战略机遇，如国家的"一带一路"建设、京津冀协同发展建设、城镇化建设、国内众多城市群建设、西部大开发建设等，还面临着供给侧改革等政策机遇，另外我国的钢铁、桥梁行业也具备了较强的技术实力。目前，对于耐候钢桥的力学性能暴露腐蚀试验、表层处理方式、设计细节、制造工艺及锈层评价方法研究还较少，应加大研究力度，进一步提高我国的耐候钢桥应用水平。日本物质材料研究所的超级钢铁研发计划中，通过采用热力学计算方法求解不同组分的锈蚀铁复合氧化物化学成分稳定性，以及利用腐蚀试验分析钢材表面形成的锈蚀的组分，发现添加铝（Al）、硅（Si）元素是较有效的，价格更便宜。

中国耐候钢及耐候钢桥的建设情况　　　　　　　　　　表 15-1

建成时间	工程名称和事件	钢级及桥梁涂装情况
1965	我国第一辆耐候钢铁路货车；并陆续研制了应用于铁路车辆的其他类型耐候钢	09MnCuPTi、09CuPTiRE、09CuPCrNi
1989	武钢钢研所成功研制出桥梁用耐候钢	NH35q
1990	我国第一座耐候钢桥——武汉京广线巡司河桥	NH35q
2005	重庆朝天门长江大桥	Q420qD
2010	鞍钢研发的 Q500qE 通过铁道部技术评审，可用于铁路桥梁建设	Q500qE
2011	南京大胜关长江大桥	WNQ570 涂装
2011	丹通高速宽甸立交桥	Q370qENH 涂装
2012	沈阳白塔河人行桥	Q345qDNH 半涂装
2012	大连普湾新区跨海桥	Q420qENH 涂装
2013	沈阳后丁香大桥	Q345qENH 涂装
2014	陕西眉县霸王河桥和干沟河桥	Q500qDNH
2014	陕西眉县渭河 2 号桥	Q345qDNH，Q500qDNH 无涂装
2015	陕西黄延高速磨坊跨线桥	Q500qENH，Q345qENH
2015	西藏墨脱达国大桥	Q345qDNH 无涂装
2015	西藏墨脱西莫河大桥	Q345qDNH 无涂装
2016	中俄黑龙江公路大桥	Q420qFNH
2016	沈阳毛家店跨线桥	Q345qENH，Q420qENH 无涂装
2016	北盘江大桥	Q345NHD

建成时间	工程名称和事件	钢级及桥梁涂装情况
2017	台州内环路立交桥	Q345qDNH 无涂装
2018	拉林铁路雅鲁藏布江特大桥	Q345qENH，Q420qENH 无涂装
2019	官厅水库大桥	Q345qENH 无涂装
2020	G109 线改建工程跨柳忠高速高架桥	Q345qENH，Q500qENH 无涂装

随着时间的推移，研究发现采用耐候钢建成的桥梁在使用若干年后仍然会产生腐蚀病害。镍系高耐候钢在开发的初期因其高耐盐性特点被称为海滨、海岸耐候钢，但在海上、海岸线附近盐环境条件下，因为其不能抑制腐蚀速度，并不能发挥锈蚀保护作用，尤其是在海岸附近使用无涂装耐候钢时要特别注意，目前还没有实现在极端盐环境条件下使用无涂装耐候钢。大气中的 SO_2 含量以及海洋大气中的 Cl^- 浓度对耐候钢的大气腐蚀性能具有显著影响，当 SO_2 浓度超过 $20mg/m^2 \cdot d$ 或 Cl^- 浓度高于 $3mg/m^2 \cdot d$ 时，传统耐候钢将不能裸装使用。在实际工程中，设计人员通常采用设置腐蚀余量的方法来抵消腐蚀损失对结构的影响，各国的规定存在差异性，对实际情况的考虑略显粗糙。国内外学者对腐蚀余量的合理设置仍在研究。日本学者通过总结有关耐候钢桥梁腐蚀病害研究后认为耐候钢桥梁也需要进行定期的检查和适当的维护管理。为提高耐候钢桥梁的耐久性，对腐蚀环境进行评价、预测发生腐蚀后剩余承载能力、对桥梁结构进行维修加固以及进一步提高桥梁用钢材的耐候性等都需要进一步的研究。

15.4 FRP 结构耐久性

15.4.1 FRP 结构应用现状与前景

无论从复合材料的发展速度、应用范围，还是从它对现代科学技术与经济的推动作用来看，复合材料所取得的成就已达到或超过了人类历史上所使用过的任何类型的材料，以至于一个国家和地区的复合材料工业水平已成为衡量其科技与经济实力的标志之一。日本、加拿大、美国等国家对 FRP（纤维增强复合材料）的研究走在世界的前列，并在实际工程中取得了相应的成果，我国的研究相对滞后，但总体发展迅速。FRP 因其优良的力学、耐久性能和高性价比得到了广泛的关注和研究，并已在桥梁、隧道、公路等工程上广泛应用，将其用于海洋环境（例如桥墩），桥面板或受到除冰盐作用的其他结构等比钢筋更有优势。FRP 根据增强纤维种类分为玻璃纤维增强复合材料（GFRP）、碳纤维增强复合材料（CFRP）、玄武岩纤维增强复合材料（BFRP）、芳纶纤维增强复合材料（AFRP）等，材料形式有布、筋体和型材等。在结构加固和外部增强中常用 FRP 布，其中 CFRP 布应用最为广泛，CFRP 布在加固中随着时间和外界环境侵蚀的损伤，常产生脱胶而降低加固结构的性能，近年来逐渐发展出了体外锚固 CFRP 板加固、FRP 型材填充混凝土等更优越的结构构件。在钢筋混凝土结构中，为了防止腐蚀，FRP 筋常常替代钢筋，其中 GFRP 筋因为其经济性优势而被广泛采用。在季节性使用除冰盐的桥面和高速公路结构中使用 GFRP 筋，可确保结构的稳定性。图 15-3 为 GFRP 用作钢筋混凝土梁或桥面板中的主要受力筋。GFRP 筋因为易切割的特点而可应用于隧道的钻孔作业。近年来国内外机构研发了 BFRP 筋，也逐渐成为关注热点。CFRP 筋具有质量轻、强度高、长期性能和耐久性好的特点，但由于价格昂贵，大规模运用于土木工程领域的成本过高，在特殊需要的工程中可用作预应力筋或者缆索。

图 15-3　GFRP 筋在工程中的应用

目前，将 FRP 筋作为混凝土结构的体内预应力筋的应用相对较多，而作为体外预应力筋的应用相对较少。日本是第一个在混凝土桥中应用 CFRP 绞线和 AFRP 筋作为预应力筋的国家。关于 FRP 预应力筋和桥梁缆索修复，加拿大对 FRP 预应力复合筋应用在预制混凝土桥加固方面有一些研究。由于 FRP 筋抗剪差，因此在张拉过程或使用过程中筋体容易发生剪切破坏或损伤，筋体在锚固区容易发生早衰。传统热固性树脂 FRP 制品无法根据现场施工的需要在施工现场进行二次加工，箍筋、异形筋等需预制；而热塑性 FRP 制品经过加热即可弯折，极大地增加了现场施工的便利性。目前研究与应用较多的热塑性 FRP 制品主要以聚丙烯、聚乙烯树脂为基体材料，但这两种热塑性 FRP 制品存在硬脆、强度偏低、纤维和树脂的界面黏结性能较差等缺点。

15.4.2　FRP 筋耐久性研究

环境对 FRP 筋耐久性影响的研究，主要包括温度和湿度变化、化学物质（酸、碱、盐）的侵蚀、紫外线照射、冻融循环及耐火性能等。FRP 筋受环境和化学物质影响，其腐蚀程度是材料内在性能与外在因素相互作用的函数。影响 FRP 筋耐久性优劣的内在因素为其自身的组成与结构，即构成 FRP 筋的纤维及树脂的品种、纤维与树脂间的界面结构以及二者的结合方式与结合行为。影响 FRP 筋耐久性的外在因素主要是腐蚀介质的种类及浓度、环境温差与热作用、紫外线以及所施加的应力水平与作用方式等。FRP 筋的性能退化是由一种或几种材料的退化造成的，纤维和树脂及其界面的性能退化都会影响到 FRP 筋性能。因此，其耐久性能的研究要比钢筋复杂得多。

国内外研究表明，酸性环境对 FRP 筋性能的影响不大。部分学者进行的耐碱加速腐蚀试验结果表明，CFRP 耐碱能力强，在强碱环境下，强度几乎不变化，GFRP 受碱性环境影响显著，也有学者研究发现 GFRP 筋在潮湿环境和应力水平共同作用下仍保持较高的力学水准。当持续应力较小时，树脂基体不会出现裂缝，侵蚀介质只能通过扩散进入筋体内部；当持续应力增高，树脂基体将形成裂缝并进一步扩展，侵蚀介质首先通过裂缝进入筋体内部，并对筋体产生腐蚀作用，当应力水平较高时，筋体受到环境影响并在高应力下破坏断裂，此时，筋体的耐腐蚀性能由应力控制，筋体的使用周期大大降低。试验条件、FRP 材料组成等不同，可得到不同的结论。大多数试验表明碱性环境对 GFRP 筋耐腐蚀性能影响很大，极限抗拉强度下降较大，在微观条件下 GFRP 筋劣化区域集中在 GFRP 筋边缘，截面中心几乎未受腐蚀，探究劣化机理，认为是 OH^- 直接渗透到纤维表面，与纤维发生反应生成硅酸，同时水分子进入树脂中，树脂发生水解反应的同时生成 OH^-。在潮湿环境下 GFRP 筋的树脂先发生水解反应，树脂发生肿胀使水分子与其反应生成 OH^-，进入基体与纤维的界面，从而发生水解反应。FRP 筋耐盐性能加速试验（模拟海水环境或除冰盐工况）中，各种 FRP 筋的强度和刚度均没有特别显著的衰减，表明 FRP 筋的耐盐性能较好。

15.4.3　FRP 筋黏结性能耐久性

对 CFRP、GFRP 和 AFRP 筋在冻融循环作用下与混凝土的黏结性能研究表明，CFRP 和 GFRP 筋与混凝土黏结性能在冻融循环后表现良好，没有明显下降，在 300 次冻融循环作用下，影响仅限于 FRP 材料的表面，经过 600 次冻融循环后，AFRP 筋试件的黏结强度损失较大。然而也有研究表明 300 次冻融循环下 GFRP 筋与混凝土的黏结力下降约 20%，存在混凝土冻融损伤、强度降低，溶液侵蚀和筋体损伤等，并探讨了发生机理，认为可能受混凝土渗透性、温度梯度和孔隙等多种因素的复杂作用影响。目前，对在冻融环境条件下的 FRP 筋与混凝土黏结性能还没有统一的结论。研究中冻融循环温度区间最多处于 $-25\sim15℃$ 之间，而实际室外温度经常出现 $-40℃$ 以下的情况，故此方面需要进一步深入研究。结合实际工程所处环境，研究还需考虑其他因素，如除冰盐的影响，同时需要考虑更低温度的冻融循环及其循环次数。在溶液干湿循环影响研究中表明 GFRP 筋与混凝土在暴露一段时间后会发生黏结性能退化，16 个月后黏结力退化可高达 55%。通过碱性环境中的加速试验，观察到 GFRP 筋与混凝土的黏结性能下降明显，比干湿循环和冻融循环的影响要严重。GFRP 筋混凝土试件置于 60℃ 高温碱液内 60d，两者间的黏结性能下降了 12%，且发现 60℃ 以内温度对黏结强度的影响基本一致。温度从 60℃ 上升到 80℃，黏结强度下降较大。不管浸泡于水中还是碱液中，FRP 筋与混凝土的黏结强度均随温度的上升而下降，且下降幅度与温度有较大的关系，在 80℃ 之前黏结强度下降较为缓慢，但超过 80℃ 后其黏结强度下降较为迅速。加拿大 ISIS（Inteligent Sensing for Innovative Structures）对其境内使用 GFRP 筋的结构进行了跟踪调查，结构已使用 $5\sim8$ 年，期间受干湿循环、冻融循环（$-35\sim35℃$）等耦合因素作用，调查发现混凝土结构中的 GFRP 筋未受到腐蚀，另外采用 X 射线分析证实混凝土孔溶液中 GFRP 筋没有碱侵入的现象，进一步表明 GFRP 筋与混凝土高度兼容。

参　考　文　献

[1]　GJORV O E. Durability of Concrete Structures[J]. Arabian Journal for Science and Engineering, 2011, 36(2): 151-172.

[2]　罗大明，牛荻涛，苏丽. 荷载与环境共同作用下混凝土耐久性研究进展[J]. 工程力学，2019, 36(1): 1-14, 43.

［3］　董方园，郑山锁，宋明辰，等．高性能混凝土研究进展Ⅱ：耐久性能及寿命预测模型［J］．材料导报，2018，32(03)：496-502.

［4］　HOLT E，FERREIRA M，KUOSA H，等．多重劣化机制作用下混凝土的性能和耐久性(英文)［J］．硅酸盐学报，2015，43(10)：1420-1429.

［5］　中国混凝土与水泥制品协会 UHPC 分会．2019 年度中国超高性能混凝土(UHPC)技术与应用发展报告［J］．混凝土世界，2020，(02)：30-43.

［6］　高升．基于耐久性的混凝土寿命预测方法研究进展［J］．混凝土，2018，344(06)：25-30.

［7］　孙伟．荷载与环境因素耦合作用下结构混凝土的耐久性与服役寿命［J］．东南大学学报(自然科学版)，2006，S2(36)：7-14.

［8］　陈艾荣，潘子超，马如进，等．基于细观尺度的桥梁混凝土结构耐久性研究新进展［J］．中国公路学报，2016，29(11)：42-48.

［9］　牛荻涛，李星辰，刘西光，等．工业建筑混凝土结构耐久性调查与分析［J］．工业建筑，2018，48(11)：14-18.

［10］　FUJINO Y，SIRINGORINGO D. Historical and technological developments of steel bridges in Japan——A review［J］. Steel Construction，2020，35(1)：34-58.

［11］　侯保荣，等．中国腐蚀成本［M］．北京：科学出版社，2017.

［12］　贾晨，邵永松，郭兰慧，等．建筑结构用钢的大气腐蚀模型研究综述［J］．哈尔滨工业大学学报，2020，(08)：1-9.

［13］　POURSAEE A. Corrosion of Steel in Concrete Structures ［M］．Cambridge：Woodhead Publishing，2016.

［14］　王春生，张静雯，段兰，等．长寿命高性能耐候钢桥研究进展与工程应用［J］．交通运输工程学报，2020，20(01)：1-26.

［15］　陈开利．日本耐候钢桥梁技术的研究发展动向［J］．世界桥梁，2020，48(01)：47-52.

［16］　吴智深，刘加平，邹德辉，等．海洋桥梁工程轻质、高强、耐久性结构材料现状及发展趋势研究［J］．中国工程科学，2019，21(03)：31-40.

［17］　苏权科，谢红兵．港珠澳大桥钢结构桥梁建设综述［J］．中国公路学报，2016，29(12)：1-9.

［18］　MORCLLO M，DÍAZ I，CHICO B，et al. Weathering steels：From empirical development to scientific design. A review［J］. Corrosion Science，2014，83：6-31.

［19］　翟晓亮，袁远．我国耐候钢桥发展及展望［J］．钢结构(中英文)，2019，34(11)：69-74，80.

［20］　DÍAZ I，CANO H，CHICO B，et al. Some clarifications regarding literature on atmospheric corrosion of weathering steels［J］. International Journal of Corrosion，2012，(5)：37-43.

［21］　朱劲松，郭晓宇，亢景付，等．耐候桥梁钢腐蚀力学行为研究及其应用进展［J］．中国公路学报，2019，32(05)：1-16.

［22］　叶列平，冯鹏．FRP 在工程结构中的应用与发展［J］．土木工程学报，2006，39(3)：24-36.

［23］　MICELLI F，NANNI A. Durability of FRP rods for concrete structures［J］. Construction & Building Materials，2004，18(7)：491-503.

［24］　王川，欧进萍．GFRP 筋酸碱盐腐蚀老化实验研究［J］．防灾减灾工程学报，2010，30(S1)：373-377.

［25］　CROMWELL J R，HARRIES K A，SHAHROOZ B M. Environmental durability of externally bonded FRP materials intended for repair of concrete structures［J］. Construction & Building Materials，2011，25(5)：2528-2539.

［26］　SAADATMANESH H，TAVAKKOLIZADEH M，MOSTOFINEJAD D. Environmental effects on mechanical properties of wet lay-up fiber-Reinforced polymer［J］. ACI Materials Journal，2010，

107(3): 267-274.

[27] YAN F, LIN Z, YANG M J. Bond mechanism and bond strength of GFRP bars to concrete: A review[J]. Composites Part B Engineering, 2016, 98: 56-69.

[28] MUGAHED AMRAN Y H, ALYOUSEF R, RASHID R S M, et al. Properties and applications of FRP in strengthening RC structures: A review[J]. Structures, 2018, 16: 208-238.

第 16 章　土木工程信息技术应用现状及前沿

　　土木工程信息技术是用计算机、通信、自动控制等信息技术对传统的土木工程技术、施工方式和管理模式进行改造与提升，促进土木工程设计、施工及管理手段不断完善，使其更加科学、合理，提高效率，降低工程成本。

　　自 2011 年住房和城乡建设部颁布《2011～2015 年建筑业信息化发展纲要》以来，为更好发挥信息化对建筑业发展的推动作用，围绕实现建筑企业信息系统的普及应用，加快建筑信息模型（BIM）、基于网络的协同工作等新技术在工程中的应用，推动信息化标准建设，促进具有自主知识产权软件的产业化等目标，我国建筑企业信息化建设不断加强，土木工程信息技术应用水平不断提高，有力地促进了我国建筑业技术进步和管理水平提升。

　　信息技术已经贯穿于从土木工程的规划、设计到施工、运行管理和维护的全生命周期，覆盖了江河治理、防灾减灾、海洋和港口、桥梁和道路、大跨空间结构及高层建筑、地下空间等所有土木工程领域。信息技术在工程建设管理方面的应用实现了更宽范围的人力资源管理，更准确的会计管理、成本管理、融资管理、投资管理，更优化的决策管理、计划管理，更高效率的项目管理。信息技术在土木工程行业的运用促进了管理方式的转变，有效地增强了企业竞争力，提高了生产率。信息化已经成为土木工程在新世纪发展和创新的重要推动力。

16.1　土木工程信息技术应用现状

16.1.1　国内土木工程信息技术应用现状

　　20 世纪 80 年代，我国住房和城乡建设领域率先在工程设计中推广使用计算机，至 2000 年基本实现了"甩掉图板"。随后，经历了"十五"的网络建设和集成设计系统、"十一五"的信息化集成系统、"十二五"的数字化设计和云计算平台以及"十三五"勘察设计"互联网＋"应用 4 个阶段。土木工程技术的不断进步向土木建筑行业信息化建设提出了越来越高的要求，而信息技术和数字化技术的快速发展也推动着土木建筑行业现代化的发展。经过"十五""十一五"和"十二五"，特别是《2016～2020 年建筑业信息化发展纲要》的颁布，建筑业企业信息化、行业监管与服务信息化以及专项信息技术应用等方面取得了长足的进步，信息技术在设计、施工以及各专业领域得到了广泛的应用，显著提高了工作效率和工作质量，同时在很大程度上提高了建筑业的信息化水平。

　　虽然包括计算机技术、网络通信技术、智能化技术等在内的信息技术为土木工程建设领域的相关政府部门、行业企业带来了新手段，提高了工作的自动化程度、信息交流和信息处理的效率，甚至可以辅助技术及管理人员进行决策，但依然存在以下几方面问题。

（1）建筑业企业信息化组织体系很不完善。目前，建筑业企业大多没有设立独立的信息化管理部门，企业信息化建设没有总协调人，对涉及全系统的信息化项目建设从宏观上缺少有力的指导和监督，同时，信息化建设和管理的组织协调困难、执行力薄弱。

（2）信息孤岛和信息断层依然存在。迄今为止，信息技术促进的建筑业信息化主要发生在企业内部的工作中，企业与外部协同的工作中还远未实现信息化。其根本原因就在于，目前的应用软件绝大多数只限用在企业内部，由于各企业往往使用不同的应用软件，企业之间很难实现信息的自动交换和共享。极端的情况是，从一个企业得到的信息，另一个企业不得不重新手工录入到自己的信息系统中，这就造成所谓的"信息孤岛"和"信息断层"。这种现象的存在，严重影响了信息化应用效果。

（3）信息化人才严重缺乏。由于建筑业企业的特点以及对信息化的重视不够，建筑业信息化人才严重不足。近年来虽然有了显著增加，但与电信、石油石化、制造等行业相比，仍有较大差距。尤其是中小型建筑业企业，有的甚至还没有专职信息化人员。人员的不足导致许多企业无法有效地开展信息化建设，更无法满足大量施工项目对信息技术服务的需求。同时，由于信息化人才的激励机制不到位，信息化专业人才发展空间受限，影响了信息化人员的积极性，导致企业信息化骨干人才流失严重。

（4）信息化建设资金投入不足。与发达国家相比，我国建筑业企业信息化总体情况基础差、观念落后、资金投入严重不足。目前，发达国家建筑业企业每年信息化投入占全年收入的 0.3%，而我国信息化投入最多的企业只有平均收入的 0.027%。投入上的不足，使得信息化基础设施匮乏，无法有效支撑信息化应用的需求，制约了信息化的深入开展。同时，很多企业的管理人员包括决策者，对通过信息化提高管理水平的认识不够、主动性不强，这一点明显落后于发达国家。随着建设领域施工、设计、管理难度越来越大，竞争日趋激烈，传统管理手段和理念无法适应快速发展的要求。以企业信息化建设为主要管理手段和技术创新，逐渐成为企业必然的选择，这就需要充足的资金去保障。而且，目前国内建筑业企业信息化建设主要采取的是需求驱动模式，企业管理现代化程度较低，导致信息系统建设相对独立，资金投入不合理，很难实现统一项目管理模式、统一成本核算体系、统一流程，信息化应用效果不佳。

（5）信息化规范、标准缺乏。由于需求驱动、分散建设，我国建筑业企业基本上没有一套企业适用的信息化管理制度和标准，无法保证企业信息化步调一致地推进。尽管通过主管部门的大力推动，对信息基础编码、交换标准进行了一定的研究，部分企业也建立了自己的信息化编码体系，但由于维护体系不完善、缺乏有效的贯彻及落实措施，编码维护滞后，无法满足生产管理实际需要。而很多企业在建设信息系统时，没有一套可参照执行的信息基础编码标准，直接影响了信息数据的有效共享。

（6）缺乏有效的信息化评价标准和体系。随着建筑业企业信息化建设的不断开展，信息化逐渐渗透于企业管理的各个方面。但是，信息化投入与产出是否合理？应用与基础设施的发展是否相匹配？如何考量信息化发挥的真正作用并为下一步发展提供强有力的决策依据？解决这些问题需要有一整套方法论和具体评价体系的支持，才能合理地评价企业信息化水平，将信息化投资的有形收益和无形收益以尽可能量化的方式体现出来，使信息化投资的真实效益以及成本和风险损失实现全面可视化管理。从更高更广的层面来说，一个地区或一个国家的信息化部门都需要明确当前的需求，并以此为依据制定科学合理的宏观发展规划。然而，我国建筑业关于信息化水平的评价工作目前仍处于探索阶段。

（7）基础软件和高端应用软件仍依赖国外。作为建筑业领域的基础软件，早期的有图形平台（例如 AutoCAD），近年来又出现了 BIM（建筑信息模型）平台。虽然我国从"六五"开始一直在支持自主知识产权 CAD 软件的研发，但迄今为止，国产化基础软件和高端应用软件在住房和城乡建设领域仍然没有形成气候。以企业信息系统为例，尽管国内有很多软件企业仿造国外已经广泛推广和应用的 ERP（企业资源计划）系统，但能够与国外系统媲美的系统还没有得到确认。这种状况的存在，使得我国每年不得不付出巨资向外商采购，更重要的是，在这方面我们受制于国外，面临着巨大的风险。

针对上述信息化建设问题，建设部先后组织了"城市规划、建设、管理与服务的数字化工程""建筑业信息化关键技术研究与应用""城市数字化关键技术研究与示范"和"建筑业信息化关键技术研究与应用"等科技攻关项目。在这些项目中，对协同平台、GIS、GPS、RS、BIM、电子商务、数字城市、电子标签、智能住区等热门技术进行了跟踪研究，并在下列几方面取得了一定的成果：

（1）建筑业信息化标准体系及关键标准研究。通过对建筑业信息化标准体系的研究，制订了建筑业信息化基础数据标准和建筑业企业信息化通用技术规范。根据各应用领域对信息技术的特有需求及相关技术要求，围绕建筑业开发、应用信息技术的需要，形成比较科学、完整、可操作的标准体系。

（2）基于 BIM 技术的下一代建筑工程应用软件研究。针对建筑工程全生命周期，着眼于成本估算、能耗预测、施工优化分析、安全分析、耐久性分析、信息资源利用等主要方面，基于建筑信息模型（BIM）技术，研究适合我国的建筑信息模型，研制下一代建筑工程应用软件。

（3）勘察设计企业信息化关键技术研究与应用。勘察设计企业信息化的研究成果已经应用在 13 个示范工程单位和其他近 40 个勘察设计单位，形成了一批满足勘察设计企业信息化需要的新技术、新产品和新的管理模式。

（4）工程设计与施工过程信息化关键技术研究与应用。重点研究了复杂结构可视化仿真设计技术、虚拟现实信息化施工技术、施工过程健康监测技术等贯穿工程设计与施工过程的关键信息化技术，建立起适合大型复杂工程设计与施工所需要的、具有国际先进水平的生产过程用信息化技术体系，从而达到用信息技术改变建筑业传统生产方式，提高生产力，提高建筑产品质量，为社会提供优质安全的建筑产品的目的。

（5）建筑施工企业管理信息化关键技术研究与应用。建筑施工企业管理信息化的研究针对我国施工企业管理信息化建设面临的关键技术问题，重点总结了大中型施工企业集中管理信息化模型，实现企业数据大集中，开发以集中管理财务现金、控制现金流、降低企业成本、集中监控生产（工程项目）过程、规避生产（项目）风险、提高工作效率、保证合同目标为核心的软件系统。同时，中国建筑科学研究院建筑软件研究所还为各类企业和项目管理提供信息化解决方案。在系统提供的协同工作平台上完成项目的"四控制四管理"，即成本控制、进度控制、质量控制、安全控制和合同管理、生产要素（人、材、机、技术、资金）管理、现场管理、项目信息管理，同时完成收发文等 OA 项目的管理。

16.1.2 国外土木工程信息技术应用状况

在欧美发达国家，大量前沿的信息技术纷纷应用于土木工程领域，例如：虚拟现实（Virtual Reality，VR）、建筑信息模型（Building Information Modeling，BIM）、高性能计算和物联网等。另一方面，随着绿色环保主题在全球盛行，绿色智能建筑也作为一个热门的研究方向出现在土木工程领域，一系列的评价标准也应运而生。

三维虚拟设计环境是指将设计人员的设计思想以 3D 视图的形式展现出来，使得设计者的设计方案以"可视""可触""可听"的方式展现给用户和专家。通过这种方式促进了交流协作，从而达到缩短设计周期、提升设计质量、减少设计费用的目的。虚拟现实系统的沉浸感和互动性不但能够给用户带来强烈、逼真的感官冲击，获得身临其境的体验，还可以通过其数据接口在实时的虚拟环境中随时获取工程项目的数据资料，方便大型复杂工程项目的规划、设计、投标、报批、管理，有利于设计与管理人员对各种规划设计方案进行辅助设计与方案评审。运用虚拟现实系统，用户可以很轻松随意地进行修改，只要修改系统中的参数，就可改变建筑高度、建筑外立面的材质和颜色、绿化密度，从而大大加快方案设计的速度和质量，提高方案设计和修正的效率，也节省大量的资金，并为多业务应用提供了协同工作平台。虚拟现实技术使政府规划部门、项目开发商、工程人员及公众能够从任意角度，实时、互动、真实地看到规划效果，更好地掌握城市的形态和理解规划师的设计意图。有效的合作是保证城市规划最终成功的前提，虚拟现实技术为这种合作提供了理想的桥梁，这是传统手段如平面图、效果图、沙盘乃至动画等所不能达到的。

在施工领域，虚拟现实技术可实现全工程周期的模拟。在实际施工中，往往提出很多的方案，因此对各方案的评估变得尤为重要。利用虚拟现实技术可以很方便地模拟各方案的施工过程，找出各自的优劣。尤其对于有风险的大型工程项目，一旦决策失误，往往损失重大。针对这类项目，利用虚拟现实技术，既可以进行决策前试验和评估，还可以对不确定因素进行预先模拟。

建筑信息模型（BIM）技术在土木工程领域的应用目前已经在全球范围内获得广泛的认可，其是工程建设全生命周期管理的技术保障。目前美国国家建筑科学研究院（NIBS）已成立一个委员会，牵头制定了国家建筑信息模型标准（National BIM Standard，NBIMS）。其目的是确立一个更为先进的规划、设计、建造、操作和维护的过程，在全过程使用可被计算机识别的信息模型，并搜集全生命周期的所有相关信息。该标准提供了一套以项目生命周期信息交换和使用为核心的可以量化的 BIM 评价体系，即 BIM 能力成熟度模型。该体系提供了对 BIM 方法和过程进行量化评价的 11 个要素，并把每个要素划分成 10 级代表不同的成熟度，其中 1 级表示最不成熟，10 级表示最成熟。根据 NBIMS，美国陆军工程兵制定了 BIM 战略，在战略中将 BIM 模型作为所有项目参与方不同建设活动之间进行沟通的主要方式。实践表明 BIM 的应用带来如下明显的优势：①提高设计成果的重复利用（减少重复设计工作）；②改善电子商务中使用的转换信息的速度和精度；③避免数据互不适用而增加的成本；④实现设计、成本预算、提交成果检查和施工的自动化；⑤支持运营和维护活动。

建筑信息模型是信息技术应用于土木建筑业发展到今天的必然产物。事实上，多年来国际学术界一直在对如何在计算机辅助建筑设计中实现信息建模进行深入探索。LEED™（美国绿色建筑认证评分系统），是目前世界各国的各类建筑环保评估、绿色建筑评估以及建筑可持续性评估标准中被认为最完善、最有影响力的评估标准。LEED™ 自建立以来，根据建筑的发展和绿色概念的更新、国际中环保和人文的发展，经历了多次的修订和补充，2003 年推出 2.1 版。从最初只针对公共建筑，发展到可用于既有建筑的绿色改造标准 LEED-EB，商业建筑绿色装修标准 LEED-C1 和目前正在开发的专用于住宅建筑的 LEED-RBO。LEED™ 是自愿采用的评估标准，主要目的是规范一个完整、准确的绿色建筑概念，防止建筑的滥绿色化，推动建筑的绿色集成技术发展，为建造绿色建筑提供一套可实施的技术路线。LEED™ 是性能性标准，主要强调建筑在整体、综合性能方面达到绿色化要求，很少设置硬性指标，各指标间可通过相关调整相互补充，以方便使用者根据本地区的技术经济条件建造绿色建筑。虽然 LEED™ 为自由采用的标准，但自其发布以来，已被美国 48 个州和国际上 7 个国家所采用，在部分州和国家已被列为当地的法定强制标准加以实行，如俄勒冈州、加利福尼亚州、西雅图市，加拿大政府正在讨论将 LEED™ 作为政府建筑的法定标准。而美国国务院、环保署、能源部、美国空军、海军等部门都已将 LEED™ 列为所属部门建筑的标准，在北京规划建造的美国驻中国大使馆新馆也采用了该标准。

目前，在美国和世界各地已有 53 个工程通过了 LEED™ 评估，被认定为绿色建筑，另有 820 个工程已注册申请进行绿色建筑评估。每年新增的注册申请建筑都在 20% 以上。凡通过 LEED™ 评估为绿色建筑的工程都可获得由美国绿色建筑协会颁发的绿色建筑标志。

LEED™ 评估体系由 5 大方面、若干指标构成其技术框架，主要从可持续建筑场址、水资源利用、建筑节能与大气、资源与材料、室内空气质量 5 个方面对建筑进行综合考察，评判其对环境的影响，并根据每个方面的指标进行打分，综合得分结果，将通过评估的建筑分为铂金、金、银和认证级别，以反映建筑的绿色水平。

2008 年 11 月在美国波士顿举办的 2008 绿色建筑国际博览会上，美国绿色建筑协会发布了新版的绿色建筑评估标准 LEED 2009。这一版本的标准有较大的变化，增加并重新科学地分配得分点，更加注重提高能效、减少碳排放、关注环境和健康以及反映地方特性等。这些更新使 LEED 能更好地应对各种环境和社会问题的需要，满足绿色建筑市场的需求。

如今在欧美发达国家的建筑企业所参与的大型建筑项目中，设计方、承包方从项目的招标投标、项目管理信息的提交，直到竣工资料备案等都必须通过互联网进行，必须按照法定的流程，符合有关的格式标准，即必须按照信息化的规程行事。

在招标投标阶段，业主和咨询单位已普遍利用网络作为媒介进行公开招标，但目前施工单位依旧采用传统的投标报价方式，仅在可行性研究与设计策划阶段通过网络投标报价。尽管如此，在利用网络进行业主与设计咨询单位的信息交流与沟通方面，信息化仍提供了巨大的便捷。承包人、建筑师、顾问咨询工程师利用基于 Web 的项目管理信息系统和专项技术软件实现施工过程信息化管理。在施工现场采用在线数码摄像系统，不仅在现场项目部办公室可以看到现场情况，而且在世界任何一个地方也可及时掌握项目进展信息和现场具体工序情况。同时结合无线上网及移动通信技术，不断将信息传给每一个在场与不在场的人员，实现无地域空间限制的协同工作。

在竣工验收阶段，信息的搜集存储工作变得尤为重要，通过项目管理信息系统汇总施工过程中的各类数据，再通过统一的数据中心归类存储，施工方、业主、验收单位可随时调用查询相关信息资料，实现了信息的高度共享。

在日本大力推动"e-Japan"电子政府建设的背景下，依托日本强大的经济实力和 IT 产业的深厚基础，日本的土木工程信息化已经取得了很大进展。

日本政府推动土木建筑行业信息化发展可以追溯到 1995 年，当时的建设省（现国土交通省）出台了《建设 CALS 整备基本构想》（几年后演变为 Continuous Acquisition and Lifecycle Support/Electronic Commerce，简称 CALS/EC），提出到 2010 年，把公共工程项目从立项、规划、设计、招标投标到施工交付项目的全生命周期内发生的图纸、文档、照片等信息全部电子化；利用网络实现各个协作单位间的数据交换和共享。

16.2 土木工程信息技术发展趋势

经过"十三五"建筑业信息化的大力建设，持续增强 BIM、大数据、智能化、移动通信、云计算、物联网等信息技术集成应用能力，在建筑业数字化、网络化、智能化方面取得突破性进展，构建一体化行业监管和服务平台，提升数据资源利用水平和信息服务能力，形成一批具有较强信息技术创新能力和信息化应用达到国际先进水平的建筑企业及具有关键自主知识产权的建筑业信息技术企业等依然是土木工程信息技术发展的总方向。

16.2.1 企业信息化

建筑企业实现信息化是土木工程信息技术发展的必然结果，应对"互联网＋"形势下管理、生产的新挑战，深入研究 BIM、物联网等技术的创新应用，创新商业模式，增强核心竞争力，实现跨越式发展是土木工程信息技术应用的根本目的。

1. 勘察设计企业

我国勘察设计行业信息化从计算机辅助设计（CAD）起步，CAD 的应用大体经历了"六五""七五"起步和发展，"七五""八五"二维绘图和三维建模，"八五""九五"建网建库、工作上网和管理上档，"九五""十五"设计系统集成和全面应用等几个阶段。"十一五"以来，我国的信息化建设步入了发展的快车道，勘察设计行业信息化工作取得了明显的成效，遵照党的十六大提出的"以信息化带动工业化，以工业化促进信息化，走出一条科技含量高、经济效益好、资源消耗低、环境污染少、人力资源优势得到充分发挥的新型工业化路子"的要求，全行业为了继续快速、全面推进勘察设计信息化，让信息化助力实现设计强国的目标，更加重视行业信息化建设的顶层设计，全行业信息化建设在以下几个方面有了长足的进步：

（1）全行业信息化建设中新技术应用加速。行业内企业对信息化带动工程勘察设计现代化的认识不断深化，把信息化工作与产业结构调整和实现可持续发展紧密联系，自觉加大了在信息化上的投入，加速了先进的、新型的信息技术的应用，为"十二五"期间完成各类勘察设计任务，在工程建设产业链上发挥先导和灵魂作用，落实节能减排、保护环境基本国策、实施国家产业政策提供了重要的支撑，在当时信息化建设中涌现了许多国家提倡的云计算技术、BIM 技术、互联网技术在勘察设计行业生产实践中的应用案例。

（2）行业信息化建设向着信息集成方向迈进。我国勘察设计企业协同设计和工程信息管理水平有了较大的提升，信息共享和信息集成已经初见成效。

（3）信息化创造出显著的经济效益。一些勘察设计企业积极推进工程设计、项目管理的协同设计，利用信息技术优化设计，提高工作效率约 15～25 倍，取得了令人瞩目的经济效益。例如，重庆市勘测院研发的《CGB 交互式工程勘察设计云平台》，面向工程勘察、设计、决策，提供大范围三维地理空间环境下辅助工程勘察设计工作，通过推广应用，取得直接经济效益 1.5 亿元。

（4）自主研发的软件水平提高显著。结合软件正版化工作的推进，国产支撑软件、自主知识产权的核心专业软件和集成应用系统研发与推广取得显著进展。如中交公路规划设计院有限公司等开发的《沉管隧道结构——基础设计集成系统》，沉管隧道静力计算一次分析的时间由商业软件的 6h 缩短为 10min，设计效率大大提升，在港珠澳大桥岛隧工程施工图设计阶段和大连湾跨海交通工程初步设计阶段得到成功应用。这些软件是勘察设计单位在落实国家提倡的自主创新，信息化与工业化"两化"融合的指导思想中，结合各行业工程勘察、设计和建设的实际所开发的适合行业特点的管理信息系统及工程勘察设计软件，设计理念、技术水平、应用范围、实际使用及经济效益都有了很大程度的提升。

"十二五"期间，伴随着信息技术日新月异的发展，从整个工程勘察设计行业看，硬件装备与网络通信系统已普及，基本满足了应用系统的基本需求。信息技术的应用正在向标准化、系统化和集成化方向迈进，一些信息化建设走在前列的单位实现了企业核心业务"工程设计、项目管理和运营管理"的初步集成化应用，为今后适应行业的发展奠定了良好基础。数字化工厂设计正在向着精细化设计目标努力，建筑三维设计技术的应用正在迅速普及和提高，其在建筑全生命周期中的综合价值已得到体现。全行业信息化工作取得了可喜的成绩，信息技术的应用发展带动了行业、企业各方面工作的发展，对于促进企业快速发展、管理与技术创新、国际化起到了较大的作用。信息化投资得到了应有的回报，取得了令人瞩目的经济效益和社会效益。

2015 年 5 月，国务院发布《中国制造 2025》；2016 年 8 月，住房和城乡建设部发布了《2016～2020 年建筑业信息化发展纲要》；2017 年 12 月，中国勘察设计协会发布了《"十三五"工程勘察设计行业信息化工作指导意见》。勘察设计行业改革的推进和勘察设计企业的转型升级对信息化提出了新的要求，信息化成为了勘察设计企业集团化运作、集约化发展、精细化管理的重要推动力，如何构建强有力的 IT 架构、如何增进 IT 与业务融合、如何实现 IT 的有效管控、如何提升信息化的绩效是勘察设计行业信息化的新课题。

信息化建设与企业的改革发展紧密结合。应充分应用 IT 技术，以市场为导向，以企业核心业务为主体，抓住机遇，要从信息化是带动企业各项工作水平的突破口和提高国际竞争力的必然选择的高度，不失时机地大力推进信息化工作，促进管理创新、体制与机制创新、工作程序优化和企业发展。要进一步提高对信息化建设重要性的认识，进一步加强对信息化工作的领导。

强化信息资源的整合和信息标准化体系的建设。筹划标准体系，制定 IT 管理规定、技术标准和工作标准，保证 IT 应用的有效实施。进行如标准工作分解、流程优化和程序化等规范化与标准化工作，以适应新的设计模式及产业模式的变化。

建设基于网络的协同工作平台。要站在优化企业业务流程的立场上规划企业的信息化战略，通过采用标准化、规范化、系统化和集成化等手段，广泛采用先进的信息技术，使企业的技术、信息、经验、工作方法等达到共享和复用，使工作流程更为简洁，以提高企业整体效益为最终目的。就行业的主业——设计业务而言，现有的设计组织和工作流程是沿用几十年的手工平面设计模式，本身积弊较多，难以适应新形势的要求。新的管理模式是技术手段进步的必然要求，只要有利于提高工程设计质量、有利于降低工程投资、有利于完善集成化设计思想的工作方法和组织模式，都应该在集成化系统中予以尝试。

应用系统集成的思路。应用系统要以横向集成与纵向集成、局部集成与整体集成为目标。所有相关人员在一个系统上工作；业务和管理系统充分体现业务流程和管理模式；系统是智能的；系统支持实时异地工作模式；系统管理的资源极为丰富，所有资源得到有效的管理和充分的共享，大部分业务实现自动化；最终实现文件、报表由软件自动生成等。勘察设计企业要规划好信息化战略，搭建好信息化系统构架，制定好明确的目标，健全保障机制，持续大力推进信息化建设，集成应用系统一定能够建立并发挥它应有的作用。

今后，贯彻国家推进信息化发展相关精神，落实创新、协调、绿色、开放、共享的发展理念及国家大数据战略、"互联网＋"行动等相关要求，扎实推动信息技术与勘察设计行业的深度融合，充分发挥信息化的引领和支撑作用，勘察设计企业的信息化重点工作应包括以下几方面：

（1）推进信息技术与企业管理深度融合。进一步完善并集成企业运营管理信息系统、生产经营管理信息系统，实现企业管理信息系统的升级换代。深度融合 BIM、大数据、智能化、移动通信、云计算等信息技术，实现 BIM 与企业管理信息系统的一体化应用，促进企业设计水平和管理水平的提高。

（2）加快 BIM 普及应用，实现勘察设计技术升级。在工程项目勘察中，推进基于 BIM 进行数值模拟、空间分析和可视化表达，研究构建支持异构数据和多种采集方式的工程勘察信息数据库，实现工程勘察信息的有效传递和共享。在工程项目策划、规划及监测中，集成应用 BIM、GIS、物联网等技术，对相关方案及结果进行模拟分析及可视化展示。在工程项目设计中，普及应用 BIM 进行设计方案的性能和功能模拟分析、优化、绘图、审查，以及成果交付和可视化沟通，提高设计质量。推广基于 BIM 的协同设计，开展多专业间的数据共享和协同，优化设计流程，提高设计质量和效率。研究开发基于 BIM 的集成设计系统及协同工作系统，实现建筑、结构、水暖电等专业的信息集成与共享。

（3）强化企业知识管理，支撑智慧企业建设。研究改进勘察设计信息资源的获取和表达方式，探索知识管理和发展模式，建立勘察设计知识管理信息系统。不断开发勘察设计信息资源，完善知识库，实现知识的共享，充分挖掘和利用知识的价值，支撑智慧企业建设。

2. 施工企业

我国施工企业信息化已经经历 20 多年的发展历史，尽管取得了一定的成绩，但总体建设应用水平不高，信息化的效益并不显著，比较突出地表现在以下几方面：

（1）用户的需求难以确定。很多工程中业主对信息化的作用予以肯定，但对自己的需求很模糊，随着项目的开展，自己的需求随之发生变化，而且变化频繁，变化的幅度很大，导致项目信息化的进度和应用效果不明显。

（2）工作量和数据难以确定。用户需求的不确定导致项目的工作量不确定，工程项目有关成本、质量、进度的数据量非常大，动态掌握非常困难。信息化的专业也越分越细，很多系统都是首次开发，很难做出工作量的有效评估，很容易导致计划赶不上变化。

（3）对建设信息化的重要性认识不足。在整个工程项目中，个别的部门和领导对信息化的重要性和紧迫性认识不足，没有把信息化放在应有的位置，片面地认为信息化只是 IT 部门应该做的事情，在一定程度上制约了企业的信息化建设。

（4）工程管理信息化还存在很多误区。在工程管理信息化中，不少企业将信息化与计算机、局域网等同起来。在工程施工过程中，大部分工程设计单位、施工单位、监理单位、业主之间的信息交换仍然采用纸介质方式，并没有因信息化水平的提高而改变。在信息化管理中，其根本前提是数字化，将各项信息资源存储于电子介质中，且信息交换应通过计算机网络来实现。但从我国现阶段的信息化管理来看，信息技术仅被视为工程管理的工具，并没有引起工程管理模式的变革。

（5）对工程项目信息化的概念模糊。由于信息技术是专业领域，而且发展速度异常迅猛，新概念、新技术层出不穷，非专业人员很难把握。企业各个不同的部门都只是站在自己的角度提出模糊的需求，由于信息化是一个系统工程，各个部门之间有大量的数据和信息需要交换和共享，需要在一个整体的框架下，提出系统的解决方案。如果达不成共识，信息化也难以推进。

建筑施工企业信息化是一个长久的过程，不可能有一蹴而就的解决方案，每一个施工企业都要根据自己的企业具体情况，选择适合本企业的信息化解决方案，可从以下几方面加强信息化建设：

（1）加强信息化基础设施建设，建立满足企业多层级管理需求的数据中心，可采用私有云、公有云或混合云等方式，在施工现场建设互联网基础设施，广泛使用无线网络及移动终端，实现项目现场与企业管理的互联互通，强化信息安全，完善信息化运维管理体系，保障设施及系统稳定可靠运行。

（2）推进管理信息系统升级换代，普及项目管理信息系统，开展施工阶段的 BIM 基础应用。有条件的企业应研究 BIM 应用条件下的施工管理模式和协同工作机制，建立基于 BIM 的项目管理信息系统。

（3）推进企业管理信息系统建设，完善并集成项目管理、人力资源管理、财务资金管理、劳务管理、物资材料管理等信息系统，实现企业管理与主营业务的信息化。有条件的企业应推进企业管理信息系统中项目业务管理和财务管理的深度集成，实现业务财务管理一体化。推动基于移动通信、互联网的施工阶段多参与方协同工作系统的应用，实现企业与项目其他参与方的信息沟通和数据共享。注重推进企业知识管理信息系统、商业智能和决策支持系统的应用，有条件的企业应探索大数据技术的集成应用，支撑智慧企业建设。

（4）拓展管理信息系统新功能，研究建立风险管理信息系统，提高企业风险管控能力。建立并完善电子商务系统，或利用第三方电子商务系统，开展物资设备采购和劳务分包，降低成本。开展 BIM 与物联网、云计算、3S（遥感技术 RS、地理信息技术 GIS 及全球定位系统 GPS 的统称）等技术在施工过程中的集成应用研究，建立施工现场管理信息系统，创新施工管理模式和手段。

3. 工程总承包企业

在建筑业发展过程中，为走出传统模式下高耗能、低效率、低效益的发展困境，实现建设项目的可持续发展，实现项目管理的专业化、信息化、规模化，克服工程总承包中信息传递不畅的问题，工程总承包企业的信息化建设主要集中于以下两个方面：

（1）优化工程总承包项目信息化管理，提升集成应用水平。进一步优化工程总承包项目管理组织架构、工作流程及信息流，持续完善项目资源分解结构和编码体系。深化应用估算、投标报价、费用控制及计划进度控制等信息系统，逐步建立适应国际工程的估算、报价、费用及进度管控体系。继续完善商务管理、资金管理、财务管理、风险管理及电子商务等信息系统，提升成本管理和风险管控水平。利用新技术提升并深化应用项目管理信息系统，实现设计管理、采购管理、施工管理、企业管理等信息系统的集成及应用。探索 PPP（Public-Private-Partnership）等工程总承包项目的信息化管理模式，研究建立相应的管理信息系统。

（2）推进"互联网＋"协同工作模式，实现全过程信息化。研究"互联网＋"环境下的工程总承包项目多参与方协同工作模式，建立并应用基于互联网的协同工作系统，实现工程项目多参与方之间的高效协同与信息共享。研究制定工程总承包项目基于 BIM 的多参与方成果交付标准，实现从设计、施工到运行维护阶段的数字化交付和全生命期信息共享。

16.2.2 行业监管与服务信息化

建设行业监管与服务信息化是指运用信息技术手段，促进行业管理规范化、高效化；增强政府决策科学化、透明化；提高监督服务体系化、便利化。

建筑业是一个传统行业，长期依靠人工方式对信息进行采集和统计，但这种方式只适用于以往相对封闭的市场环境，随着建设规模的不断扩大，建设行政主管部门依靠书面报告和简单报表等方式已不能及时准确地掌握行业现状，迫切需要采用更快捷、准确、规范的信息采集和管理方式，以节约办公效率成本，提高管理实效性和决策科学性。另一方面，由于建筑市场的发展速度过快，加之各地区设置的行业准入门槛高低不一，行业市场存在着良莠不齐现象，依托信息化平台建立起科学公正的企业市场行为信用评价机制，将是政府引导行业健康发展的一条有效途径。在对工程建设过程监管中，采用信息化技术手段可大大缩短各项审批事项的办理周期，确保监管过程更加公开透明，推进工程建设责任追溯机制的健全完善，充分发挥出信息技术在现场管理、市场评价和技术支持等方面的推动作用，通过"政府引导、企业参与、市场运作、行业受益"的实施思路，建立形成规范化、程序化、制度化的政府监管模式，指导和加速建筑业整体信息化进程。

英、美等西方发达国家现代建筑业起步较早，在开放的市场经济环境作用下经过长期发展，市场机制已较为完善，其建筑业信息化呈现出"市场调节为主、国家干预为辅"的特征，政府主要通过制定统一标准和提供资金投入来引导行业信息化技术的研究、开发和应用。在日本、韩国、新加坡等国，政府非常重视建筑业信息化的领导协调，通过法律政策引导和制定统一建设标准，积极加强政府部门的电子政务建设，组织相关部门、行业组织和研究机构等成立了研究组和推进委员会等。其中日本作为最早开展建筑业信息化建设的国家，政府高度重视信息化建设标准制定，该做法取得了显著效果，其建筑业信息化水平已处于世界领先地位，而新加坡尤为重视建筑行业主管部门信息化建设，并对所有新建项目提出信息化建设强制性要求，其建筑业信息化建设呈现出明显的政府主导特征。

我国建筑业信息化起步于 20 世纪 60 年代，但发展步伐较为缓慢，至 20 世纪 80 年代中期才在设计和绘图领域得以应用，随着政府对信息化和网络建设重视程度的提高，1995 年，建设部提出实施"金建"工程，有效促进了信息化技术在建筑行业管理和城市管理中的普及。进入 21 世纪后，信息化技术应用水平继续保持突飞猛进的发展趋势，在行业管理中的作用进一步突显，目前在电子政务系统"三网一库"基本架构中已全面得到体现，各地建设行政主管部门公共管理和服务网相继建立，行业管理信息数据库逐步完善，信息化监督手段不断创新。

信息化办公系统包括建设行政主管部门内部办公平台和办公数据信息化存储系统等。信息化办公系统可实现文件的便利快捷收发，提升办公时效性；通过电子档案便于长期保管和随时查阅，增强行业信息数据管理能力。

公共管理和公众服务网站包括门户网站、招标投标信息网、建筑行业综合信息网等。将行业企业资质信息、招标投标信息、工程竣工验收备案信息进行发布，提高政府管理工作信息透明度；通过建筑工程施工许可证网上核发，加强审批事项办理流程规范化。

行业管理信息数据库包括建筑业企业信息数据库、项目管理人员信息数据库、建筑材料与设备信息库、工程造价信息库等。通过对企业、人员信息在数据库中备案管理，促进企业提高尽责履职意识。

信息化监督手段包括施工现场信息化监管体系、远程监控系统、预警提示平台、检测报告管理系统等。如施工现场信息化监管体系中，一方面各级建设行政主管部门形成监管信息互通的横向体系；另一方面建设行政主管部门和行业企业、施工现场保持通畅的纵向联络体系，辅以远程监控系统，提高对施工进展情况、重大危险源管控和应急突发事件的掌握时效；预警提示平台根据极端性天气变化，提前向施工现场做出防范预警；检测报告管理系统对施工现场建材、建筑构配件质量检测过程进行监控，利用水印、二维码等追溯查询技术防伪，有效杜绝虚假报告出现。

建设行政主管部门加强信息化建设将有效带动建筑业信息化总体水平提升。通过完善标准和制定鼓励性政策，引导企业提高信息化研发资金投入，使信息化技术在企业管理和施工领域得以全面深入应用，真正实现"以信息化带动工业化、以工业化促进信息化"战略目标，推进信息技术与传统建筑业深化融合；通过创新建设工程监督机构信息化监管手段和提高信息化应用能力，建立起可实时把控、可预判险情、可追溯责任的科学监管体系，促使信息技术在施工现场质量安全监管方面发挥更大作用；通过完善建筑市场信息化管理体系，以对建筑业从业企业和管理人员市场行为实现信用等级评价为实施目标，推动建筑施工现场与建筑市场联动管理。推进企业信息化建设是建设行政主管部门信息化的重要职责，可借鉴西方发达国家先进经验，从政策扶持、引导投资和人才培养等方面制定符合实际的法律法规和管理体系，鼓励企业自主研发和开展软科学课题研究，以经营管理系统和项目管理系统为着手点，降低管理成本、规范管理过程，通过示范企业与工程项目的率先垂范，探索企业信息化的方向和道路，提高企业标准化信息建设，促进企业市场竞争力提升。

随着工程项目大量开工和工程监管任务逐年增长，利用信息化技术辅助建立工程质量安全责任体系和质量追溯机制应作为下一阶段实施重点，如通过远程监控系统和人脸识别技术随时抽查项目管理人员到岗情况，在工程监管系统中将巡查发现问题和项目整改情况及时记录，对项目主要负责人员信息实施终身备案管理等，提高企业和项目管理人员尽责履职意识，促进现场质量安全水平提升。加速发展使信息能够在政府、社会、企业和工程项目等各个层面得到协调应用的综合信息平台，建立包含信息征集系统、评价系统、发布系统、查询系统、档案管理系统和数据共享系统的信用评价体系，将建筑施工现场管理行为准确反馈到企业综合信用评价中，重点对跨地区承揽业务企业实施动态考核监管，使诚信激励和失信惩戒机制发挥作用，营造良好建筑市场环境。

从发展趋势看，积极探索"互联网＋"形势下建筑行业格局和资源整合的新模式，促进建筑业行业新业态，支持"互联网＋"形势下企业创新发展是行业监管与服务信息化的首要任务。

1. 建筑市场监管

深化行业诚信管理信息化。研究建立基于互联网的建筑企业、从业人员基本信息及诚信信息的共享模式与方法。完善行业诚信管理信息系统，实现企业、从业人员诚信信息和项目信息的集成化信息服务。

加强电子招标投标的应用。应用大数据技术识别围标、串标等不规范行为，保障招标投标过程的公正、公平。

推进信息技术在劳务实名制管理中的应用。应用物联网、大数据和基于位置的服务（LBS）等技术建立全国建筑工人信息管理平台，并与诚信管理信息系统进行对接，实现深层次的劳务人员信息共享。推进人脸识别、指纹识别、虹膜识别等技术在工程现场劳务人员管理中的应用，与工程现场劳务人员安全、职业健康、培训等信息联动。

2. 工程建设监管

建立完善数字化成果交付体系。建立设计成果数字化交付、审查及存档系统，推进基于二维图的、探索基于BIM的数字化成果交付、审查和存档管理。开展白图替代蓝图和数字化审图试点、示范工作。完善工程竣工备案管理信息系统，探索基于BIM的工程竣工备案模式。

加强信息技术在工程质量安全管理中的应用。构建基于BIM、大数据、智能化、移动通信、云计算等技术的工程质量、安全监管模式与机制。建立完善工程项目质量监管信息系统，对工程实体质量和工程建设、勘察、设计、施工、监理和质量检测单位的质量行为监管信息进行采集，实现工程竣工验收备案、建筑工程五方责任主体项目负责人等信息共享，保障数据可追溯，提高工程质量监管水平。建立完善建筑施工安全监管信息系统，对工程现场人员、机械设备、临时设施等安全信息进行采集和汇总分析，实现施工企业、人员、项目等安全监管信息互联共享，提高施工安全监管水平。

推进信息技术在工程现场环境、能耗监测和建筑垃圾管理中的应用。研究探索基于物联网、大数据等技术的环境、能耗监测模式，探索建立环境、能耗分析的动态监控系统，实现对工程现场空气、粉尘、用水、用电等的实时监测。建立建筑垃圾综合管理信息系统，实现项目建筑垃圾的申报、识别、计量、跟踪、结算等数据的实时监控，提升绿色建造水平。

推动重点工程信息化。大力推进 BIM、GIS 等技术在综合管廊建设中的应用，建立综合管廊集成管理信息系统，逐步提高智能化城市综合管廊运营服务能力。在海绵城市建设中积极应用 BIM、虚拟现实等技术开展规划、设计，探索基于云计算、大数据等的运营管理，并示范应用。加快 BIM 技术在城市轨道交通工程设计、施工中的应用，推动各参建方共享多维建筑信息模型进行工程管理。在"一带一路"重点工程中应用 BIM 进行建设，探索云计算、大数据、GIS 等技术的应用。

推进建筑产业现代化。加强信息技术在装配式建筑中的应用，推进基于 BIM 的建筑工程设计、生产、运输、装配及全生命期管理，促进工业化建造。建立基于 BIM、物联网等技术的云服务平台，实现产业链各参与方之间在各阶段、各环节的协同工作。

实现行业信息共享与服务。研究建立工程建设信息公开系统，为行业和公众提供地质勘察、环境及能耗监测等信息服务，提高行业公共信息利用水平。建立完善工程项目数字化档案管理信息系统，转变档案管理服务模式，推进可公开的档案信息共享。

16.2.3　专项信息技术应用

1. 大数据技术

随着信息时代下互联网、云计算、物联网的进一步发展，各行业的数据总量都在以前所未有的速度实现增长。传统的数据统计与分析方法已无法应对以"PB"为单位的结构与非结构数据信息，因而催生了大数据技术。建筑业作为物质的营建过程，在其策划、设计、施工以及运营阶段的全生命周期中，不断地产生各种类型的相关数据，如勘测数据、设计数据、施工数据以及运营数据等。然而，建筑数据的海量多元特征并没有对当前建筑行业的资源配置进行重新整合，而对网络数据信息缺乏重视不够重视已让策划、设计乃至施工阶段逐显疲态。如何整合这些大数据，存储分析并挖掘出知识以促进建筑业的转型发展，尤其是策划阶段是否能够做出合理正确的决策，是建筑行业亟须思考的问题。

大数据带来的影响是方方面面的，虽然目前我国对于大数据的研究和应用仍处于初级阶段，但是随着各项技术的成熟，大数据对于建设行业的影响会越来越明显。

建筑业是拥有大数据的行业，是一个包含建筑勘测、建筑设计、建筑施工、建筑装修、建筑维护与管理等多个专业的行业，这些专业的相关部门在建筑工程的不同阶段发挥着各自的作用。因此，建筑业涉及的人群庞大、工种繁多、设备复杂、建材多样、工艺不同、规范详尽，建筑工程中每天会产生、传输、处理、记录大量的信息和数据。有研究表明，平均每个建筑全生命周期大约产生 10T 级别的数据，相当于 630 万部《红楼梦》。由此可见，建筑业是一个拥有海量数据的行业，而同时也是数据不透明的行业。在大数据时代，掌握数据能力强的企业，将在市场竞争中具有极大的优势，积极地拥抱大数据时代，是建筑企业增强自身竞争力的明智之举。

建筑业需要依赖大数据制定更有效的决策。建筑业作为传统行业，具有丰富的发展历史，也为建筑人提供了大量的经验。在数据分析的方法尚未普遍应用时，建筑企业负责人所做的决策基本都是根据以往积累的经验，决策的有效性仅依赖于决策人经验的多少和对事情的判断能力，很难得到保证。而大数据的出现，将逐渐改变这样一种决策习惯，它可通过对大量历史数据的分析，为决策人提供更加有效的决策依据。比如，决策人可通过分析以前项目施工条件、项目施工进度、项目施工影响因素等制定未来同类项目的施工进度计划，进而制定相应的预算。

建筑业的转型升级需要充分挖掘和利用大数据，2015 年上半年，全国建筑业总产值 72374 亿元，比上年同期增长 4.3％，增速自 2013 年以来持续下滑，为国家公布建筑业总产值数据 24 年来最低增幅，中国建筑业呈现个位数增长，行业发展进入低谷期，企业转型升级迫在眉睫。面对新常态，建筑业应真正地把"转方式、调结构、防风险、促升级"贯彻到实际工作中，充分挖掘和利用自身的大数据，逐渐完成管理方式由粗放型向精细型的转变，节约资源成本，提高生产效率，进而实现产业转型升级。

虽然建筑业是拥有大数据的行业，但是多数建筑企业并不具备大数据思维，很难意识到大数据对于企业发展的重要性。通常一个建筑项目完成后与之相关的数据资料也被废弃或遗忘，不能再发挥其利用价值。因此，建筑业也被认为是最没有数据的行业。建筑业生产的复杂性、管理的粗放性，使互联网应用、大数据成为生产力的技术难度大大增加，也减少了新兴技术对于行业变革的冲击。然而，大数据对于建筑企业而言是一笔宝贵的资产，这些数据不仅记载了已完成项目的可借鉴之处，也记录了项目需要改善的方面。通过对以往大量数据的分析可以为未来的项目策划、投资预算等提供参考，使决策不再是凭借个人的经验和直觉，进而节约项目的成本，提高项目的管理效率。而且，目前我国建筑业的大数据尚处于不透明状态，对于掌握数据能力强的企业而言，早一步布局大数据的开发与应用，也就更容易在未来的市场竞争中占据有利地位。因此，建筑企业首先应建立起大数据思维，意识到数据的重要性，注重数据的收集与储存研究，为后续探索大数据的潜在价值奠定基础。

在今后很长的一段时期内，研究建立建筑业大数据应用框架，统筹政务数据资源和社会数据资源，建设大数据应用系统，推进公共数据资源向社会开放；汇聚整合和分析建筑企业、项目、从业人员和信用信息等相关大数据，探索大数据在建筑业创新应用，推进数据资产管理，充分利用大数据价值；建立安全保障体系，规范大数据采集、传输、存储、应用等各环节安全保障措施等，是大数据技术应用于建筑业的主要任务。

2. 云计算技术

云计算是一种基于互联网的计算方式，通过这种方式，共享的软硬件和信息资源可以按需提供给计算机和其他终端使用。

云计算技术起源于 Google，为了处理每秒钟多达 200 万次的超大规模搜索请求，Google 发明了一系列关键技术，将多个数据中心中的数百万台服务器虚拟化为一台"超级计算机"，以提供几乎无限的并且可以动态扩容的计算和存储能力。之后，各大互联网公司纷纷效仿 Google 并建立了类似的数据中心，以满足自身业务所需的大规模计算和存储能力。

2015 年 1 月，国务院印发《关于促进云计算创新发展培育信息产业新业态的意见》，强调云计算是信息技术应用模式和服务模式创新的集中体现，是信息技术产业发展的重要方向，能够推动经济社会的创新发展，是世界各国积极布局、争相抢占的新一代信息技术战略制高点，要求着力加强政府云计算应用的统筹推进工作。2017 年 4 月，工业和信息化部出台《云计算发展三年行动计划（2017～2019 年)》（以下简称《行动计划》)。《行动计划》明确了五项重点任务，一是技术增强行动，包括持续提升关键核心技术能力、加快完善云计算标准体系和深入开展云服务能力测评；二是产业发展行动，包括支持软件企业向云计算转型、加快培育骨干龙头企业和推动产业生态体系建设；三是应用促进行动，包括积极发展工业云服务、协同推进政务云应用和支持基于云计算的创新创业；四是安全保障行动，包括完善云计算网络安全保障制度、推动云计算网络安全技术发展、推动云计算安全服务产业发展；五是环境优化行动，包括推进网络基础设施升级、完善云计算市场监管措施和落实数据中心布局指导意见。

云计算是信息技术发展和服务模式创新的集中体现，是信息化发展的重大变革和必然趋势，是信息时代国际竞争的制高点和经济发展新动能的助燃剂。我国在政策上积极促进云计算创新发展，高度重视云计算存在的安全问题，并强调要制定云安全的相关标准以应对安全问题。如今，云计算已广泛应用于政府、金融、教育等各个行业，并逐渐成为推动企业信息化的最大驱动力。云计算引发了软件开发部署模式的创新，成为承载各类应用的关键基础设施，并为大数据、物联网、人工智能等新兴领域的发展提供基础支撑。云计算能够有效整合各类设计、生产和市场资源，促进产业链上下游的高效对接与协同创新，为"大众创业、万众创新"提供基础平台，已成为推动产业与互联网融合的关键要素。

云计算如何在建筑行业落地应用，一直是困扰整个行业的重要话题。建筑行业的转型升级发展，可以归结为向智慧建造、智慧企业方向的发展。智慧建造是以 BIM、大数据、智能化、移动通信、云计算、物联网等先进的信息化技术为支撑，实现企业集约化经营和项目精益化管理，实现低碳、低排放、高品质、可持续的建造过程。智慧企业则应该是基于新一代互联网、云计算、物联网等前沿技术，在企业经营管理中深度融合工业化和信息化，进而达到科学化、网络化和智能化。如今，"互联网＋"计划、"一带一路"倡议以及行业内 PPP 项目、EPC 项目的广泛推广，对建筑企业的管理及信息化提出了更高的要求。与此同时，越来越多国内企业加入到国际竞争中，"地域分布广"的行业特点日趋凸显。地域分散使得企业管理者不能及时、动态掌握各工程项目的运营信息，无法实时监控整个集团的运营状况、预测项目盈亏情况。

随着建筑企业规模日益扩大、业务范围更加多样化，项目部不断增加，各层级多个财务机构的重复设置使得财务人员与管理费用快速膨胀。项目部财务管理成本居高不下，财务与项目信息脱节，财务预算与执行"两张皮"，资金流量、流向难以预测等问题导致财务效率降低、设备投资重复、流程执行不规范、业务响应慢等现象，企业总部统一协调财务越来越困难。越来越多的建筑企业迫切希望借助技术手段对分子公司和各工程项目进行垂直管理并推行企业内部管理的升级。建筑企业可以通过信息化的手段，借助当前先进的云计算、虚拟化、大数据、移动互联网等技术手段，实现企业管理"上云"，进行企业管理数字化转型，打通各个部门之间的沟通壁垒，将财务管理融入项目管理中，将项目管理延伸至财务管理过程中，实现业务与财务的融合，并借助大数据应用，形成企业内部大数据分析库，为企业决策提供支持。建筑企业规模的日益扩大，也使产业链不断延伸，采购已经成为影响企业效益的关键因素之一；采购物资质量也直接影响到交付产品的质量，并关系到企业未来的品牌和市场竞争力。业内人士表示，目前建筑企业将集中采购管理列为自身发展的重点，希望通过集合供方资源，规范采购方式，严控审批流程，降低采购成本，提高采购效率，实现数据集中、辅助决策。一些企业通过"采购云"整合物流、资金流、票据流，从而打造集中采购云平台，降低企业的采购成本、物流成本和资金成本。近年来，建筑行业信息化快速发展，很多企业应用了传统的信息化系统。在一定时期，信息化系统助推了企业管理升级，从手工操作到信息汇总分析，从人为因素主导到制度流程规范化操作，信息化系统起了关键的作用。然而，随着云计算和移动互联网技术的飞速发展，以及建筑行业 BIM 技术的深入应用，传统的信息化系统已经不能适应新的管理模式；项目管理的发展也由传统的内部管理进一步向项目参与方协同管理转变。这要求信息化系统借助互联网和移动设备，以及云计算、大数据等技术手段支持管理模式的转变。

云计算在建筑领域的应用推广，也将助力建筑企业向智能信息化生产施工模式转型。云计算通过与互联网的结合，能够实现建筑生产设施的全方位监控和管理，提高施工过程的可控性；云计算服务也将有利于企业构建建筑领域的垂直服务，通过信息、技术、设备和服务，实现协同办公。基于云计算先进的技术理念和业务模式，云计算的推广应用还将为智能建筑的实施提供有力支撑。积极利用云计算技术改造提升现有电子政务信息系统、企业信息系统及软硬件资源，降低信息化成本。挖掘云计算技术在工程建设管理及设施运行监控等方面的应用潜力是今后云计算技术应用于土木工程建设行业的发展目标。

3. 物联网技术

物联网是新一代信息技术的高度集成和综合运用，具有渗透性强、带动作用大、综合效益好的特点，推进物联网的应用和发展，有利于促进生产、生活和社会管理方式向智能化、精细化、网络化方向转变，带动相关学科发展和技术创新能力增强，对推动产业结构调整和发展方式转变具有重要意义，物联网被正式列为国家重点发展的战略性新兴产业之一。在建筑施工领域，通过有效的监控可以从根本上解决安全事故隐患。因此，实现智能化识别、定位、跟踪、监控和管理的物联网可以很好地应用于建筑行业的各项管理中，进行现场各种资源的合理安排和协调，监控各种危险源，提升施工现场安全的可靠保障，实现信息和通信设备、施工现场资源的实时互动，进而提升建筑工程项目管理水平，实现精细化管理。

物联网是在计算机互联网的基础上，利用 RFID（射频自动识别）、无线数据通信等技术，构造一个覆盖世界上万事万物的"Internet of Things"。在这个网络中，物品（商品）能够彼此进行"交流"，而无需人的干预。其实质是利用 RFID 技术，通过计算机互联网实现物品（商品）的自动识别和信息的互联与共享。

物联网在建筑行业的具体应用主要有：

（1）安全管理定位系统。安全管理定位系统是集安全预警、灾后急救、员工考勤、区域定位、日常管理等功能于一体，也是国内技术领先、运行稳定、设计专业化的建筑施工现场监测系统。它使管理人员能够随时掌握施工现场人员、设备的分布状况和每个人员和设备的运动轨迹，便于进行更加合理的调度管理以及安全监控管理。该系统主要以 RFID 技术为核心，由施工人员或工作人员随身携带有源标签，一般装在施工人员的皮带上或安全帽上。标签卡有双向和单向的；单向的只能发送自身的 ID 号，双向的不但可以给监控中心发信息，监控中心也可以给每个施工人员发信息，并可在遇到危险的情况下按下紧急按钮键，进行紧急呼救。在施工现场内安装读卡器。根据每个读卡器的位置进行定位。一般的原则是每隔 150m 安装一个读卡器。由读卡器终端将数据信息传到监控室里的电脑定位软件，通过电脑对施工人员进行监控。在监控定位软件中，可查询一个或多个人员及设备现在的实际位置、活动轨迹；记录有关人员及设备在任一地点的到/离时间和总工作时间等一系列信息，可以督促和落实安全员是否按时、到点进行实地查看，或进行各项数据的检测和处理，从根本上杜绝因人为因素造成的相关事故，达到真正的动态监控。当事故发生时，救援人员可根据该系统提供的数据、图形，迅速了解有关人员的位置情况，及时采取相应的救援措施，提高应急救援工作的效率，促使建设的安全生产再上新台阶。该安全管理定位系统也可以同时实现考勤和定位两种功能。

（2）工地可视化管理系统。该系统主要通过远程视频监控技术，实现对工地可视化管理。将可以旋转的球式摄像头安装在工地的制高点，诸如安装在塔式起重机上，监控整个工地。也可将固定角度的枪式摄像头，安装在施工工地监控的重点区域，如工地大门口、物料堆场、生活公共区域。通过该系统，管理者可以远程操控摄像头的角度和焦距，监控整个工地是否有违规操作和安全隐患。监控进出场工程车辆是否超载，有没有跑冒滴漏现象；监控材料堆放是否整齐规范，有没有超过高度限制带来安全隐患，还可以兼顾防盗；监控生活公共区域的环境面貌，也可以在特殊情况下对人员进行管理。由此了解到现场的施工进度，可以远程监控现场的生产操作过程，记录现场材料的管理使用情况，实现项目的远程监管，强化总部对前端的支撑服务。同时，该系统还可以实现工地现场的远程预览、远程云控制球机转动、远程接收现场报警、远程与现场进行语音对话指挥等功能。除了施工企业可以在公司远程实时监控工地现场作业，掌握工程实时动态，抓拍违章作业行为，方便企业进行自我监管之外，政府部门也可以随时调阅工地视频，了解掌握工程安全生产状况。

（3）塔式起重机安全监控管理系统。塔式起重机安全监控管理系统监控的设施是工地上的塔式起重机。塔式起重机是施工现场最大型的机械设备，在工地上起着至关重要的作用，也最容易发生安全事故。据调查，由于监管手段的单一和监管人力物力的不足，塔式起重机使用环节存在的超载和违章作业等现象，是导致塔式起重机事故的直接原因。塔式起重机安全监控管理系统就是在塔式起重机的吊臂等重点部位安装 6 个实时的数据采集器。由塔式起重机驾驶室的"黑匣子"进行数据收集与传输。将塔式起重机工作过程中的相关数据远程高速传输到系统平台上。管理人员就可以在平台上实时查询工地塔式起重机数量、塔式起重机回转半径、额定载重、实时载重、作业区的风速、是否违规操作等诸多数据，随时掌握塔式起重机运行状况。当塔式起重机存在违章操作时，不但塔式起重机的驾驶室内的"黑匣子"会发出警报声，系统平台还能自动告知相关现场安全管理人员，将事故的安全隐患在第一时间反馈给操作、管理人员，将事故消除在萌芽之中。

（4）混凝土搅拌车监控管理系统。根据统计调查，导致工程车安全事故的最主要因素就是超速和超载，该系统就是针对目前混凝土搅拌车超载、超速行为多发而研发的监控管理系统。通过在混凝土搅拌车安装车辆卫星定位终端，即车辆 GPS 设备，可以实现实时采集车辆的位置、速度、搅拌罐机械状态等信息，从而实现控制车辆超载、控制车辆超速（控制"双超"）的两大功能。该系统同时实现了对混凝土生产企业、车辆情况（行驶证备案）、驾驶员情况、供应工地及供应量等基本信息的掌控，形成了管理站、各级主管部门、企业三级管理体系。车辆一旦出现超载、超速现象，不但车载终端会发出报警声提醒驾驶员，同时报警信息还将发送给企业负责人、安全责任人。随着物联网发展的不断深入，它在建筑施工领域也将有更加广阔的发展空间。

物联网技术的发展趋势是结合建筑业发展需求，加强低成本、低功耗、智能化传感器及相关设备的研发，实现物联网核心芯片、仪器仪表、配套软件等在建筑业的集成应用。开展传感器、高速移动通信、无线射频、近场通信及二维码识别等物联网技术与工程项目管理信息系统的集成应用研究，开展示范应用。

4. 3D 打印技术

3D 打印技术作为一种突破传统建造生产方式以及连接工厂化、信息化生产的新型技术，为提高生产效率、突破建筑造型、减少资源浪费提供了支持。

3D 打印建筑技术是通过计算机获取三维建筑模型的相关信息，经过处理后由数控系统控制机械装置按照指定路径运动实现建筑物的自动建造。这种设计、建造一体化技术不仅比传统的人工建造速度快，能在提升建造效率的同时缩短建设周期，而且全程操作由机器完成，节约了建造过程中的人力、设备、运输等成本。

3D 打印建筑技术的发展面临着很多技术性难题，首要的就是严格的材料要求，如何使打印材料具备钢筋混凝土或玻璃钢结构的性能，是 3D 打印建筑材料的核心研究课题。精细的材料配合比、符合标准的材料性能、无害的复合材料黏合剂以及材料后期的回收等都是建筑业中 3D 打印技术研究亟须解决的问题。其次，存在工艺技术难题。3D 打印技术适用于体积较小、能够自我支撑的建筑，超高层及大型建筑需要设计支撑结构，这就需要相应的软件开发以及打印设备升级制造。由于其是设计建造一体化的技术，所以打印过程不可返工，容错率低。最后，缺少相应行业规范及法规。我国目前还未具备有执行力的相关行业规范。虽然在建筑物的空间尺寸、平面布局、水电管线排布等方面 3D 打印建筑可以参照现行标准，但当涉及与建筑物材料和结构相关的各种性能时，行业内缺少借鉴指标，各种建筑材料的使用也亟须设定使用准则。就目前而言，3D 打印建造技术的政策规范滞后、法律法规缺失会使得建造项目各方的责任不明确，项目审核验收及后期运维难以执行。

建筑业需要积极开展 3D 打印设备及材料的研究，并结合 BIM 技术应用，探索 3D 打印技术运用于建筑部品、构件生产，开展示范应用。

5. 智能化技术

开展智能机器人、智能穿戴设备、手持智能终端设备、智能监测设备、3D 扫描等设备在施工过程中的应用研究，可提升施工质量和效率，降低安全风险。探索智能化技术与大数据、移动通信、云计算、物联网等信息技术在建筑业中的集成应用，可促进智慧建造和智慧企业发展。

16. 2. 4　信息化标准

强化建筑行业信息化标准顶层设计，继续完善建筑业行业与企业信息化标准体系，结合 BIM 等新技术应用，重点完善建筑工程勘察设计、施工、运维全生命期的信息化标准体系，为信息资源共享和深度挖掘奠定基础。加快相关信息化标准的编制，重点编制和完善建筑业行业和企业信息化相关的编码、数据交换、文档及图档交付等基础数据和通用标准。继续推进 BIM 技术应用标准的编制工作，结合物联网、云计算、大数据等新技术在建筑行业的应用，研究制定相关标准。

参　考　文　献

［1］　王静．建筑业信息化"十一五"成果与"十二五"展望[J]．建设科技，2010，（23）：32-33.

［2］　郭一民，周娜，刘晓伟．浅谈土木工程信息技术发展[J]．品牌，2015，8：94.

［3］　段波涛．浅析土木工程信息技术发展趋势与研究[J]．建筑工程技术与设计，2013，（3）.

［4］　刘益江，江明．勘察设计行业信息化发展历程与展望[J]．中国勘察设计，2019，2：60-65.

［5］　陈超熙．我国勘察设计行业信息化建设 40 年发展历程及展望[J]．中国勘察设计，2018，12：36-41.

［6］　马智亮．我国建筑业信息化的历史回顾及启示[J]．中国建设信息，2009，18：22-23.

［7］　梁博．中国大中型施工总承包企业施工项目管理信息化研究与实践应用[D]．北京：中国建筑科学研究院，2009.

［8］　徐旸．建筑行业监管信息化现状及发展简述[J]．陕西建筑，2014，（9）：1-4.

［9］　曾响铃．建筑业大数据真正的"门槛"在哪里[J]．建筑设计管理，2018，（2）：3-4.

［10］　孙璟璐．掘金建筑业大数据[J]．中国建设信息，2015，（16）：36-39.

［11］　庄琳．物联网技术下的智慧工地的构建研究[J]．信息与电脑，2019，（9）：165-167.

［12］　孙璟璐．云计算驱动建筑企业数字化转型[J]．中国建设信息化，2018，67（12）：16-18.

［13］　苏程浩．物联网技术在智慧城市建设中的应用[J]．数字通信世界，2018，158（02）：202.

［14］　杨佶．建筑行业物联网技术初探[J]．甘肃科技纵横，2013，42（7）：16-17，29.

［15］　吴颖萍，严小丽，周迎雪．3D打印技术在建筑业发展中的影响因素研究[J]．建筑科学，2019，35（10）：170-175，190.